U0225957

“十三五”国家重点出版物出版规划项目

中国土系志

Soil Series of China

（中西部卷）

总主编　张甘霖

甘肃卷

Gansu

杨金玲　张甘霖　著

科学出版社
龍門書局
北　京

内 容 简 介

《中国土系志·甘肃卷》在对甘肃省区域概况和主要土壤类型全面调查研究的基础上，进行了土壤高级分类单元土纲—亚纲—土类—亚类和基层分类单元土族—土系的鉴定和划分。本书的上篇论述区域概况、成土因素、成土过程、诊断层与诊断特性、土壤分类的发展以及本次土系调查的概况；下篇重点介绍建立的甘肃省典型土系，内容包括每个土系所属的高级分类单元、分布与环境条件、土系特征与变幅、对比土系、利用性能综述、参比土种和代表性单个土体以及相应的理化性质。

本书可供从事与土壤学相关的学科包括农业、环境、生态和自然地理等的科学研究和教学工作者，以及从事土壤与环境调查的部门和科研机构人员参考。

审图号：GS（2020）3822号

图书在版编目（CIP）数据

中国土系志. 中西部卷. 甘肃卷/张甘霖主编；杨金玲，张甘霖著. —北京：龙门书局，2020.12

“十三五”国家重点出版物出版规划项目 国家出版基金项目

ISBN 978-7-5088-5891-3

Ⅰ.①中… Ⅱ.①张… ②杨… Ⅲ.①土壤地理-中国②土壤地理-甘肃 Ⅳ. ①S159.2

中国版本图书馆CIP数据核字（2020）第250649号

责任编辑：胡 凯 周 丹 黄 海/责任校对：杨聪敏
责任印制：师艳茹/封面设计：许 瑞

科学出版社
龍門書局 出版

北京东黄城根北街16号
邮政编码：100717
http://www.sciencep.com

中国科学院印刷厂 印刷

科学出版社发行 各地新华书店经销

*

2020年12月第 一 版 开本：787×1092 1/16
2020年12月第一次印刷 印张：25
字数：592 000

定价：398.00元

（如有印装质量问题，我社负责调换）

《中国土系志》编委会顾问

孙鸿烈　赵其国　龚子同　黄鼎成　王人潮
张玉龙　黄鸿翔　李天杰　田均良　潘根兴
黄铁青　杨林章　张维理　郧文聚

土系审定小组

组　长　张甘霖

成　员（以姓氏笔画为序）

王天巍　王秋兵　龙怀玉　卢　瑛　卢升高
刘梦云　李德成　杨金玲　吴克宁　辛　刚
张凤荣　张杨珠　赵玉国　袁大刚　黄　标
常庆瑞　麻万诸　章明奎　隋跃宇　慈　恩
蔡崇法　漆智平　翟瑞常　潘剑君

《中国土系志》编委会

《中国土系志·甘肃卷》作者名单

主要作者　杨金玲　张甘霖

参编人员　李德成　赵玉国　刘　峰　宋效东　吴华勇

丛 书 序 一

土壤分类作为认识和管理土壤资源不可或缺的工具，是土壤学最为经典的学科分支。现代土壤学诞生后，近 150 年来不断发展，日渐加深人们对土壤的系统认识。土壤分类的发展一方面促进了土壤学整体进步，同时也为相邻学科提供了理解土壤和认知土壤过程的重要载体。土壤分类水平的提高也极大地提高了土壤资源管理的水平，为土地利用和生态环境建设提供了重要的科学支撑。在土壤分类体系中，高级单元主要体现土壤的发生过程和地理分布规律，为宏观布局提供科学依据；基层单元主要反映区域特征、层次组合以及物理、化学性状，是区域规划和农业技术推广的基础。

我国幅员辽阔，自然地理条件迥异，人类活动历史悠久，造就了我国丰富多样的土壤资源。自现代土壤学在中国发端以来，土壤学工作者对我国土壤的形成过程、类型、分布规律开展了卓有成效的研究。就土壤基层分类而言，自 20 世纪 30 年代开始，早期的土壤分类引进美国 Marbut 体系，区分了我国亚热带低山丘陵区的土壤类型及其续分单元，同时定名了一批土系，如孝陵卫系、萝岗系、徐闻系等，对后来的土壤分类研究产生了深远的影响。

与此同时，美国土壤系统分类（soil taxonomy）也在建立过程中，当时 Marbut 分类体系中的土系（soil series）没有严格的边界，一个土系的属性空间往往跨越不同的土纲。典型的例子是迈阿密（Miami）系，在系统分类建立后按照属性边界被拆分成为不同土纲的多个土系。我国早期建立的土系也同样具有属性空间变异较大的情形。

20 世纪 50 年代，随着全面学习苏联土壤分类理论，以地带性为基础的发生学土壤分类迅速成为我国土壤分类的主体。1978 年，中国土壤学会召开土壤分类会议，制定了依据土壤地理发生的《中国土壤分类暂行草案》。该分类方案成为随后开展的全国第二次土壤普查中使用的主要依据。通过这次普查，于 20 世纪 90 年代出版了《中国土种志》，其中包含近 3000 个典型土种。这些土种成为各行业使用的重要土壤数据来源。限于当时的认识和技术水平，《中国土种志》所记录的典型土种依然存在“同名异土”和“同土异名”的问题，代表性的土壤剖面没有具体的经纬度位置，也未提供剖面照片，无法了解土种的直观形态特征。

随着“中国土壤系统分类”的建立和发展，在建立了从土纲到亚类的高级单元之后，建立以土系为核心的土壤基层分类体系是“中国土壤系统分类”发展的必然方向。建立我国的典型土系，不但可以从真正意义上使系统完整，全面体现土壤类型的多样性和丰富性，而且可以为土壤利用和管理提供最直接和完整的数据支持。

在科技部国家科技基础性工作专项项目“我国土系调查与《中国土系志》编制”的支持下，以中国科学院南京土壤研究所张甘霖研究员为首，联合全国二十多所大学和相关科研机构的一批中青年土壤科学工作者，经过数年的努力，首次提出了中国土壤系统分类框架内较为完整的土族和土系划分原则与标准，并应用于土族和土系的建立。通过艰苦的野外工作，先后完成了我国东部地区和中西部地区的主要土系调查和鉴别工作。在比土、评土的基础上，总结和建立了具有区域代表性的土系，并编纂了以各省市为分册的《中国土系志》，这是继“中国土壤系统分类”之后我国土壤分类领域的又一重要成果。

作为一个长期从事土壤地理学研究的科技工作者，我见证了该项工作取得的进展和一批中青年土壤科学工作者的成长，深感完善这项成果对中国土壤系统分类具有重要的意义。同时，这支中青年土壤分类工作者队伍的成长也将为未来该领域的可持续发展奠定基础。

对这一基础性工作的进展和前景我深感欣慰。是为序。

中国科学院院士

2017 年 2 月于北京

丛书序二

土壤分类和分布研究既是土壤学也是自然地理学中的基础工作。认识和区分土壤类型是理解土壤多样性和开展土壤制图的基础，土壤分类的建立也是评估土壤功能，促进土壤技术转移和实现土壤资源可持续管理的工具。对土壤类型及其分布的勾画是土地资源评价、自然资源区划的重要依据，同时也是诸多地表过程研究所不可或缺的数据来源，因此，土壤分类研究具有显著的基础性，是地球表层系统研究的重要组成部分。

我国土壤资源调查和土壤分类工作经历了几个重要的发展阶段。20 世纪 30 年代至 70 年代，老一辈土壤学家在路线调查和区域综合考察的基础上，基本明确了我国土壤的类型特征和宏观分布格局；80 年代开始的全国土壤普查进一步摸清了我国的土壤资源状况，获得了大量的基础数据。当时由于历史条件的限制，我国土壤分类基本沿用了苏联的地理发生分类体系，强调生物气候带的影响，而对母质和时间因素重视不够。此后虽有局部的调查考察，但都没有形成系统的全国性数据集。

以诊断层和诊断特性为依据的定量分类是当今国际土壤分类的主流和趋势。自 20 世纪 80 年代开始的“中国土壤系统分类”研究历经 20 多年的努力构建了具有国际先进水平的分类体系，成果获得了国家自然科学奖二等奖。“中国土壤系统分类”完成了亚类以上的高级单元，但对基层分类级别——土族和土系——仅仅开展了一些样区尺度的探索性研究。因此，无论是从土壤系统分类的完整性，还是土壤类型代表性单个土体的数据积累来看，仅有高级单元与实际的需求还有很大距离，这也说明进行土系调查的必要性和紧迫性。

在科技部国家科技基础性工作专项的支持下，自 2008 年开始，中国科学院南京土壤研究所联合国内 20 多所大学和科研机构，在张甘霖研究员的带领下，先后承担了“我国土系调查与《中国土系志》编制”（项目编号 2008FY110600）和“我国土系调查与《中国土系志（中西部卷）》编制”（项目编号 2014FY110200）两期研究项目。自项目开展以来，近百名项目参加人员，包括数以百计的研究生，以省区为单位，依据统一的布点原则和野外调查规范，开展了全面的典型土系调查和鉴定。经过 10 多年的努力，参加人员足迹遍布全国各地，克服了种种困难，不畏艰辛，调查了近 7000 个典型土壤单个土体，结合历史土壤数据，建立了近 5000 个我国典型土系；并以省区为单位，完成了我国第一部包含 30 分册、基于定量标准和统一分类原则的土系志，朝着系统建立我国基于定量标准的基层分类体系迈进了重要的一步。这些基础性的数据，无疑是我国自第二次土壤普查以来重要的土壤信息来源，相关成果可望为各行业、部门和相关研究者，特别是土壤质量提升、土地资源评价、水文水资源模拟、生态系统服务评估等工作提供最新的、系统的数据支撑。

我欣喜于并祝贺《中国土系志》的出版，相信其对我国土壤分类研究的深入开展，对促进土壤分类在地球表层系统科学研究中的应用有重要的意义。欣然为序。

中国科学院院士

2017 年 3 月于北京

丛书前言

土壤分类的实质和理论基础，是区分地球表面三维土壤覆被这一连续体发生重要变化的边界，并试图将这种变化与土壤的功能相联系。区分土壤属性空间或地理空间变化的理论和实践过程在不断进步，这种演变构成土壤分类学的历史沿革。无论是古代朴素分类体系所使用的土壤颜色或土壤质地，还是现代分类采用的多种物理、化学属性乃至光谱（颜色）和数字特征，都携带或者代表了土壤的某种潜在功能信息。土壤分类正是基于这种属性与功能的相互关系，构建特定的分类体系，为使用者提供土壤功能指标，这些功能可以是农林生产能力，也可以是固存土壤有机碳或者无机碳的潜力或者抵御侵蚀的能力，乃至是否适合作为建筑材料。分类体系也构筑了关于土壤的系统知识，在一定程度上厘清了土壤之间在属性和空间上的距离关系，成为传播土壤科学知识的重要工具。

毫无疑问，对土壤变化区分的精细程度决定了对土壤功能理解和合理利用的水平，所采用的属性指标也决定了其与功能的关联程度。在大陆或国家尺度上，土纲或亚纲级别的分布已经可以比较准确地表达大尺度的土壤空间变化规律。在农场或景观水平，土壤的变化通常从诊断层（发生层）的差异变为颗粒组成或层次厚度等属性的差异，表达这种差异正是土族或土系确立的前提。因此，建立一套与土壤综合功能密切相关的土壤基层单元分类标准，并据此构建亚类以下的土壤分类体系（土族和土系），是对土壤变异精细认识的体现。

基于现代分类体系的土系鉴定工作在我国基本处于空白状态。我国早期（1949 年以前）所建立的土系沿用了美国土壤系统分类建立之前的 Marbut 分类原则，基本上都是区域的典型土壤类型，大致可以相当于现代系统分类中的亚类水平，涵盖范围较大。“中国土壤系统分类”研究在完成高级单元之后尝试开展了土系研究，进行了一些局部的探索，建立了一些典型土系，并以海南等地区为例建立了省级尺度的土系概要，但全国范围内的土系鉴定一直未能实现。缺乏土族和土系的分类体系是不完整的，也在一定程度上制约了分类在生产实际中特别是区域土壤资源评价和利用中的应用，因此，建立“中国土壤系统分类”体系下的土族和土系十分必要和紧迫。

所幸，这项工作得到了国家科技基础性工作专项的支持。自 2008 年开始，我们联合国内 20 多所大学和科研机构，先后开展了“我国土系调查与《中国土系志》编制”（项目编号 2008FY110600）和“我国土系调查与《中国土系志（中西部卷）》编制”（项目编号 2014FY110200）两个项目的连续研究，朝着系统建立我国基于定量标准的基层分类体系迈进了重要的一步。经过 10 多年的努力，项目调查了近 7000 个典型土壤单个土体，结合历史土壤数据，建立了近 5000 个我国典型土系，并以省区为单位，完成了我国第一部基于定量标准和统一分类原则的全国土系志。这些基础性的数据，将成为自第二次全国土壤普查以来重要的土壤信息来源，可望为农业、自然资源管理、生态环境建设等部门和相关研究者提供最新的、系统的数据支撑。

项目在执行过程中，得到了两届项目专家小组和项目主管部门、依托单位的长期指导和支持。孙鸿烈院士、赵其国院士、龚子同研究员和其他专家为项目的顺利开展提供了诸多重要的指导。中国科学院前沿科学与教育局、重大科技任务局、科技促进发展局、中国科学院南京土壤研究所以及土壤与农业可持续发展国家重点实验室都持续给予关心和帮助。

值得指出的是，作为研究项目，在有限的资助下只能着眼主要的和典型的土系，难以开展全覆盖式的调查，不可能穷尽亚类单元以下所有的土族和土系，也无法绘制土系分布图。但是，我们有理由相信，随着研究和调查工作的开展，更多的土系会被鉴定，而基于土系的应用将展现巨大的潜力。

由于有关土系的系统工作在国内尚属首次，在国际上可资借鉴的理论和方法也十分有限，因此我们在对于土系划分相关理论的理解和土系划分标准的建立上难免会存在诸多不足；而且，由于本次土系调查工作在人员和经费方面的局限性以及项目执行期限的限制，书中疏误恐在所难免，希望得到各方的批评与指正！

张甘霖

2017 年 4 月于南京

前　言

2014 年起，在科技部国家科技基础性工作专项“我国土系调查与《中国土系志（中西部卷）》编制”（项目编号 2014FY110200）支持下，由中国科学院南京土壤研究所牵头，联合全国 19 所高等院校和科研单位，开展了我国中西部地区晋、蒙、赣、湘、桂、渝、蜀、黔、滇、藏、陕、甘、青、宁、新 15 个省（直辖市/自治区）基于中国土壤系统分类的土系系统性调查研究。本书是该项研究的成果之一，也是继 20 世纪 80 年代我国第二次土壤普查后，有关甘肃省土壤调查与分类方面的最新成果。

甘肃省土系调查研究覆盖了本省除城市建成区以外的区域，经历了基础资料与图件收集整理、代表性单个土体布点、野外调查与采样、室内测定分析、高级单元土纲－亚纲－土类－亚类的确定、基层单元（土族和土系）划分与建立等过程，共调查了 190 个典型土壤剖面，测定分析了近千个分层土样，拍摄了近万张景观、剖面和新生体等照片，最后共划分出 88 个土族，建立了 143 个土系。

本书中单个土体布点依据“空间单元（地形、母质、利用）＋气候＋历史土壤图＋内部空间分析（模糊聚类）＋专家经验”的方法，土壤剖面调查依据项目组制定的《野外土壤描述与采样手册》，土样测定分析依据《土壤调查实验室分析方法》，土纲－亚纲－土类－亚类高级分类单元的确定依据《中国土壤系统分类检索（第三版）》，基层分类单元土族－土系的划分和建立依据项目组制定的《中国土壤系统分类土族和土系划分标准》。

本书是一本区域性土壤专著，全书共两篇分十章。上篇（第 1～3 章）为总论，主要介绍甘肃省的区域概况、成土因素与成土过程特征、土壤诊断层和诊断类型及其特征、土壤分类简史等；下篇（第 4～10 章）为区域典型土系，详细介绍所建立的典型土系，包括分布与环境条件、土系特征与变幅、对比土系、利用性能综述、可作为近似参比的土种和代表性单个土体形态描述以及相应的理化性质等。

甘肃省土系调查工作的完成与本书的定稿，同样也包含着同仁和研究生的辛勤劳动。谨此特别感谢项目组各位专家和众位同仁多年来的合作和指导！感谢参与野外调查、室内测定分析、土系数据库建设的各位同仁和研究生！在土系调查和本书写作过程中参阅了大量资料，特别是参考和引用了《甘肃土壤》第二次土壤普查资料，在此一并表示感谢！

受时间和经费的限制，本次土系调查不同于全面的土壤普查，而是重点针对典型土系。虽然分布覆盖了甘肃全省，但由于自然条件复杂、农业利用多样，相信尚有一些土系还没有被观察和采集。因此，本书对甘肃省的土系研究而言，仅是一个开端，新的土系还有待今后的充实。另外，由于作者水平有限，不足之处在所难免，希望读者批评指正。

杨金玲　张甘霖

2020 年 12 月

目　　录

下篇 区域典型土系

上篇　总　　论

第 1 章　区域概况与成土因素

1.1　区 域 概 况

1.1.1　地理位置

甘肃省位于我国西北部，东经 92°13′～108°46′，北纬 32°31′～42°57′，地处黄河上游，是举世闻名的“丝绸之路”的要冲。甘肃以古甘州（今张掖）和肃州（今酒泉）两地首字而得名，简称甘，因陇山在境内绵延又简称陇。其东邻陕西省，东北部与宁夏回族自治区连接，南与四川省、青海省接壤，西与新疆维吾尔自治区相邻，北与内蒙古自治区和蒙古国交界。总面积 42.58 万 km^2，地形呈狭长状，东西长 1655 km，南北最宽 530 km。

甘肃省地形复杂，地貌多样。甘肃省位于黄土高原、青藏高原、内蒙古高原三大高原和西北干旱区、青藏高寒区、东部季风区三大自然区域的交会处，四周为群山峻岭所环抱，北有六盘山、合黎山和龙首山；东为岷山、秦岭和子午岭；西接阿尔金山和祁连山；南壤青泥岭。境内地势起伏，山岭连绵，江河奔流。甘肃省内地貌复杂多样，山地、高原、平川、河谷、沙漠、戈壁类型齐全，交错分布，地势自西南向东北倾斜，西南高、东北低，海拔多为 1000～3000 m。大致可分为陇南山地、陇中黄土高原、甘南高原、河西走廊、祁连山脉、河西走廊以北地带六大地形区域。在构造上主要属鄂尔多斯地台、阿拉善—北山地台、祁连山褶皱系和西秦岭褶皱系。东南部重峦叠嶂，山高谷深；中、东部多为黄土覆盖，形成独特的黄土地貌；河西走廊地形平坦，绿洲、沙漠、戈壁镶嵌分布。

甘肃省特殊的地理位置和自西北向东南的狭长状分布，造就了气候多样性，从陇南河谷亚热带或陇南北部暖温带的湿润气候，再到陇中及河西走廊北部温带的半湿润、半干旱气候，直到河西走廊西部的温带干旱气候，还有祁连山地高寒半干旱气候和甘南高原的高寒湿润气侯。因此，甘肃省西北部为内陆气候，属干旱和半干旱区，东南部为季风气候，属湿润、半湿润和半干旱区。山地冰川融水形成内陆河流，为灌溉农业的发展提供了可能，从而为人类定居和农业发展奠定了基础。

甘肃省是一个历史悠久、文化底蕴厚重的省份。商周之际，周秦部族先后在今甘肃东部崛起并向东发展，对国家政治生活产生过重大影响。曾经辖广大的地域范围，至光绪十年（公元 1884 年）和民国十八年（1929 年）分置新疆、宁夏、青海省。甘肃省亦是中华民族和华夏文化的重要发祥地之一。中华民族的人文始祖伏羲、女娲和黄帝相传诞生在甘肃，故有“羲轩桑梓”之称。周人崛起于庆阳，秦人肇基于天水。汉代的开边政策和张骞出使西域成功开通了丝绸之路。隋唐时期，甘肃成为我国联系西域各国和欧洲的重要通道，武威、张掖、敦煌成为经济文化繁荣的国际性贸易城市，整个河陇地区农桑繁盛、士民殷富，《资治通鉴》有“天下称富庶者，无如陇右”的记载。海路开通后，随着全国政治经济文化重心的东移南迁，特别是由于气候和生态条件的变化，甘肃渐渐成为荒僻之地。中华人民共和国成立以后，甘肃省下辖庆阳、平凉、天水、武都、岷县、定西、临夏、酒泉、武威、张掖、兰州 11 个分区（专区、市）、73 个县（局），经过多次分区调整和撤地设市，至今设有兰州市、天水市、嘉峪关市、武威市、金昌市、酒泉市、张掖市、庆阳市、平凉市、白银市、定西市、陇南市 12 个地级市和临夏回族自治州、甘南藏族自治州 2 个自治州，86 个县（市、区）（图 1-1）。

图 1-1　甘肃省行政区划

1.1.2　土地利用

甘肃地域辽阔，地势高亢，地貌类型复杂多样，地域差异性大，土地资源丰富。全省总土地面积为 42.58 万 km^2，居全国第 7 位。人均占有量 2 hm^2，居全国第 5 位。从土地利用的比例来看，耕地仅占 17.9%；林地比例较大，占 14.3%；草地非常多，约占土地总面积的 33.3%；城镇村及工矿用地非常少，仅占 1.8%；水域及水利设施用地也不大，约占 1.8%；其他土地利用约占 30.9%，主要是荒漠等未利用土地（图 1-2）。甘肃省土地利用具有以下特点：

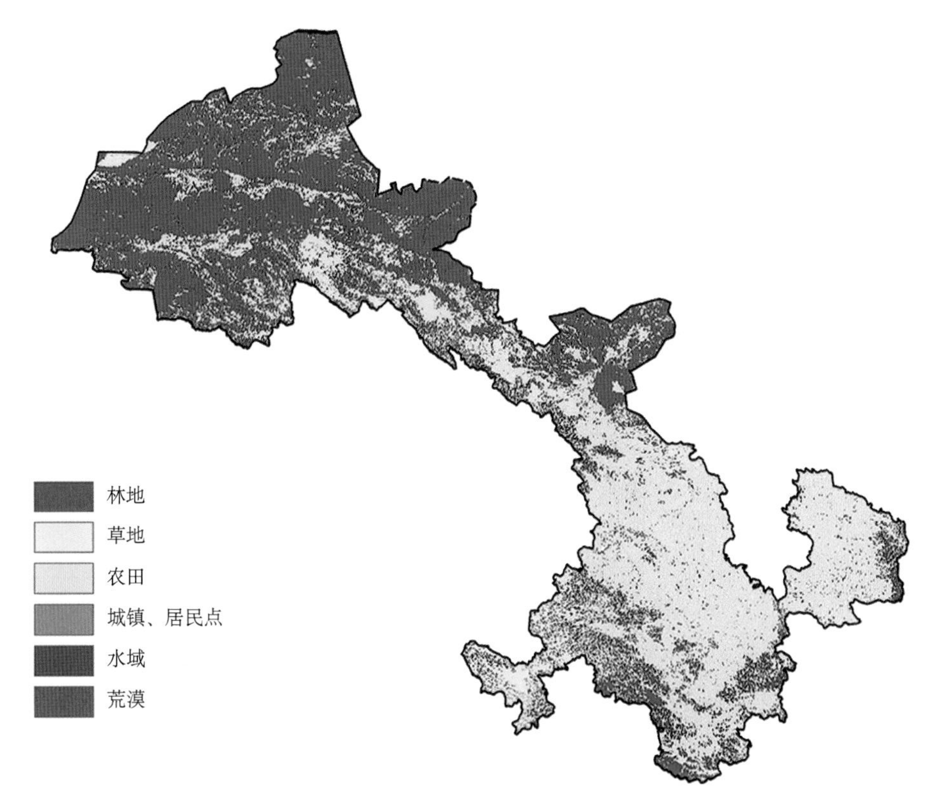

图 1-2　甘肃省土地利用（2005 年）

1）不同的土地利用类型分布不均

由于甘肃省东南部高山林立，中、东部为黄土高原，河西走廊为绿洲、沙漠、戈壁等，因此不同利用类型分布极不平衡。如林地多分布在甘肃省东南和西南部的边远地区，东南部的甘南、陇南、天水约占甘肃土地总面积的 17%，而其林地却占甘肃林地总面积的 50%以上；在人口稠密、工农业比较发达的兰州地区森林覆盖率不足 2.4%；长达千余千米的河西走廊，由于自然条件限制，森林资源更为稀少。

2）土地利用率低

甘肃省土地辽阔，地域差异大，土地资源类型多样，有极高山、高山、中山、低山丘陵、河谷川地、沟谷地、塬地、坪地、戈壁、沙漠和沼泽地等。难利用地、戈壁、沙漠、高寒石山、裸岩、重盐碱荒地比例较大，山地多，川塬地少。土地利用率仅为 45.7%，有一半以上的土地为未利用地。

3）耕地比例低，且质量不高

甘肃省山地多，平地少，全省山地和丘陵占总土地面积的 78.2%。因此草地和林地的比例较高，达到 47.6%；加之大量的戈壁、荒漠等，耕地比例很低，仅占总土地面积的 17.9%。在耕地中旱地多，水浇地少，土壤肥力不足。土壤干旱，缺少灌溉，水源不足是农业生产的主要制约因素。

4）可开垦的耕地后备资源有限

由于气候和地形等因素的限制，在不影响生态环境的情况下，可供开垦的后备耕地资源非常少。近年来，为了保持水土，在减少我国西北地区土壤的风蚀和水蚀方针指导下，部分耕地退耕还林、还草，恢复自然生态环境。在生态脆弱区域只能宜耕则耕，宜林则林，宜草则草。

1.1.3 社会经济基本情况

1）社会经济

根据《甘肃发展年鉴2018》（《甘肃发展年鉴》编委会，2018），2017年甘肃省全年实现地区生产总值（GDP）7.46×10^{11}元。其中，第一产业增加值8.60×10^{10}元；第二产业增加值2.56×10^{11}元；第三产业增加值4.04×10^{11}元。按常住人口计算，人均地区生产总值2.8×10^{4}元。

2017年全省实现农林牧渔业总产值1.56×10^{11}元。其中，种植业1.07×10^{11}元，林业3.16×10^{9}元，牧业3.09×10^{10}元，渔业2.09×10^{8}元，农林牧渔服务业1.48×10^{10}元。全年全省粮食作物播种面积2.65×10^{4} km^2；粮食总产量1.11×10^{7} t。特色产业增长较快，蔬菜面积3.37×10^{3} km^2，产量1.21×10^{7} t，其中设施蔬菜占14%；中药材面积2.27×10^{3} km^2，产量9.27×10^{5} t；棉花面积194 km^2，产量3.20×10^{4} t；瓜类面积509 km^2，园林水果产量3.97×10^{6} t。

甘肃省大部分地区农作物一年一熟。粮食作物以小麦、玉米、糜谷、马铃薯为主，并有少量水稻。经济作物以胡麻、棉花、甜菜、蚕豆、烟草为主。果品丰富，特产有天水花牛苹果，民乐苹果梨，庆阳黄花菜，兰州百合、白兰瓜，民勤大板黑瓜籽，临泽小枣等。甘肃有许多特色农产品，特别是玉米制种、啤酒原料、马铃薯、酿酒葡萄、油橄榄、食用百合、瓜果蔬菜和草食畜产品等，无论是种植面积还是产量在全国都名列前茅。甘肃也是全国中药材主要产区之一，药材品种众多，其中当归、黄（红）芪、党参、大黄、甘草等五种大宗中药材驰名中外。

2）人口状况

根据《甘肃发展年鉴2018》（《甘肃发展年鉴》编委会，2018），自1978年以来，甘肃省的人口呈逐年增长的趋势，尤其是1978～1999年增长较快，此后缓慢增长（图1-3）。至2017年全省人口总数为2626万人，其中城镇人口1218万人，占总人口的46%。全省人口在各地市的分布极不均匀，省会兰州市人口最多，超过300万人，而甘南藏族自治州、金昌市、嘉峪关市的人口不足100万，尤其是嘉峪关市，人口仅约20万人（图1-4）。

甘肃自古以来就是个多民族聚居的省份。根据甘肃省第六次人口普查统计，少数民族人口241.1万人，占总人口比重的9.42%。在少数民族中，人口在千人以上的有回族、藏族、东乡族、土族、裕固族、保安族、蒙古族、撒拉族、哈萨克族、满族等16个民族，此外还有38个少数民族。

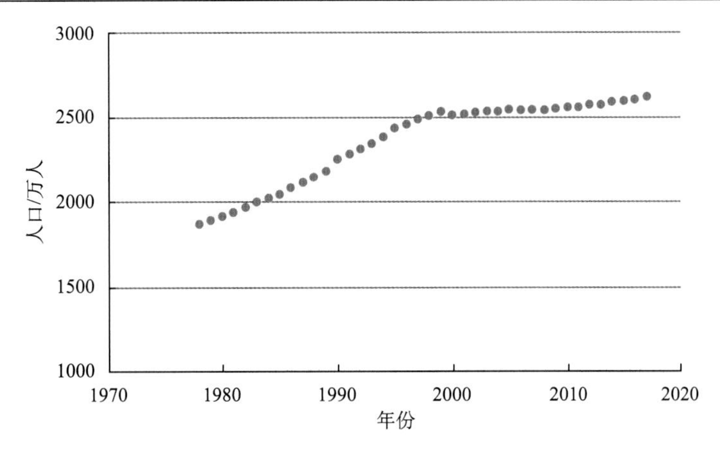

图 1-3　甘肃省 1978～2017 年人口状况

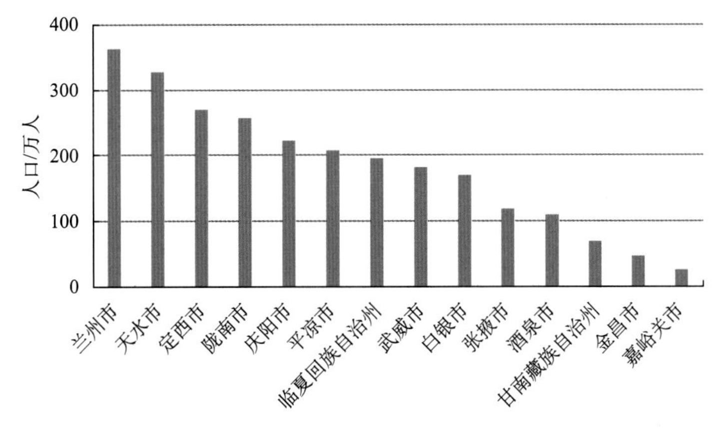

图 1-4　甘肃省各市州人口分布状况

甘肃省现有 5 种宗教：伊斯兰教、佛教、天主教、基督教、道教。其中伊斯兰教和藏传佛教信仰的人口较多。信仰伊斯兰教的民族主要是回族、东乡族、撒拉族、保安族、哈萨克族；信仰藏传佛教的民族有藏族、蒙古族、土族、裕固族。天主教、基督教、道教在各民族中都有信仰，但人数不多。

3）交通状况

闻名中外的古丝绸之路和新亚欧大陆桥横贯甘肃全境，使甘肃成为西北地区连接中、东部地区的桥梁和纽带，成为贯通东亚与亚洲中部、西亚与欧洲之间的陆上交通通道。现今的省会兰州是西北重要的交通通信枢纽，陇海、兰新、包兰、兰青和兰渝铁路在此交会，也是石油天然气管道运输枢纽、国家级西北商贸中心。

4）矿产资源

甘肃省为我国重要的能源、原材料工业基地，拥有丰富的石油、天然气、有色金属、稀有金属等矿产资源。截至 2016 年底，全省已发现各类矿产 119 种，其中已查明资源储量的 77 种，占全省已发现矿种的 65%。已查明矿产资源以非金属矿产为主，其次是金属矿产和能源矿产。列入《甘肃省矿产资源储量表》的固体矿产 98 种、矿产地 1567 处（含共伴生矿产）。根据《2016 年全国矿产资源储量占比排名》统计，全省资源储量居全国第 1 位的矿产有 10 种，分别是镍矿、钴矿、铂矿、钯矿、锇矿、铱矿、铑矿、硒矿、铸型用黏土、凹凸棒石黏土；居前 5 位的有 36 种；居前 10 位的有 66 种。

5）水力资源

甘肃省虽然属于西北干旱地区，但水力资源相对比较丰富。2017 年水资源总量为 2.81×10^{10} m^3，人均水资源量 1.07×10^3 m^3。水系包括黄河干流、长江支流和内陆河三部分，河流年平均径流量达 2.99×10^{10} m^3，水力资源蕴藏达 1.43×10^7 kW，以黄河干流为主，年径流量达 1.35×10^{10} m^3，其流域占甘肃总面积的 31.9%。甘肃是个多山的省份，最主要的山脉为祁连山、乌鞘岭、六盘山，其次为阿尔金山、马鬃山、合黎山、龙首山、西倾山、子午岭等，森林资源多集中在这些山区，大多数河流也都从这些山脉形成各自分流的源头。

6）旅游资源

甘肃省的旅游资源非常丰富，既有石窟寺庙、长城关隘、塔碑楼阁、古城遗址、历史文物等文物古迹，又有青山绿水、高山草原、大漠戈壁、沙漠绿洲、丹霞奇观、冰川雪峰等独具特色的西部自然风光，还有以藏族、回族、裕固族、保安族、东乡族等少数民族浓郁风情为特色的民族风情资源。因其丰富的文化遗产、独特的自然景观和多彩的民族风情，成为人们向往的旅游胜地。最具代表性的旅游景点有敦煌莫高窟、天水伏羲庙、天水麦积山石窟、万里长城最西端的嘉峪关等，吸引着国内外的大量游客来此观光旅游。

1.2 成 土 因 素

1.2.1 气候

甘肃省虽然深处我国西北内陆地区，但由于其狭长状分布，南北跨 10 个纬度带，并且境内多高原山地，造成其气候多样：从陇南的亚热带和暖温带的湿润气候，再到陇中温带半湿润、半干旱气候，至河西走廊、北山山地的温带半干旱和干旱气候，祁连山地高寒半干旱气候，再到甘南高原的高寒湿润气候。因此，具有亚热带湿润气候区、暖温带湿润区和干旱气候区、温带半湿润和半干旱气候区、干旱气候区、高寒气候区等多种气候类型区。北部气候干燥，风力剥蚀作用显著；西南部因地势高耸，气候寒冷，有现代冰川分布。省境内的纬度和垂直地带性均较明显，大部地区冬季漫长寒冷，夏季短促温热，雨热同季。大部地区气候干燥，雨量稀少，太阳辐射强，日照充足，日温差大。干旱、夏季集中降雨、大风等极易造成土壤的水蚀和风蚀。

1）太阳辐射量和日照

甘肃省的太阳辐射量受其所处的地理位置影响，总体来说由东南向西北逐渐增加。全省辐射量最高的地区为河西走廊西北部，年太阳总辐射量在 6400 MJ/(m^2·a)，最小值是陇南市的康县，年太阳总辐射量为 4864 MJ/(m^2·a)。当然，太阳辐射还受到地形和云量等的影响。同一纬度区域，高原地区的太阳辐射量比平川盆地多，而山区由于云量的增加，辐射量比河谷平川少。全省的太阳年总辐射量大小分布为：河西走廊>甘南高原>陇中>陇东>陇南。一年中太阳辐射量最大的是夏季，最少的是冬季。

甘肃省年日照时数为 1310～3589 h，总趋势与太阳辐射一致，由东南向西北逐渐增加（图 1-5）。同一地区依然受到地形和地貌的影响，山区日照时数会有所减少。全省日照最多的地区是河西走廊西北部，3200 h 以上，最少的地区是陇南南部，1800 h 以下，陇中、陇东和甘南为 2100～2700 h。一年中日照时间最长的是夏季。

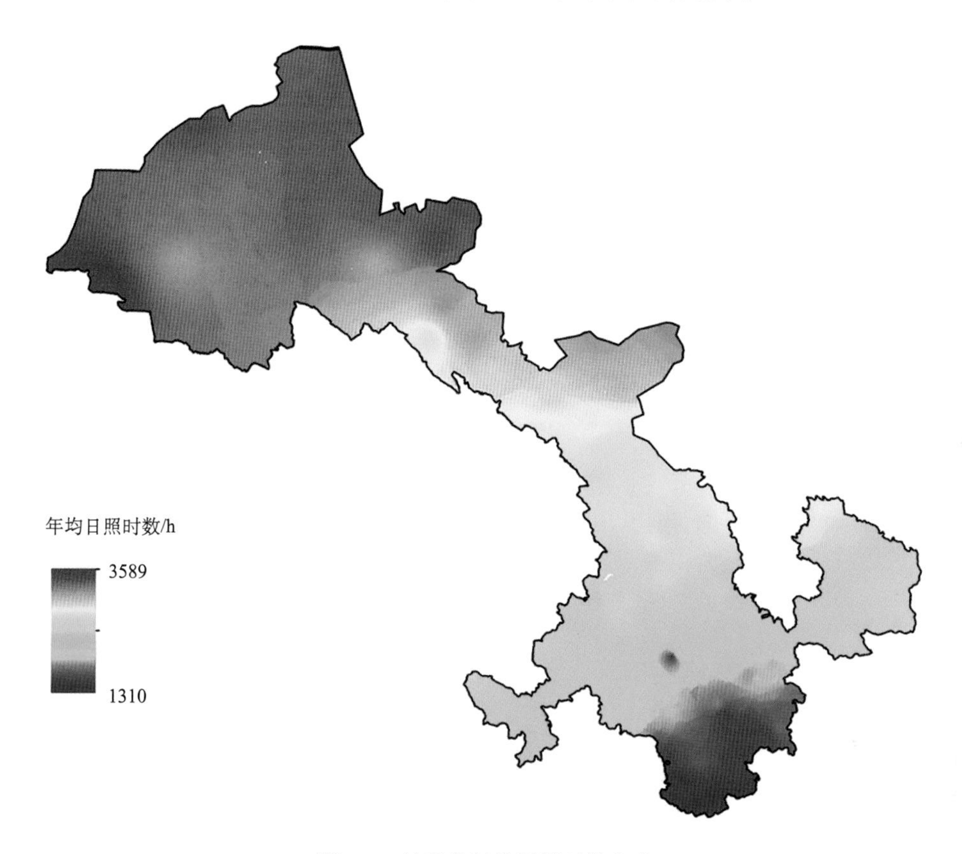

图 1-5　甘肃省年均日照时数分布

2）气温、积温、无霜期

甘肃省气温的变化范围非常大，年平均气温–2.7～14.8℃，总体分布趋势是自东南向西北降低（图 1-6）。气温主要受纬度和地形的影响，随着纬度的增加温度下降，同一纬度地区随着海拔的增加而下降。由于省内地形复杂，既有耸入云霄的高山，亦有高原、绿洲和荒漠，因此气温的垂直分布比纬向分布更为明显，形成不同的垂直层带。东西截然不同的气温差异主要是受地形的影响（图 1-6）。如陇南山区是甘肃热量资源最为丰富的地区，年平均气温为 8.0～14.8℃，海拔 1000 m 以下的陇南白龙江河谷年均气温可达 14.8℃，海拔 1500 m 以上的地区年均气温在 8.0℃以下，海拔 2500 m 以上的地区年均气温小于 4.0℃，海拔 3000 m 以上的地区年均气温大部分在 0℃以下。

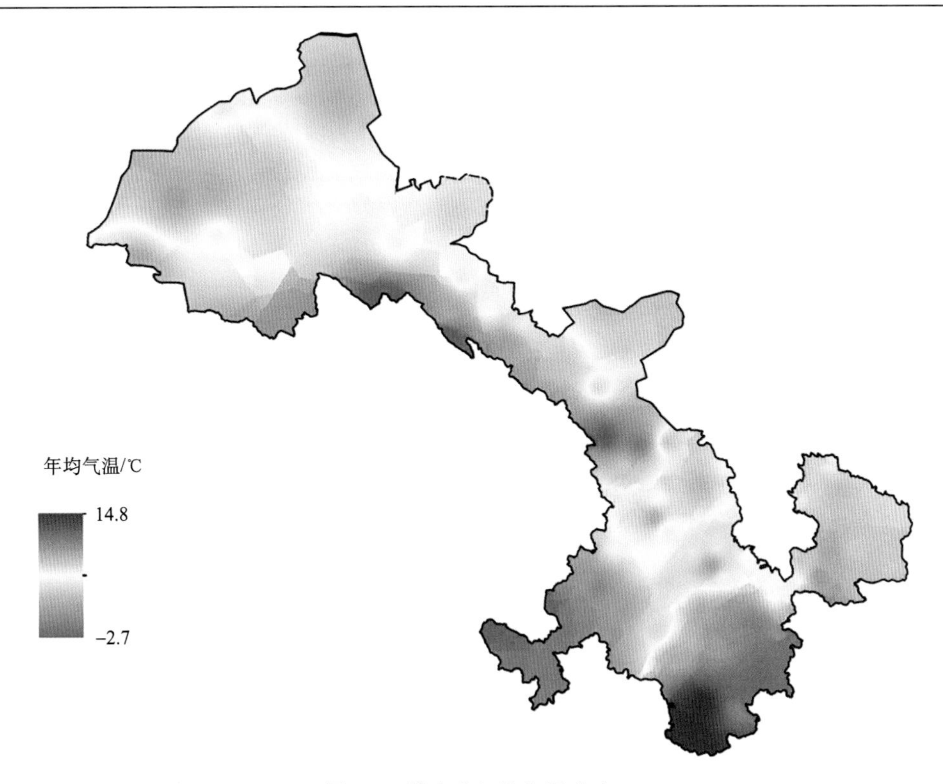

图 1-6　甘肃省年均气温分布

根据 1956～2012 年 57 年的统计资料，甘肃省年均气温为 7.2℃，以 0.32℃/10 a 的速度持续增长，高于全国平均 0.25℃/10 a 的增温速度（窦睿音等，2015）。一年中温度随季节的变化比较明显，夏季温热，冬季寒冷，最热月与最冷月的气温年温差大。根据甘肃省年鉴资料，近 10 年（2008～2017 年），一年中最热 7 月的平均气温为 22.0℃；最冷 1 月的平均气温为−7.4℃。由于地理位置和地形的影响，甘肃省不同地区的气温差异非常大。一年中最热月与最冷月气温之差由东南向西北增大，东南部最低为 22℃，西北部最高为 34℃。尽管全省的气温在夏季比较温热，一般在 30℃以下，但在西北部的荒漠地区也曾出现过超过 40℃的极端最高气温。

甘肃省的日温差也较大，平均日温差由南向北、由东向西逐渐增大。最大日温差河西走廊可达 26～32℃，中部 20～31℃，陇东和陇南北部 23～32℃，陇南南部 23℃左右，甘南 30～35℃。

积温即是累积温度，指在一既定时期内，日平均温度对参考温度偏差的总和。以日平均气温稳定通过 0℃的持续期作为喜凉作物的生长季，10℃是喜温植物适宜生长的起始温度。因此，农业上常用≥0℃的积温和≥10℃的积温来指导农事活动。

全省的积温分布范围大，≥0℃积温的范围为 1029～5426℃（图 1-7），总体上自东南向西北，由平川、河谷、盆地向高原和高山逐渐减少。最大的积温出现在西南部，其次是东北部，再次是高原和高山的东部地势稍低的区域，高海拔的甘南和祁连山高山积温最小。≥0℃积温最高的地区在陇南的南部，大于 4000℃；其次是河西走廊西部的安

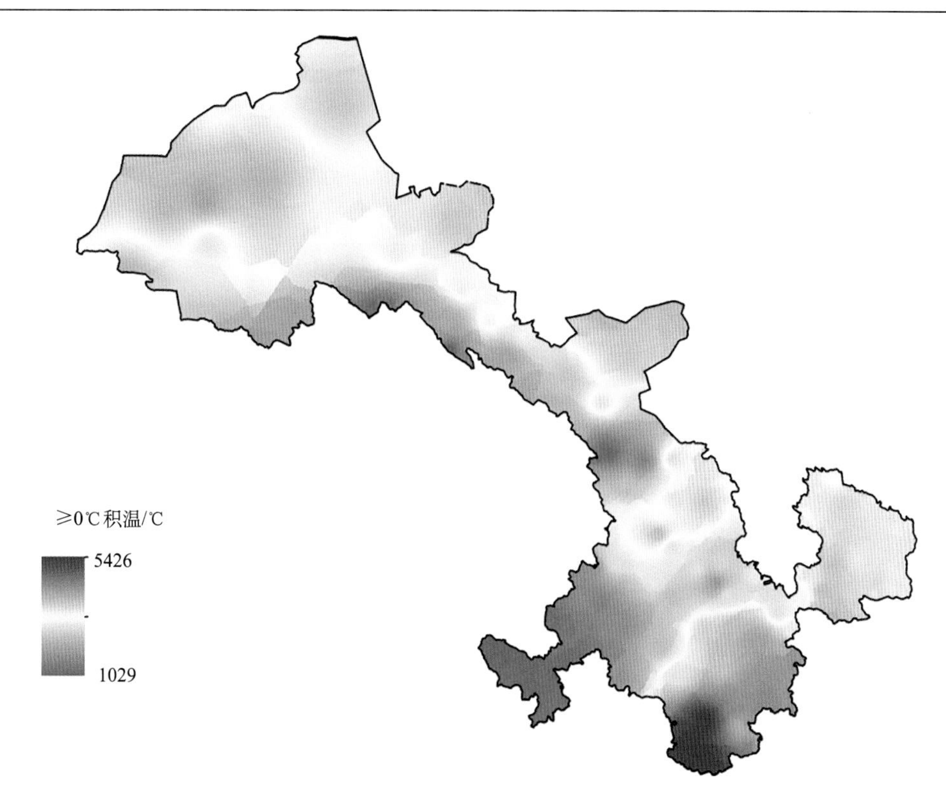

图 1-7　甘肃省≥0℃积温分布

敦盆地，也可达 4000℃以上；最低的区域位于甘南高原（1400～2300℃）和祁连山区（1029～2400℃）。陇南北部为 3500～4100℃，陇东一般为 3200～3900℃，陇中一般为 3000～3500℃，河西走廊大部分地方为 3000～3800℃（王国强等，2016）。

全省≥10℃积温的范围为 130～4724℃，分布规律与≥0℃积温相一致（图 1-8）。陇南南部是全省≥10℃积温最高的地区，在 4500℃以上，其次是河西走廊西部的安敦盆地在 3500℃以上，甘南高原最低，130～1500℃。其他地区的大致分布规律为陇南北部 3000～3800℃，陇东一般为 2600～3300℃，陇中大部分地区为 2000～3000℃，河西走廊大多在 2100～3300℃，祁连山区和马鬃山区为 300～2300℃。

海拔对积温的影响比纬度更明显，并大于对温度的影响。等积温线基本与地形等高线相一致，平均海拔每上升 100 m，≥10℃积温减少 144.5℃。因此，积温与海拔之间存在显著的负相关。≥0℃积温的最小值出现在祁连山的海拔最高处，仅是与之纬度相近陇南南部最高积温的五分之一。

近年来随着全球气候变暖，陆地生态系统的积温有普遍增加的趋势。甘肃省的大部地区位于半干旱和干旱区，植被稀疏，属于生态脆弱区，其对全球变暖的响应更为敏感。已有的研究表明，甘肃省 1960～2014 年期间≥0℃和≥10℃的积温分别以 66℃/10 a 和 65℃/10 a 的速率增加（王国强等，2016）。

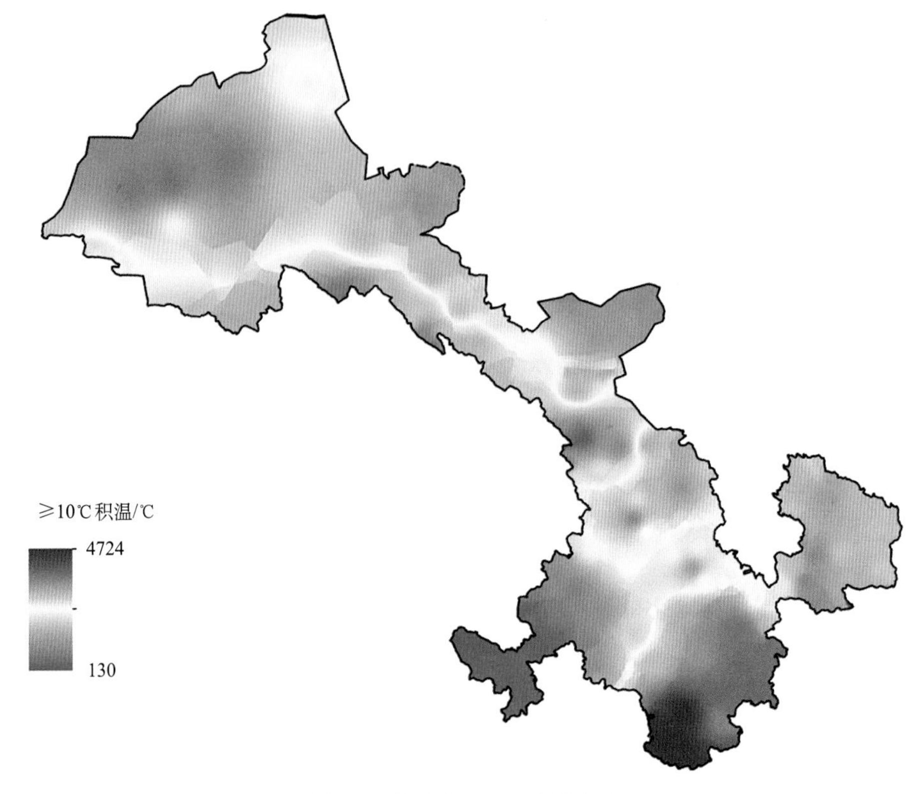

图 1-8　甘肃省≥10℃积温分布

无霜期一般是指农作物不受霜冻危害时>0℃的时期。由于甘肃省气候干燥，有时不出现白霜但仍有冻害，故以日最低气温≤2℃为霜冻指标，以日平均气温>2℃的时期为无霜期。全省无霜期为 31～290 天，分布趋势自东南向西北、自河川谷地向高原、高山逐渐缩短，以陇南无霜期最长，甘南高原和祁连山区最短。陇南南部 290 天，陇南北部 210 天，陇东和中部 160～190 天，河西走廊 150～180 天，甘南高原 31～142 天（甘肃省土壤普查办公室，1993；鲍文中等，2018）。

3）土壤温度

土壤温度是土壤热量状况的度量，不仅影响作物根系的生长和对矿质元素的吸收，而且影响成土过程中的化学反应，从而影响土壤的形成和演变过程。当土壤温度达到 0℃以下时，水分结合着土壤颗粒开始冻结，土壤中的各种化学反应变得微弱，乃至停止。由于含水分土壤冻结膨胀会导致土壤颗粒物理崩解，冻融过程引起的岩石崩解和剥裂是高山寒冻区主要的物理风化过程和土壤形成过程。当土壤温度升高时，土壤中离子的活度和各种化学反应速度增加，也会加快有机质的分解，加快成土过程。

土壤温度不仅取决于气温，而且还受太阳辐射、大气循环、降水等其他气象参数的作用。表层的土壤温度受太阳辐射、气温和风等的影响，日变化幅度较大。大约在土表以下 50 cm 处土壤温度比较稳定，没有明显的日变化。而且 50 cm 土层与农业生产和土壤性质的关系更为密切，因此土壤系统分类把 50 cm 深度处的年均土温作为分异特性，用于不同分类级别的区分（龚子同和陈志诚，1999）。

50 cm 深度处的土壤温度缺少实测的数据，目前推算的方法有 3 种：经验法、气温推算、纬度和海拔推算。根据经验，某个点位 50 cm 深度年均土壤温度一般比年均气温高 1～3℃（龚子同，1993）；气温推算的公式为 y=2.9001+0.9513x（r=0.989**）（冯学民和蔡德利，2004）；纬度和海拔推算法针对海拔 1000 m 以下，采用纬度和海拔的土壤温度推算公式为 $y = 40.9951 - 0.7411x_{纬度} - 0.0007x_{海拔}$（$r$ = 0.964**）。由于甘肃省的气温已经体现了纬度和海拔的影响，并且《甘肃土壤》（甘肃省土壤普查办公室，1993）中也记载了根据甘肃省有关资料计算，50 cm 深度年平均土温比年平均气温高 2.4～3℃，因此，本书采用冯学民和蔡德利（2004）的推算公式，计算获得甘肃省 50 cm 深度年均土温介于 0.3～17.0℃之间。甘肃省年平均土温分布的总体趋势与气温相同，虽然纬度对土温分布有影响，但是在甘肃省高山、高原、荒漠和戈壁的分布和海拔对土温的影响更为明显（图 1-9）。根据 50 cm 深度土温范围，确定甘肃省土壤温度状况中有寒性、冷性、温性和热性 4 类。

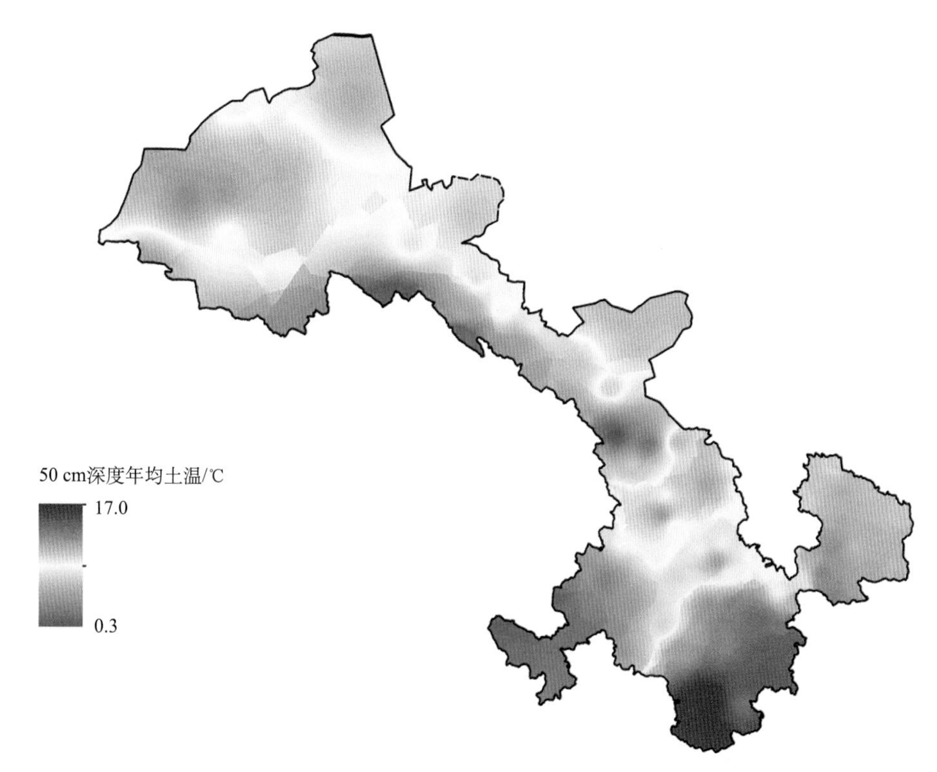

图 1-9　甘肃省 50 cm 深度年均土温分布

4）降水和蒸发

甘肃省地处中纬地带大陆内部，降水量及其年内分配由东亚大气环流状况和特殊地形条件所决定。来自印度洋孟加拉湾和太平洋的气团经长途跋涉，到达该地区时所含水汽不多，西南季风气流要越过青藏高原才能到达甘肃省的甘南高原及祁连山地，成雨机会少，全省多年平均降水量为 301.8 mm。

降水地区差异大，分布极不均匀，不同地区的年均降水量为 20～984 mm，总趋势是东南多、西北少，山地多、平原少（图 1-10）。降水平均纬向递减为 123 mm，经向递减 96 mm。年均降水量也受地形和海拔的影响具有垂直变化，在高山和高原区随海拔的升高而增加，但至一定高度后会明显减少，最大值在距山顶 300～400 m 附近，且迎风坡大于背风坡。在相同高程带，迎、背风坡的降水量相差 100 mm 以上。年均降水量小于 300 mm 的地区占总面积的 66%；300～500 mm 的地区占总面积的 11%；大于 500 mm 的地区占总面积的 23%（张万春，1992）。年均降水量最多的地区在陇南，年均降水量最少的地区是河西走廊，敦煌为全省最低。

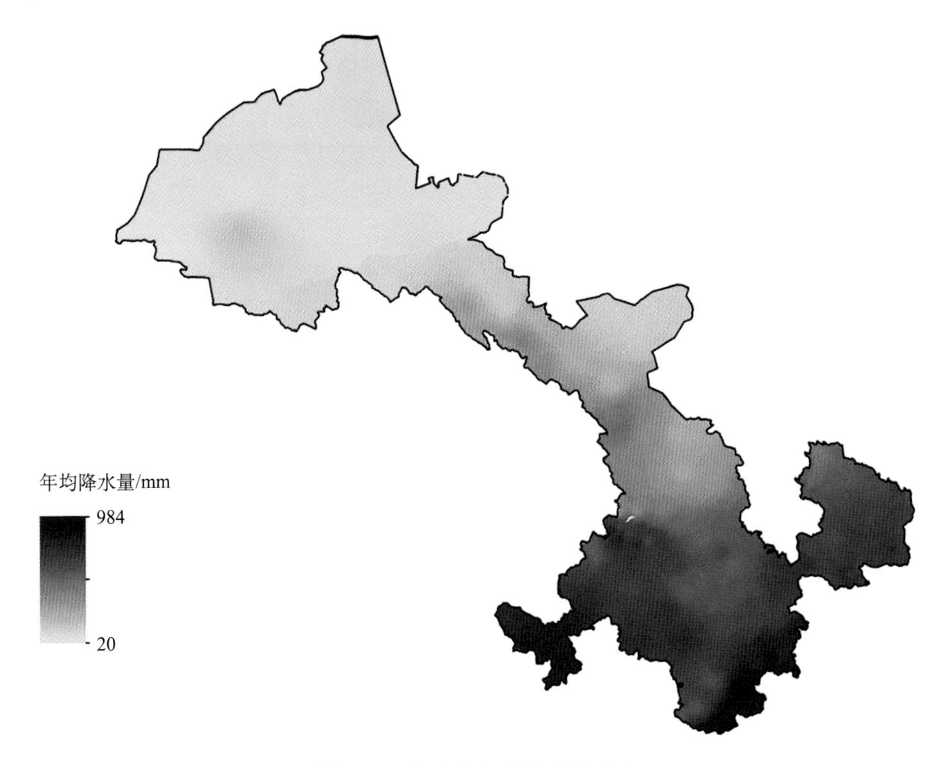

图 1-10 甘肃省年均降水量分布

甘肃省年均降水量的重要特征是降水量少而年内分配不均，年际变化大，干旱灾害频繁。虽然年均最大降水量最高的地区达到 984 mm，但是大部分地区年均降水量不足 500 mm。受东南季风和青藏高原的影响，一年中降水主要集中在夏秋两季，尤其是 7、8、9 月份。夏季降水量可占年均降水量的 50%～70%，秋季可占 25%～30%，春季占 15%～23%，冬季仅占 1%～5%。同一地区降水量的年际变化也很大。最大年均降水量与最小年均降水量的比值由南向北、由东向西增大，河东地区大部在 2～3 之间，定西 1967 年降水量 721.8 mm，而 1969 年仅 248.7 mm，比值为 2.9；敦煌的比值最大，为 16.5（张万春，1992）。

甘肃省的年均蒸发量分布规律和降水量的分布规律大致相反，自东南向西北逐渐增加。年均蒸发量分布的主要特点是：高山区小，河谷区大；南部小，北部大。陇南大部分地区小于 800 mm，景泰县达 2000 mm；陇东泾河流域由南部的 900 mm 增至北部的

1200 mm；河西地区由南部山区的 800～1200 mm 增至走廊区的 1300～1800 mm，河西走廊西北部高达 2000 mm 以上。岷山、迭山、西秦岭及太子山区等蒸发量小于 700 mm，而白龙江、白水江河谷地区蒸发量一般都在 1100～1300 mm。蒸发量随高程而变化，海拔 3100 m 以下，每升高 100 m，蒸发量递减 56 mm。年均蒸发量的季节分布是冬季最小，夏季最大，春季大于秋季。最大值出现在 6、7 月，最小值在 12、1 月，2～5 月蒸发量迅速增加，9～11 月迅速减少。一般年变化幅度在 200 mm 左右。

干燥度表征气候干燥程度，亦反映土壤干湿状况，主要取决于土壤中水分的储蓄和运动情况，即水分平衡状况。水分多寡决定于年均降水量与年可能蒸发量。根据 Penman 经验公式 D=ET/P 计算该区域的干燥度。式中的 D 为干燥度；ET=$f \cdot E_0$，E_0 为计算所得的 E691 型水面蒸发器的年平均水面蒸发量，单位为 mm，f 为一年内随季节而变异的系数，11～2 月为 0.6，5～8 月为 0.8，其余各个月为 0.7；P 为一年平均降水量，单位为 mm。甘肃省的干燥度为 1.4～62.1。

1.2.2 地形地貌

1）地质概况

甘肃省地质构造复杂，地层出露从老到新交错分布，并处于几个大地构造单元的交界处，分区明显。在构造上主要属鄂尔多斯地台、阿拉善—北山地台、祁连山褶皱系和秦岭褶皱系。陇东属地台型沉积，隶属全国地层区鄂尔多斯和鄂尔多斯西缘分区；北山隶属全国地层区天山北山区分区；敦煌隶属全国地层区塔里木区的塔里木盆地分区；祁连山隶属全国地层区祁连山区的河西走廊与祁连山两分区；西秦岭隶属全国地层区巴颜喀拉秦岭区的秦岭分区及巴颜喀拉分区。

甘肃省地层历经前加里东运动、加里东运动、海西运动、印支运动、燕山运动、喜马拉雅运动、新构造运动等多次构造运动，造成各地层间的不整合、假整合、褶皱和断裂等。

前加里东运动主要涉及祁连山、龙首山、北山及鄂尔多斯西缘等广大地区，造成震旦系与前震旦系之间、寒武系与震旦系之间的不整合，并引起该时期地层的强烈褶皱、变质、断裂及岩浆侵入活动。

加里东运动是早古生代的地壳运动的总称。在该时期祁连山在奥陶纪末上升为山地，岩层褶皱变质强烈，伴随大量的岩浆入侵，引起下古生界各系之间的不整合。同时，造成下古生界地层强烈褶皱、变质与断裂。至志留纪末结束了祁连山地槽的造山运动，接着泥盆系不整合覆盖于志留系及以前地层之上。随后，祁连山区进入了地台型沉积和以造陆为主的运动。

海西运动是晚古生代地壳运动的总称，这是影响全省各地区构造轮廓的一次重要运动。该次运动以北山最为强烈，使晚古生代以前地层发生强烈褶皱、变质和断裂。这属于地槽回返褶皱造山，多呈复式紧密褶皱，断裂为逆性与逆掩性质，线状构造明显，形成近东西向的构造线。本次运动伴随有大量侵入活动，并伴随火山喷发。海西运动末期结束了北山地槽褶皱成山，并造成了三叠与二叠系间的不整合。

印支运动在省内包括了褶皱造山运动和造陆的升降运动。在秦岭地槽主要为褶皱造山运动，并伴随有大量侵入活动，形成复式紧密褶皱与逆性、逆掩性质的断层，部分地区岩层多呈倒转及叠瓦式的褶皱。本次运动线状构造明显，构造线多为近东西向及部分向南突出的弧形构造。在鄂尔多斯主要为造陆的升降运动，为陆相盆地型沉积，这里的褶皱多平缓开阔，轴线较短，断裂多为正性与高角度逆性断层。本次运动在祁连山、北山、鄂尔多斯等地造成一些断裂和中、新生代盆地。

燕山运动对甘肃省的影响较弱，主要为造陆的升降运动。本次运动使侏罗系和白垩系发生形变，并在秦岭形成较多的中酸性侵入岩（花岗岩、闪长岩为主），切割了较老的构造线，形成一些中、新生代盆地。本次运动造成白垩系与侏罗系和古近系与白垩系之间的不整合。

喜马拉雅运动对甘肃省的影响亦不强，以升降运动为主。早期运动使古近系和新近系平缓褶曲，并具有伴生的断裂和微弱岩浆活动；晚期运动使部分第四系发生轻微褶曲与断裂。该运动带来六盘山等南北向山地的隆升。

新构造运动在河西走廊、祁连山、陇西和陇南等地均有强烈影响，属于现今强烈隆升的青藏高原边缘，频繁的地震活动与其有直接的联系。祁连山—河西走廊的地震带范围较大，西起肃北、安西，东至武威、古浪，北侧以合黎山、龙首山为界，南为祁连山系。

地质构造决定了岩层在地面的出露和分布，也决定了甘肃省的地形地貌，并对土壤的形成和分布、土地利用和农业布局、农田基本建设的工程措施等具有重要影响。同一区域不同的岩层会形成不同的土壤类型，尤其是在基岩出露的区域，岩层分布主导了土壤类型的分布。

2）地形地貌

甘肃省地处黄土高原、内蒙古高原和青藏高原交会地带，分属于黄河流域、长江流域及内流河流域。地貌实为一个山地型高原，地势高亢，地貌类型复杂。省内东南部重峦叠嶂，山高谷深，流水侵蚀作用强烈；中部和东部为深厚的黄土覆盖，为典型的黄土地貌，水土流失严重；河西走廊地势坦荡，绿洲与沙漠戈壁交错分布；北山山地气候干燥，风力剥蚀显著，为内蒙古高原的西端；西南部的祁连山脉、西倾山脉和甘南高原，地势高耸，气候寒冷，高山、极高山带分布有现代冰川地貌。

甘肃省主要山体大都呈西北—东南走向，如甘青交界的祁连山脉与西倾山脉，甘陕交界的秦岭和子午岭，甘川界上的岷山山脉等。平原地貌主要分布在祁连山北麓的河西走廊，主要为倾斜的洪积扇平原、冲积洪积和剥蚀平原等。风沙地貌主要分布在河西漠境地区，其中风蚀地貌有风蚀窝、风蚀蘑菇、风蚀柱、风蚀垄槽（雅丹地貌）、风蚀洼地、风蚀谷、风蚀残丘、风蚀城堡、风蚀漠（石漠与砾漠又称戈壁）和风蚀沙地等。风积地貌有沙波纹、沙堆、新月形沙丘、新月形沙丘链、沙丘垄、梁状沙丘、格状沙丘、蜂窝状沙丘和金字塔沙丘等。黄土地貌以沟谷密布、地形连绵起伏为特点，分布于中东部，是第四纪时期沉积的土状堆积物。风积黄土承袭了下伏丘陵、盆地、阶地和河谷等地貌形态。现代的剥蚀作用主要是流水侵蚀和重力侵蚀。流水侵蚀包括片状散流侵蚀、沟状线流侵蚀和潜蚀等。黄土侵蚀沟有细沟、浅沟、切沟、冲沟和河沟等；黄土沟间的地貌有黄土塬、黄土梁、峁、丘陵、低山和黄土坪等；黄土谷坡地貌有泻溜、崩塌和滑坡等；黄土潜蚀地貌有黄土碟、陷穴、柱和黄土桥等。此外还有盆地、川、台、滩、湾、掌等大小不等地貌形态。甘肃省的高程、坡度和坡向分布见图 1-11、图 1-12 和图 1-13。

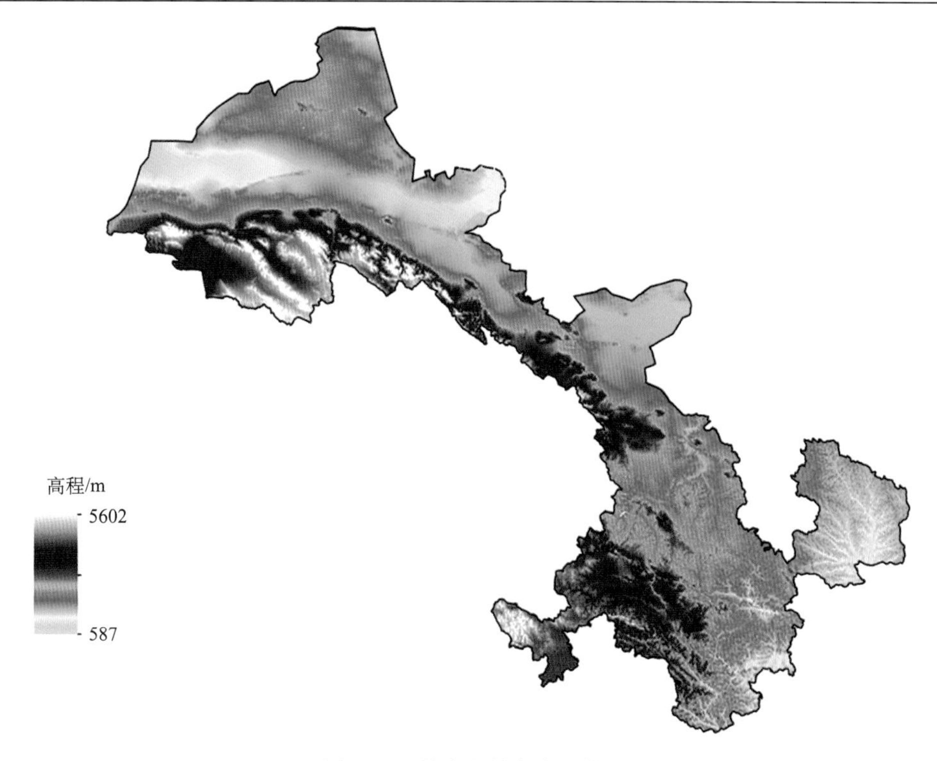

图 1-11　甘肃省数字高程模型

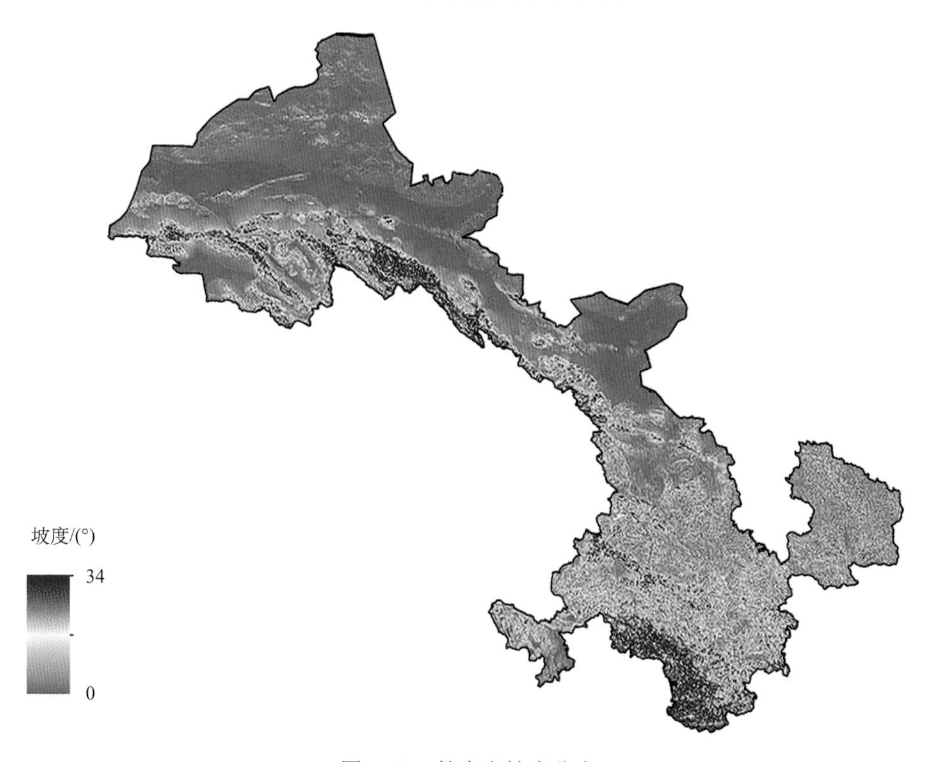

图 1-12　甘肃省坡度分布

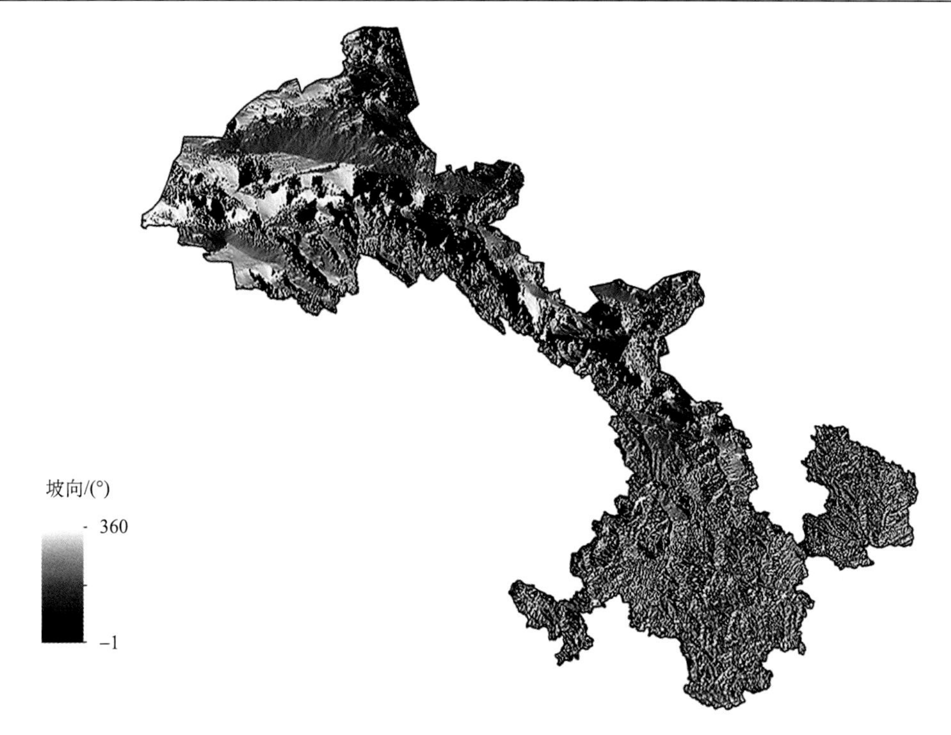

图 1-13　甘肃省坡向分布（–1 表示平地）

甘肃省大部分地处青藏高原北缘，除陇南部分川、谷、盆、坝及疏勒河下游河谷等地势较低外，大部分地区的海拔都在 1000 m 以上（图 1-11）。根据较大的地貌特征及其构造成因，全省大致可分为六个地貌单元：陇南山地、甘肃黄土高原、甘南高原、祁连山地、河西走廊高平原和北山山地。

（1）陇南山地

本区位于甘肃省南部，甘南高原以东、渭河以南，属于秦岭山脉的西延部分。本区域具有红色丘陵盆地的断裂隆起，深切割的中山，在构造上属西秦岭褶皱系。受燕山运动的影响，形成了许多狭长背斜层和大的逆掩断层，并有花岗岩侵入体，呈东西向紧密褶皱。在断层的作用下形成了山间盆地及河谷川坝，有古近纪和新近纪红色岩系沉积。在喜马拉雅运动和新构造运动的作用下，本区域再度上升，产生了许多东西向断层，并形成了数级阶地。地面出露的岩石主要有变质岩、花岗岩、结晶片岩、片麻岩、石灰岩、红色砂砾岩和千枚岩。新生代黄土在迭山以东海拔 1500～2000 m 以下的地区具有广泛分布。

陇南山地，山高谷深，地形以山地为主，整个地势西高东低（图 1-11），东部海拔不足 2000 m，西部为 1500～4000 m。徽成丘陵盆地将秦岭分成南北两支，北秦岭山势比较低缓，自天水市火焰山、八盘山西延至莲花山（3578 m）、太子山（4332 m）；南秦岭山势较为高峻，包含岷山、迭山及武都秦岭弧，海拔从东部白龙江谷地小于 1000 m 上升到岷山 4378 m、迭山 4160 m。

陇南山地是渭河、洮河、白龙江、西汉水的发源地，是黄河水系和长江水系在省内的分水地带。区内山岭较多，河道交错，水文网密集，河流水量丰沛，植被丰厚。山地占全省山地面积的 43%，高原占全省高原面积的 32%。山地多为土石山坡，坡耕地面积广，森林分布不均，降水多为暴雨，极易造成水土流失、滑坡及山洪泥石流。

（2）甘肃黄土高原

本区包括陇中中山与黄土丘陵和陇东黄土高原。

陇中中山与黄土丘陵位于甘肃省中部，包含六盘山（陇山），南至秦岭以北的渭河上游（陇南山地以北），西至乌鞘岭及甘青省界，北至甘宁、甘蒙省界。本区是侵蚀中山与黄土丘陵和山间盆地的交错地段，海拔一般在 1300～2500 m，地形起伏大。在流水的切割作用下，形成以破碎的黄土沟壑及黄土梁峁丘陵为主的地貌，塬面及川谷盆地比例较小。接近南北走向的六盘山主要是喜马拉雅运动的产物。

陇东黄土高原位于陇山以东，止于甘陕省界。地势大致由东、北、西三面向东南部倾斜，呈盆地形势。海拔 1200～1800 m，黄土堆积厚达 100 m 以上。由于泾河及其支流的侵蚀，形成了塬、梁、峁及坪、川沟等多级阶状地貌，切割深度数十米至二百余米。塬面地势平坦，塬边有 3°～8°的倾斜，沟谷边缘黄土崩塌。陇东黄土高原在构造上为长期稳定的鄂尔多斯台地南部，基岩为中生代的砂岩和页岩，其上覆盖着新近纪红土和黄土。黄土厚度可达 100～150 m，下部颜色较红，质地较黏，部分底部有砾石层。

（3）甘南高原

本区位于甘肃省陇南山地及过渡带以西，是青藏高原东部边缘的一部分，地势西高东低，海拔从东南部的 3500 m 左右逐渐向西增高到 4000 m 以上。本区在构造上属于西秦岭与东昆仑两地槽褶皱系的连接地段，属侵蚀构造的高原山地。西南部的阿尼玛卿山横亘玛曲县境，形成“九曲黄河”的第一弯曲部。西倾山将玛曲和碌曲分隔，洮河发源于东麓。境内高山甚多，属于微有起伏的夷平面，切割轻微，谷底开阔，呈典型的高原景观。各山之间形成平坦宽广的山间盆地，有堪木日多、乔科、俄后、尕海、晒银、达久、科才、苦水、桑科、甘加等 15 个大草原。盆地内地下水外溢，形成沼泽。

（4）祁连山地

本区位于甘肃省西南部，甘、青两省交界处，当金山以西阿尔金山东部山地境内部分，甘肃省的最高山峰位于此处。祁连山地由七条走向大致平行的山脉和山间盆地组成，自北向南主要的山岭与盆地包括：走廊南山的冷龙岭和黑河的俄博河盆地及大通河盆地、陶勒山和陶勒河盆地；陶勒南山和疏勒河盆地；野马山的大雪山、疏勒河南山、野马南山和野马河谷地的党河盆地；党河南山和大哈勒腾河谷地；察汗鄂博图岭、土尔根达坂山和小哈勒腾河谷地；阿尔金山、党河南山与塞什腾山之间的苏干湖盆地。祁连山地海拔一般在 4000 m 以上，部分超过 5000 m。海拔 4500 m 以上区域终年积雪，分布着现代冰川，是河西走廊的天然“高山水库”，是甘肃省石羊河、北大河和疏勒河等内陆河的发源地。在海拔 3500 m 以上的许多地区，至今还保留着一些古冰川侵蚀地貌。山间盆地为宽阔的冰碛、洪积与冲积平原，谷地平原高度相差悬殊，平均海拔约 3000 m。

新构造运动在祁连山地极为活跃，古夷平面、河流阶地及山麓叠置扇形地表明古近纪以来地面的间歇性隆升。祁连山自北向南有五个构造带：北祁连山北缘的拗陷带、北祁连山的加里东地槽、中祁连山前寒武纪的褶皱结晶岩地轴、南祁连山早古生代至中生代早期的拗陷带与南祁连山的加里东地槽和柴达木盆地北缘的隆起带。主要外营力为冰蚀、侵蚀和干燥剥蚀，主要地貌类型为冰川、冻土地貌、侵蚀地貌和风沙地貌等。

祁连山地山势西高东低，按地形分为东、中、西三段。在气候上，祁连山地东部比较湿润，西部与南部较为干燥。祁连山东段，谷地降水量约 300～400 mm，高山降水量 400 mm 以上；海拔 2500～3200 m 有云杉林或亚高山草甸，3600 m 以上为现代冰川，山坡陡峭，岩石裸露；3000～3600 m 为古代冰川雕刻作用形成的缓坡岩屑堆积带，3000 m 以下为一般流水侵蚀带。祁连山中段气候渐转干燥，肃南附近的森林上线至约 3500 m，酒泉以西已经看不到森林了；现代冰川作用的下线为 4100 m，古代冰川作用的下线为 3000 m 左右。祁连山西段气候干燥，呈荒漠与半荒漠景观。肃北和阿克塞以南地区谷地降水量只有 50～100 mm，山地降水量约 150～200 mm，现代雪线升至海拔 4500～4800 m，5000 m 左右为冰川。地貌垂直分布带明显，海拔 4000 m 以上为冰川与冰雪覆盖，3000～4000 m 为黄土、岩屑混杂的半荒漠缓坡带，3000 m 以下为干燥剥蚀占优势的半荒漠性干沟地带。

苏干湖盆地海拔 2800～3000 m，东接大、小哈勒腾河谷地，西与柴达木盆地相连。大苏干湖为咸水湖，小苏干湖为淡水湖，大、小苏干湖之间分布着沼泽洼地和盐碱地。外围为沙漠与戈壁，具有风积沙形成的新月形和垄岗状沙丘。苏干湖区为冲积湖积平原，大、小哈勒腾河谷为冲积洪积砾石平原，有古近纪和新近纪红岩丘陵和削平构造的变质岩丘陵凸起在平原之上。

（5）河西走廊高平原

本区位于甘肃省西部祁连山和北山之间，黄河以西，东起乌鞘岭，西至甘新省界。东西长约 1200 km，南北宽几千米至百余千米，为一狭长地带。该区为冲积洪积平原，其上分布有一些干燥剥蚀的丘陵和山地。地势自东向西、自南而北倾斜，海拔多为 1000～1500 m，部分高地可达到 2500 m，也有盆地小于 1000 m。

在地质构造上，河西走廊是与祁连山隆起相毗连的山前拗陷，主要为第三纪红色岩层和近期砾石沉积。拗陷始于二叠、二叠纪，至侏罗纪开始接受沉积。新近纪前，伴随着祁连山迅速上升，从山上冲刷下来的砾石和土壤覆盖了走廊。该区域山前拗陷带以逆掩断层为特征的新构造运动非常强烈，造成断块山地突起于平原之上。由此形成的大黄山、焉支山分隔武威平原和张掖—酒泉平原，形成了石羊河和黑河两个内陆水系；黑山与宽台山分隔疏勒河平原和酒泉平原，三危山与东巴兔山分隔疏勒河中下游冲积洪积平原和祁连山麓洪积平原。石羊河及其支流灌溉武威、民勤绿洲和永昌绿洲，黑河灌溉张掖绿洲；流经酒泉的北大河灌溉嘉峪关、酒泉和金塔绿洲；疏勒河灌溉玉门、安西绿洲；疏勒河的支流党河灌溉敦煌绿洲。在流水作用下，河西走廊的玉门和高台之间，自南向北第四纪沉积物分为五个带：南山北麓坡积带、洪积扇带、洪积冲积扇带、冲积带和北山南麓坡积带。

河西走廊高平原气候干燥，年降水量小于 200 mm，愈往西愈干燥。走廊东部和西部自然景观差异明显，张掖以东有黄土分布，愈往东黄土愈厚；张掖以西沙漠以戈壁为主，风蚀作用显著，有沙岗沙垄、沙丘链和黏土阶地风蚀而成雅丹地貌，亦有大片盐沼分布。敦煌、酒泉、张掖、武威附近有微倾斜的湖积平原。河西走廊也存在构造型盆地，主要有武威盆地、张掖盆地、安（西）敦（煌）玉（门）盆地、民勤—潮水盆地和金塔—花海盆地。

（6）北山山地

位于河西走廊北部的马鬃山、合黎山、龙首山等山统称北山或走廊北山。本区为断续的中山山地，呈西北—东南走向，西部和东部高，中部低，东西长达千余千米。北山山地海拔 1500～3400 m，相对高度 500～1000 m，是准平原化的干燥剥蚀山地、波状起伏剥蚀高原和平坦的洪积平原。西部的马鬃山地区，有明显的东西走向的平行山谷，海拔 2000 m 左右，主峰马鬃山 2583 m，属中低山与残丘，山岭低矮而狭窄，谷底宽展，为残积洪积戈壁平原。合黎山由西北向东南呈带形分布，海拔 1400～1900 m，属石质低山残丘，东、西端山口有风沙侵袭，形成高大的沙岗地貌。龙首山为较陡峻的中山，海拔多为 2000～3000 m，北坡陡南坡缓，主峰东大山海拔 3616 m，是走廊北山最高峰。

北山山地北部为沙漠地貌，与巴丹吉林和腾格里沙漠相接。风急沙大，山岩裸露，荒漠连片，具有“大漠孤烟直，长河落日圆”的塞外风光。马鬃山地主要岩石有片岩、板岩、花岗岩、闪长岩和辉长岩等，合黎山准平原化的岛状山主要为花岗片麻岩风化的残积-坡积物，龙首山山地主要有千枚岩、板岩、红砂岩、砾岩、泥灰岩、石英岩、灰岩和花岗岩等。本区气候非常干燥，缺少水源，呈荒漠景观，多砾质戈壁和风蚀残山。

1.2.3　成土母质

成土母质是土壤形成和发育的物质基础。甘肃省成土母质类型复杂多样，既有岩石直接风化物，也有沉积物（图 1-14）。秦岭山脉和祁连山裸露岩石经风化形成残积物；山坡上流水作用形成坡积物；沟谷洪流形成洪积物；河谷和平原流水作用形成冲积物；平原和盆地低洼湖中形成湖积物；祁连山高山带冰川作用形成冰积物——冰碛物及冰水沉积物；甘肃黄土高原地区风力悬运堆积形成风成黄土；还有混合成因的残积-坡积物、坡积-堆积物、坡积-洪积物、坡积-冲积物、冲积-洪积物和冲积-湖积物等。

1）残积物

岩石经过风化以后，部分物质随水流失，残留在原地的物质为残积物。残积物经过各种形式的搬运，可成为其他类型的堆积物。残积物的成分和生成它的岩石成分一致。依据基岩成分，甘肃省的残积物主要有浅色硅质结晶盐类风化物、暗色铁镁中基性结晶盐类风化物、砂岩风化物、泥质岩类风化物、碳酸盐岩类风化物和红色岩类风化物。

（1）浅色硅质结晶盐类风化物

主要分布于甘肃省北秦岭、陇山、祁连山和北山山地，由于岩石所在区域的气候情况不同，风化残积物的性状变化较大。浅色硅质结晶盐类风化物为酸性的石英质火成岩和变质岩，包括花岗岩、花岗片麻岩、花岗闪长岩、花岗斑岩等。此类岩石经过地球化学作用而产生的残积物所形成的土壤比较深厚，粗砂粒和黏粒混成一体，疏松而透水性较强，盐基淋溶较强，一般呈微酸性。由于浅色矿物石英和钾长石含量多，深色矿物黑云母和角闪石含量较少，且因母岩含铁量低，形成土壤的颜色常为黄或黄棕色。

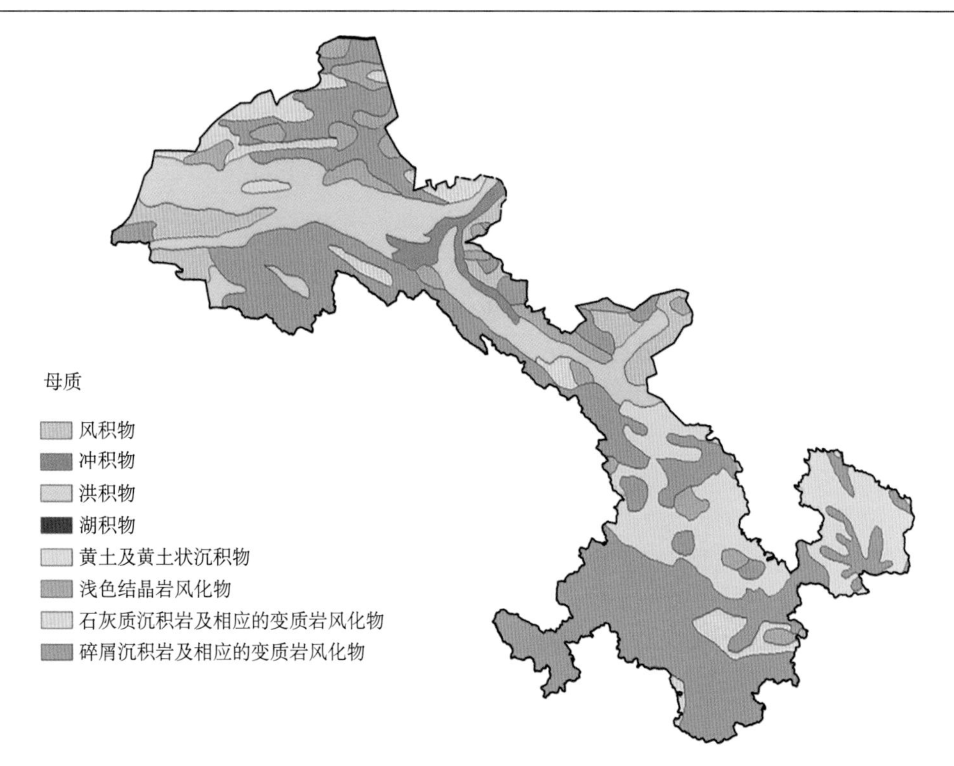

图 1-14　甘肃省成土母质图（中国科学院南京土壤研究所，1986）

（2）暗色铁镁中基性结晶盐类风化物

零星分布于甘肃省秦岭、祁连山、北山山地和河西走廊等岩石裸露区域。暗色铁镁中基性结晶盐类风化物为中性和基性岩类，主要有安山岩、闪长岩、正长岩、辉长岩、辉绿岩和玄武岩等。矿物组成以斜长石、辉石和角闪石为主，铁镁氧化物含量高，深色矿物辉石、角闪石、黑云母和橄榄石等增多。岩石的颜色为灰色、深灰、浅绿、灰绿、深绿和黑色等，易吸热，易物理性崩解和化学风化。因此，常形成富含黏粒的深厚土壤。由于风化物含较高的游离铁，土壤常呈暗棕或棕红色。土壤盐基水平含量较高，中性岩呈中性或微酸性，基性岩呈中性至弱碱性。

（3）砂岩风化物

主要分布于甘肃省的秦岭山地、六盘山、祁连山及中部地区的石质中山。砂岩风化物有石英砂岩、长石砂岩等，由含量 50%以上、直径 2.0～0.1 mm 的碎屑胶结而成。其主要矿物为石英（含量>50%），也常含有长石、白云母、磁铁矿等。砂岩中石英颗粒含量超过 95%的为石英砂岩，长石颗粒含量达 25%～60%的为长石砂岩。砂岩受胶结物影响，泥质和碳酸钙胶结的砂岩，易风化，可生成较厚的风化层，松散而无大块；由氧化硅和铁质胶结的砂岩，胶结物难以风化，因而风化层薄，并有大石块夹杂，含铁质胶结物的砂岩形成的土壤常偏红色。含石英多的砂岩形成的土壤质地砂，含长石、云母或其他矿物较多的砂岩形成的土壤黏粒含量高。石英岩坚硬致密，最抗风化，风化层薄并含大量带棱角的大石块，质地粗而保蓄力不强。甘肃省秦岭以南气候温暖湿润，淋溶作用较强，土壤多为中性或微酸性，其他区域呈中性或弱碱性。

（4）泥质岩类风化物

在甘肃省分布范围较广，主要有秦岭山地、祁连山地、陇山、北山、河谷盆地和侵蚀严重地区。泥质岩类风化物是泥岩、页岩、粉砂岩、片岩、板岩、千枚岩等岩类的残积风化物。泥岩主要由黏土组成；粉砂岩由粒径 0.1～0.01 mm 的颗粒组成；页岩是细粒机械沉积形成的具有鳞片状页理固结坚硬的沉积岩；片岩、板岩、千枚岩是泥岩、粉砂岩变质的初期产物。泥质岩类风化物的主要原生矿物为层状硅酸盐石英、长石、云母等，次生矿物为高岭石、蒙脱石和水云母等，也含有碳酸钙、铁氧化物、碳化有机质等。泥岩为块状结构，其他多为层状。泥岩硬度低，易风化，形成的风化层较深厚；较坚硬的板岩、片岩、千枚岩、页岩风化慢，使地面产生许多破碎的岩块。由于泥质岩类风化物含有比较丰富的可溶性盐类，风化形成的土壤大都为中性或弱碱性，碳酸钙含量较多的呈碱性。

（5）碳酸盐岩类风化物

主要分布在秦岭、祁连山、北山、陇山、甘南境内的西倾山、积石山和陇东环县北部。碳酸盐岩类风化物主要为石灰岩、白云岩、泥灰岩、大理岩等钙、镁质岩类的残积物。该类岩石的主要矿物为方解石和白云石，是化学和生物化学作用形成的沉积岩。其主要化学成分为碳酸钙和碳酸镁，并含有或多或少的“杂质”，如粉砂粒、黏土、二氧化硅、氧化铁、氧化锰以及有机物质等。成土过程中碳酸盐风化形成的 H_2CO_3 随水淋失，残积物主要为“杂质”，形成土壤的特性与岩石中除碳酸盐以外的其他成分密切相关。如碳酸盐岩残积物中黏土含量高，生成黏质不透水的土壤；氧化硅含量高，生成粗壤质或砾质的土壤。该类岩石一般抗物理风化力强，风化层较薄、质地黏重，地面残积物层与下覆基岩之间没有过渡的半风化体。由于该类风化物大部分处于干旱地区，因此形成的土壤多为中性至弱碱性。

（6）红色岩类风化物

主要指“甘肃红层”，分布于西秦岭山地、山间红色盆地、陇山、祁连山、河西走廊、北山、陇东、陇西黄土高原和甘南高原侵蚀严重的地区，一般位于山顶、山坡、山麓、波状丘陵梁峁、红层盆地和古河道、倾斜平原及高原山地等部位。红色岩类风化物是古近纪、新近纪和白垩纪地层中的红色和紫色泥（页）岩、粉砂质泥岩、泥质砾岩、红砂岩、砂质砾岩和砾岩等的残积风化物。红黏土类主要发育于该类母质上。古近纪和新近纪红色岩层中多夹有零散的或成层的石灰结核、石膏和可溶性盐类。红色泥岩遇水易软化，形成泻溜的剥蚀面，黄土的滑塌和泥流多发生在这种泻溜面上，因此岩层露头后多呈片状风化剥落。红色泥岩风化物黏粒含量高，容易干裂，渗透性差，干旱区可溶性盐含量高。该类母质发育的土壤呈中性至碱性。

2）坡积物

主要分布于甘肃省广大山地和丘陵地区，为坡地上端的分水岭以及坡面上风化的碎屑物质受水流作用，被搬运到斜坡上的凹地和坡麓地带大量堆积而形成。山麓地段的坡积物常连接成为坡积裙。坡积裙一般土层厚而疏松，渗透性强。坡积物的特征是：由上坡向下坡厚度逐渐加大；受片状流水间歇性冲刷堆积影响，具有略与坡面平行的层理；砂砾和碎石的矿物成分由上坡母岩所决定，组成比较单一。若斜坡水流冲刷力不强，多由黏土、粗砂和碎石组成，有上坡粗而下坡细的趋向；若运移距离较近，则分选程度差，颗粒的磨圆度不高。在陡峻的山坡地段，母岩的残积风化物在重力作用下自坡上滚落，有由上坡向下坡逐渐变粗的趋势，这种坡积物一般粗骨性强。

3）洪积物

主要分布于甘肃省河西走廊的祁连山北麓、陇南山地及其他山区的沟谷地带。洪积物是山洪暴发时，洪流冲出沟谷峡口时，由于坡降突减，流路变宽，流速骤减，侵蚀下来的碎屑物质在沟谷出口堆积下来而形成的扇状堆积，大的称洪积扇，小的称洪积锥。洪积扇表面常受到流水侵蚀切割，起伏不平。洪积物的特点是：既含有颗粒大的岩石碎屑，也有砂粒、粉粒和黏粒等细粒物质；分选程度差，层理不明显；砾石的磨圆度差。大的洪积扇顶端多为碎石和粗砂，透水性强；外围多为砂土、砂质壤土或黏土等，透水性较差。小的洪积锥，中心与外围组成物质无明显差异。

4）冲积物

主要分布于甘肃省大的河流两岸的河漫滩、自然堤、河成阶地和冲积扇。冲积物由风化层被雨水冲刷进入河流中，当其在水中的含量超过了水的负荷能力，沉积于河流两岸所形成；或由于河流流量显著变小或流速降低而发生沉积形成。由于河流搬运过程中的机械分选作用，大而重的砾石先沉积于河流上游，小而轻的泥沙后沉积于下游。河流冲积物搬运距离越远，磨圆度越好。山区河谷中的冲积物以卵石、漂砾和粗砂等碎屑物为主；平原河谷中以粉砂和黏粒为主。河床沉积物多是粗砂和砾卵石，河漫滩和自然堤上沉积物多为颗粒较细的物质。河漫滩和自然堤是多次河水泛滥形成的，具有水平层理。河西走廊冲积扇、冲积平原及中部黄河支流沿岸的部分地区，河流冲积物色泽较均一，由红色岩类风化物冲积而成的风化层多具红色，由浅灰色岩类风化物冲积堆积而成的风化层为灰色。白龙江沿岸的冲积物，由于上游流经早、晚古生代地层，炭质页岩出露面大，颜色多呈灰黑色。冲积物发育的土壤一般土层深厚，中性或弱碱性反应，大部分冲积物具有石灰反应。河西走廊干旱地区的冲积物，可溶性盐含量高，具有盐渍化特点。陇南地区部分河流冲积物无石灰反应。

5）洪积-冲积物与冲积-洪积物

主要分布于甘肃省河西走廊山前洪积扇之下的洪积-冲积扇或山前平原，东部山区河谷地带亦有分布，位于洪积扇合并或大冲积扇上部山地与平原交接带，是过渡性混合成因的沉积物。洪积-冲积物与冲积-洪积物通常具有一定的分选性，越接近冲积扇顶部颗粒越粗，靠近山麓段主要为碎石与洪积层，有的厚度可愈数百米，层理不明显。冲积扇下部地势趋于低平处，颗粒较细，有的黏粒含量高，在干旱少雨多风的区域，地表呈龟裂状态。细土物质中往往含有大量的可溶性盐、石膏和碳酸钙，盐渍化严重。地面流水夹带物质因流速流量变化很大，粗粒物质磨圆度和沉积层理变化很大。

6）湖积物

主要分布于河西走廊的石羊河、黑河、北大河、疏勒河等河流的尾闾地带。湖积物颗粒细而均匀，质地黏重，具龟裂性，层理不十分明显，自湖岸向湖盆中心颗粒由粗变细。有腐烂和半腐烂的水生动植物残体，具有潜育特征。由于该区域蒸发强烈，湖积物中含盐量很高，湖水干涸后，盐类呈固体状态，有的具深厚的芒硝层或石膏层等。

7）冰碛物及冰水沉积物

（1）冰碛物

主要分布于甘肃省祁连山高山冰雪带的冰缘区，海拔一般在 4000 m 以上。冰碛物是冰川在流动过程中刨蚀的碎石砂土和来自周边掉落或流水带来的在冰川表面上的碎屑物质，被冰川搬运到其他地方。冰碛物随蚀源区基岩性质不同而发生变化。冰碛物无颗粒分选；无明显层理；岩块与砾石无定向排列，磨圆度较差，碎屑物多具棱角；冰碛石和冰漂砾表面上常有冰擦痕等。

（2）冰水沉积物

主要分布在祁连山山麓地带。在祁连山高山常年积雪区的雪线附近，由于温度升高，冰川的表面、底部、内部和两侧产生冰融水并形成溪流，其中夹带的泥沙等物质在流速、流量减少时，堆积形成冰水沉积物。其颗粒具有一定的分选性和磨圆度，砾石排列有一定的方向性和层理；砾石上有冰擦痕与磨光面等。冰下隧道的流水堆积物形成蛇形丘状高地。当冰水流出终碛堤外，沉积形成冰水扇，沉积物具一定的分选、磨圆和层理，愈远离终碛堤颗粒愈细。

8）风积物（沙丘-风成沙）

主要分布于河西干旱区，靠近巴丹吉林沙漠和腾格里沙漠区域的民勤和金塔等地，河西走廊亦有少量分布。风成沙主要由早期形成的河流沉积物、冰水沉积物、冲积-湖积物等经过风的改造作用形成。风积物按其移动性和外表形态分为流动、半固定和固定沙丘；按照形状有蝌蚪状沙丘、盾状沙丘、新月形沙丘和沙丘链等。风成沙分选性好，粒度均一，由粒径 0.25～0.5 mm 的中砂或 0.05～0.25 mm 的细砂组成；磨圆度高；松散无结构，无层理；色泽较均一，多为黄色或浅棕色；成分以石英为主，并含有少量长石、云母、暗色硅酸盐、石膏和方解石等。

9）黄土及黄土状沉积物

甘肃省主要的成土母质类型，主要分布于陇东和陇西黄土高原，约占甘肃省面积的25%，其他地区如陇南的徽成盆地、西礼盆地、甘南高原和河西走廊东部海拔 2800 m 以下的区域也有黄土分布。黄土是第四纪大陆沉积物，不含砾石，分选较好，质地均一，颗粒以粉粒为主，富含碳酸钙。原生黄土疏松，无层理，但具有垂直节理，能直立不倒，透水性强，遇水易发生湿陷。次生黄土有明显水平层理，无湿陷性，曾经水、重力或其他作用改造，质地不十分均一，称黄土状沉积物。黄土的原生矿物以石英、长石和云母为主，黏土矿物主要为蒙脱石、伊利石、高岭石和绿泥石等。

10）泥炭

零星分布于甘肃省甘南高原的碌曲（尕海周围）、玛曲（黄河第一弯部）、岷县（狼渡滩）、祁连山东部的山间盆地、河西走廊洪积冲积扇边沿及河流弯曲处、河东地区河谷的低洼处和陇南山地的中高山地局部低洼处。泥炭位于湖泊边缘或河流沿岸低洼地带，由于地表积水或地下水位过高使土壤水分长期处于饱和状态，嫌气条件下，植物残体分解缓慢，有机残体的累积速度超过了分解速度，逐渐演化为泥炭沼泽。泥炭藓吸湿能力很强，养分要求低，在未分解的植物残体上继续繁殖，泥炭不断积累，可高出周围地面1～2 m，形成高位泥炭，主要分布于甘南高原及祁连山东部山间盆地，冰冻层区有零星分布。低位沼泽植物如香蒲、芦苇等大都生长在有河水或地下水补给的地方，形成低位泥炭。泥炭有机质含量一般大于 20%，厚度 50 cm 以上。

1.2.4 植被

甘肃省地跨我国几个气候区，位于东部季风湿润区、西部干旱区、青藏高寒区的交会地带，境内自然条件复杂，因而植被类型繁多。总体来看，植被自南向北呈明显的水平（纬度）地带分布；在高山和高原区域，还有明显的垂直地带分布。山地垂直带谱的特征由其所处的地理位置和水平植被带所决定。

1）水平植被带

（1）常绿阔叶、落叶阔叶混交地带

分布在陇南地区，海拔 1400 m 以下的河谷和低山山麓地带。本带分布区有秦岭为屏障，冬季受西伯利亚寒流的影响小，夏季东南季风可深入腹地，气候温暖湿润。主要树种是北亚热带混生常绿阔叶树种的落叶阔叶林，占优势的植被类型为栎属，主要分布在低山或丘陵南坡，山麓亦有半稀树草原；阴坡山麓以黄杨为主，在温暖湿润的局部地段，有人工栽培的纯杉木林和竹林。常绿树种主要有黑壳楠、岩栎、尖叶栎、青冈、铁橡栎、匙叶栎等；落叶树种主要有栓皮栎、麻栎、槲栎、锐齿槲栎、黄檀、泡花树、枫杨、黄杨、女贞及壳斗科和樟科等。由于人为干扰，自然植物多为次生，因常绿阔叶树种萌蘖再生力较差，残存少，落叶阔叶树种占优势。亚热带植物以河谷最宜生长，愈往南或东南，因气候愈暖湿而数量愈多。

（2）落叶阔叶林带

分布于天水以南的北秦岭和徽成盆地，属暖温带气候。植被类型以夏绿落叶阔叶林和针阔叶混交林为主。树种组成以落叶栎类为主。小陇山林区随着山体海拔不同，森林垂直分布明显。海拔 1100～1400 m，以栓皮栎为优势树种，其他常见的种类有锐齿槲栎、槲栎、槲树、板栗、茅栗、刺楸、油松等。海拔 1400～1800 m，主要树种有锐齿槲栎、山杨、白桦、蒙古栎、华山松、油松、华椴、青榨槭、千金榆、鹅耳枥、漆树等。海拔 1800～2300 m，以蒙古栎为主，混交有其他树种。海拔 2300～2700 m，为针阔叶混交林带，成林者以红桦为主，次为青扦、白扦及杂木林。海拔 2700～3200 m，为针叶林带，主要树种有岷江冷杉、青扦、白扦和红桦等。徽成盆地的天然植被南坡主要有侧柏和黄连木，北坡有侧柏、油松、华山松，局部地段侧柏与栎类混交。山坡地带多以马桑等为主的次生灌丛。盆地及丘陵区主要为以黄连木、核桃为主的木本油料植物和以桑、柿、栓皮栎为主的经济植物。

（3）森林草原带

主要分布于黄土高原南部，临夏、康乐、渭源、秦安、平凉和庆阳以南，是暖温带落叶阔叶林向草原过渡地带。森林主要分布于温湿梁峁的阴坡和石质山地、沟壑边缘附近。阴坡以针叶树为主，半阴坡以山杨为主。森林类型有蒙古栎林、山杨林、白桦林和油松林及针阔叶混交林。在人类开发利用下，森林多为次生自然林，部分演替为次生灌丛或草甸。在干暖的阳坡、半阳坡及梁峁顶部多为草原植被，主要有长芒草、大针茅、白草、白羊草、虎榛子、冷蒿、沙棘等。

（4）草原带

分布于森林草原带以北，兰州、靖远和环县以南，及甘肃黄土高原的中部，属温带半干旱气候。本区域分布大面积的农田，自然植被只残留在黄土荒坡和石质山岭。陇东北部黄土区植被以大针茅、短花针茅、针茅、长芒草和赖草为主，陇西黄土区以长芒草、蒿属和百里香为主。

（5）荒漠草原带

分布于景泰县以南，草原带以北，是草原向荒漠过渡类型。因气候干旱，多生长旱生、超旱生植被类型。植被稀疏，草被成分单调，覆盖度小。南部主要植被为红砂、短花针茅、珍珠猪毛菜为主，北部以短花针茅、盐爪爪、沙生针茅、灌木亚菊、红砂、珍珠猪毛菜、白刺等为主。

（6）荒漠带

主要分布于河西走廊及北山地带以及苏干湖盆地和哈尔腾河谷等地。在干旱气候条件下，植被以旱生、超旱生植物为主。植被非常稀疏，结构简单，在大片的戈壁和沙漠带呈现出典型的荒漠植被特征。山前冲积洪积扇沙砾质戈壁滩地的主要植被为红砂、泡泡刺、膜果麻黄和中麻黄等；北部主要为梭梭和白梭梭。酒泉东部为以红砂和珍珠猪毛菜为主的荒漠类型。固定和半固定沙丘的主要植被为白刺、柽柳、沙拐枣和骆驼刺等群落。流动沙丘区丘间低地有蒿属和一年生植物。河流下游湖盆区，地下水位较高处的主要植被是芨芨草、芦苇、苦豆子、甘草等盐生草甸；湖盆中心的积水沼泽区，主要为芦苇和宽叶香蒲等。疏勒河和北大河下游地区有疏林沿河分布，主要有胡杨、沙枣、尖果沙枣等，为荒漠地带仅存的天然林，林下植被有柽柳等。

2）垂直植被带

甘肃省的高山与高原存在很多垂直植被带，但以祁连山地和甘南高原植被的垂直分布最为明显。从南到北，垂直带谱结构渐趋简单。

（1）祁连山地垂直植被带

以北大河（陶勒河）为界分为东、西两段。祁连山东段北坡的植被垂直带谱自下而上为山地荒漠草原带、山地草原带、山地森林草原带、亚高山灌丛带和高山草甸带。祁连山西段受荒漠气候影响，在垂直结构上不同于东段，没有森林带，亚高山灌丛也不明显，只是零星分布。西段的垂直植被带谱为山地荒漠带、山地荒漠草原带、山地草原带和高山寒漠带。愈向西，同一植被带的分布愈高，地带宽度则愈窄，而且种类组成也有差异。

（2）甘南高原垂直植被带

甘南高原分为东部高山峡谷和西部山原两部分。东部为青藏高原东部高山峡谷区亚高山针叶林带向北的延伸，森林面积大，甘肃省重要林区白龙江林区、洮河林区和大夏河林区位于此。白龙江林区气候较湿润，基带为夏绿阔叶林带，随着海拔升高依次为阔叶林向亚高山暗针叶林过渡带、亚高山针叶林带、高山常绿灌丛、高山草甸带。洮河和大夏河林区的基带为森林草原，随着海拔升高依次为亚高山草甸植被、高山草甸植被，海拔 4000 m 以上生长高山稀疏植被，主要有甘肃雪灵芝、红景天、垫状点地梅、龙胆等高山垫状植物以及水母雪兔子。高原低湿处有高山沼泽草甸和沼泽植被。

1.2.5　水文

甘肃省地处我国东部湿润区向西部干旱区的过渡地带，地势高亢，地面径流受气候和下垫面因素及人类活动的影响，河流水系及其变化极为复杂。地表流水主要来自大气降水，同时也接收地下水、高山融冰和雪水的补给。甘肃省水资源分为内陆河、黄河和长江 3 个流域 12 个水系，根据流向分为内流区和外流区。内陆河与黄河流域以天祝县境内的乌鞘岭、毛毛山和景泰县境内的老虎山为界，也是内流区与外流区的界线；黄河与长江流域以迭山和西秦岭为界。内陆河流域有哈尔腾河、疏勒河、黑河和石羊河 4 个水系；黄河流域有黄河干流、洮河、湟水、渭河、泾河和北洛河 6 个水系；长江流域有嘉陵江和汉江 2 个水系。

1）主要水系

（1）哈尔腾河水系，亦称苏干湖水系，发源于党河南山的奥果吐乌兰，全长约 320 km，流域面积 2.11×10^4 km^2。

（2）疏勒河水系发源于疏勒南山东段纳嘎尔，经昌马峡进入河西走廊的玉门和安西灌区，消失于哈拉诺尔。水系全长 945 km，流域面积 1.09×10^5 km^2，主要支流有党河、榆林河、白杨河、石油河。

（3）黑河水系发源于青海省境内，经莺落峡流入河西走廊，再穿过正义峡，向北流入内蒙古（额济纳河），最后汇入居延海。水系全长 956 km，流域面积 7.68×10^4 km^2。主要支流有陶勒河、洪水河、马英河、梨园河、黑河和洪水河，年径流量在 1×10^8 m^3 以上，其次有丰乐河和大诸马河等。

（4）石羊河水系发源于祁连山冷龙岭北麓，自西至东年径流量超过 1×10^8 m^3 的有西大河、东大河、西营河、金塔河、杂木河和黄洋河，其次有古浪河和大靖河等。这些支流进入河西走廊武威灌区，在黄花寨子汇合后称石羊河，继续北流，消失于民勤灌区。水系全长约 300 km，流域面积 4.16×10^4 km^2。

（5）黄河干流水系两次流经甘肃境内，流程 913 km，流域面积 5.67×10^4 km^2。甘肃省汇入黄河的主要支流有白河、黑河、西科河、银川河、大夏河、庄浪河、洮河、湟水、宛川河和祖厉河等，其中洮河、湟水有自己的水系。

（6）洮河水系发源于甘南西倾山北麓勒尔当，流经碌曲、卓尼、岷县和临洮，至刘家峡汇入黄河。水系全长 673 km，流域面积 2.55×10^4 km^2。主要支流有周科河、科才河、贡去乎河、博拉河、车巴沟、卡车沟、大峪沟、迭藏河、冶木河、漫坝河、羊沙河、三岔河、东峪沟和广通河等，其中 12 条河流的年径流量可达 1×10^8 m^3。

（7）湟水水系发源于青海省大通山南麓，于亨堂流入甘肃省，并有支流大通河汇入，继续流经红谷至达川入黄河。湟水干流在甘肃省流程有 73 km，含大通河在内的流域面积为 3.83×10^3 km^2。

（8）渭河水系发源于渭源县太白山，向东流经陇西、武山和甘谷，至天水市麦积区牛背里进入陕西，省内流程 360 km，流域面积 2.56×10^4 km^2。主要支流有秦祁河、榜沙河、散渡河、大南河、耤河、通关河、牛头河和葫芦河等，其中 7 条支流的年径流量超过 1×10^8 m^3。

（9）泾河水系发源于宁夏泾源县六盘山东麓，流经平凉和泾川，在宁县流入陕西省。省内流程 171 km，流域面积 3.12×10^4 km^2。主要支流有汭河、马连河、黑河、达溪河、蒲河及其支流茹河和洪河等，其中 6 条支流的年径流量超过 1×10^8 m^3。

（10）北洛河水系发源于华池县老爷岭，横穿合水县北部，经太白镇后流入陕西省。流域面积 2.367×10^3 km^2。

（11）嘉陵江水系发源于陕西省秦岭南麓，于两当县进入甘肃省，流经徽县东部，再次进入陕西省略阳县。甘肃省内流程 60 km，主要支流有杨店河、庙河、永宁河、洛河、青泥河、燕子河、铜钱河、柯家河、西汉水、白龙江及其支流。嘉陵江水系有 27 条河流年径流量超过 1×10^8 m^3。

（12）汉江水系河长不足 20 km，流域面积 170 km^2。

2）水文特征

径流的分布和降水量规律一致，由东南向西北递减。降水多的区域，径流量也比较大。总的特点是：高山区径流大，丘陵、平原和河谷的径流小；石山林区径流大，黄土高原径流小。自东向西以六盘山—西秦岭—祁连山为分界线，以南为甘肃省的主要产流区，也是除黄河以外各主要河流的发源地。

（1）地表水资源区域分布极不均匀

南部为相对丰水区，中部为贫水区，北部为干涸区。长江流域产水模数最大，黄河流域次之，内陆河流域最小。东南部属湿润、半湿润气候的长江流域，河流由雨水补给，河流向南流入长江而东流入海。本区降水多，水量较丰富，年内变化稳定，流域内植被条件较好。年径流深一般在 100～300 mm，其中几个高山区可达 400～600 mm。陇东和陇西属半湿润、半干旱黄土区的黄河流域，河流由雨水补给，河流均向东流入太平洋。降水季节不均匀，河流水量变化大，支流多，流域面广，植被条件较差。年径流深 5～100 mm，地表水资源较为贫乏，自产水占全省自产水的 10%，但入境水量大。西北部属干旱气候的内陆流域，主要河流均发源于祁连山地，由冰雪融化水和雨水补给，所以上游水量大，水流湍急。因该区域降水总量小而蒸发量大，并且沿途渗漏补给地下水和绿洲灌溉等，下游径流量逐渐减少，直至汇入终端湖。年径流深一般小于 5 mm，河西走廊及北山、苏干湖盆地和皋兰县、白银区、靖远县的北部，几乎不产生径流，地表水资源数量极少。

（2）地表径流的年内分配不均

大部分河流在夏秋两季（6～9 月）为洪水期，水量约占全年总量的 60%，冬春为旱季，水量较小。但受河流的补给类型、流域自然地理特征及干湿条件的影响，差异很大。根据河流的补给条件，年内分配情况可分为：①以灌溉回归、河道下渗等为主要补给的泉水型内陆河下游河流，冬、春季水量最大；②以地下水补给为主的祁连山西部河流，4～7 月径流量最大，主要为春季融冰水量，年内分配较均匀；③高山冰川补给型、祁连山高山区河流和黄土高原干旱区的河流，汛期集中在 6～9 月；④甘南及陇南高山区河流和中部及陇南东部河流，7～10 月径流量最大。

（3）地表径流的年际分配不均

径流的年际变化与降水的年际变化基本相应，越是干旱缺水地区，径流的年际变化越大。根据甘肃省河流补给的特点，河西内陆河流域及长江流域的白龙江，径流年际变化较小，年径流变差系数（相对丰水区的 C_0 值）较小，C_0 值为 0.15～0.30 之间；黄河流域各河与长江流域的嘉陵江上游及西汉水等，径流的年际变化稍大，C_0 值在 0.4 左右，贫水区 C_0 值可达 0.6 以上（张万春，1992）。

3）地表水资源

甘肃省河流年总径流量大于 1×10^8 m^3 的河流有 78 条，多年平均总水资源量为 6.03×10^{10} m^3，其中自产水资源量 2.99×10^{10} m^3，多年平均入境水资源量 3.04×10^{10} m^3，出境水资源量 5.19×10^{10} m^3。长江流域省内年均总水资源量 1.43×10^{10} m^3，其中自产水资源量 1.06×10^{10} m^3，邻省入境水资源量 3.70×10^9 m^3，出境水资源量 1.42×10^{10} m^3。黄河流域省内年均总水资源量 3.87×10^{10} m^3，其中自产水资源量 1.35×10^{10} m^3，邻省入境水资源量 2.52×10^{10} m^3，出境水资源量 3.70×10^{10} m^3。河西内陆河大部发源于祁连山区，一般至出山口处水量最大，出山后由于降水量小，渗漏蒸发量大，加之引水灌溉，河流水量逐渐减少，为径流消耗区。内陆河流域省内年均总水资源量 7.26×10^9 m^3，其中自产水资源量 5.79×10^9 m^3，入境水资源量 1.47×10^9 m^3，出境水资源量 7.00×10^8 m^3（黑河干流由鼎新流入内蒙古）。

4）河流的天然水质

河水的化学特征主要受降水量及土壤全盐量等自然条件影响。甘肃省河水化学特征有明显地带性分布规律，降水量充沛地区河水的矿化度低，干旱地区河水的矿化度高。在湿润、半湿润气候带的黄土高原南部和陇南山区，降水量较丰富，地表径流量也较大，离子总量一般小于 500 mg/L，其南部小于 300 mg/L，此处的山区森林流域，水质普遍较好，离子总量只有 200～300 mg/L，为全省的低值区。在干旱、半干旱气候区，随着降水量减少与蒸发量增大，地层中积盐及地表次生盐增加，因此河流水质逐渐恶化。河西走廊发源于祁连山的河流一般矿化度在 400 mg/L，走廊北部河流的下游段矿化度逐渐增大，离子总量大于 500 mg/L。黄土高原的中、北部，由于气候逐渐干旱，加上特殊地质条件的影响，离子总量由南部的 500 mg/L，向北逐渐增加至大于 1000 mg/L。北部干旱区离子总量大于 4000 mg/L。甘肃省离子总量最高的地区为祖厉河，高达 8590 mg/L。

5）河流的输沙量

地表水在流动过程中不仅侵蚀地面，形成各种形态的侵蚀沟谷，同时又将侵蚀物质沿途堆积，形成各种的堆积地貌。全省水蚀面积共 1.72×10^5 km^2，占全省总侵蚀面积的 38%，其中黄河流域水蚀面积占 65%，长江流域占 14%，内陆河流域占 21%。由于大面积的侵蚀，甘肃省境内大部分河流输沙量大。全省年输沙总量约 5.79×10^8 t，其中黄河流域 5.18×10^8 t，长江流域 4.99×10^7 t，内陆河流域 1.11×10^7 t。由于黄河流域具有黄土及风化强烈的疏散堆积物，并且植被稀疏，多暴雨山洪，水土流失严重，河流输沙量占全省河流总输沙量的 89%。其中泾河水系年输沙量 2.24×10^8 t，占黄河流域年输沙量的 43%；渭河水系在省内年输沙量 1.50×10^8 t，占黄河流域年输沙量的 29%；祖厉河年输沙量 6.37×10^7 t，占黄河流域年输沙量的 12%。黄河及其支流的河漫滩上修堤灌淤，引洪漫地，使地面逐年增高。陇南的长江流域年输沙量占全省河流总输沙量的 9%；内陆河流域年输沙量占全省河流总输沙量的 2%。全省多年平均年输沙量大于 1×10^8 t 的河流有黄河干流、渭河、马连河；5.0×10^7～1.0×10^8 t的有祖厉河、葫芦河和泾河；1.0×10^7～5.0×10^7 t以上的河流有西汉水、白龙江和洮河。

6）地下水资源

甘肃省的地下水资源受气候、地貌和地质构造等的影响，在不同地区差异悬殊，而具有明显的地理分带，主要分为：河西走廊水文地质区、北山水文地质区、祁连山—阿尔金山水文地质区、黄土高原水文地质区、河谷（盆地）潜水、西秦岭山地水文地质区。全省地下水资源多年平均总量为 1.54×10^{10} m^3，其中河西走廊 4.78×10^9 m^3，北山地区 1.08×10^8 m^3，祁连山区 2.51×10^9 m^3，黄土高原 1.61×10^9 m^3，西秦岭山地 6.37×10^9 m^3。

河西走廊水文地质区流经河流在走廊入渗是地下水的主要补给源，通过地下径流，在地下潜水以泉的形式再次进入下游的地表或被蒸发掉。泉水溢出地表成为下游盆地地下水的补给源，地表水与地下水之间有规律地反复转化是走廊水资源的重要特征。潜水位自南而北逐渐变浅，在山前地带埋深大于200 m，向北依次变为200～100 m、100～50 m和小于50 m，走廊盆地地下水位较高，潜水位大部分为1～3 m，至北部与细土平原衔接处呈泉水溢出带。北山水文地质区位于河西走廊以北极干燥气候区，除降水形成的短暂洪流外，无长年地表径流。地下水来自降水及洪水入渗，主要储存于基岩风化裂隙和碎屑岩孔隙中，水量贫乏。祁连山—阿尔金山水文地质区，基岩裂隙水和山间盆地孔隙水为地下水主要类型。黄土高原水文地质区主要分布于陇东黄土丘陵。地下水分布埋藏条件十分复杂，黄土层潜水埋深很厚，地下水贫乏。陇东庆阳以南以黄土塬为主，以北以黄土梁峁为主。塬区地下水储存于黄土的孔隙裂隙中，地下水位很低，约30～80 m，水量随含水层厚度而定。北部地区因蒸发量远大于降水量，广大丘陵梁峁区基本不含水。河谷（盆地）潜水主要分布于陇西黄土丘陵区较大河谷和山前盆地中（包括陇东泾河），埋藏于河漫滩及一二级阶地，含水层为洪冲积砂砾卵石层，一般厚3～10 m，较大的河谷含水层可达20 m以上。西秦岭山地水文地质区位于南部，地下水主要赋存于构造裂隙和岩溶裂隙内，另外还包含赋存于松散岩类的孔隙水和碎屑岩层间承压水。地下水的埋深、矿化度和水化学类型等与地表水质、降水量、蒸发量、岩层性质、含水层岩性及土壤性质等密切相关。

7）冰川资源及水资源利用

冰川被誉为"固体水库"，祁连山北坡的冰川是甘肃省主要的冰川水资源。冰川主要分布于阿尔塞、肃北、肃南、民乐、武威和天祝县境的冷龙陵、走廊南山、陶勒山、陶勒南山、大雪山、党河南山、疏勒南山、察汗鄂博图岭、土尔根达坂和阿尔金山东段。按水系主要是石羊河、黑河、疏勒河（含党河）和哈尔腾河水系。河西走廊共有河流56条，其中24条直接受冰川补给，每年冰雪融水补给总量约占整个祁连山冰融水量的87%，成为河西灌溉农业稳定而可靠的水源。

随着全球气候变暖，冰川不断消融，冰川面积不断减少。根据2015年第二次冰川编目数据，甘肃省可利用水资源的冰川有2055条，面积1072.77 km^2，冰储量53.72 km^3（刘时银等，2015）。基于祁连山区第一次和第二次冰川编目数据，近50年间祁连山冰川面积和冰储量分别减少20.9%和20.3%，面积<1.0 km^{2}的冰川急剧萎缩，海拔4000 m以下山区冰川已完全消失（孙美平等，2015）。黑河流域冰川面积缩小了29.6%，北大河流

域冰川面积缩小了 18.7%（陈辉等，2013）。这也影响了以冰川融水为主要来源水系的水量。冰川分布的海拔东部低而西部高，西部冰川主要靠极高山区的低温维持其存在，比较稳定，受短期气候波动的影响较小，因此中西段面积减少较慢。

1.2.6 人类活动

甘肃省的人类活动历史悠久，根据考古发掘的大量文物证明，20 万年前的旧石器时期，黄土高原区的陇东一带就有原始人类从事生产活动。考古学家先后在镇原县、庆阳市和环县等发现了旧石器时代中、晚期的石器、骨器、动物化石和早期人类用火的遗迹。如今发现的新石器文化遗址，在甘肃已有千处以上。距今 4500～7800 年的秦安县大地湾文化遗址出土文物中有油菜籽和糜子等谷物种子；玉门火烧沟遗址发现距今约 3500 年的石锄、石磨盘、石刀、铜刀和铜镰等农具，以上发现表明甘肃省是我国农业的重要发祥地之一。

陇东、陇西黄土高原地区，史前土壤生态系统处于自然相对稳定状态。西周至春秋（约公元前 11 世纪至公元前 476 年）发展了游牧业。战国至西汉（公元前 476 年至公元 8 年）天然乔木基本毁光，开始大规模农垦，但仍以牧业为主，给土壤生态环境埋藏下了不稳定因素。王莽至隋初（公元 9 年至 581 年）退耕还牧，土壤生态基本恢复。隋唐时期（公元 582 年至 907 年）河谷、平地、草原垦为农地，逐渐转向农田生态，在人工半自然状态下，土壤遭受风蚀及水土流失。自五代十国（公元 908 年）以来，全面开垦荒山草坡；北宋以来全面由畜牧业基地转为农业种植区，人工景观代替了自然景观，水土流失不断发展，环境渐趋恶化。西周、春秋时期清澈的泾河，到汉朝以后逐渐变成了“泾水一石，其泥数斗”的浊水了。新中国成立以来，甘肃黄土高原地区大规模开展水土保持工作，对土壤环境进行了积极整治。

甘肃省农业活动由东南向西北发展，从陇东的泾河谷地和塬地、渭河河谷及丘陵、陇南谷地、黄河谷地及丘陵低山，经过中部黄土地区，越过乌鞘岭，到河西走廊的西端，由采集业、林业、牧业逐渐发展到种植业。农业发展过程中毁林开荒、修筑梯田、兴修水利、引洪灌溉和退耕还林（草）等人类活动对地貌和水文进行了改造，并影响到土壤的形成和发育。

1）毁林开荒、过度放牧、水土流失

历史上甘肃省曾有“闾阎相望，桑麻翳野，天下称富庶者无如陇右”，“大山乔木，连跨数郡”之记载。可见，甘肃省曾经是一个山地森林茂密，川原地草场广阔，畜牧业发达，自然环境优越，土地自然生产力高的地方。大规模的农业开发自西汉开始，林地和草地逐渐被开垦为农田。干旱多风、生态脆弱、自我恢复能力差的河西很快沦为沙漠；一些古老的农业区被沙漠掩埋，一些沼泽湖泊由于上游拦水，也都日渐干涸而沙漠化了。在丘陵山区人为耕作和管理措施以及地表裸露等，造成严重的水土流失。如在甘肃省黄土丘陵低山区坡地上，耕种始于 2000～3000 年前，土壤遭受严重的侵蚀。尽管在农业垦殖之前也存在土壤侵蚀，但在有自然植被覆盖下，这种侵蚀是微弱的。长期的农业垦殖，使黄土高原的自然面貌发生了变化，形成了很多沟壑，进而形成无法耕种，甚至植被无法生长的荒漠。中部地区在几百年以前具有大片的原始森林，其面积比现在的天然林大若干倍。在距今九百年前，定西还有“川原地极肥美”的记载，后来大量招募军民进行开垦，定西及其周围的森林被大面积砍伐，草原被破坏，原来的林牧区转向以农业垦殖为主，水土流失日益严重，土地肥力也逐渐降低。

长期以来对自然和资源不合理的掠夺式开发利用，尤其是大面积的天然森林被砍伐破坏殆尽，生态系统失去平衡。山区支离破碎、沟壑纵横，一旦一处发生滑坡，将会引发周围山体滑坡、崩塌及泥石流等地质灾害。据第一次全国水利普查成果，甘肃省水土流失面积达 2.11×10^5 km^2，占土地总面积 4.26×10^5 km^2 的 50%。全省有水力侵蚀面积 7.61×10^4 km^2，主要分布在省内黄河和长江流域，重点发生在坡耕地和荒坡荒沟。大面积的坡耕地是加剧水土流失、恶化生态环境、引发山洪灾害的源地。风力侵蚀面积 1.25×10^5 km^2，冻融侵蚀面积 1.02×10^4 km^2，主要分布在内陆河流域。区内剥蚀山地横亘千里，戈壁沙漠绵延广布，土地沙化明显。

暴雨期间产生大量的径流将耕作层表土带走，致使土壤肥力下降。全省水土流失区坡耕地流失表土 60～120 t/hm^2，黄河流域的黄土高原地区每年流失土壤 5.04×10^8 t（近年来，随着退耕还林还草战略的实施，入河泥沙已大幅减少）。水土流失一方面带来土壤资源本身的损失，土壤瘠薄，肥力低下，耕地面积减少，林草植被大量破坏，水源涵养能力锐减，干旱程度加剧；另一方面，因严重的水土流失，大量泥沙下泄，造成库塘淤积，河床抬高，河道变迁。本区因水土流失每年输入黄河、长江的泥沙达 5.5×10^8 t；每年水库淤积泥沙 4.65×10^8 m^3，占库容的 21%。省内黄河干流的刘家峡、八盘峡、盐锅峡等大型水电站，库容淤积相当严重。如刘家峡水电站于 1974 年建成，库容 5.7×10^9 m^3，截至 1998 年底，水库泥沙淤积已达 1.49×10^9 m^3，占总库容的 26%。八盘峡库区淤积已占总库容的 32%，盐锅峡库区淤积已占总库容的 84%（何崇莲，2006）。自 1999 年甘肃省开始实行退耕还林，2003 年开始实行封山禁牧。这有效遏制了陡坡地复垦、开荒、铲草皮和放牧等人为造成水土流失的行为，生态环境开始有所改善。

内陆河流域气候干旱，水资源缺乏，植被严重退化，绿洲面积缩小，防风固沙能力减弱，风力侵蚀加剧了土壤沙化和荒漠化程度。甘肃省内陆河流域有土壤侵蚀面积 2.6×10^5 km^2，占土地总面积的 96%，其中风力侵蚀占 82%。流沙会淹埋农田、渠道、道路和村庄，沙尘暴使农作物大面积受灾，人民生命财产深受威胁。

2）修筑梯田

甘肃省山地丘陵较多，总耕地面积中山地 2.26×10^4 km^2，占全省总耕地面积的 65%，其中 25°以上坡耕地约 4.88×10^3 km^2。大量的坡耕地不仅是农业生产的严重制约，而且是水土流失的主要源地。因此，自 1942 年天水开始修建增加产量的山地水平梯田。新中国成立后，国家为发展农业生产，保障粮食安全，治理水土流失，从 20 世纪六七十年代就开始兴修梯田，自 80 年代初，梯田建设有了较大的发展。每年以约 467 km^2 的速度增长，至 2015 年已经修建梯田 1.96×10^4 km^2（姚进忠，2015）。

坡改梯后，高标准水平梯田可以拦蓄百年一遇的特大暴雨。不仅减少了丘陵山地本身的水土损失，也减少了入河入库泥沙。如甘肃省坡耕地年均水流失量为 600～1050 m^3/hm^2，泥沙流失量 60～150 t/hm^2；修建高质量梯田后拦水能力可达 90%，拦泥沙效率 95%。

3）兴修水利

距今约 2000 多年前，先民们首重水利，广开水渠，并打井利用地下水，实行灌溉农业。为了充分利用水资源进行灌溉和发电，新中国成立以来，因地制宜地修建了大批水利、水电和水保工程。全省共建成各类工程设施包括：水库工程、渠道工程、小水电站、河防工程、机井工程、小型水利、引水工程和排水工程等。其中，已建成的大型水库有：1947 年建成的金塔县鸳鸯池水库，1960 年建成的瓜州县双塔堡水库、武威市黄羊河水库、嘉峪关市大草滩水库、静宁县东峡水库，1962 年建成的庆阳市巴家嘴水库，1968 年建成的金昌市金川峡水库，1974 年建成的金昌市西大河水库，1980 年建成的民勤县红崖山水库等（甘肃省档案局，2011）。水利工程使水资源利用率大为提高，绿洲生态环境得到改善，灌溉农业有了新的发展。

大中型电灌工程有：1971 年建成的西津灌区，1973 年建成的三角城灌区，1974 年建成的景泰川电灌，1976 年建成的靖会电灌、大沙沟灌区，1989 年建成的西岔灌区等（甘肃省档案局，2011）。尤其是引大入秦工程，是新中国水利史上规模最大的跨双流域调水自流灌溉工程，是西北的“都江堰”，它在许多方面创造了水利建设的中国乃至世界先进纪录。近年来兴建的甘肃省洮河九甸峡水利枢纽及引洮供水工程，极大地改变甘肃中部地区的干旱面貌。全省还建成淤地坝 294 座，兴修小型拦蓄工程 22.6 万座（处），营造水土保持林草 4.41×10^4 km^2（魏宝君，2007），为水土流失的控制做出了巨大的贡献。

4）退耕还林还草

甘肃省位于青藏高原、内蒙古高原和黄土高原的交会处，是黄河、长江上游的重要水源补给区，并处于 3 个沙漠的前沿，其生态环境十分脆弱。甘肃省的天然林资源主要分布在以白龙江、祁连山等地为首的 10 个林区，森林总覆盖率并不高。因此，生态保护对该地区的发展非常重要。近年来在国家政策的指引下，加快推进以退耕还林还草、退牧还草、天然林保护、三北防护林、水土流失治理等为重点的生态保护与恢复工程。甘肃是率先在全国开展第一轮退耕还林工程试点的三个省份之一。自 1999 年启动实施以来至 2013 年累计完成工程建设 1.90×10^4 km^2，局部生态环境明显改善。根据国家林业局《退耕还林工程生态效益监测国家报告（2013 年）》及各地的调查资料，退耕还林工程实施以来，全省累计治理陡坡和沙化耕地 6.69×10^3 km^2，绿化宜林荒山荒地 1.07×10^4 km^2，封山育林 1.58×10^3 km^2，工程建设提高全省植被覆盖率约 4 个百分点。先期开展退耕还林的地区，水土流失得到了一定的控制，风沙危害呈逐步下降趋势，局部生态环境得到明显改善。如平凉市静宁县累计完成退耕还林 555 km^2，森林覆盖率由退耕前的 5.6%提高到 26%，年土壤侵蚀模数由退耕前的 8632 t/km^2 下降到现在的 6214 t/km^2，减少水土流失 2.4 亿 t；陇南市退耕还林每年至少可减少水土流失 5.00×10^6 t，蓄水 1.50×10^7 m^3。2014 年国家启动新一轮退耕还林还草工程，甘肃省山地坡度在 25°以上坡耕地的退耕还林任务为 433 km^2。退耕还林还草，减少了甘肃省的水土流失状况，并带来了环境和生态效益。

退耕还林还草工程实施后，提高了森林覆盖率，减少了雨滴直接击打地面而带来的水土流失。树木和草被的根系在一定程度上能够起到固土的作用，同时树木凋落物落在地面上能够有效减缓因雨水冲刷而带来的水土流失。土壤表面的附着物不仅只有树木的凋落物，同时还会生长一些草本和藓类植物，也能够有效阻挡水土流失。退耕还林还草增加植被覆盖度，还可以减少风蚀带来的土壤损失。

退耕还林还草可以改变土壤的物理和化学性状。首先，森林和草被的根系能够直接增加土壤的孔隙度，孔隙度影响土壤肥力以及土壤通透性，可以改善土壤环境。其次，植被的凋落物能够增加土壤有机质含量，提高保肥和保水能力，培肥土壤，改善土壤的物理性状，促进植物生长，由此减少坡面径流单位面积产沙量，增加土壤的厚度。据统计资料，甘肃省涵养水源物质量、保育土壤总量和固碳释氧总量从退耕还林工程前（1998 年）的 1.09×10^9 m^3/a、1.62×10^7 t/a 和 2.78×10^6 t/a 增加到退耕还林工程后（2015 年）的 7.63×10^9 m^3/a、1.41×10^8 t/a 和 1.95×10^7 t/a。

5）耕作管理与改良整治

人类农业活动对土壤直接的影响是土壤的耕作管理和改良整治。耕作管理包括垦殖、耕种、施肥和灌溉，这对土壤的影响是一个比较缓慢的过程。通过合理的长期耕作施肥等措施会熟化和培肥土壤。在地势平坦的塬地、川台地及河川平原地区，长期使用大量土粪在原来土壤表层覆盖超过 50 cm 的堆垫表层，形成土垫旱耕人为土。在河西走廊的灌区由于长期灌溉和耕作施肥，在原来土壤上形成了灌耕熟化层厚度大于 100 cm 的灌淤表层，从而形成灌淤旱耕人为土。但也有由于不合理的灌溉，造成了次生盐渍化或沼泽化；有的地方由于只重视上游用水，而使下游缺水、土壤干旱等，导致了沙漠化。

改良整治措施包括平整土地、淤地造田、客土掺沙、修筑梯田条田、筑堤防洪、挖沟排水洗盐等工程措施，植树种草、封山育林育草等生物措施，施用石膏、石灰、化学肥料、化学药剂等化学措施。改良整治对土壤的影响一般是比较迅速的突变过程，在多数情况下，使土壤属性在短时间内完成良性发展的过程，使某些障碍因素得到克服和适应，甚至人为改变土壤形成演变的方向。如农田基本建设中，为了解决地形崎岖不平，对土壤进行搬动，改变地势与母质，削高垫低，必然对一些土体构型或原有土层排列或叠合状况进行深刻改变，对土体构型进行新的组合，使上下层的质地状况、紧实程度等趋向于均一化，将自然形成的上下层土体的不均一性彻底改变，对土壤的演变具有深刻的影响。

6）水资源变化

近百年来，全球气候变化导致气温升高、降水变率增加、冰川积雪退缩等，极大地改变了该地区水资源量及其时空分布。同时，人口增加以及不合理的人类活动更加剧了水资源与生态环境的变化。20 世纪 60 年代以来，由于黑河上中游拦蓄河水、工农业用水大量增加以及区内不合理的土地利用，下游水量减少，生态环境不断恶化，致使西居延海于 1961 年干涸，东居延海于 1992 年完全干涸。由此带来黑河下游大面积绿洲萎缩、草场沙化、载畜量下降和生物多样性锐减等问题，以致该地区演变为沙尘暴的重要源地，且形成了一条横贯我国北方的“沙尘走廊”。

下游地区水量减少引起地下水位下降和水质恶化，进一步对土壤性质产生影响。如 20 世纪 50 年代内陆流域的石羊河下游民勤地区，由于上游扩大灌溉面积和用水量增加，输往民勤盆地的水量减少，使得地下水位每年以 0.25～0.9 m 的速度下降，形成了若干地下“漏斗”，引起植被衰退、土壤沙化和沙漠内侵。地下水水质恶化，土壤盐渍化加剧。绿洲地区的土壤因地下水位升降，干湿交替，土壤剖面中下部形成锈纹锈斑、铁锰或石灰结核。由于河川地面水缺乏，采用高矿化度地下水灌溉农田，使表层土壤积盐。极端干旱的自然条件下，过量超采地下水，使水位下降过低，土壤层过度干旱，若遇强烈的起沙风，造成土壤风蚀或风积交替频繁，使土壤沙化。

人类活动对土壤的影响是快速而显著的。由此，我们需要充分尊重自然规律，通过对土壤的良性改造，适度耕种和放牧，发展林草，涵养水源，保护生态环境，实现土壤的可持续利用，营造良好的人类生存环境。

第 2 章　成土过程与主要土层

2.1　成 土 过 程

成土母质（母岩）在气候、生物、地形的影响下，随着时间延续，发生物理学、化学、生物学性质的变化，形成具有一定剖面形态、内在性质和肥力特征的土壤。因此，土壤形成的各种过程都受不同成土因素或其不同组合的支配。随着母质与成土环境的变化，成土因素的组合错综复杂，成土过程随之发生变化，经历不同的时间尺度，形成不同的土壤类型。自农耕文明以来，人类的生产活动对土壤性质、肥力及其发生发展方向产生深刻的影响，改变、加速或逆转了土壤的发生过程，成为影响土壤发生演变的重要因素。

甘肃省位于我国西北部，气候从亚热带湿润气候到温带干旱气候，还有高寒气候，地形从河谷到高原，从森林、绿洲到沙漠、戈壁，因而成土过程复杂。高寒地区土壤矿物以物理风化为主，生物活动弱，以原始成土过程为主；干旱地区，降雨少，光热充足，植被少，风沙多，土壤中元素迁移弱，易于积盐；湿润地区，雨热较为充足，土壤矿物以化学风化为主，土壤中元素易于迁移转化，矿质养分充足，植被生长旺盛，有利于有机质的富集。因此，在一定环境条件下，土壤形成有其特定的基本物理化学作用，也有占优势的物理或化学作用，它们的组合体现该区域特色的成土过程，形成该区域特定的土壤类型。

甘肃省主要的土壤形成过程有原始土壤形成过程、有机质循环与积累过程、钙积过程、脱钙与复钙过程、石膏聚积过程、盐分淋溶与积累过程、黏化过程、草甸化过程、沼泽化过程、泥炭化过程、潜育化过程、氧化还原过程和熟化过程。这些土壤形成过程有时单独进行，有时几个过程相伴进行，均不同程度地影响土壤属性，并在土壤剖面特性、层次的性状和生产利用性能上有所反映。

2.1.1　原始土壤形成过程

从岩石出露地表着生微生物和低等植物开始到高等植物定居之前形成的土壤过程，称为原始土壤形成过程。原始土壤形成过程也可以与岩石风化同时同步进行，通常是与碎屑风化壳相伴随，是土壤形成作用的起始。在高山冻寒气候条件的成土作用主要以原始过程为主。陇南山地、甘南高原、祁连山地的高海拔地区或冰川附近，温度极低，部分区域存在古代冰川雕刻作用形成的缓坡岩屑堆积带。这里以物理风化为主，部分岩面上着生或定居着一定量的生物，表明已经具有了原始土壤形成过程。

高寒地区“岩漆”的出现是原始土壤形成过程开始的标志。最初出现的生物为自养型微生物及其共生的固氮微生物，岩石中矿质养分被岩石上着生的这些生物吸收利用，同时累积有机物质和氮素。这为地衣类植物的生长提供了条件，岩面上着生地衣类植物说明原始土壤形成过程已进入第二个发展阶段。地衣类植物的繁殖与更替，必然使原始土壤形成过程加强。各种异养型微生物，如细菌、黏液菌、真菌、地衣组成的原始植物群落，着生于岩石表面与细小孔隙中，通过生命活动促使矿物进一步分解。地衣着生时期的实质是生物风化层的发生与发展，生物-物理风化层加厚并向外扩张以及基部出现并累积细土，这为苔藓植物的着生提供了物质基础。苔藓植物着生为原始土壤形成过程的第三阶段，苔藓植物着生在地衣的残体或有少许细土的岩隙中。苔藓类植物的出现一方面增加有机质与细土，另一方面可以拦蓄细土与保持水分。这些过程必然直接或间接地加速岩体的风化，由此促进土壤形成，为高等植物的生长准备条件。

在陇南山地、甘南高原、祁连山地 4000 m 以上高海拔地区的原始土壤形成过程主要处于岩漆阶段，随着海拔的降低逐渐出现地衣和苔藓，过渡到高等植物。在高寒环境下生长有雪莲等高寒植物说明这里已经有土壤的出现。这里的土壤一部分归功于原始土壤形成过程，一部分归因于风沙远源带来的细土沉积作用。

2.1.2 有机质循环与积累过程

有机质循环与积累过程普遍存在于各种土壤的成土过程中，但其循环和累积量却因所处的水热环境以及其上生长的植被类型和植被量不同而具有较大的差异。甘肃省的气候、母质、地形复杂，植被类型多，因此有机质的循环形式和累积量也不一样。

（1）荒漠地区气候极端干旱，植被为半灌木和灌木荒漠类型，成分简单，覆盖稀疏，地上部分产量低。为数不多的植物残体在土壤表层矿化较快，表土有机质含量在干旱土中大部分在 10 g/kg 以下，甚至低于 3 g/kg。腐殖化作用也较弱，胡敏酸与富里酸之比较小，一般均小于 0.5。

（2）绿洲的草原土壤上生长的植被主要是旱生草本植物，其生物积累量因植被类型而异。草原产草量大，其地下部分一般可超过地上部分的 5～20 倍。主要根系都集中于土体中 50 cm 以上的土层，在 20～30 cm 以上可占总根量的 75%。植物组成的特点是氮的含量高，灰分达 60～160 g/kg，所形成的土壤有机质含量较高，可达 10～30 g/kg。就腐殖质组成而言，半干润均腐土中胡敏酸与富里酸之比大于 1.0，干旱土则小于 1.0。

（3）高原和高山垂直带谱中的高山草原带主要生长草甸草本植物，其根系分布致密，干重较大，有利于土壤腐殖质的积累。由于草甸植物的根系较深，土壤中腐殖质和矿物成分可以大量积累。土壤表层有机质含量很高，可达 30～80 g/kg，或更高。腐殖质组成以胡敏酸为主，富里酸较少。高山草原带在交替的干湿和冻融作用下，新鲜腐殖质能和土壤黏粒互相胶结，形成水稳性团粒结构。

（4）高原和高山垂直带谱中的温带阔叶落叶林下土壤有机质积累明显。落叶林的凋落物中氮和灰分含量高，从而使土壤富含有机质和矿质养分。由于林下土壤一般较湿润，高原和高山带谱中相应位置温度较低，尤其是冬季温度低，枯枝落叶层很厚，有机质不易分解。

（5）高寒而具有冻层的区域具有草毡状腐殖质积累过程，这是高山和亚高山土壤形成的特点之一。在土壤剖面上部多以草本植物根系原形积累起来，形成毡状草皮层。土壤中有机质含量可达 100 g/kg 以上。其特点是有机质的腐殖化作用微弱，粗有机质草根盘结，作草毡状。

（6）长期积水与草甸或沼泽植物茂密生长的区域，具有泥炭积累，土壤中见大量有机质积累。尽管甘肃省大部分地区的降雨量普遍不高，但是在局部的积水区域依然会有泥炭化过程。如河湖附近积水洼地，山间谷地及平原低洼地形部位，地表积水或过度潮湿，生长着许多沼泽植物，在多水、嫌气分解条件下，植物有机残体分解缓慢，产生低分子有机酸，抑制微生物活动，植物残体的矿质化和腐殖化均受抑制，致使半分解和弱分解的植物残体在表层不断积累和增厚，形成泥炭。

（7）大多数农业利用情况下，由于农业收获带走农作物，施入的有机物质少，会降低原来自然土壤的有机质含量。另外农业的耕耙增强了土壤通气性，加速有机质的分解。过酸、过碱土壤的调节，含盐土壤中盐分的排除等，改良了土壤，同时也改善了微生物的生活环境和分解有机质的能力，促进了土壤有机质的转化。当然，有的土壤连年施用多量有机肥料、根叶残茬的遗留以及近年来倡导的秸秆还田措施，可以提高有机质含量。旱地改为水田后，也可促进土壤有机质累积。如灌淤旱耕人为土是在荒漠上经多年灌溉和施用有机肥料、灌耕影响而成，土壤有机质由原来的 10 g/kg 以下增到 10 g/kg 以上。在陇东土垫旱耕人为土，由于大量施用土粪等，土壤有机质含量增加。

总体来看，甘肃省由于水热条件、地形部位、植被类型和人类活动的差异，土体上部的有机质积累及腐殖化过程存在着明显差别。甘肃省有机质的循环和累积形式多样，但多数土壤中有机质含量并不高，特别是干旱土、盐成土、荒漠和戈壁地区的雏形土和新成土，有机碳含量甚至低于 5 g/kg。均腐土、气候寒冷潮湿地区的雏形土和新成土表层土壤有机碳含量可达 50 g/kg，甚至更高。

2.1.3　钙积过程

钙积过程是干旱和半干旱地区土壤含钙的碳酸盐发生移动和积累的过程。甘肃省大部分地区属干旱、半干旱地带，钙积过程明显。表土中生物作用产生的 CO_2 溶于土壤溶液形成 HCO_3^-，与土壤中的钙结合成 $Ca(HCO_3)_2$，在雨季随水分向下移动，达到一定深度，土壤水分被下层高基质势土壤吸收，以 $CaCO_3$ 形式累积下来，形成钙积层。钙积层出现的深浅，取决于碳酸盐的向下淋溶、土壤溶液的向上移动和碳酸盐从土壤溶液中沉淀之间的平衡，因此与气候干旱程度有关。钙积层在干旱地区多出现在表土以下 20～30 cm 处，在半干旱地区多出现在 40～50 cm 处，而偏湿润地区则出现在 60～80 cm 处，当然在水分状况良好的地区则完全淋失，在土体中不出现碳酸钙的沉积。钙积层的碳酸钙含量一般在 100～150 g/kg，但在甘肃省的干旱地区可达到 150～450 g/kg。碳酸钙淀积的形态有粉末状、假菌丝状、结核状或层状。

甘肃省土壤中碳酸盐的来源非常广泛。①母质本身具有碳酸盐。该区域除了黄土高原以外，其他地区的黄土母质也较多。黄土母质中碳酸盐含量在 100 g/kg 以上，黄土地区的河流沉积物碳酸盐含量 100～200 g/kg。②岩石风化过程的产物。甘肃省的风化岩类如浅色硅质结晶盐类风化物、暗色铁镁中基性结晶盐类风化物、砂岩风化物、泥质岩类风化物、碳酸盐岩类风化物和红色岩类风化物等均含有一定量的 CaO 和 MgO，有的含量还较高。在 CO_2 和水参加的化学风化过程中，形成 $CaCO_3$ 和 $MgCO_3$。③降尘源。干旱地区由于受沙漠戈壁的干热气流或山麓焚风影响，引起沙尘暴，这些含 $CaCO_3$ 的沙尘增加了接收土壤中的碳酸盐含量。④水力搬运的黄土源。河西走廊的东部黄土地区，流水作用搬运的黄土及含碳酸盐的其他沉积物，可使土壤中 $CaCO_3$ 的含量升高。⑤地下水源。河西走廊的低平地，由于蒸发作用强烈，$CaCO_3$ 从浅层地下水随土壤毛管水的上升而被带入上层土壤，形成硬化的钙积层，有的形成砂姜。⑥生物残体源。有的植物残体含有粉状方解石，这是钙的生物循环以及含钙化合物在土壤中富积而形成的。植物组织中的钙和镁在分解过程中形成碳酸盐，伴随着植物继续生长和死亡，碳酸盐在表层聚积。⑦人为活动源。历史上甘肃省施用土粪，因大部分填圈物质为含碳酸盐高的黄土或黄土状沉积物，使碳酸盐富集于表层。

碳酸盐在剖面中的存在状态和移动与水分运动密切相关。甘肃省具有很多的干旱砂质新成土和干旱冲积新成土，由于母质沉积时间短，气候干旱，成土作用微弱，土体中的碳酸盐基本保持母质的原来状态。

2.1.4　脱钙与复钙过程

脱钙过程是碳酸钙从一个或更多的土层中被溶解淋出的过程。干旱、半干旱地区碳酸盐的淋溶是在半淋溶条件下进行的，下渗移动深度受降水量、母质和成土年龄等因素的影响而差异很大。降雨量相对较多、较为湿润的地区，如陇南，较长时间的淋溶作用使碳酸盐类持续淋失，1 m 深度土体无石灰反应，出现脱钙现象。

复钙过程是已经脱钙的土壤表层重新覆盖碳酸盐的过程。由于风积、水积和人为活动的影响，土体上部碳酸盐含量由无到有，由少增多，出现土体表层碳酸盐含量高，而中层和底层低的现象。在引水灌溉的河西走廊，沙尘暴区域的周边农田以及具有土粪施用习俗的区域会出现复钙现象。

2.1.5　石膏聚积过程

石膏聚积过程是土壤中石膏结晶的形成和聚积过程。在半干旱到干旱地区，地下水中含有较高浓度的硫酸盐类（主要为硫酸钙），蒸发过程中其随水溶液移动到土体的一定部位沉淀析出，成为石膏结晶。地下水中的硫酸根可与土壤钙积层中的碳酸钙进行化学反应，产生硫酸钙，在超过其溶度积时沉淀为石膏。当聚积量大时可形成石膏层或石膏磐。硫酸钙的溶解度及迁移速度大于碳酸钙，而小于易溶盐类，故在不同自然条件下，土壤水无论以上升运动为主，还是以下渗运动为主，如在土体中出现硫酸钙，其所代表的干旱程度介于易溶盐和碳酸钙之间。甘肃省干旱地区由于蒸发与降水之间的极端不平衡性，部分土壤中有石膏聚积。陇中的石膏聚集过程弱，石膏结核呈米粒状、豆状和不规则形，漠境地区土壤中石膏有的呈粉末状、结核状和晶簇状，有的呈石膏盐磐层，在砾质或石质层中呈钟乳状。

2.1.6　盐分淋溶与积累过程

矿物风化和成土过程中产生的钾、钠、钙和镁等易溶盐分，随着水分下渗淋溶迁移到深层或地下水的过程为土壤盐分的淋溶过程。由于土壤水分蒸发，地下水中的盐分随土壤毛管水向上迁移至地表；或由于灌溉等使得含盐地表水进入土壤，引起土壤盐分含量升高，为土壤盐分的积累过程。被迁移的物质除了钾、钠、钙和镁等阳离子外，还有 Cl^-、SO_4^{2-}、HCO_3^-、CO_3^{2-}、NO_3^- 等阴离子。这些盐分主要来自矿物的风化、降水、盐岩、灌溉水、地下水以及人为活动。

甘肃省土壤盐分迁移运行类型有淋失型、交替型和累积型。

（1）淋失型主要分布在降雨较为丰沛的陇南山地、高原和平原地区，土壤不受地下水影响，可溶性物质不断随雨雪水垂直下渗，或随侧向径流而迁移。

（2）交替型主要分布在半干旱地区，受地下水影响而产生盐渍化土壤。随着一年中雨季和旱季交替或灌水期和停灌期或冻融期交替，土壤盐分进行季节性的淋溶和累积。雨季或灌水期土壤表层盐分为降水或灌水淋洗，从表土下移，表层盐分下降，地下水位相应抬高。旱季或冬春停灌期，由于蒸发作用，地下水和土壤深层中的盐分随毛管水上升而累积地表。

（3）累积型主要位于甘肃省河西走廊及中部干旱地区。受含盐地下水、含盐沼泽湖泊和含盐土壤母质的影响，在强烈的蒸发作用下，通过土体毛管水的垂直运动和地表水的水平运动，盐分逐渐积聚于地表。部分累积型是历史时期形成的，现已脱离地下水或地表水的影响，表现为残余积盐。有的因灌溉不当或有灌无排，引起地下水位升高，在强蒸发作用下引起盐分在地表积聚，形成次生盐土。

2.1.7　黏化过程

黏化过程是土壤中由于次生层状硅酸盐黏粒的生成或经淋移、淀积而导致黏粒含量增加的过程。原生硅铝酸盐不断风化而形成次生硅铝酸盐，或进一步风化为晶质和非晶质的氧化物和氢氧化物，由此产生的黏粒原位积聚或迁移聚集。黏化过程可进一步分为残积黏化、淀积黏化和残积-淀积黏化三种。在风化-成土过程中，母岩的原生矿物遭受风化，生成的黏粒就地残积于土体层为残积黏化。新形成黏粒通过分散于水的悬浮液自土层上部向下淋移，并在一定条件下发生淀积为淀积黏化。上述两作用的联合形式为残积-淀积黏化。

甘肃省土壤的黏化作用虽然普遍存在，但由于气候、土壤湿度、母质、风化程度等因素的影响，黏化过程并不强烈，甚至难以形成黏化层。在干旱漠境和半漠境土壤中以残积黏化为主，土壤颗粒只表现由粗变细，黏粒淀积土层很薄，通常达不到黏化层的鉴定标准。有的土壤黏粒在剖面中、上部略有累积，淀积黏化作用微弱，残积黏化占主要地位，在形态上没有明显表现。

碳酸钙会胶结黏粒，阻碍高价氧化物活化，滞缓黏粒移动。因此，碳酸钙的淋洗是黏化过程的前提条件。甘肃省具有大面积的黄土和钙质岩类母质，由于大量碳酸钙存在，土壤黏化作用普遍微弱。在富含碳酸盐的母质中，只有在湿润和半湿润气候条件下，原生的硅酸盐矿物进行风化，土壤上部的碳酸盐遭受淋溶，并有良好温度条件和足够的水分，有利于土壤中原生矿物继续水解转化成黏粒或黏粒移动，才有可能使土体内一定深度的黏粒含量增高而黏化。但值得指出的是，本区因为受青藏高原抬升的影响，过去偏湿热条件下形成的古黏化层在剖面中依然可见。

2.1.8 草甸化过程

草甸化过程是指在较浅的地下水埋深和草甸植被条件下，季节性氧化还原交替和腐殖质积累的综合成土过程。草甸层的形成主要是因为土壤湿度大。甘肃省的土壤草甸化过程主要是位于高山和高原上的高寒草甸，这里土壤湿度大的原因一方面是土壤下层有冻层存在，表层消融的水分不易下渗，在冻融面形成一个临时的滞水层；另一方面是因为高寒气候阴湿，空气湿度大，不仅土壤蒸发微弱，而且在降温过程中有气态水凝聚，因此土壤经常属于湿润状态。这样的环境，只适合喜湿性草本植物，如蒿草、薹草、委陵菜等，以及浅根型的灌木生长。这些草本植物根系为密丛型，多不下扎而横向伸展，盘结成毡，亦称草毡层。根系密结层一般厚 0～10 cm，有机质含量高达 150 g/kg 以上。紧接之下 10～20 cm 以活的根系和半分解状的有机质残体为主，和普通腐殖质层近似，有机质含量约 50～80 g/kg。20 cm 以下通常是临时滞水层，有锈纹锈斑出现，土壤颜色由灰棕色逐渐变成浅灰色。这是土体在干湿交替过程中伴随着氧化还原作用的结果。

2.1.9 沼泽化过程

沼泽化过程是在地表长期积水条件下，有沼泽植被的作用，表层植物残体进行着泥炭化或腐殖质化，下部土层进行着强烈还原的过程。沼泽化的形成条件是地下水位高，地面水位稳定，土壤质地黏重，高山地带要有冻层存在。由于长期处于淹育和低温条件，土壤剖面中有青灰色的土层出现。其上为泥炭或腐殖质层，最上部为生草层。

2.1.10 泥炭化过程

泥炭化是沼泽化的另外一个演变方向，是沼泽地自然植物残体在强烈嫌气还原条件下分解不完全而大量积累的过程。该过程的实质是有机质的积累和转化。夏季气温较高，水分条件好，沼泽植被生长茂盛，同时土壤过湿和积水，微生物活动受到抑制，有机质不能充分分解；冬季漫长而寒冷，分解速度更低。因此，植物残体呈半腐解状，草炭逐渐累积，形成泥炭。可见植物根系及枝叶残体原形，多呈束状成层累积。泥炭层较薄的剖面下部会出现潜育层，土粒增多，并有灰蓝色斑块。

2.1.11 潜育化过程

潜育化过程是土壤长期渍水，受到有机质嫌气分解，而铁锰强烈还原，形成灰蓝-灰绿色土体的过程。在渍水情况下，伴有有机质的嫌气分解才能发生潜育作用。甘肃省土壤发生潜育化的面积比较少，主要是伴随着泥炭化过程进行的，主要分布于高原洼地和湖泊周边的沼泽区域。

2.1.12 氧化还原过程

氧化还原过程是以电子传递为特征的化学平衡过程。氧化是失去电子的反应，还原是获得电子的反应，这两个反应相互依存并同时发生，在土壤中多由生物参与完成。土壤中的氧化还原反应具有不均一性的特点，在成土过程中产生的土壤局部氧化还原状况差异很大。这种差异可通过不同层次或同层次不同部位的氧化还原电位和还原性物质数量反映出来。

氧化还原过程分为自然土壤的氧化还原过程、旱耕氧化还原过程和水耕氧化还原过程。自然土壤中由于自然降雨、生物和有机物质的参与，增强了土壤中的还原反应，使氧化还原反应交错而又相伴进行。旱耕氧化还原过程是在旱耕情况下，土壤受灌溉和降雨影响而使得土体中元素发生氧化还原过程交替进行。水耕氧化还原过程是由于水稻种植的季节性人为灌水，使土体干湿交替，引起铁锰等化合物的氧化态与还原态发生转化，产生局部的移动或淀积。不同土壤的氧化还原强度差异很大。自然土壤和旱耕氧化还原电位一般在 400～600 mV 或>600 mV，水耕氧化还原电位为 300～–200 mV 或<–200 mV。由于甘肃省的水耕人为土面积较小，因此土壤氧化还原过程主要发生在自然土壤和旱耕土壤中。氧是决定土壤氧化还原状况的主要体系，因此自然土壤和旱耕土壤的孔隙和水分是决定土壤氧化还原状况的主要因素。当渍水时，土壤氧含量大幅下降，土壤溶液中氧气的浓度降低，土壤进入还原状态；当水分通过蒸发、入渗或水平排出时，土壤中氧含量逐渐增加，进入氧化状态。土壤有机物质是自然土壤和旱耕土壤中发生氧化还原的重要影响因素，因为有机质嫌气分解既可为微生物提供营养和能源物质，又是土壤中还原物质的直接来源，还是无机氧化物的主要电子供体。相比我国南方多雨湿润区以及大面积的水耕人为土，甘肃省土壤的氧化还原过程虽然广泛存在，但面积和强度并不大。对于该区域大部分土壤来说，由氧化还原过程在土体内产生的层次差异并不明显。

2.1.13　熟化过程

熟化过程是指由于人类的耕作、灌溉和施肥等农业措施改良和培肥土壤的过程，包括旱耕熟化过程和水耕熟化过程。熟化过程会引起土壤物理、化学和生物学特性发生变化，在土体上部逐渐形成不同于原来土壤的层次。

旱耕熟化是土壤在旱作条件下的培肥过程。首先，改造土壤前身存在的不利自然成土过程，如侵蚀、沙化、黏化、盐渍化、潜育化等，发挥有利于农业生产的过程和性状。其次，通过施用有机肥和化肥、合理耕作、调整土壤质地、改良土壤结构和改变耕层构造等农业管理措施使得土壤累积养分、改变土性、改良土壤质地和改善结构等，从而培肥土壤。使得土壤具有深厚肥沃的耕作层和良好的通气性，达到持续高产稳产。甘肃省具有较大面积的梯田，在修造梯田的时候一次性垫厚土层，并形成深厚的人为堆垫剖面。地势平坦的塬地、川台地及河川平原地区具有长期使用大量土粪和土杂肥等的习惯，堆垫表层经过耕作熟化厚度可达到 50 cm，形成土垫旱耕人为土。河西走廊的灌溉水来自祁连山区的河流，洪水期水中带有大量的泥沙；黄河沿岸长期引洪灌溉。通过耕作把灌溉淤积物和施用的肥料加以搅混，调节了土壤物理性质；又通过作物根系作用和施用有机肥增加土壤中的有机质，改善土壤的结构状态。随着灌淤与耕作年复一年地进行，灌淤层逐渐增厚，日积月累，便在原来的土壤表面上形成灌淤表层，厚度达到 50 cm，形成灌淤旱耕人为土。旱耕培育的土体内一般均有人为施肥时混杂的煤渣、炭屑渣、灰渣、砖瓦碎片以及人类生活用品的碎屑等。

水耕熟化过程是土壤在长期种植水稻或水旱轮作交替条件下的熟化过程。这一过程包括土壤中氧化还原、有机质的累积和分解、复盐基和盐基淋溶、黏粒累积和淋失等成土过程。因此对土壤产生比较深刻的影响，形成水耕表层和水耕氧化还原层。甘肃省水稻种植面积很小，因此仅在地势较为平坦、水热资源较为丰富的区域具有小面积的水耕人为土。

2.2 诊断层与诊断特性

2.2.1 诊断层

诊断层（diagnostic horizon）：凡用于鉴别土壤类别（taxa）的，在性质上有一系列定量规定的特定土层，按其在单个土体中出现的部位，细分为诊断表层和诊断表下层（表 2-1）。

表 2-1 中国土壤系统分类诊断层、诊断现象和诊断特性

诊断层			诊断特性
（一）诊断表层	（二）诊断表下层	（三）其他诊断层	1.有机土壤物质
A.有机物质表层类	1.漂白层	**1.盐积层**	**2.岩性特征**
1.有机表层	2.舌状层	**盐积现象**	**3.石质接触面**
有机现象	舌状现象	2.含硫层	**4.准石质接触面**
2.草毡表层	**3.雏形层**		**5.人为淤积物质**
草毡现象	4.铁铝层		6.变性特征
B.腐殖质表层类	5.低活性富铁层		变性现象
1.暗沃表层	6.聚铁网纹层		7.人为扰动层次
2.暗瘠表层	聚铁网纹现象		**8.土壤水分状况**
3.淡薄表层	7.灰化淀积层		9.潜育特征
C.人为表层类	灰化淀积现象		潜育现象
1.灌淤表层	8.耕作淀积层		**10.氧化还原特征**
灌淤现象	耕作淀积现象		**11.土壤温度状况**
2.堆垫表层	**9.水耕氧化还原层**		**12.永冻层次**
堆垫现象	水耕氧化还原现象		**13.冻融特征**
3.肥熟表层	**10.黏化层**		14.*n* 值
肥熟现象	**11.黏磐**		**15.均腐殖质特性**
4.水耕表层	12.碱积层		16.腐殖质特性
水耕现象	碱积现象		17.火山灰特性
D.结皮表层类	13.超盐积层		18.铁质特性
1.干旱表层	14.盐磐		19.富铝特性
2.盐结壳	**15.石膏层**		20.铝质特性
	石膏现象		铝质现象
	16.超石膏层		21.富磷特性
	17.钙积层		富磷现象
	钙积现象		22.钠质特性
	18.超钙积层		钠质现象
	19.钙磐		**23.石灰性**
	20.磷磐		24.盐基饱和度
			25.硫化物物质

注：加粗字体为甘肃省土系调查涉及的诊断层、诊断现象和诊断特性

1. 诊断表层

诊断表层（diagnostic surface horizon）是指位于单个土体最上部的诊断层，并非发生层中 A 层的同义语，而是广义的“表层”，既包括狭义的 A 层，也包括 A 层及由 A 层向 B 层过渡的 AB 层。如果原诊断表层上部因耕作被破坏或受沉积物覆盖影响，则必须取上部 18 cm 厚的土壤混合土样或以加权平均值（耕作的有机表层取 0～25 cm 混合土样）作为鉴定指标。

1）腐殖质表层

腐殖质表层（humic epipedon）是指在腐殖质积累作用下形成的诊断表层，主要用于鉴别土类和亚类一级，但暗沃表层加均腐殖质特性则是鉴别均腐土纲的依据。

（1）暗沃表层（mollic epipedon）

有机碳含量高或较高、盐基饱和、结构良好的暗色腐殖质表层。它具有以下条件：

① 厚度：

a. 若直接位于石质、准石质接触面或其他硬结土层之上，为≥10 cm；或

b. 若土体层（A＋B）厚度＜75 cm，应相当于土体层厚度的 1/3，但至少为 18 cm；或

c. 若土体层厚度≥75 cm，应≥25 cm；和

② 颜色：具有较低的明度和彩度；搓碎土壤的润态明度＜3.5，干态明度＜5.5；润态彩度＜3.5；若有 C 层，其干、润态明度至少比 C 层暗一个芒塞尔单位，彩度应至少低 2 个单位；和

③ 有机碳含量≥6 g/kg；和

④ 盐基饱和度（NH_4OAc 法，下同）≥50%；和

⑤ 主要呈粒状结构、小角块状结构和小亚角块状结构；干时不呈大块状或整块状结构，也不硬。

（2）暗瘠表层（umbric epipedon）

有机碳含量高或较高、盐基不饱和的暗色腐殖质表层。除盐基饱和度＜50%和土壤结构的发育比暗沃表层稍差外，其余均同暗沃表层。

（3）淡薄表层（ochric epipedon）

发育程度较差的淡色或较薄的腐殖质表层。它具有以下一个或一个以上条件：

① 搓碎土壤的润态明度≥3.5，干态明度≥5.5，润态彩度≥3.5；和/或

② 有机碳含量＜6 g/kg；或

③ 颜色和有机碳含量同暗沃表层或暗瘠表层，但厚度条件不能满足者。

本次调查的甘肃省没有发现暗瘠表层。暗沃表层出现在所有的均腐土土纲、暗沃干润雏形土和具有暗沃表层的干润正常新成土和湿润正常新成土土类。18 个含有暗沃表层的土系性质统计结果见表 2-2，厚度为 10～120 cm，平均值为 43 cm；容重为 0.71～1.55 g/cm^3，平均值为 0.88 g/cm^3；pH 为 6.3～8.8，平均值为 7.0；有机碳含量为 7.2～72.3 g/kg，平均值为 27.4 g/kg；碳酸钙含量为 0.0～144.9 g/kg，平均值为 37.6 g/kg；电导率为 0.0～4.7 dS/m，平均值为 0.5 dS/m。

表 2-2　暗沃表层的基本理化性质

项目	厚度 /cm	容重 /(g/cm³)	pH	有机碳 /(g/kg)	全氮(N) /(g/kg)	全磷(P) /(g/kg)	全钾(K) /(g/kg)	CEC /[cmol(+)/kg]	$CaCO_3$ /(g/kg)	电导率 (EC) /(dS/m)
平均值*	43	0.88	7.0	27.4	2.35	0.71	19.7	19.5	37.6	0.5
最小值	10	0.71	6.3	7.2	0.88	0.45	16.6	5.0	0.0	0.0
最大值	120	1.55	8.8	72.3	5.83	1.83	30.0	56.0	144.9	4.7

* 加权平均值，下同

淡薄表层主要出现在盐成土、淋溶土、除具有暗沃表层、灌淤现象和干旱表层以外的雏形土和新成土。77 个含有淡薄表层的土系统计结果见表 2-3，厚度为 5～35 cm，平均值为 14 cm；容重为 0.83～1.66 g/cm³，平均值为 1.20 g/cm³；pH 为 7.3～9.1，平均值为 8.3；有机碳含量为 0.7～27.1 g/kg，平均值为 7.5 g/kg；碳酸钙含量为 27.6～188.7 g/kg，平均值为 105.0 g/kg；电导率为 0.2～226.3 dS/m，平均值为 13.4 dS/m。

表 2-3　淡薄表层的基本理化性质

项目	厚度 /cm	容重 /(g/cm³)	pH	有机碳 /(g/kg)	全氮(N) /(g/kg)	全磷(P) /(g/kg)	全钾(K) /(g/kg)	CEC /[cmol(+)/kg]	$CaCO_3$ /(g/kg)	电导率 (EC) /(dS/m)
平均值	14	1.20	8.3	7.5	0.76	0.67	19.0	7.4	105.0	13.4
最小值	5	0.83	7.3	0.7	0.06	0.21	12.0	0.8	27.6	0.2
最大值	35	1.66	9.1	27.1	2.67	1.45	25.3	19.3	188.7	226.3

通过比较表 2-2 和表 2-3 发现，暗沃表层平均厚度是淡薄表层的 3 倍，平均有机碳含量是淡薄表层的 3～4 倍，而淡薄表层平均碳酸钙的含量是暗沃表层的 3 倍，平均电导率是暗沃表层的 27 倍。可见，暗沃表层比淡薄表层具有更高的有机碳含量，更低的容重，更少的碳酸钙和盐分，同时具有更高的氮磷钾等养分含量和更高的阳离子交换量（CEC）。从这些土系描述可以看出，暗沃表层的形成具有相对高的植被生长或者高寒环境，有利于有机碳的累积和碳酸钙的淋溶。

2）人为表层

人为表层（anthropic epipedon）是在人类长期耕作施肥等影响下形成的诊断表层，包括灌淤表层、堆垫表层、肥熟表层和水耕表层，分别是由浑水灌溉形成的灌淤土壤、由人为堆垫作用形成的堆垫土壤、长期种植蔬菜的高度熟化菜园土壤和长期种植水稻并具有特定发生层分异的水田土壤的诊断依据。其中堆垫表层还根据其物质来源不同，细分出泥垫和土垫两亚型；前者是珠江三角洲桑（蔗、蕉、花、草）基鱼塘地区泥垫旱耕人为土的鉴别依据，后者则是黄土高原地区土垫旱耕人为土（前称塿土）的鉴别依据。

甘肃省的土壤人为表层主要有灌淤表层、灌淤现象、堆垫表层和水耕表层。

（1）灌淤表层（siltigic epipedon）

长期引用富含泥沙的浑水灌溉（siltigation），水中泥沙逐渐淤积，并经施肥、耕作等交迭作用影响，失去淤积层理而形成的由灌淤物质组成的人为表层，它具有以下条件：

① 厚度≥50 cm；和

② 全层在颜色、质地、结构、结持性、碳酸钙含量等方面均一；相邻亚层的质地在美国农业部制质地三角表中也处于相邻位置；和

③ 土表至 50 cm 有机碳加权平均值≥4.5 g/kg；随深度逐渐减少，但至该层底部最少为 3 g/kg；和

④ 泡水一小时后，在水中过 80 目筛，可见扁平状半磨圆的致密土片，在放大镜下可见淤积微层理；或在微形态上有人为耕作扰动形貌——半磨圆、磨圆状细粒质团块，内部或可见有残存淤积微层理；和

⑤ 全层含煤渣、碳屑、砖瓦碎屑、陶瓷片等人为侵入体。

灌淤现象（siltigic evidence）：具有灌淤表层的特征，但厚度为 20～50 cm 者。

（2）堆垫表层（cumulic epipedon）

长期施用大量土粪、土杂肥或河塘淤泥等并经耕作熟化而形成的人为表层。它具有以下全部条件：

① 厚度≥50 cm；和

② 全层在颜色、质地、结构、结持性等方面相当均一，相邻亚层的质地在美国农业部制质地三角表中也处于相同或相邻位置；和

③ 土表至 50 cm 有机碳加权平均值≥4.5 g/kg；和

④ 受堆垫物质来源影响，除具有与邻近起源土壤相似的颗粒组成外，并且具有下列之一的特征：

a. 有残留的和新形成的锈纹、锈斑、潜育斑、或兼有螺壳、贝壳等水生动物残体等水成、半水成土壤的特征（泥垫特征）；或

b. 有与邻近自成型土壤相似的某些诊断层碎屑或诊断特性（土垫特征）；和

c. 含煤渣、碳屑、砖瓦碎屑、陶瓷片等人为侵入体。

堆垫现象（cumulic evidence）：具有堆垫表层的特征，但厚度为 20～50 cm 者。

（3）水耕表层（anthrostagnic epipedon）

在淹水耕作条件下形成的人为表层（包括耕作层和犁底层），它具有以下全部条件：

① 厚度≥18 cm；和

② 大多数年份当土温＞5℃时，至少有 3 个月具人为滞水水分状况；和

③ 大多数年份当土温＞5℃时，至少有半个月，其上部亚层（耕作层）土壤因受水耕搅拌而糊泥化；和

④ 在淹水状态下，润态明度≤4，润态彩度≤2，色调通常比 7.5YR 更黄，乃至呈 GY、B 或 BG 等色调；和

⑤ 排水落干后多锈纹、锈斑；和

⑥ 排水落干状态下，其下部亚层（犁底层）土壤容重对上部亚层（耕作层）土壤容重的比值≥1.10。

甘肃省位于西北干旱地区，要发展农业就需要大量灌溉。在长期的引洪灌溉区域，会形成灌淤表层。本次调查的灌淤表层主要在灌淤旱耕人为土土类，包括了弱盐灌淤旱耕人为土、斑纹灌淤旱耕人为土和普通灌淤旱耕人为土。10 个含有灌淤表层的土系性质

统计结果见表 2-4，厚度为 50～130 cm，平均值为 84 cm；容重为 1.11～1.60 g/cm^3，平均值为 1.36 g/cm^3；pH 为 7.8～9.0，平均值为 8.4；有机碳含量为 3.2～13.7 g/kg，平均值为 6.9 g/kg；碳酸钙含量为 47.1～234.7 g/kg，平均值为 124.2 g/kg；电导率为 0.6～3.4 dS/m，平均值为 1.6 dS/m。可见，甘肃省的灌淤表层一般比较厚，碳酸钙含量高，部分盐分含量较高，容重范围较大，个别压实较为严重，养分含量较低或中等。

表 2-4　灌淤表层的基本理化性质

项目	厚度 /cm	容重 /(g/cm^3)	pH	有机碳 /(g/kg)	全氮(N) /(g/kg)	全磷(P) /(g/kg)	全钾(K) /(g/kg)	CEC /[cmol(+)/kg]	$CaCO_3$ /(g/kg)	电导率 (EC) /(dS/m)
平均值	84	1.36	8.4	6.9	0.61	0.68	16.8	8.7	124.2	1.6
最小值	50	1.11	7.8	3.2	0.31	0.24	11.9	3.0	47.1	0.6
最大值	130	1.60	9.0	13.7	1.08	1.06	22.2	17.1	234.7	3.4

部分灌溉区域的灌淤土层厚度没有达到 50 cm，而出现灌淤现象。本次调查具有灌淤现象的土层主要在灌淤干润雏形土土类，包括钙积灌淤干润雏形土、斑纹灌淤干润雏形土和普通灌淤干润雏形土 3 个亚类。6 个含有灌淤现象表层的土系性质统计结果见表 2-5，厚度为 20～48 cm，平均值为 37 cm；容重为 1.13～1.62 g/cm^3，平均值为 1.33 g/cm^3；pH 为 7.9～9.0，平均值为 8.4；有机碳含量为 3.1～12.1 g/kg，平均值为 6.6 g/kg；碳酸钙含量为 40.4～167.8 g/kg，平均值为 100.1 g/kg；电导率为 0.7～4.6 dS/m，平均值为 1.9 dS/m。与灌淤表层相比，除了厚度比较薄以外，其他物理和化学特性二者基本一致。

表 2-5　灌淤现象的基本理化性质

项目	厚度 /cm	容重 /(g/cm^3)	pH	有机碳 /(g/kg)	全氮(N) /(g/kg)	全磷(P) /(g/kg)	全钾(K) /(g/kg)	CEC /[cmol(+)/kg]	$CaCO_3$ /(g/kg)	电导率 (EC) /(dS/m)
平均值	37	1.33	8.4	6.6	0.58	0.70	16.0	7.7	100.1	1.9
最小值	20	1.13	7.9	3.1	0.27	0.61	13.7	2.1	40.4	0.7
最大值	48	1.62	9.0	12.1	1.03	0.86	20.4	12.3	167.8	4.6

堆垫表层仅出现在土垫旱耕人为土土类中，本次调查仅建立 1 个土系——会川系含有该诊断表层。从表 2-6 可以看出，堆垫表层碳酸钙和盐分含量不高，有机碳含量较高，容重适中。

表 2-6　堆垫表层的基本理化性质

项目	厚度 /cm	容重 /(g/cm^3)	pH	有机碳 /(g/kg)	全氮(N) /(g/kg)	全磷(P) /(g/kg)	全钾(K) /(g/kg)	CEC /[cmol(+)/kg]	$CaCO_3$ /(g/kg)	电导率 (EC) /(dS/m)
数值	51	1.22	8.1	13.5	1.42	0.99	24.2	13.0	39.0	1.0

甘肃省的农田以旱地为主，水稻种植面积较小。虽然种植历史较久，但水耕人为土的发育并不强烈。本次调查中根据水稻的种植面积，仅建立一个土系——金峡系，属于普通简育水耕人为土。金峡系水耕表层中耕作层（Ap1）的厚度为 12 cm，碎块状结构，容重为 1.29 g/cm^3（表 2-7）。犁底层（Ap2）厚度为 7 cm，大块状结构，容重较高，为 1.42 g/cm^3，是耕作层的 1.1 倍（表 2-7）。该地区水耕表层的碳酸钙含量较高，耕作层的有机碳、全氮、全磷和盐分含量均大于犁底层。

表 2-7　水耕表层中耕作层和犁底层基本理化性质

项目	厚度 /cm	容重 /(g/cm^3)	pH	有机碳 /(g/kg)	全氮(N) /(g/kg)	全磷(P) /(g/kg)	全钾(K) /(g/kg)	CEC /[cmol(+)/kg]	$CaCO_3$ /(g/kg)	电导率 (EC) /(dS/m)
耕作层	12	1.29	8.4	12.1	1.24	1.01	21.5	10.3	132.3	1.8
犁底层	7	1.42	8.6	9.5	0.99	0.95	21.6	9.0	131.1	0.8

3）结皮表层

结皮类表层包括干旱表层和盐结壳两个诊断表层。

（1）干旱表层（aridic epipedon）

在干旱水分状况条件下形成的具特定形态分异的表层。干旱表层就其腐殖质积累特征来看，相当于腐殖质表层中的淡薄表层。但在干旱地区的生物气候条件和由此决定的干旱土壤水分状况条件下，这种腐殖质表层在下列因素影响下，发生了特有的形态分异：①有限的水分供给和强烈的水分蒸发，导致土壤水分的浅层下行和上行。②浅层的水分条件使土壤的冻融作用主要在土壤上部的浅层内进行；虽然干冻作用可涉及较深的部位，但对土层分异不发生影响。③无植被或植被稀疏，而且主要是短命和类短命植物，在经常受大风吹刮的情况下，土壤表面不断遭受风蚀、风积作用的影响。因此，在干旱土剖面上部形成了特有的孔泡结皮层和片状层，以及与此相联系的一定地表特征。它具有以下条件:

① 具有下列之一的地表特征：

a. 有砾幂；砾石、石块表面有荒漠漆皮或风蚀刻痕、或两者兼有；或

b. 有沙层、砂砾层或小沙包；或

c. 有多边形裂缝，并有由地衣和藻类组成的黑色、或间有其他颜色的薄有机结皮；或

d. 为光板地；并有宽数毫米至 1 cm，深 1～4 cm 的多边形裂隙，裂隙内多填充有砂粒和 / 或粉砂粒；多角形体表面有极薄层黏粒结皮；和

② 从地表起，无盐积或钠质孔泡结皮层或其下垫的土盐混合层；和

③ 从地表起，有一厚度≥0.5 cm、含不同数量气泡状孔隙的孔泡结皮层（除非遭受强烈风蚀）；紧接孔泡结皮层之下有厚数厘米至 10 cm、呈鳞片状或片状结构的片状层，含较少气泡状孔隙和 / 或变形气泡状孔隙（除非遭受强烈风蚀）；或

④ 孔泡结皮层之下的片状层发育微弱或由于有多量石膏聚积而不发育；或

⑤ 在向半干润土壤水分状况过渡的土壤中，即当润态明度＜3.5，干态明度＜5.5，润态彩度＜3.5 时，孔泡结皮层和 / 或片状层发育微弱，但必须符合①b 或①c 条件。

（2）盐结壳（salic crust）

由大量易溶性盐胶结成的灰白色或灰黑色表层结壳。它具有以下条件：

① 从地表起，厚度≥2 cm；和

② 易溶性盐含量≥100 g/kg。

甘肃省西北部处于干旱气候条件下，这些区域的土壤常发育有干旱表层。本次调查的干旱表层主要出现在所有的干旱土土纲、干旱冲积新成土和干旱正常新成土类。30 个含有干旱表层的土系性质统计结果见表 2-8，厚度为 5～20 cm，平均值为 12 cm；容重为 1.02～1.66 g/cm^3，平均值为 1.44 g/cm^3；pH 为 7.2～9.4，平均值为 8.1；有机碳含量为 0.8～7.7 g/kg，平均值为 2.5 g/kg；碳酸钙含量为 31.3～182.9 g/kg，平均值为 98.9 g/kg；电导率为 0.2～65.1 dS/m，平均值为 9.6 dS/m；石膏含量为 1.4～132.0 g/kg，平均值为 53.7 g/kg。可见，干旱表层较薄，容重较高，有机碳含量非常低，碳酸钙和石膏含量很高，盐分含量较高。

表 2-8　干旱表层的基本理化性质

项目	厚度 /cm	容重 /(g/cm^3)	pH	有机碳 /(g/kg)	全氮(N) /(g/kg)	全磷(P) /(g/kg)	全钾(K) /(g/kg)	CEC /[cmol(+)/kg]	$CaCO_3$ /(g/kg)	电导率 (EC) /(dS/m)	石膏 / (g/kg)
平均值	12	1.44	8.1	2.5	0.27	0.48	16.2	4.1	98.9	9.6	53.7
最小值	5	1.02	7.2	0.8	0.06	0.27	6.4	1.1	31.3	0.2	1.4
最大值	20	1.66	9.4	7.7	0.89	0.69	22.9	9.0	182.9	65.1	132.0

甘肃省的盐结壳主要出现在结壳潮湿正常盐成土和普通干旱正常盐成土亚类，仅有 4 个土系：无量庙系、前滩村系、殷家红系和西坝系。这些土系均位于酒泉和张掖地区的湖积和冲积平原，地势低洼，蒸发量大，易于地表盐分聚集。

2. 诊断表下层

诊断表下层（diagnostic subsurface horizon）是由物质的淋溶、迁移、淀积或就地富集作用在土壤表层之下所形成的具诊断意义的土层。

（1）雏形层

雏形层（cambic horizon）是指风化-成土过程中形成的，无或基本上无物质淀积，未发生明显黏化，带棕、红棕、红、黄或紫等颜色，且有土壤结构发育的 B 层。它具有以下一些条件：

① 除具干旱土壤水分状况或寒性、寒冻温度状况的土壤，其厚度至少 5 cm 外；其余应≥10 cm，且其底部至少在土表以下 25 cm 处；和

② 具有极细砂、壤质极细砂或更细的质地；和

③ 有土壤结构发育并至少占土层体积的 50%，保持岩石或沉积物构造的体积＜50%；或

④ 与下层相比，彩度更高，色调更红或更黄；或

⑤ 若成土母质含有碳酸盐，则碳酸盐有下移迹象；和

⑥ 不符合黏化层、灰化淀积层、铁铝层和低活性富铁层的条件。

甘肃省干旱少雨和高寒的气候条件，使得土壤的发育程度并不强。本次调查的土系中有 60 个具有雏形层，主要出现在雏形土土纲、普通灌淤旱耕人为土、普通土垫旱耕人为土、弱石膏简育正常干旱土和普通暗厚干润均腐土亚类。含有雏形层的土系性质统计结果见表 2-9，厚度为 17～111 cm，平均值为 60 cm；容重为 1.00～1.71 g/cm^3，平均值为 1.28 g/cm^3；pH 为 7.6～9.8，平均值为 8.3；有机碳含量为 1.2～29.2 g/kg，平均值为 4.7 g/kg；碳酸钙含量为 2.3～185.6 g/kg，平均值为 109.4 g/kg；电导率为 0.1～11.7 dS/m，平均值为 2.4 dS/m。可见，多数土系的雏形层较厚，容重变异范围大，多数有机碳含量很低，碳酸钙含量很高，盐分含量较高。

表 2-9　雏形层的基本理化性质

项目	厚度 /cm	容重 /(g/cm^3)	pH	有机碳 /(g/kg)	全氮(N) /(g/kg)	全磷(P) /(g/kg)	全钾(K) /(g/kg)	CEC /[cmol(+)/kg]	$CaCO_3$ /(g/kg)	电导率 (EC) /(dS/m)
平均值	60	1.28	8.3	4.7	0.49	0.65	20.2	7.0	109.4	2.4
最小值	17	1.00	7.6	1.2	0.09	0.24	14.2	1.5	2.3	0.1
最大值	111	1.71	9.8	29.2	2.52	1.18	25.6	24.0	185.6	11.7

（2）水耕氧化还原层

水耕氧化还原层（hydragric horizon）是指水耕条件下铁锰自水耕表层或兼自其下垫土层的上部亚层还原淋溶，或兼有由下面具潜育特征或潜育现象的土层还原上移；并在一定深度中氧化淀积的土层。它具有以下一些条件：

① 上界位于水耕表层底部，厚度≥20 cm；和

② 有下列一个或一个以上氧化还原形态特征：

a. 铁锰氧化淀积分异不明显，以锈纹锈斑为主；或

b. 有地表水（人为水分饱和）引起的铁锰氧化淀积分异，上部亚层以氧化铁分凝物（斑纹、凝团、结核等）占优势，下部亚层除氧化铁分凝物外，尚有较明显至明显的氧化锰分凝物（黑色的斑点、斑块、豆渣状聚集体、凝团、结核等）；或

c. 有地表水和地下水引起的铁锰氧化淀积分异，自上至下的顺序为铁淀积亚层、锰淀积亚层、锰淀积亚层和铁淀积亚层；或

d. 紧接水耕表层之下有一带灰色的铁渗淋亚层，但不符合漂白层的条件；其离铁基质（iron depleted matrix）的色调为 10 YR～7.5 Y，润态明度 5～6，润态彩度≤2；或有少量锈纹锈斑；和/或

③ 除铁渗淋亚层（厚度≥10 cm，离铁基质占 85%以上）外，游离铁含量至少为耕作层的 1.5 倍；和

④ 土壤结构体表面和孔道壁有厚度≥0.5 mm 的灰色腐殖质－粉砂－黏粒胶膜；和

⑤ 有发育明显的棱柱状和/或角块状结构。

本次调查甘肃省的水耕人为土仅建立一个土系——金峡系。金峡系水耕氧化还原层厚度为 81 cm，块状结构，容重为 1.51～1.61 g/cm^3，pH 为 8.7～8.9，有机碳含量 4.8～

5.8 g/kg，碳酸钙含量 98.1～120.7 g/kg，电导率 0.5～0.6 dS/m，具有 2%～5%锈纹锈斑。可见，水耕氧化还原层较厚，容重较高，有机碳含量低，碳酸钙含量很高，盐分含量较低。

（3）黏化层（argic horizon）

黏粒含量明显高于上覆土层的表下层。其质地分异可以由表层黏粒分散后随悬浮液向下迁移并淀积于一定深度中而形成的黏粒淀积层，也可以由原土层中原生矿物发生土内风化作用就地形成黏粒并聚集而形成的次生黏化层（secondary clayific horizon）。若表层遭受侵蚀，此层可位于地表或接近地表。它具有以下条件：

① 无主要是沉积成因的黏磐的、或河流冲积物中黏土层的、或由表层黏粒随径流水移失等而造成 B 层黏粒含量相对增高的特征；和

② 由于黏粒的淋移淀积：

a. 在大形态上，孔隙壁和结构体表面有厚度＞0.5 mm 的黏粒胶膜，而且其数量应占该层结构面和孔隙壁的 5%或更多；或

b. 在黏化层与其上覆淋溶层之间不存在岩性不连续的情况下，黏化层从其上界起，在 30 cm 范围内，总黏粒（<2μm）和细黏粒（<0.2μm）含量与上覆淋溶层相比，应高出：

（a）若上覆淋溶层任何部分的总黏粒含量＜15%，则此层的绝对增量应≥3%（例如 13%对 10%）；细黏粒与总黏粒之比一般应至少比上覆淋溶层或下垫土层多三分之一；

（b）若上覆淋溶层总黏粒含量为 15%～40%，则此层的相对增量应≥20%（即≥1.2 倍，例如 24%对 20%）；细黏粒与总黏粒之比一般应至少比上覆淋溶层多三分之一；

（c）若上覆淋溶层总黏粒含量为 40%～60%，则此层总黏粒的绝对增量应≥8%（例如 50%对 42%）；

（d）若上覆淋溶层总黏粒含量≥60%，则此层细黏粒的绝对增量应≥8%；或

c. 在微形态上，淀积黏粒胶膜、淀积黏粒薄膜、黏粒桥接物等应至少占薄片面积的 1%：

（a）在砂质疏松土层中，可见砂粒表面有黏粒薄膜，颗粒间或有黏粒桥接物连接，或形成黏粒填隙体；

（b）在有结构或多孔土层中，可见土壤孔隙壁有淀积黏粒胶膜，有时在结构体表面有黏粒薄膜；和

d. 厚度至少为上覆土层总厚度的十分之一；若其质地为壤质或黏质，则其厚度应≥7.5 cm；若其质地为砂质或壤砂质，则厚度应≥15 cm；和

e. 无碱积层中的结构特征和无钠质特性，即不符合碱积层的条件；但在干旱土中可因土壤碱化而伴随有钠质特性，称为具钠质特性的黏化层，简称钠质黏化层（natro-argic horizon）；或

③ 由于次生黏化的结果：

a. 黏粒含量比上覆和下垫土层高，但一般无淀积黏粒胶膜；土体和黏粒部分硅铝率或硅铁铝率与上覆和下垫土层基本相似；和

b. 比上覆或下垫土层有较高的彩度，较红的色调，而且比较紧实；和

c. 在均一的土壤基质中，与表层相比，其总黏粒增加量与“黏粒淀积层”的相同；或

d. 在薄片中可见较多不同蚀变程度的矿物颗粒和原生矿物的黏粒镶边、黏粒假晶、

黏粒斑块等风化黏粒体及其残体，并占薄片面积≥1%，或因受土壤扰动作用影响，它们“解体”后形成的各种形态纤维状光性定向黏粒；和

e. 出现深度和厚度因地而异。在具半干润水分状况的土壤中多见于剖面中、上部或地表 25 cm 以下，厚度≥10 cm；在干旱土中多位于干旱表层以下，厚度≥5 cm；若表层遭侵蚀，可出露地表；和

f. 若下垫土层砾石表面全为碳酸盐包膜，则此层有些砾石有一部分无碳酸盐包膜，若下垫土层砾石仅底面有碳酸盐结皮，则此层砾石应无碳酸盐包膜。

甘肃省降水量为 20～984 mm，但蒸发量较大，因此土壤的淋溶强度不大，黏粒移动性较差，仅有一个土系——郭铺系具有黏化层，属于普通简育干润淋溶土，位于庆阳市宁县。该黏化层厚度为 45 cm，块状结构，容重为 1.47～1.58 g/cm^3，pH 为 8.2～8.3，有机碳含量为 5.3～7.1 g/kg，碳酸钙含量为 26.1～45.9 g/kg，电导率为 0.5 dS/m，黏粒含量是其上覆土层的 1.7 倍，是古历史时期形成的。

（4） 黏磐（claypan）

一种黏粒含量与表层或上覆土层差异悬殊的黏重、紧实土层；其黏粒主要继承有母质，但也有一部分由上层黏粒在此淀积所致。它具有以下一些条件：

① 可出现于腐殖质表层或漂白层之下，亦可见于更深部位，厚度≥10 cm；和

② 具坚实的棱柱状或棱块状结构，常伴有铁锰胶膜和铁锰凝团、结核；和

③ 与腐殖质表层相比，其总黏粒增加量与黏化层的规定相同；而总黏粒含量与漂白层黏粒含量之比≥2；或

④ 某些部分有厚度≥0.5 mm 的淀积黏粒胶膜；和

⑤ 在薄片中，除上述铁锰形成物外，并有大量黏粒形成物，其中主要是沿水平或倾斜细裂隙附近分布的黏粒条带、条块和基质内、粗骨颗粒表面、裂隙附近的各种形式纤维状光性定向黏粒；淀积黏粒胶膜一般＜1%（占薄片面积的百分率）；若≥1%，则与黏粒条带、条块之比＜0.3。

甘肃省降水量少，蒸发量大，土壤淋溶弱，仅有一个土系——白雀村系具有黏磐，属于普通钙积干润淋溶土，位于陇南市西和县，为历史时期形成。该黏磐层厚度为 30 cm，棱块状结构，pH 为 8.3，有机碳含量 2.1 g/kg，碳酸钙非常高，电导率很低，黏粒含量是其上覆土层的 1.4 倍。

（5） 石膏层（gypsic horizon）

富含次生石膏的未胶结或未硬结土层。它具有以下全部条件：

① 厚度≥15 cm；和

② 石膏含量为 50～500 g/kg，而且肉眼可见的次生石膏按体积计≥1%；和

③ 此层厚度（cm）与石膏含量（g/kg）的乘积≥1500。

石膏现象（gypsic evidence）：土层中有一定次生石膏聚积的特征。含有比下垫层更多的石膏，其含量为 10～49 g/kg。

甘肃省的石膏层主要出现在钙积正常干旱土、石膏正常干旱土和底锈干润雏形土 3 个土类。本次调查中 12 个含有石膏层的土系性质统计结果见表 2-10，厚度为 15～120 cm，平均值为 81 cm；容重为 1.31～1.74 g/cm^3，平均值为 1.56 g/cm^3；pH 为 7.2～9.5，平均

值为 8.1；有机碳含量为 0.5～4.6 g/kg，平均值为 1.6 g/kg；碳酸钙含量为 17.1～213.1 g/kg，平均值为 88.7 g/kg；电导率为 1.5～66.2 dS/m，平均值为 15.0 dS/m；石膏含量为 63.0～276.2 g/kg，平均值为 110.0 g/kg。可见，本区的石膏层较厚，容重很高，有机碳含量特别低，碳酸钙和石膏含量很高，盐分含量高。

表 2-10 石膏层的基本理化性质

项目	厚度/cm	容重/(g/cm^3)	pH	有机碳/(g/kg)	全氮(N)/(g/kg)	全磷(P)/(g/kg)	全钾(K)/(g/kg)	CEC/[cmol(+)/kg]	$CaCO_3$/(g/kg)	电导率(EC)/(dS/m)	石膏/(g/kg)
平均值	81	1.56	8.1	1.6	0.18	0.39	15.4	4.9	88.7	15.0	110.0
最小值	15	1.31	7.2	0.5	0.03	0.13	7.8	1.2	17.1	1.5	63.0
最大值	120	1.74	9.5	4.6	0.44	0.72	23.7	17.4	213.1	66.2	276.2

石膏现象出现在普通钙积正常干旱土和弱石膏简育正常干旱土 2 个亚类。本次调查中 3 个含有石膏现象的土系性质统计结果见表 2-11，厚度为 10～50 cm，平均值为 24 cm；容重为 1.02～1.46 g/cm^3，平均值为 1.28 g/cm^3；pH 为 8.1～9.9，平均值为 8.7；有机碳含量为 1.0～7.7 g/kg，平均值为 2.9 g/kg；碳酸钙含量为 40.1～204.2 g/kg，平均值为 109.9 g/kg；电导率为 0.2～25.3 dS/m，平均值为 7.4 dS/m；石膏含量为 12.6～50.8 g/kg，平均值为 27.7 g/kg。与石膏层相比，具有石膏现象的土层更薄，而且石膏含量更低。尽管有个别土层的石膏含量达到 50 g/kg，但是由于该层厚度小于 15 cm，不能划为石膏层。

表 2-11 具有石膏现象土层的基本理化性质

项目	厚度/cm	容重/(g/cm^3)	pH	有机碳/(g/kg)	全氮(N)/(g/kg)	全磷(P)/(g/kg)	全钾(K)/(g/kg)	CEC/[cmol(+)/kg]	$CaCO_3$/(g/kg)	电导率(EC)/(dS/m)	石膏/(g/kg)
平均值	24	1.28	8.7	2.9	0.37	0.46	20.5	5.6	109.9	7.4	27.7
最小值	10	1.02	8.1	1.0	0.06	0.33	15.0	1.4	40.1	0.2	12.6
最大值	50	1.46	9.9	7.7	0.94	0.65	26.8	13.2	204.2	25.3	50.8

（6） 钙积层（calcic horizon）

富含次生碳酸盐的未胶结或未硬结土层。它具有以下一些条件：

① 厚度≥15 cm；和

② 未胶结或硬结成钙磐；和

③ 至少有下列之一的特征：

a. $CaCO_3$ 相当物为 150～500 g/kg，而且比下垫或上覆土层至少高 50 g/kg；或

b. $CaCO_3$ 相当物为 150～500 g/kg，而且可辨认的次生碳酸盐，如石块底面悬膜、凝团、结核、假菌丝体、软粉状石灰、石灰斑或石灰斑点等按体积计≥5%；或

c. $CaCO_3$ 相当物为 50～150 g/kg，而且

（a）细土部分黏粒（<2μm）含量<180 g/kg；和

（b）颗粒大小为砂质、砂质粗骨、粗壤质或壤质粗骨；和

（c）可辨认的次生碳酸盐含量比下垫或上覆土层中高 50 g/kg 或更多（绝对值）；或

d. $CaCO_3$ 相当物为 50～150 g/kg，而且

（a）颗粒大小比壤质更黏；和

（b）可辨认的次生碳酸盐含量比下垫或上覆土层中高 100 g/kg 或更多；或按体积计≥10%。

钙积现象（calcic evidence）：土层中有一定次生碳酸盐聚积的特征。（1）符合钙积层③a 或③b 的条件，但土层厚度仅 5～14 cm；或（2）土层厚度>15cm，$CaCO_3$ 相当物也符合③c 或③d 的条件，但可辨认的次生碳酸盐数量低于③c 或③d 的规定；或（3）$CaCO_3$ 相当物只比下垫或上覆土层高 20～50 g/kg 或可辨认的次生碳酸盐按体积计只占 2%～5%。

甘肃省干旱少雨，土壤中的钙很难淋移出土体，本次调查建立的 143 个土系中有 86 个具有钙积层或钙积现象。钙积层主要出现在灌淤旱耕人为土、钙积正常干旱土、干旱正常盐成土、潮湿正常盐成土、寒性干润均腐土、钙积干润淋溶土、灌淤干润雏形土、底锈干润雏形土、暗沃干润雏形土和简育干润雏形土 10 个土类。本次调查中 36 个含有钙积层的土系性质统计结果见表 2-12，厚度为 17～115 cm，平均值为 52 cm；容重为 0.80～1.60 g/cm^3，平均值为 1.32 g/cm^3；pH 为 7.4～10.1，平均值为 8.4；有机碳含量为 0.9～20.5 g/kg，平均值为 5.7 g/kg；碳酸钙含量为 94.7～425.0 g/kg，平均值为 195.2 g/kg；电导率为 0.2～112.3 dS/m，平均值为 13.9 dS/m；部分钙积层含有石膏，含量为 15.8～132.0 g/kg，平均值为 57.0 g/kg。可见，钙积层较厚，容重变异范围很大，大部分有机碳含量低，碳酸钙含量很高，部分土层石膏和盐分含量较高。

表 2-12　钙积层的基本理化性质

项目	厚度 /cm	容重 /(g/cm^3)	pH	有机碳 /(g/kg)	全氮(N) /(g/kg)	全磷(P) /(g/kg)	全钾(K) /(g/kg)	CEC /[cmol(+)/kg]	$CaCO_3$ /(g/kg)	电导率 (EC) /(dS/m)	石膏 / (g/kg)
平均值	52	1.32	8.4	5.7	0.56	0.58	18.8	8.9	195.2	13.9	57.0
最小值	17	0.80	7.4	0.9	0.06	0.18	10.4	1.0	94.7	0.2	15.8
最大值	115	1.60	10.1	20.5	1.93	0.79	30.4	19.9	425.0	112.3	132.0

钙积现象出现在简育水耕人为土、灌淤旱耕人为土、盐积正常干旱土、石膏正常干旱土、简育正常干旱土、潮湿正常盐成土、底锈干润雏形土、暗沃干润雏形土、简育干润雏形土、干旱砂质新成土、干润砂质新成土、潮湿冲积新成土、干旱正常新成土和干润正常新成土 14 个土类。本次调查中 50 个含有钙积现象的土系性质统计结果见表 2-13，厚度为 10～104 cm，平均值为 46 cm；容重为 1.05～1.76 g/cm^3，平均值为 1.36 g/cm^3；pH 为 7.2～9.9，平均值为 8.5；有机碳含量为 0.4～17.6 g/kg，平均值为 5.1 g/kg；碳酸钙含量为 36.4～185.6 g/kg，平均值为 119.1 g/kg；电导率为 0.2～52.0 dS/m，平均值为 4.0 dS/m；部分钙积现象土层具有石膏，含量为 19.3～127.8 g/kg，平均值为 72.5 g/kg。与钙积层相比，具有钙积现象的土层碳酸钙含量更低，盐分含量也更低。

表 2-13　具有钙积现象土层的基本理化性质

项目	厚度/cm	容重/(g/cm³)	pH	有机碳/(g/kg)	全氮(N)/(g/kg)	全磷(P)/(g/kg)	全钾(K)/(g/kg)	CEC/[cmol(+)/kg]	$CaCO_3$/(g/kg)	电导率(EC)/(dS/m)	石膏/(g/kg)
平均值	46	1.36	8.5	5.1	0.52	0.60	20.0	7.1	119.1	4.0	72.5
最小值	10	1.05	7.2	0.4	0.03	0.24	13.0	0.9	36.4	0.2	19.3
最大值	104	1.76	9.9	17.6	1.67	0.99	25.6	20.4	185.6	52.0	127.8

（7）钙磐（calcipan）

由碳酸盐胶结或硬结，形成连续或不连续的磐状土层。它具有以下条件：

① 厚度，除直接淀积在坚硬基岩上者外，一般≥10 cm；和

② 此层厚度（cm）与 $CaCO_3$ 相当物（g/kg）的乘积≥2000；和

③ 干时铁铲难以穿入，干碎土块在水中不消散。

甘肃省的土壤中钙积层和钙积现象非常普遍，但是钙磐却极少见，本次调查仅普通钙积干润淋溶土中有一个土系——白雀村系具有钙磐，同时也是黏磐，位于陇南市西和县。该钙磐层厚度为 30 cm，碳酸钙非常高，达到 342.8 g/kg，棱块状结构，极坚实，有机碳含量很低。

3. 其他诊断层

（1）盐积层（salic horizon）

在冷水中溶解度大于石膏的易溶性盐富集的土层。它具有以下条件：

① 厚度至少为 15 cm；和

② 含盐量为：

a. 干旱土或干旱地区盐成土中，≥20 g/kg，或 1∶1 水土比提取液的电导率（EC）≥30 dS/m；或

b. 其他地区盐成土中，≥10 g/kg；或 1∶1 水土比提取液的电导率（EC）≥15 dS/m；和

③ 含盐量（g/kg）与厚度（cm）的乘积≥600, 或电导率（dS/m）与厚度（cm）的乘积≥900。

盐积现象（salic evidence）：土层中有一定易溶性盐聚积的特征。其含盐量下限为 5 g/kg（干旱地区）或 2 g/kg（其他地区）。

甘肃省大部分区域干旱少雨，蒸发量大，土壤中盐分易于积累。盐积层主要出现在所有的盐成土（干旱正常盐成土和潮湿正常盐成土）、钙积正常干旱土、盐积正常干旱土、底锈干润雏形土和简育干润雏形土 6 个土类。本次调查中 16 个含有盐积层的土系性质统计结果见表 2-14，厚度为 20～120 cm，平均值为 77 cm；容重为 0.92～1.63 g/cm³，平均值为 1.31 g/cm³；pH 为 7.7～9.0，平均值为 8.2；有机碳含量为 0.7～15.4 g/kg，平均值为 4.3 g/kg；碳酸钙含量为 27.6～373.1 g/kg，平均值为 138.2 g/kg；电导率为 15.9～226.3 dS/m，平均值为 50.3 dS/m；部分盐积层具有石膏，含量为 79.0～101.8 g/kg，平均值为 91.0 g/kg。可见，盐积层较厚，盐分含量很高。由于盐成土的盐积层可出现在表层、亚

表层、心土层和底土层，因此有机碳、容重和碳酸钙含量均有一个较大的变异范围。盐积层 pH 较高，部分盐积层含有石膏。

盐积现象出现在灌淤旱耕人为土、钙积正常干旱土、石膏正常干旱土、简育正常干旱土、底锈干润雏形土、暗沃干润雏形土、简育干润雏形土、干润砂质新成土、干旱冲积新成土、干旱正常新成土和干润正常新成土 11 个土类。本次调查中 49 个含有盐积现象的土系性质统计结果见表 2-15，厚度为 5～120 cm，平均值为 67 cm；容重为 1.05～1.69 g/cm^3，平均值为 1.36 g/cm^3；pH 为 7.1～9.1，平均值为 8.2；有机碳含量为 0.6～18.6 g/kg，平均值为 3.4 g/kg；碳酸钙含量为 17.1～359.2 g/kg，平均值为 115.5 g/kg；电导率为 3.0～52.0 dS/m，平均值为 9.3 dS/m；部分盐积现象土层具有石膏。与盐积层相比，具有盐积现象的土层盐分含量更低。个别土层出现较高的盐分含量但仍为盐基现象，这是由于土层厚度小于 15 cm。

表 2-14　盐积层的基本理化性质

项目	厚度 /cm	容重 /(g/cm^3)	pH	有机碳 /(g/kg)	全氮(N) /(g/kg)	全磷(P) /(g/kg)	全钾(K) /(g/kg)	CEC /[cmol(+)/kg]	$CaCO_3$ /(g/kg)	电导率 (EC) /(dS/m)	石膏 / (g/kg)
平均值	77	1.31	8.2	4.3	0.39	0.50	16.1	8.5	138.2	50.3	91.0
最小值	20	0.92	7.7	0.7	0.05	0.21	11.4	1.6	27.6	15.9	79.0
最大值	120	1.63	9.0	15.4	1.24	0.79	22.0	17.4	373.1	226.3	101.8

表 2-15　具有盐积现象土层的基本理化性质

项目	厚度 /cm	容重 /(g/cm^3)	pH	有机碳 /(g/kg)	全氮(N) /(g/kg)	全磷(P) /(g/kg)	全钾(K) /(g/kg)	CEC /[cmol(+)/kg]	$CaCO_3$ /(g/kg)	电导率 (EC) /(dS/m)	石膏 / (g/kg)
平均值	67	1.36	8.2	3.4	0.35	0.54	17.7	5.2	115.5	9.3	107.2
最小值	5	1.05	7.1	0.6	0.03	0.23	5.0	1.2	17.1	3.0	10.6
最大值	120	1.69	9.1	18.6	1.48	0.82	27.1	13.6	359.2	52.0	276.2

2.2.2　诊断特性

诊断特性（diagnostic propertie）：如果用于鉴别土壤类型的依据不是土层，而是具有定量说明的土壤性质，则称为土壤诊断特性。

1）岩性特征（lithologic character）

岩性的特征是指土表至 125 cm 范围内土壤性状明显或较明显保留母岩或母质的岩石学性质特征，可细分为：

（1）冲积物岩性特征（L.C. of alluvial deposit），目前仍承受定期泛滥，有新鲜冲积物质加入的岩性特征。它具有以下两个条件：

a. 在 0～50 cm 范围内某些亚层有明显的沉积层理；和

b. 在 125 cm 深度处有机碳含量≥2 g/kg；或从 25 cm 起，至 125 cm 或至石质、准石质接触面，有机碳含量随深度呈不规则的减少。

（2）砂质沉积物岩性特征（L.C. of sandy deposit），它具有以下全部条件：

a. 土表至 100 cm 或至石质、准石质接触面范围内土壤颗粒以砂粒为主，土壤质地为壤质细砂土或更粗；和

b. 呈单粒状，含一定水分时或呈结持极脆弱的块状结构，无沉积层理；和

c. 有机碳含量≤1.5 g/kg。

（3）黄土和黄土状沉积物岩性特征（L.C. of loess and loess-like deposit），它具有以下全部条件：

a. 色调为 10 YR 或更黄，干态明度≥7，干态彩度≥4；和

b. 上下颗粒组成均一，以粉砂或细砂占优势；和

c. $CaCO_3$ 相当物≥80 g/kg。

（4）紫色砂、页岩岩性特征（L.C. of purplish sandstone and shale），它具有以下条件：

a. 色调为 2.5 RP～10 RP；

b. 固结性不强，极易遭受物理风化，风化碎屑物直径皆＜4 cm。

（5）红色砂、页岩、砂砾岩特征（L.C. of red sandstone，shale and conglomerate），它具有以下条件：

a. 色调为 2.5 R～5 R，明度为 4～6，彩度为 4～8；或色调为 7.5 R～10 R，明度为 4～6，彩度≥6；或

b. 在北方红土中或具石灰性，或含钙质凝团、结核，或盐基饱和，或具盐积现象。

（6）碳酸盐岩岩性特征（L.C. of carbonate rock），它具有以下一些条件：

a. 有上界位于土表至 125 cm 范围内，沿水平方向起伏或断续的碳酸盐岩石质接触面；界面清晰，界面间有时可见分布有不同密集程度的白色碳酸盐岩化根系；或

b. 土表至 125 cm 范围内有碳酸盐岩岩屑或风化残余石灰；和

c. 所有土层盐基饱和度≥50%，pH≥5.5。

本次调查中欧拉系、玉岗系、下河清系、地湾村系具有冲积物岩性特征，分别属于斑纹寒冻冲积新成土、石灰潮湿冲积新成土、斑纹干旱冲积新成土和普通干旱冲积新成土亚类。车家崖系、吴家洼系、大滩系和土星村系具有砂质沉积物岩性特征，分别属于石灰干旱砂质新成土和石灰干润砂质新成土亚类。本区域很多黄土和黄土状沉积物为成土母质的土系具有黄土和黄土状沉积物岩性特征。

2） 石质接触面（lithic contact）

土壤与紧实黏结的下垫物质（岩石）之间的界面层，不能用铁铲挖开。下垫物质为整块状者，其莫氏硬度＞3；为碎裂块体者，在水中或六偏磷酸钠溶液中振荡 15 h 不分散。

本次调查中有特勒门系、李家上系、黑夹山系、斜崖系和高半坡系具有石质接触面，其上覆土层厚度为 12～46 cm。

3） 准石质接触面（paralithic contact）

土壤与连续黏结的下垫物质（一般为部分固结的砂岩、粉砂岩、页岩或泥灰岩等沉积岩）之间的界面层，湿时用铁铲可勉强挖开。下垫物质为整块状者，其莫氏硬度＜3；为碎裂块体者，在水中或六偏磷酸钠溶液中振荡 15 h，可或多或少分散。

本次调查中只有 6 个土系具有准石质接触面，其上覆土层厚度为 22～110 cm。这些土系属于石质钙积正常干旱土、石质石膏正常干旱土、普通暗厚干润均腐土和普通简育干润雏形土。

4）人为淤积物质（anthro-silting materials）

由人为活动造成的沉积物质，包括：a.以灌溉为目的引用浑水灌溉（siltigation）形成的灌淤物质（irrigation-silting material）；b.以淤地为目的渠引含高泥沙河水（放淤）或筑坝围埝截留含高泥沙洪水（截淤）造成的截淤物质（interception-silting material）。前者是灌淤表层的物质基础，后者是淤积人为新成土（俗称淤土）的诊断依据。它具有以下全部条件:

a. 灌淤物质大多数年份每年淤积厚度≥0.5 cm，而截淤物质大多数年份每年淤积厚度≥10 cm；和

b. 有明显或较明显的沉积层理和微层理。但灌淤物质的层理因每年耕翻扰动，随后消失；而截淤物质若一年中淤积厚度超过当年或翌年耕犁深度，则在耕作层以下的某些亚层中保留有层理和微层理；和

c. 失去层理的层次泡水 1 h 后，在水中过 80 目筛，可见扁平状半磨圆的致密土片，在放大镜下可见淤积微层理；或在微形态上有人为耕作扰动形貌——半磨圆、磨圆状细粒质团块，内部或可见有残存的淤积微层理。

本次调查的灌淤旱耕人为土和灌淤干润雏形土土类均具有人为淤积物质。

5）土壤水分状况（soil moisture regime）

水分控制层段：上界是干土（水分张力≥1500 kPa）在 24 h 内被 2.5 cm 水湿润的深度，其下界是干土在 48 h 内被 7.5 cm 水湿润的深度；不包括水分沿裂隙或动物孔道湿润的深度。水分控制层段的上、下限也可按土壤物质的粒径组成大致决定：即细壤质、粗粉质、细粉质或黏质者为 10～30 cm；粗壤质为 20～60 cm；砂质为 30～90 cm。

（1）干旱土壤水分状况（aridic moisture regime）：干旱和少数半干旱气候下的土壤水分状况。大多数年份 50 cm 深度处土温＞5℃时，土壤水分控制层段的全部每年累计有一半天数是干燥的；而且 50 cm 深度处土温＞8℃时，水分控制层段某些部分或其全部连续湿润时间不超过 90 天。

若无土壤水分观测资料，可按 Penman 经验公式计算的年干燥度估算，凡年干燥度＞3.5 者相当于干旱土壤水分状况。

（2）半干润土壤水分状况（ustic moisture regime）：是介于干旱和湿润水分状况之间的土壤水分状况。大多数年份 50 cm 深度处年平均土温≥22℃或夏季平均土温与冬季平均土温之差＜5℃时，土壤水分控制层段的某些部分或其全部每年累计干燥时间≥90 天；而且每年累计 180 天以上或连续 90 天是湿润的。

如果大多数年份 50 cm 深度处年平均土温＜22℃或夏季平均土温与冬季平均土温之差≥5℃时，则土壤水分控制层段的某些部分或其全部每年累计干燥时间≥90 天；但当 50 cm 深度处土温＞5℃时，则水分控制层段全部湿润的时间应累计有一半以上的天数。

若大多数年份在冬至后 4 个月内，土壤水分控制层段全部连续湿润时间≥45 天，则在夏至后 4 个月内水分控制层段全部连续干燥时间应＜45 天。

在热带亚热带季风气候地区多具一或两个旱季，夏、冬季意义不大；因此至少应有一个为期 3 个月或更长的雨季。

若按 Penman 经验公式估算，相当于年干燥度 1～3.5。

必要时可按每年累计干燥天数或年干燥度把半干润土壤水分状况细分为“偏湿润的”、“典型的”和“偏干旱的”三种。例如若有资料，可考虑在钙积干润变性土中按一年中累计 90～150 天在矿质土表至 50 cm 范围内，厚度≥25 cm 的全土层中有宽度≥5 mm 的裂隙，分出具偏湿润的半干润水分状况的“弱裂钙积干润变性土”；按一年中累计 150～210 天开裂者（开裂情况同上），分出具典型半干润水分状况的“普通钙积干润变性土”；按一年中累计 210 天或更长时间开裂者，分出具偏干旱的半干润水分状况的“强裂钙积干润变性土”。

（3）湿润土壤水分状况（udic moisture regime）：一般见于湿润气候地区的土壤中，降水分配平均或夏季降水多，土壤储水量加降水量大致等于或超过蒸散量；大多数年份水分可下渗通过整个土壤。其指标是大多数年份水分控制层段每年累计干燥时间＜90 天。若 50 cm 深度处年平均土温＜22℃，而且冬季平均土温与夏季平均土温之差≥5℃，则大多数年份夏至后 4 个月内土壤水分控制层段的全部呈现连续干燥的时间不足 45 天。另外，当土温＞5℃时，除短期外，土壤水分控制层段的一部分或全部应具有固、液、气三相体系。

若按 Penman 经验公式估算，相当于年干燥度＜1，但每月干燥度并不都＜1。

（4）常湿润土壤水分状况（perudic moisture regime）：为降水分布均匀、多云雾地区（多为山地）全年各月水分均能下渗通过整个土壤的很湿的土壤水分状况。大多数年份全年各月降水量超过蒸散量，土壤水分控制层段中水分张力很少达到 100 kPa。

若按 Penman 经验公式推算，则年干燥度＜1，而且每月干燥度几乎都＜1。

（5）滞水土壤水分状况（stagnic moisture regime）：由于地表至 2 m 内存在缓透水黏土层或较浅处有石质接触面或地表有苔藓和枯枝落叶层，其上部土层在大多数年份中有相当长的湿润期，或部分时间被地表水和/或上层滞水饱和；导致土层中发生氧化还原作用而产生氧化还原特征、潜育特征或潜育现象，或铁质水化作用使原红色土壤的颜色转黄；或由于土体层中存在具一定坡降的缓透水黏土层或石质、准石质接触面，大多数年份某一时期其上部土层被地表水和/或上层滞水饱和并有一定的侧向流动，导致黏粒和/或游离氧化铁侧向淋失的土壤水分状况。

（6）人为滞水土壤水分状况（anthrostagnic moisture regime）：在水耕条件下由于缓透水犁底层的存在，耕作层被灌溉水饱和的土壤水分状况。大多数年份土温＞5℃时至少有 3 个月时间被灌溉水饱和，并呈还原状态。耕作层和犁底层中的还原性铁锰可通过犁底层淋溶至非水分饱和心土层中氧化淀积。在地势低平地区，水稻生长季节地下水位抬高的土壤中人为滞水可能与地下水相连。

（7）潮湿土壤水分状况（aquic moisture regime）：大多数年份土温＞5℃（生物学零度）时的某一时期，全部或某些土层被地下水或毛管水饱和并呈还原状态的土壤水分状况。若被水分饱和的土层因水分流动，存在溶解氧或环境不利于微生物活动（例如低于 1℃），则不认为是潮湿水分状况。若地下水始终位于或接近地表（如潮汐沼地、封闭洼地），则可称为“常潮湿土壤水分状况”。

甘肃省建立的 143 个土系中 35 个土系具有干旱土壤水分状况，101 个土系具有半干润土壤水分状况，1 个具有湿润土壤水分状况，5 个具有潮湿土壤水分状况，1 个具有人为滞水土壤水分状况，主要为长期种植水稻的水耕人为土。本次调查未见常湿润土壤水分状况和滞水土壤水分状况。

6）氧化还原特征（redoxic feature）

土壤由于潮湿水分状况、滞水水分状况或人为滞水水分状况的影响，大多数年份某一时期受季节性水分饱和，发生氧化还原交替作用而形成的特征。它具有以下一个或一个以上条件：

a. 有锈斑纹，或兼有由脱潜而残留的不同程度的还原离铁基质；或

b. 有硬质或软质铁锰凝团、结核和/或铁锰斑块或铁磐；或

c. 无斑纹，但土壤结构体表面或土壤基质中占优势的润态彩度≤2；若其上、下层未受季节性水分饱和影响的土壤的基质颜色本来就较暗，即占优势润态彩度为 2，则该层结构体表面或土壤基质中占优势的润态彩度应＜1；或

d. 还原基质按体积计＜30%。

甘肃省虽然地处西北，部分区域属于干旱地区，但由于水资源比较丰富，26 个土系具有氧化还原特征，土层厚度 32～112 cm。该区域具有氧化还原特征的土系主要属于普通简育水耕人为土、弱盐灌淤旱耕人为土、斑纹灌淤旱耕人为土、普通盐积正常干旱土、结壳潮湿正常盐成土、普通潮湿正常盐成土、普通寒性干润均腐土、钙积灌淤干润雏形土、斑纹灌淤干润雏形土、弱盐底锈干润雏形土、石灰底锈干润雏形土、斑纹寒冻冲积新成土、石灰潮湿冲积新成土和斑纹干旱冲积新成土。

7）土壤温度状况（soil temperature regime）

指土表下 50 cm 深度处或浅于 50 cm 的石质或准石质接触面处的土壤温度。

（1）永冻土壤温度状况（permagelic temperature regime）：土温常年≤0℃，包括湿冻与干冻。

（2）寒冻土壤温度状况（gelic temperature regime）：年平均土温≤0℃，冻结时有湿冻与干冻。

（3）寒性土壤温度状况（cryic temperature regime）：年平均土温＞0℃，但＜9℃，并有如下特征：

a. 矿质土壤中夏季平均土温:

（a）若某时期土壤水分不饱和的，无 O 层者＜16℃；有 O 层者＜9℃；

（b）若某时期土壤水分饱和的，无 O 层者＜13℃；有 O 层者＜6℃；

b. 有机土壤中:

（a）大多数年份，夏至后 2 个月土壤中某些部位或土层出现冻结；或

（b）大多数年份 5 cm 深度之下不冻结，也就是土壤温度全年均低，但因海洋气候影响，并不冻结。

（4）冷性土壤温度状况（frigid temperature regime）：年平均土温＜9℃，但夏季平均土温高于具寒性土壤温度状况土壤的夏季平均土温。

（5）温性土壤温度状况（mesic temperature regime）：年平均土温≥9℃，但＜16℃。

（6）热性土壤温度状况（thermic temperature regime）：年平均土温≥16℃，但＜23℃。

（7）高热土壤温度状（hyperthermic temperature regime）：年平均土温≥23℃。

甘肃省地处东经 92°13′～108°46′，北纬 32°31′～42°57′，呈狭长状，地形从山地到高原和走廊，起伏较大，因此整个甘肃省的气温差异非常大。根据土温与气温的换算关系，获得的甘肃省 50 cm 深度年均土温为–0.3～17.0℃。本次调查 143 个土系中有 5 个具有寒性土壤温度状况，49 个具有冷性土壤温度状况，87 个具有温性土壤温度状况，2 个具有热性土壤温度状况。

8）永冻层次（permafrost layer）

土表至 200 cm 范围内土温常年≤0℃的层次。湿冻者结持坚硬，干冻者结持疏松。它与永冻温度状况之区别在于可见于 0～200 cm 内任何深度。

甘肃省土壤的永冻层次主要出现高寒气候带。本次调查的土系中仅夏河系具有永冻层次，属于普通寒性干润均腐土，位于甘南高原。

9）冻融特征（frost-thawic feature）

由冻融交替作用在地表或土层中形成的形态特征。它具有下列一个或一个以上条件:

（1）地表具有石环、冻胀丘等冷冻扰动形态；或

（2）A 或 B 层的部分亚层，具鳞片状结构；或

（3）在薄片中可见有：

a. 冻融团聚体或水平方向延长的断续蠕虫状孔隙；和

b. 大量纤维状光性定向黏粒；或

c. 粗、细颗粒的层状分选；或

d. ＞0.01mm 粗骨颗粒的聚集；或

（4）具昼夜冻融现象，全年正负温交替日数占全年总日数的 70%或以上。

甘肃省具有冻融特征的土壤主要出现在高寒气候区。本次调查建立的 143 个土系中有 2 个（尕海系和欧拉系）具有冻融特性，分别属于钙积寒性干润均腐土和斑纹寒冻冲积新成土，均位于甘南高原。

10）均腐殖质特性（isohumic property）

草原或森林草原中腐殖质的生物积累深度较大，有机质的剖面分布随草本植物根系分布深度中数量的减少而逐渐减少，无陡减现象的特性。并具有以下条件：

a. 土表至 20 cm 与土表至 100 cm 的腐殖质储量比（Rh）≤0.4；若 50~100 cm 之间出现石质、准石质接触面，则按相应比例计算，也应≤0.4；和

b. 单个土体上部无有机现象，且有机质的 C/N＜17。

甘肃省具有均腐殖特性的土壤主要出现在高寒气候区。本次调查建立的 143 个土系中有 6 个具有均腐殖质特性，分别属于钙积寒性干润均腐土、普通寒性干润均腐土和普通暗厚干润均腐土，主要位于甘南高原和陇南山地。

11）石灰性（calcaric property）

石灰性特征为土表至 50 cm 范围内所有亚层中 $CaCO_3$ 相当物均≥10 g/kg，用 1∶3 HCl 处理有泡沫反应。若某亚层中 $CaCO_3$ 相当物比其上、下亚层高时，则绝对增量不超

过 20 g/kg。

甘肃省成土母质非常复杂，有各种岩性发育的残积物、坡积物、洪积物、河流冲积物、湖积物、冰碛物及冰水沉积物、风积物（沙丘-风成沙）、黄土及黄土状沉积物等。本次调查甘肃省建立的 143 个土系 137 个具有石灰性，6 个不具有石灰性的土系为夏河系、古鲁赫系、那尼头系、西仓系、关上村系和梅川系，属于普通寒性干润均腐土、普通暗厚干润均腐土和普通暗沃干润雏形土。

第3章 土壤分类

3.1 土壤分类的历史回顾

3.1.1 早期土壤分类

我国的土壤分类研究起步较早，距今4100年前，夏代《禹贡》一书中把全国土壤划分“壤”、“黄壤”、“白壤”、“赤植垆”、“白坟”、“黑坟”、“坟垆”、“涂泥”及“青黎”九种。以土壤肥力的不同，分为三等九级，并把土壤特性、土壤分类等同地形、植物和土壤利用联系起来。甘肃省是我国农业的重要发祥地之一，为了适应农业生产发展和征收田赋的需要，进行了古代朴素的土壤分类。着重针对甘肃境内的土壤分类始于20世纪30年代，著名的中国土壤学家侯光炯、李庆逵、马溶之等对甘肃省土壤做过调查，并于1946年制作了1∶300万的甘肃省土壤概图，主要采用发生学分类，将全省的土壤分为：河西漠钙土区、准棕钙土与准栗钙土区、暗色钙层土与高山草原土区。

新中国成立以来，土壤分类采用苏联发生学的理论和方法，强调土壤的形成条件、成土过程和土壤的地带性，分类系统采用土类、亚类、土种、变种四级，后增加土属。以土类为基本单元，并侧重于从土壤形成发展过程划分同级单元，按土壤的发育程度划分基层分类单元。土壤命名采用由土类到变种的连续命名法，名词太长，很不便于应用。苏联地理发生分类依据定性描述，缺乏客观的定量土壤性质划分标准，由此导致不同研究者之间，因其出发点和方法不同，同一类土壤定名不一。例如甘肃省陇东地区的代表性土壤黑垆土类，国内外不少著名土壤学者做过调查，同是基于土壤发生学分类，曾被命名为：未发育成熟的栗钙土、埋葬土、黄土性准栗钙土、灰褐色土、黑垆土等。

1958年全国开展了第一次土壤普查活动，甘肃省在这次土壤普查中侧重于耕种土壤的调查研究，强调人类生产活动在耕种土壤形成过程中的主导作用。此次土壤普查活动充分依靠群众，总结群众经验，将甘肃省的耕种土壤按照土类、土族、土种三级进行划分。土类有20个，包括黑朽土、黑洼泥、大黑土、麻土、犁土、黑黄土、垆土、粗绵土、正黄土、大黄土、稻黍田、大白土、淀土、土头地、沙土地、风沙地、盐碱土、潮土、红土、青土；土族63个，土种292个。由于本次调查和土壤类型的命名基于群众经验，主要依靠土壤颜色、土体结构（立槎、平槎）、紧实程度、质地轻重、热性、凉性、冷性、耕作难易、生产能力，应用死土、活土、生土、熟土、油土、绵土、僵土、板土、鳝土等来命名。因此，第一次土壤调查进行的土壤分类命名缺乏专业性、系统性和统一性，产生大量的同土异名和同名异土的情况。

3.1.2 第二次土壤普查

自1979年开始，甘肃省分期分批开展第二次土壤普查。此次调查按照全国土壤普查办公室制定的《全国第二次土壤普查暂行技术规程》及全国土壤分类原则和分类系统进行。高级分类单元的划分与全国土壤分类系统保持一致，基层分类单元是结合甘肃省实际情况拟定。

第二次土壤普查依据土壤发生学理论，把土壤形成条件、成土过程和土壤属性结合起来，以土壤自身性态为主要依据，根据土壤主要属性或特征进行土壤类别的划分。土壤分类级别包括：土纲、亚纲、土类、亚类、土属、土种和变种七级分类。高级分类单元，如土纲、亚纲、土类、亚类以土壤发生学特征和气候特征为主要依据。低级分类单元土属、土种和变种则以母质类型、土壤理化性质和生产性能为主要依据。

根据《甘肃土壤》（甘肃省土壤普查办公室，1993a），全省划分出淋溶土、半淋溶土、钙层土、干旱土、漠土、初育土、半水成土、水成土、盐碱土、人为土、高山土共 11 个土纲，并绘制了土壤类型分布图。

淋溶土纲主要分布于甘肃省北亚热带、暖温和寒温湿润气候条件下，降水较为丰沛，使得土壤产生较强的淋溶作用，土壤中的盐基物质被充分淋溶，较普遍存在脱钙和铁锰元素移动与聚集现象，呈酸性至微酸性反应，有明显的黏粒淋溶淀积层。该土纲包括黄棕壤、棕壤和暗棕壤三个土类。

半淋溶土纲主要分布于甘肃省暖温带半湿润和半干旱区域以及祁连山、六盘山、秦岭、子午岭等山地垂直带中。其特点是石灰物质在土壤剖面中发生淋溶与累积，并伴随有黏粒的形成与淀积，具有钙积层或钙积特征、黏化层或黏化特征（次生黏化或变质黏化）。该土纲包括褐土、灰褐土和黑土三个土类。

钙层土纲主要分布于半干旱、半湿润条件下，具有季节性淋溶。土壤中的易溶盐分被淋洗，而钙镁等盐类部分淋溶。因此其特点是碳酸钙在剖面中明显累积，有的成层，有的呈假菌丝状、斑块状，具有钙积层或钙积特征。该土纲包括黑垆土、黑钙土和栗钙土三个土类。

干旱土主要分布于甘肃省温带、暖温带干旱和半干旱气候的半荒漠区域，具有干旱的土壤水分状况。降水量少，干燥度大，土壤淋溶弱，钙化作用强，植被稀疏，主要是旱生草本植物。其主要特征是土体中具有钙积层或有钙积特征，石膏层或石膏聚积特征，有较高的易溶盐或易溶盐聚积层，地表具有风积沙或裂缝和薄的假结皮。该土纲包括灰钙土和棕钙土两个土类。

漠土纲主要分布在甘肃省温带和暖温带的干旱区域，年降水量在 200 mm 以下，蒸发量高达 3000～4000 mm，并且风大而频繁。具有气候干旱、植被稀疏、地面粗瘠的荒漠景观。其主要特征是具有砾幂、沙漠漆皮，盐分普遍累积，或具有碳酸钙表聚或通层含量高的特征，有明显的石膏层、积盐层或盐磐层，有的具有残积黏化特征。该土纲包括灰漠土、灰棕漠土和棕漠土三个土类。

初育土纲在甘肃省分布范围广泛，主要位于侵蚀强烈、成土母质疏松、质地均一的黄土区域，河流沿岸两侧冲积、洪积母质沉积区域，由于侵蚀第三纪黏质红土层或第四纪红色黏土裸露区域，干旱区风化堆积区，石质山或丘陵坡地等土壤形成发育短暂的区域。其特点是母质特征明显，发育微弱，土壤特性分异不明显。该土纲包括黄绵土、红黏土、风沙土、新积土、龟裂土、石质土、粗骨土七个土类。

水成土纲在甘肃省主要分布于甘南、张掖、陇南、酒泉、天水、定西等地的扇缘低洼地、沟谷、滞水洼地。主要由表层积水或地下水接近地表，嫌气还原条件下形成的土壤，有明显的潜育层或潜育特征。该土纲包括沼泽土和泥炭土两个土类。

半水成土纲在全省分布很广，河西走廊、中部干旱区、陇东黄土高原和陇南、甘南山地的河谷平原和河床阶地均有分布。主要是在地下水位较浅，地下水毛管前锋到达地表所形成的土壤，具有明显的腐殖化过程、氧化还原交替过程，土体中有明显的锈纹锈斑。该土纲包括草甸土、山地草甸土、林灌草甸土和潮土四个土类。

人为土纲主要分布在甘肃省河西走廊和陇南河谷地带。是经长期人为耕作、施肥和灌溉等措施，加厚或扰动了土层，经耕作熟化和定向培育改变了土层原来的性状。该土纲包括灌漠土、水稻土和灌淤土三个土类。

盐碱土纲主要分布于河西走廊的干旱气候区，逾往西往北，盐分含量逾高。其主要特征是具有盐积层或钠质层，土壤中可溶性盐分累积量高，只生长耐盐碱强的植物，不能种植农作物。该土纲只包括盐土一个土类。

高山土纲主要分布于祁连山、西秦岭等高山带的上部和甘南高原高山带、高原面上，海拔 3400 m 以上。是在冷湿的高山及亚高山草甸和草原植被下形成的，具有寒性土壤温度状况、特殊的“生草”作用、土壤发育程度低、淋溶作用弱、新生体发育差等特征。该土纲包括高山草甸土、亚高山草甸土、高山草原土、亚高山草原土、高山漠土和高山寒漠土六个土类。

3.1.3　土壤系统分类

自 1984 年开始在中国科学院南京土壤研究所的主持下，全国 34 个高等院校和科研单位参加，开展了中国土壤系统分类研究。建立的中国土壤系统分类被中国土壤学会推荐为我国标准的土壤分类系统。中国土壤系统分类是以诊断层和诊断特性为基础的系统化和定量化分类系统，是第一次由中国土壤学家自己制订的一个完整的土壤分类体系。该分类系统除有分类原则、诊断层、诊断特性和分类系统外，还有一个检索系统，每一种土壤都可以在这个系统中找到所属的分类位置，也只能找到一个位置。根据客观的土体和具体土壤特性数据进行分类，这就避免了同土异名和同名异土的情况。

自全国第二次土壤普查之后，甘肃省土壤系统分类方面的工作仅有局部的研究性工作。李福兴等（1999a，1999b）主要针对河西走廊开展了河西走廊灌淤旱耕人为土分类参比研究和临泽样区土壤基层分类研究。李福兴等（1999a）在调查了河西走廊人为土的主要成土过程和土壤形态与特性的基础上，按照《中国土壤系统分类（修订方案）》（中国科学院南京土壤研究所土壤系统分类课题组和中国土壤系统分类课题研究协作组，1995）建立了本区域的灌淤旱耕人为土土类，进一步细分为弱盐灌淤旱耕人为土、肥熟灌淤旱耕人为土、水耕灌淤旱耕人为土、斑纹灌淤旱耕人为土、普通灌淤旱耕人为土 5 个亚类，并将其分别对应于美国土壤分类（ST）、FAO-Unesco 世界土壤图图例、世界土壤资源参比基础（WRB）（1994）和我国第二次土壤普查时的土壤地理发生分类中相应的土壤类型。这开拓了甘肃省土壤类型与发生分类参比的先河，也将甘肃省土壤分类与世界主流的分类系统进行了初步的对接。李福兴等（1999b）在河西走廊临泽县开展了土壤基层分类样区研究，依据《中国土壤系统分类(修订方案)》的诊断层和诊断特性，进行了土系划分，并探讨了土系在土地持续利用中的应用。尽管样区面积小，仅 400 km^2，却是甘肃省首个针对系统分类的基层分类研究。在样区中建立了人为土、干旱土、潜育土和雏形土 4 个土纲，4 个亚纲，5 个土类，12 个亚类和 12 个土族，拟定了东三村系、化音系、五三村系、兰家堡系、倪家下营系、南山坡滩系、王家墩东滩系、上府寺系、曹家庄系、盘石营系、梁家湖系和曹家湖系 12 个土系。此后，齐善忠等（2003）试图根据中国土壤系统分类检索(第三版)（中国科学院南京土壤研究所土壤系统分类课题组和中国土壤系统分类课题研究协作组，2001）对甘肃省河西山地土壤进行分类探索。但遗憾的是，该研究将该区域的土壤分为“干旱土、钙层土、半淋溶土、雏形土和新成土”5 个土纲，其中干旱土、雏形土和新成土为系统分类的土纲名称，而钙层土和半淋溶土为土壤地理发生分类的名称，二者之间在理论基础和体系上差别较大。这从一个侧面说明甘肃省已有的土壤分类还存在一定的混乱现象。

3.2　本次土系调查

本次甘肃省土系调查主要依托国家科技基础性工作专项项目“我国土系调查与《中国土系志（中西部卷）》编制”（2014FY110200，2014～2018 年）中“甘肃省课题”。根据本次土系调查的任务要求，调查甘肃省主要的土壤类型及其在中国土壤系统分类中的分类地位，建立代表性的土系。为了充分了解甘肃省的成土环境和已有的土壤分类情况，广泛收集了甘肃省的气候、母质、地形资料和图件以及第二次土壤普查的资料，包括《甘肃省土壤》（甘肃省土壤普查办公室，1993a）、《甘肃省土种志》（甘肃省土壤普查办公室，1993b）和各县市的土壤资料。

3.2.1　单个土体位置确定与调查方法

单个土体调查确定采用综合地理单元法。具体是将坡度、高程、土地利用、地质、土壤类型五个土层进行叠加；计算各新生成图斑的面积，将面积小于 5 km^2 的图斑进行合并；重新计算各图斑面积；根据图斑面积，综合降水、气温要素进行布点。野外实际调查典型单个土体 190 个，包括本次土系调查和前期河西走廊调查的点位（图 3-1）。

本次调查非常注重调查点位的代表性、分布的全面性和相对均一性、野外描述与采样的规范性以及室内分析方法的统一性。室内布点的过程中已经充分考虑了样点在地理位置、气候、景观和土壤类型的代表性。野外实际采样点以预设点为目标，并根据实际地形地貌做微调。单个土体调查和描述依据中国科学院南京土壤研究所制定的《野外土壤描述与采样手册（试行）》（2010 年）。调查过程中，首先要进行地点、气候、景观、地形和水文等的描述，其次要对开挖的土壤剖面进行形态学的定量化描述，按照规则自下而上规范采样，并对景观、土壤剖面、新生体等进行拍照。土壤样品测定分析方法依据张甘霖和龚子同主编的《土壤调查实验室分析方法》（2012），并有统一的国家标样作为平行样本进行质量控制。

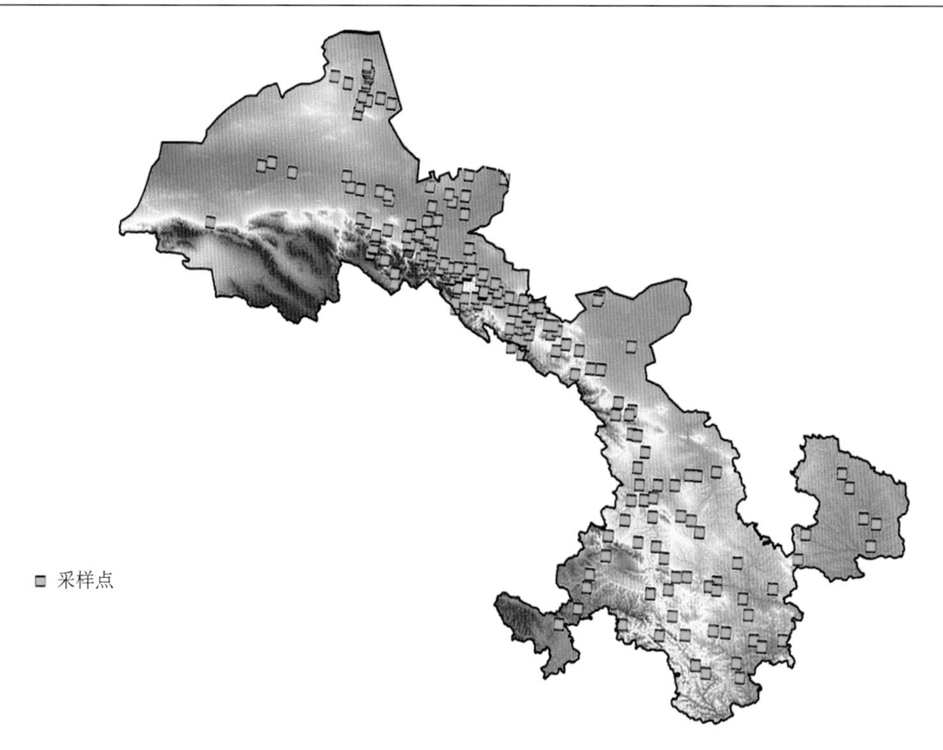

图 3-1　甘肃省土系调查样点空间分布

3.2.2　系统分类归属确定依据

土壤系统分类高级单元确定依据中国科学院南京土壤研究所土壤系统分类课题组和中国土壤系统分类课题研究协作组主编的《中国土壤系统分类检索》（第三版）（2001），土族和土系建立依据中国科学院南京土壤研究所制定的《中国土壤系统分类土族与土系划分标准》（张甘霖等，2013）和《土系研究与制图表达》（张甘霖等，2001）。

1）分类体系

土壤系统分类就是依据发生学原理，以土壤诊断层和诊断特性为基础，根据土壤类型之间的相似性和差异性归纳与划分类别。各分类等级构成了纵向对比关系；同一分类等级的分类单元构成了横向对比关系。中国土壤系统分类共分 6 级，即土纲、亚纲、土类、亚类、土族和土系。土纲至亚类为高级单元，土族和土系为基层单元。

（1）土纲

最高土壤分类级别。根据主要成土过程产生的性质或影响主要成土过程的性质划分。中国土壤系统分类划分有机土、人为土、灰土、火山灰土、铁铝土、变性土、干旱土、盐成土、潜育土、均腐土、富铁土、淋溶土、雏形土和新成土 14 个土纲，每个土纲具有特定的诊断层和诊断特性（表 3-1）。

表 3-1 中国土壤系统分类土纲划分依据（龚子同等，2014）

土纲名称	主要成土过程或影响成土过程的性状	主要诊断层、诊断特性
（1）有机土(Histosols)	泥炭化过程	有机土壤物质
（2）人为土(Anthrosols)	水耕或旱耕人为过程	水耕表层和水耕氧化还原层或灌淤表层、土垫表层、泥垫表层、肥熟表层和磷质耕作淀积层
（3）灰土(Spodosols)	灰化过程	灰化淀积层
（4）火山灰土(Andosols)	影响成土过程的火山灰物质	火山灰特性
（5）铁铝土(Ferralosols)	高度富铁铝化过程	铁铝层
（6）变性土(Vertosols)	高胀缩性黏土物质造成的土壤扰动过程	变性特征
（7）干旱土(Aridosols)	干旱水分状况下，弱腐殖化过程，以及钙化、石膏化、盐渍化过程	干旱表层、钙积层、石膏层、盐积层
（8）盐成土(Haloslos)	盐渍化过程	盐积层、碱积层
（9）潜育土(Gleyosols)	潜育化过程	潜育特征
（10）均腐土(Isohumoslos)	腐殖化过程	暗沃表层、均腐殖质特性
（11）富铁土(Ferroslos)	中度富铁铝化过程	低活性富铁层
（12）淋溶土(Argosols)	黏化过程	黏化层
（13）雏形土(Cambosols)	矿物蚀变过程	雏形层
（14）新成土(Primoslos)	无明显发育	淡薄表层

（2）亚纲

土纲划分的辅助级别，根据影响现代成土过程的控制因素所反映的性质，如水分状况、温度状况和岩性特征等进行划分。对于影响现代成土过程的控制因素差异不大的土纲，则按成土过程的发育阶段进行划分。

（3）土类

亚纲的续分，根据反映主要成土过程强度或次要成土过程或次要控制因素的表现性质划分。

（4）亚类

土类划分的辅助级别。根据偏离中心概念的程度，以及是否具有附加成土过程的特性和是否具有母质残留的特性来划分。

（5）土族

土壤系统分类的基层分类级别。它是在亚类的范围内，按反映与土壤利用管理有关的土壤理化性质分异程度续分的单元。用于土族划分的土壤属性不仅相对稳定，而且与植物生长密切有关。

（6）土系

中国土壤系统分类最低级别的基层分类单元。它是由相同或相似的且在空间上相邻的单个土体组成的聚合土体所构成。同一土系的土壤，其成土母质、所处地形部位及水热状况均相似。在一定的垂直深度内，土壤的特征土层的种类、形态、排列层序和层位，以及土壤生产利用的适宜性能大体一致。

中国土壤系统分类高级分类级别的名称采用从土纲到亚类的连续命名。以土纲为基础，其前叠加反映亚纲、土类和亚类性状的术语，分别构成了亚纲、土类和亚类的名称。各级类别名称均选用反映诊断层或诊断特性的名称，部分或选有发生意义的性质或诊断现象的名称。土族命名采用土壤亚类名称前冠以土族主要分异特性的连续命名法。土系命名可选用该土系代表性剖面（单个土体）点位或首次描述该土系的所在地的标准地名直接定名。

2）土族划分

土族划分主要依据区域性成土因素所形成的相对稳定的土壤属性差异。虽然土族的划分主要是为土壤生产管理服务，但考虑的并不是土壤肥力本身而是潜在地力，因为土壤肥力本身易于发生变化。同一亚类中土族的鉴别特征保持一致，主要体现土族控制层段内“量”的差异；不同亚类中土族的鉴别特征可有所不同。划分土族的土壤控制层段充分考虑了不同土壤发生层的特点。鉴别土族的依据指标不能与上或下级分类单元交叉或重复使用。

甘肃省的土族划分主要采用可以反映成土因素和土壤性质的地域性差异，并能显著影响土壤功能潜力发挥的鉴别特征。这些鉴别特征是土壤剖面中土族控制层段的土壤颗粒大小级别、不同颗粒级别的土壤矿物组成类型、石灰性与土壤酸碱反应类别、土壤温度等级等。土族命名采用格式为：颗粒大小级别矿物类型石灰性与酸碱反应土壤温度-亚类名称。

甘肃省的成土母质类型较多，有残积物、坡积物、洪积物、冲积物、湖积物、黄土沉积物等。成土环境复杂，南北跨亚热带、暖温带、中温带、特殊的高原气候区；跨湿润、半湿润、半干旱和干旱地区；地形有山地、高原、平川、河谷、沙漠、戈壁，交错分布。因此，本次甘肃省调查中涉及的土族鉴别特征较多。土族控制层段的土壤颗粒大小级别有粗骨质、粗骨质盖黏壤质、粗骨砂质盖粗骨质、粗骨壤质盖粗骨质、粗骨砂质、粗骨壤质、砂质盖粗骨质、壤质盖粗骨砂质、壤质盖粗骨质、黏壤质盖粗骨质、砂质、壤质、黏壤质和黏质；土壤矿物类型有硅质混合型、硅质型和混合型；石灰性和酸碱反应有石灰性和非酸性；土壤温度等级有寒性、冷性、温性和热性。

3）土系划分

土系划分主要依据土族内影响土壤利用的性质差异，以影响利用的表土特征和地方性分异为主。土系鉴别特征必须在土系控制层段内；特征变幅范围不能超过土族，但要明显大于观测误差；使用易于观测且较稳定的土壤属性；不同利用强度和功能的土壤，土系属性变幅可以不同。本次甘肃省调查中的土系划分性质与划分标准如下。

（1）特定土层深度、厚度和排列层位

主要依据特定土层或属性（诊断表下层、根系限制层、残留母质层、诊断特性和诊断现象）上界出现深度，分为 0～50 cm、50～100 cm、100～150 cm。当然，如果该指标在高级单元已经应用，则不能在土系中重复使用。在诊断表下层出现深度范围一致的情况下，依据诊断表下层厚度作为划分土系的指标，如厚度差异超过 25 cm 或厚度差异达到两倍可以区分不同的土系。不同特征土层的排列层序差异亦可作为土系划分的标准。如果某些诊断层或诊断特性在高级单元划分中未用到，也是划分土系的重要标准。

（2）表层土壤质地或土体质地构型

当表层 20 cm 或耕作层土壤质地为不同的类别时，按照质地类别区分土系。土壤质地类别分为：砂土类、壤土类、黏壤土类、黏土类。土系控制层段内的土体质地构型存在差异亦可划分为不同的土系。

（3）土壤中岩石碎屑、结核、侵入体等

在同一土族中，土系控制层段内的各土层岩石碎屑、结核和侵入体等加权，其绝对含量差异超过 30%时，可以划分为不同土系。

（4）土壤盐分含量

盐化类型的土壤（非盐成土）依据表层土壤盐分含量可以划分为不同土系。其标准为：高盐含量（10～20 g/kg），中盐含量（5～10 g/kg）和低盐含量（2～5 g/kg）。

（5）不同的母质

同一土族中不同母质来源的土体可划分为不同的土系。多元母质的出现亦是划分土系的标准。

（6）埋藏层

是否具有埋藏层亦是土系划分的标准。

甘肃省的土系命名均以首次发现并记录或占优势的地区名称命名，优先考虑乡镇或中心村的名称命名，县（市）的代表性土系则以县市的名称命名。

3.2.3 土系建立概况

针对调查的 190 个单个土体，通过筛选和归并，建立 143 个土系，涉及 7 个土纲、10 个亚纲、25 个土类、41 个亚类、88 个土族，详见表 3-2。

表 3-2 甘肃省典型土壤类型

<table>
<tr><th>土纲</th><th>亚纲</th><th>土类</th><th>亚类</th><th>土族</th><th>土系数量</th></tr>
<tr><td rowspan="7">人为土</td><td>水耕人为土</td><td>简育水耕人为土</td><td>普通简育水耕人为土</td><td>黏壤质混合型石灰性温性-普通简育水耕人为土</td><td>1</td></tr>
<tr><td rowspan="6">旱耕人为土</td><td rowspan="5">灌淤旱耕人为土</td><td>弱盐灌淤旱耕人为土</td><td>壤质混合型石灰性温性-弱盐灌淤旱耕人为土</td><td>1</td></tr>
<tr><td>斑纹灌淤旱耕人为土</td><td>黏壤质混合型石灰性温性-斑纹灌淤旱耕人为土</td><td>3</td></tr>
<tr><td rowspan="3">普通灌淤旱耕人为土</td><td>黏壤质混合型石灰性温性-普通灌淤旱耕人为土</td><td>4</td></tr>
<tr><td>壤质混合型石灰性冷性-普通灌淤旱耕人为土</td><td>1</td></tr>
<tr><td>壤质混合型石灰性温性-普通灌淤旱耕人为土</td><td>1</td></tr>
<tr><td>土垫旱耕人为土</td><td>普通土垫旱耕人为土</td><td>黏壤质混合型石灰性冷性-普通土垫旱耕人为土</td><td>1</td></tr>
</table>

续表

土纲	亚纲	土类	亚类	土族	土系数量
干旱土	正常干旱土	钙积正常干旱土	石质钙积正常干旱土	粗骨质硅质混合型冷性-石质钙积正常干旱土	1
				粗骨砂质盖粗骨质硅质混合型温性-石质钙积正常干旱土	1
				砂质盖粗骨质硅质混合型温性-石质钙积正常干旱土	1
			石膏钙积正常干旱土	粗骨砂质硅质混合型温性-石膏钙积正常干旱土	1
				砂质硅质混合型冷性-石膏钙积正常干旱土	1
			普通钙积正常干旱土	粗骨壤质硅质混合型冷性-普通钙积正常干旱土	1
				黏壤质混合型温性-普通钙积正常干旱土	1
				壤质盖粗骨质混合型冷性-普通钙积正常干旱土	1
		盐积正常干旱土	普通盐积正常干旱土	砂质硅质混合型石灰性温性-普通盐积正常干旱土	1
				壤质混合型石灰性温性-普通盐积正常干旱土	1
		石膏正常干旱土	石质石膏正常干旱土	粗骨壤质混合型石灰性冷性-石质石膏正常干旱土	1
				粗骨质硅质混合型石灰性温性-石质石膏正常干旱土	1
			普通石膏正常干旱土	粗骨砂质硅质混合型石灰性冷性-普通石膏正常干旱土	2
				粗骨砂质硅质混合型石灰性温性-普通石膏正常干旱土	1
				粗骨壤质混合型石灰性温性-普通石膏正常干旱土	1
				黏壤质混合型石灰性冷性-普通石膏正常干旱土	1
		简育正常干旱土	石质简育正常干旱土	壤质混合型石灰性冷性-石质简育正常干旱土	1
			弱石膏简育正常干旱土	粗骨砂质硅质混合型石灰性温性-弱石膏简育正常干旱土	2
			普通简育正常干旱土	壤质盖粗骨质混合型石灰性冷性-普通简育正常干旱土	1
盐成土	正常盐成土	干旱正常盐成土	洪积干旱正常盐成土	壤质混合型石灰性温性-洪积干旱正常盐成土	1
			普通干旱正常盐成土	黏壤质混合型石灰性温性-普通干旱正常盐成土	1
				壤质混合型石灰性温性-普通干旱正常盐成土	1
		潮湿正常盐成土	结壳潮湿正常盐成土	黏壤质混合型石灰性温性-结壳潮湿正常盐成土	2
				壤质混合型石灰性温性-结壳潮湿正常盐成土	1
			普通潮湿正常盐成土	粗骨壤质盖粗骨质硅质混合型石灰性温性-普通潮湿正常盐成土	1
				黏壤质混合型石灰性冷性-普通潮湿正常盐成土	2
均腐土	干润均腐土	寒性干润均腐土	钙积寒性干润均腐土	粗骨壤质盖粗骨质混合型-钙积寒性干润均腐土	1
			普通寒性干润均腐土	壤质盖粗骨质混合型非酸性-普通寒性干润均腐土	1
		暗厚干润均腐土	普通暗厚干润均腐土	粗骨壤质混合型石灰性温性-普通暗厚干润均腐土	1
				黏壤质混合型非酸性冷性-普通暗厚干润均腐土	3
淋溶土	干润淋溶土	钙积干润淋溶土	普通钙积干润淋溶土	黏壤质混合型温性-普通钙积干润淋溶土	1
		简育干润淋溶土	普通简育干润淋溶土	黏壤质混合型石灰性温性-普通简育干润淋溶土	1

续表

土纲	亚纲	土类	亚类	土族	土系数量
雏形土	干润雏形土	灌淤干润雏形土	钙积灌淤干润雏形土	壤质盖粗骨质混合型冷性-钙积灌淤干润雏形土	1
				壤质混合型温性-钙积灌淤干润雏形土	1
			斑纹灌淤干润雏形土	砂质硅质混合型石灰性温性-斑纹灌淤干润雏形土	2
				壤质混合型石灰性冷性-斑纹灌淤干润雏形土	1
			普通灌淤干润雏形土	黏壤质盖粗骨质混合型石灰性冷性-普通灌淤干润雏形土	1
		底锈干润雏形土	弱盐底锈干润雏形土	黏质混合型石灰性温性-弱盐底锈干润雏形土	1
				黏壤质混合型石灰性冷性-弱盐底锈干润雏形土	1
			石灰底锈干润雏形土	壤质混合型冷性-石灰底锈干润雏形土	1
				壤质混合型温性-石灰底锈干润雏形土	3
		暗沃干润雏形土	钙积暗沃干润雏形土	粗骨壤质混合型冷性-钙积暗沃干润雏形土	1
				粗骨壤质混合型温性-钙积暗沃干润雏形土	1
				壤质盖粗骨质混合型冷性-钙积暗沃干润雏形土	1
			普通暗沃干润雏形土	粗骨质硅质混合型石灰性冷性-普通暗沃干润雏形土	1
				粗骨壤质盖粗骨质混合型非酸性冷性-普通暗沃干润雏形土	1
				黏壤质盖粗骨质混合型非酸性冷性-普通暗沃干润雏形土	1
				黏壤质混合型石灰性温性-普通暗沃干润雏形土	2
				壤质混合型石灰性冷性-普通暗沃干润雏形土	1
				壤质混合型石灰性温性-普通暗沃干润雏形土	1
		简育干润雏形土	钙积简育干润雏形土	砂质混合型冷性-钙积简育干润雏形土	1
				黏壤质盖粗骨质混合型冷性-钙积简育干润雏形土	1
				黏壤质混合型冷性-钙积简育干润雏形土	1
				黏壤质混合型温性-钙积简育干润雏形土	3
				壤质盖粗骨质混合型冷性-钙积简育干润雏形土	2
				壤质混合型冷性-钙积简育干润雏形土	2
				壤质混合型温性-钙积简育干润雏形土	2
			普通简育干润雏形土	砂质盖粗骨质硅质混合型石灰性温性-普通简育干润雏形土	1
				黏壤质盖粗骨质混合型石灰性冷性-普通简育干润雏形土	1
				黏壤质混合型石灰性冷性-普通简育干润雏形土	2
				黏壤质混合型石灰性温性-普通简育干润雏形土	7
				壤质盖粗骨质混合型石灰性冷性-普通简育干润雏形土	2
				壤质盖粗骨混合型石灰性温性-普通简育干润雏形土	1
				壤质盖粗骨砂质混合型石灰性冷性-普通简育干润雏形土	1
				壤质混合型石灰性冷性-普通简育干润雏形土	6
				壤质混合型石灰性温性-普通简育干润雏形土	16

续表

土纲	亚纲	土类	亚类	土族	土系数量
				壤质混合型石灰性热性-普通简育干润雏形土	1
新成土	砂质新成土	干旱砂质新成土	石灰干旱砂质新成土	砂质硅质型温性-石灰干旱砂质新成土	2
		干润砂质新成土	石灰干润砂质新成土	砂质硅质型冷性-石灰干润砂质新成土	2
	冲积新成土	寒冻冲积新成土	斑纹寒冻冲积新成土	砂质硅质混合型石灰性-斑纹寒冻冲积新成土	1
		潮湿冲积新成土	石灰潮湿冲积新成土	粗骨质盖黏壤质混合型温性-石灰潮湿冲积新成土	1
		干旱冲积新成土	斑纹干旱冲积新成土	壤质混合型石灰性温性-斑纹干旱冲积新成土	1
			普通干旱冲积新成土	砂质硅质型混合型石灰性温性-普通干旱冲积新成土	1
	正常新成土	干旱正常新成土	石灰干旱正常新成土	粗骨质硅质混合型冷性-石灰干旱正常新成土	2
				粗骨质硅质混合型温性-石灰干旱正常新成土	2
				粗骨砂质盖粗骨质硅质混合型温性-石灰干旱正常新成土	2
				粗骨砂质硅质混合型温性-石灰干旱正常新成土	1
		干润正常新成土	石质干润正常新成土	粗骨质硅质混合型石灰性冷性-石质干润正常新成土	1
				粗骨质混合型石灰性温性-石质干润正常新成土	3
				粗骨壤质混合型石灰性热性-石质干润正常新成土	1
		湿润正常新成土	石质湿润正常新成土	粗骨壤质混合型石灰性温性-石质湿润正常新成土	1

下篇　区域典型土系

第4章　人　为　土

4.1　普通简育水耕人为土

4.1.1　金峡系（Jinxia Series）[①]

土　族：黏壤质混合型石灰性温性-普通简育水耕人为土
拟定者：杨金玲，赵玉国，吴华勇

分布与环境条件　主要分布于陇南地区白银市、天水市和庆阳市的河谷地带，经长期灌溉耕作形成，海拔 1000～1400 m，母质为冲积物，水田，温带半湿润气候，年均日照时数 2000～2600 h，气温 8～13℃，降水量 300～500 mm，无霜期 190～220 d。

金峡系典型景观

土系特征与变幅　诊断层包括水耕表层和水耕氧化还原层，诊断特性包括温性土壤温度状况、人为滞水土壤水分状况、氧化还原特征和石灰性，具有钙积现象。土体厚度 1 m 以上；水耕表层厚度 18～25 cm；具有氧化还原特征土层厚度 75～100 cm。通体粉砂壤土。碳酸钙相当物含量 50～150 g/kg，强度-极强度石灰反应，土壤 pH 8.0～9.0。

对比土系　上马家系，同一土纲，但不同亚纲，为旱耕人为土。

利用性能综述　水田，土体深厚，土壤养分含量中等，质地适中，通透性好，土性柔和，耕性好，但耕层较浅。利用改良上：第一，增施有机肥料，秸秆还田，绿肥压青，提高土壤有机质含量，用养结合。第二，合理施用化肥，实施配方施肥，适当施用氮磷化肥和锌、硼、钼等微肥，增加作物产量。第三，需深耕，实行水旱轮作，改善土壤物理性状。

① 括号内为土系的英文名。土系英文名命名原则为土系名汉字拼音加 Series。

参比土种　黄泥田。

代表性单个土体　位于甘肃省白银市靖远县平堡乡金峡村，36°41′50.910″N，104°40′40.951″E，冲积平原河谷地，海拔 1313 m，母质为冲积物，水田，50 cm 深度年均土温 10.7℃，调查时间 2015 年 7 月，编号 62-054。

金峡系代表性单个土体剖面

Ap1：0～12 cm，浊棕色（7.5YR 6/3，干），灰棕色（7.5YR 5/2，润），粉砂壤土，发育强的粒状和直径<5 mm 块状结构，疏松，极强度石灰反应，向下层平滑清晰过渡。

Ap2：12～19 cm，浊棕色（7.5YR 6/3，干），灰棕色（7.5YR 5/2，润），粉砂壤土，发育强的直径 5～10 mm 块状结构，稍坚实，<2%锈纹锈斑，极强度石灰反应，向下层平滑清晰过渡。

Br：19～50 cm，橙色（7.5YR 6/8，干），亮棕色（7.5YR 5/6，润），粉砂壤土，发育中等的直径 10～20 mm 块状结构，稍坚实，2%～5%锈纹锈斑，强度石灰反应，向下层平滑渐变过渡。

Bkr：50～100 cm，橙色（7.5YR 6/8，干），亮棕色（7.5YR 5/6，润），粉砂壤土，发育弱的直径 20～50 mm 块状结构，坚实，2%～5%锈纹锈斑，极强度石灰反应。

金峡系代表性单个土体物理性质

土层	深度/cm	砾石(>2 mm，体积分数)/%	细土颗粒组成(粒径：mm)/(g/kg)			质地	容重/(g/cm^3)
			砂粒 2～0.05	粉粒 0.05～0.002	黏粒 <0.002		
Ap1	0～12	0	192	593	215	粉砂壤土	1.29
Ap2	12～19	0	217	573	209	粉砂壤土	1.42
Br	19～50	0	198	578	224	粉砂壤土	1.51
Bkr	50～100	0	157	620	223	粉砂壤土	1.61

金峡系代表性单个土体化学性质

深度/cm	pH	有机碳/(g/kg)	全氮(N)/(g/kg)	全磷(P)/(g/kg)	全钾(K)/(g/kg)	CEC/[cmol(+)/kg]	$CaCO_3$/(g/kg)	电导率(EC)*/(dS/m)
0～12	8.4	12.1	1.24	1.01	21.5	10.3	132.3	1.8
12～19	8.6	9.5	0.99	0.95	21.6	9.0	131.1	0.8
19～50	8.7	5.8	0.68	0.74	22.2	9.2	98.1	0.6
50～100	8.9	4.8	0.50	0.72	23.0	9.1	120.7	0.5

*含盐量(g/kg)与电导率(dS/m)的参考转换系数为 0.667。

4.2 弱盐灌淤旱耕人为土

4.2.1 上马家系（Shangmajia Series）

土 族：壤质混合型石灰性温性-弱盐灌淤旱耕人为土

拟定者：杨金玲，张甘霖，李德成

分布与环境条件 主要分布于张掖地区河流两岸的古老耕作灌区，冲积平原，海拔1000～1400 m，母质为冲积物，旱地，长期灌溉，温带半干旱气候，年均日照时数3000～3300 h，气温6～12℃，降水量100～200 mm，无霜期130～180 d。

上马家系典型景观

土系特征与变幅 诊断层包括灌淤表层，诊断特性包括温性土壤温度状况、半干润土壤水分状况、人为淤积物质、氧化还原特征和石灰性，具有钙积现象和盐积现象。土体厚度1 m以上；灌淤表层厚度75～100 cm；具有氧化还原特征土层厚度25～50 cm；钙积现象上界出现在矿质土表以下75～100 cm，土层厚度25～50 cm；剖面上部易溶盐含量1.5～10 g/kg，电导率为2.3～14.9 dS/m。层次质地构型为壤土-砂质壤土-壤土。碳酸钙相当物含量50～150 g/kg，强度-极强度石灰反应，土壤pH 8.0～9.0。

对比土系 金峡系，同一土纲，但不同亚纲，为水耕人为土。

利用性能综述 旱地，土体深厚，土壤养分含量较低，质地适中，耕性好。利用改良上：第一，增施有机肥料，秸秆还田，绿肥压青，提高土壤有机质含量。第二，合理施用复合肥和锌、硼、钼等微肥，增加作物产量。第三，由于土体上部盐分较高，需适量灌水，避免过量施用化肥，防止土壤发生盐渍化。

参比土种 厚层潮平土。

代表性单个土体 位于甘肃省张掖市高台县黑泉乡郑家庄南，上马家庄北，杨家庄东，

39°29′24.234″N，99°39′9.390″E，海拔 1270 m，冲积平原，母质为冲积物，旱地，玉米单作，50 cm 深度年均土温 9.9℃，调查时间 2013 年 7 月，编号 HH030。

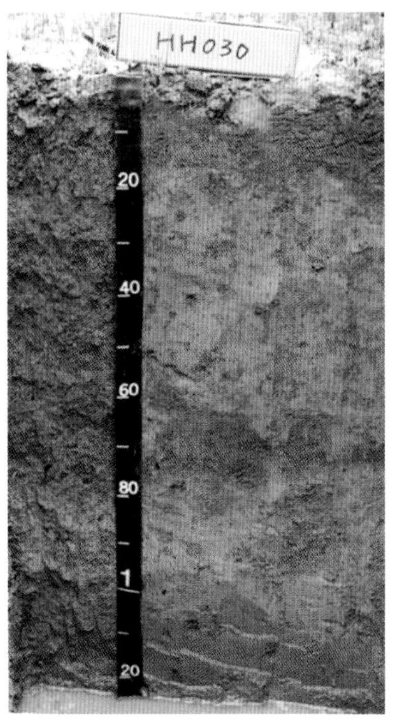

上马家系代表性单个土体剖面

Aup1：0～17 cm，浊黄橙色（10YR 8/3，干），浊黄棕色（10YR 5/3，润），壤土，发育中等的粒状和直径<5 mm 块状结构，疏松，2%～5%炭屑，强度石灰反应，向下层平滑清晰过渡。

Aup2：17～30 cm，浊黄橙色（10YR 8/3，干），浊黄棕色（10YR 5/3，润），壤土，发育中等的直径 5～10 mm 块状结构，疏松，2%～5%炭屑，强度石灰反应，向下层波状渐变过渡。

Auz1：30～54 cm，浊黄橙色（10YR 8/3，干），浊黄棕色（10YR 5/3，润），壤土，发育中等的直径 10～20 mm 块状结构，稍坚实，2%～5%炭屑，强度石灰反应，向下层波状渐变过渡。

Auz2：54～78 cm，浊黄橙色（10YR 8/3，干），浊黄棕色（10YR 5/3，润），砂质壤土，发育弱的直径 10～20 mm 块状结构，稍坚实，2%～5%炭屑，强度石灰反应，向下层平滑清晰过渡。

Bkrz：78～120 cm，橙白色（10YR 8/2，干），灰黄棕色（10YR 5/2，润），壤土，发育弱的直径 10～20 mm 块状结构，稍坚实，2%～5%铁锰结核和斑纹，极强度石灰反应。

上马家系代表性单个土体物理性质

土层	深度/cm	砾石(>2 mm，体积分数)/%	细土颗粒组成(粒径：mm)/(g/kg)			质地	容重/(g/cm^3)
			砂粒 2～0.05	粉粒 0.05～0.002	黏粒 <0.002		
Aup1	0～17	0	505	340	155	壤土	1.22
Aup2	17～30	0	499	345	156	壤土	1.21
Auz1	30～54	0	409	403	189	壤土	1.48
Auz2	54～78	0	521	321	158	砂质壤土	1.44
Bkrz	78～120	0	473	338	189	壤土	1.45

上马家系代表性单个土体化学性质

深度/cm	pH	有机碳/(g/kg)	全氮(N)/(g/kg)	全磷(P)/(g/kg)	全钾(K)/(g/kg)	CEC/[cmol(+)/kg]	$CaCO_3$/(g/kg)	电导率(EC)/(dS/m)
0～17	8.7	7.4	0.66	0.31	14.8	7.1	105.0	2.2
17～30	8.5	7.8	0.68	0.68	16.1	8.2	96.5	2.8
30～54	8.5	7.0	0.62	0.59	17.0	9.7	96.5	3.3
54～78	8.6	5.1	0.48	0.56	17.1	9.0	84.2	3.4
78～120	8.4	5.4	0.50	0.59	17.8	10.0	127.5	3.8

4.3　斑纹灌淤旱耕人为土

4.3.1　蔡家庄系（Caijiazhuang Series）

土　族：黏壤质混合型石灰性温性-斑纹灌淤旱耕人为土
拟定者：杨金玲，李德成，张甘霖

分布与环境条件　主要分布于张掖地区河流两岸的古老耕作灌区，冲积平原，海拔1000～1500 m，母质为冲积物，旱地，长期灌溉，温带半干旱气候，年均日照时数3000～3300 h，气温6～12℃，降水量100～200 mm，无霜期130～180 d。

蔡家庄系典型景观

土系特征与变幅　诊断层包括灌淤表层，诊断特性包括温性土壤温度状况、半干润土壤水分状况、人为淤积物质、氧化还原特征和石灰性，具有钙积现象。灌淤表层厚度1 m以上；钙积现象上界出现在矿质土表以下 50～75 cm；具有钙积现象的土层厚度 75～100 cm；氧化还原特征上界出现在矿质土表以下25～50 cm，具有氧化还原特征土层厚度大于1 m。层次质地构型为壤土-粉砂质黏壤土。碳酸钙相当物含量50～150 g/kg，强度-极强度石灰反应，土壤 pH 8.0～9.0。

对比土系　芨芨台系和十工村系，同一土族，但具有钙积层。

利用性能综述　旱地，土体深厚，土壤养分含量较低，质地适中，通透性好，土性柔和，但压实严重，过于紧实。利用改良上：第一，增施有机肥料，秸秆还田，绿肥压青，提高土壤有机质含量，用养结合。第二，合理施用复合肥和锌、硼、钼等微肥，增加作物产量。第三，需深耕松土，改善土壤物理性状。

参比土种　厚层潮立土。

代表性单个土体　位于甘肃省张掖市甘州区沙井镇蔡家庄北，刘家崖村南，王家庄东南，张家庄子西北，39°8′9.500″N，100°13′22.962″E，海拔 1400 m，冲积平原，母质为冲积物，旱地，长期灌溉，玉米-蔬菜轮作，50 cm 深度年均土温 9.8℃，调查时间 2012 年 8 月，编号 ZL-035。

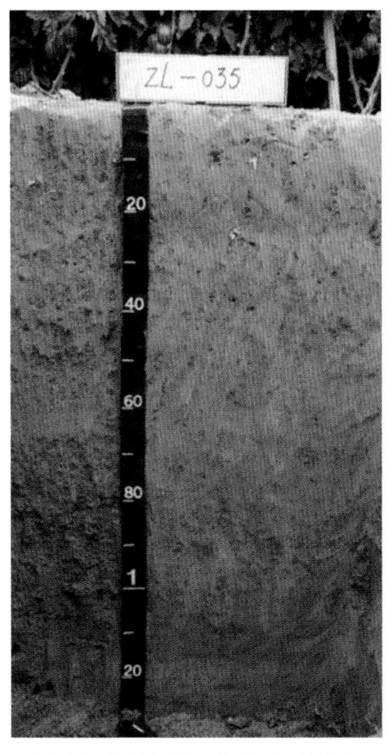

蔡家庄系代表性单个土体剖面

Aup1：0～18 cm，浊黄橙色（10YR 7/2，干），灰黄棕色（10YR 5/2，润），壤土，发育中等的粒状和直径 5～10mm 块状结构，稍坚实，2 条蚯蚓，<2%蚯蚓粪，<2%炭屑，强度石灰反应，向下层平滑清晰过渡。

Aup2：18～25 cm，橙白色（10YR 8/2，干），灰黄棕色（10YR 5/2，润），壤土，发育中等的直径 10～20 mm 块状结构，坚实，2 条蚯蚓，<2%蚯蚓粪，<2%炭屑，强度石灰反应，向下层波状渐变过渡。

Aur：25～50 cm，浊黄橙色（10YR 7/3，干），灰黄棕色（10YR 5/2，润），壤土，发育中等的直径 10～20 mm 块状结构，坚实，<2%炭屑，2%～5%直径<2mm 球形铁锰结核，结构面有<2%的暗色腐殖质-粉粒胶膜，强度石灰反应，向下层波状渐变过渡。

Aukr：50～130 cm，浊黄橙色（10YR 6/3，干），浊黄棕色（10YR 4/3，润），粉砂质黏壤土，发育中等的直径 20～50 mm 块状结构，很坚实，<2%炭屑，2%～5%直径<2mm 球形铁锰结核，极强度石灰反应。

蔡家庄系代表性单个土体物理性质

土层	深度/cm	砾石(>2 mm，体积分数)/%	细土颗粒组成(粒径：mm)/(g/kg)			质地	容重/(g/cm^3)
			砂粒 2～0.05	粉粒 0.05～0.002	黏粒 <0.002		
Aup1	0～18	0	483	322	195	壤土	1.42
Aup2	18～25	0	481	323	197	壤土	1.57
Aur	25～50	0	471	321	209	壤土	1.60
Aukr	50～130	0	139	542	319	粉砂质黏壤土	1.59

蔡家庄系代表性单个土体化学性质

深度/cm	pH	有机碳/(g/kg)	全氮(N)/(g/kg)	全磷(P)/(g/kg)	全钾(K)/(g/kg)	CEC/[cmol(+)/kg]	$CaCO_3$/(g/kg)	电导率(EC)/(dS/m)
0～18	8.2	7.1	0.66	0.88	15.1	5.2	90.9	1.0
18～25	8.3	5.0	0.45	0.58	15.3	5.4	68.7	1.0
25～50	8.4	3.4	0.40	0.54	15.0	5.2	89.2	0.9
50～130	8.4	4.2	0.41	0.66	16.9	14.4	131.9	1.0

4.3.2 芨芨台系（Jijitai Series）

土　族：黏壤质混合型石灰性温性-斑纹灌淤旱耕人为土

拟定者：杨金玲，李德成，张甘霖

分布与环境条件　主要分布于酒泉地区河流两岸的古老耕作灌区，冲积平原阶地，海拔1100～1500 m，母质为冲积物，旱地，长期灌溉，温带干旱气候，年均日照时数3000～3300 h，气温6～12℃，降水量50～100 mm，无霜期130～180 d。

芨芨台系典型景观

土系特征与变幅　诊断层包括灌淤表层和钙积层，诊断特性包括温性土壤温度状况、半干润土壤水分状况、人为淤积物质、氧化还原特征和石灰性。土体厚度1 m以上；灌淤表层厚度50～75 cm，有2%～5%炭屑；钙积层上界出现在矿质土表以下50～75 cm，钙积层厚度25～50 cm；氧化还原特征上界出现在矿质土表以下50～75 cm，具有氧化还原特征土层厚度50～75 cm，有2%～5%铁锰结核。层次质地构型为壤土-粉砂壤土-壤土。碳酸钙相当物含量100～350 g/kg，极强度石灰反应，土壤pH 8.0～9.0。

对比土系　蔡家庄系和十工村系，同一土族，但蔡家庄系只有钙积现象，无钙积层；十工村系层次质地构型为壤土-粉砂质黏壤土。

利用性能综述　旱地，土体深厚，土壤养分含量较低，质地适中，通透性好，土性柔和，耕性好。利用改良上：第一，增施有机肥料，秸秆还田，绿肥压青，提高土壤有机质含量，用养结合。第二，合理施用复合肥和锌、硼、钼等微肥，增加作物产量。第三，土体中碳酸钙含量过高，需防止高含钙水的持续灌溉带来土壤板结及对作物的危害。

参比土种　薄层潮平土。

代表性单个土体　位于甘肃省酒泉市玉门市黄闸湾乡上芨芨台子村北，北湖湾村东南，40°21′441″N，97°01′27.970″E，海拔1396 m，冲积平原一级阶地，母质为冲积物，旱地，长期灌溉，玉米单作，50 cm深度年均土温9.0℃，调查时间2013年7月，编号HH022。

芨芨台系代表性单个土体剖面

Aup1：0～14 cm，橙白色（10YR 8/2，干），灰黄棕色（10YR 6/2，润），壤土，发育中等的粒状和直径<5 mm 块状结构，疏松，<2%的炭屑，极强度石灰反应，向下层平滑清晰过渡。

Aup2：14～30 cm，橙白色（10YR 8/2，干），灰黄棕色（10YR 6/2，润），粉砂壤土，发育中等的直径 5～10 mm 块状结构，稍坚实，<2%的炭屑，极强度石灰反应，向下层波状清晰过渡。

Au：30～64 cm，浊黄橙色（10YR 7/3，干），灰黄棕色（10YR 6/2，润），粉砂壤土，发育中等的直径 10～20 mm 块状结构，稍坚实，2%～5%的炭屑，极强度石灰反应，向下层波状清晰过渡。

Bkr1：64～85 cm，浊黄橙色（10YR 7/3，干），灰黄棕色（10YR 5/3，润），粉砂壤土，发育中等的直径 20～50 mm 块状结构，稍坚实，2%～5%直径<2mm 的球形铁锰结核，极强度石灰反应，向下层平滑清晰过度。

Bkr2：85～100 cm，灰黄棕色（10YR 6/2，干），灰黄棕色（10YR 4/2，润），壤土，发育中等的直径 20～50 mm 块状结构，坚实，<2%直径<2mm 的球形铁锰结核，极强度石灰反应，向下层平滑清晰过渡。

Br：100～125 cm，黄棕色（10YR 5/6，干），棕色（10YR 4/4，润），壤土，发育弱的直径 20～50 mm 块状结构，稍坚实，<2%铁锰斑纹，极强度石灰反应。

芨芨台系代表性单个土体物理性质

土层	深度 /cm	砾石 (>2 mm，体积分数)/%	细土颗粒组成(粒径：mm)/(g/kg)			质地	容重 /(g/cm^3)
			砂粒 2～0.05	粉粒 0.05～0.002	黏粒 <0.002		
Aup1	0～14	0	297	474	229	壤土	1.20
Aup2	14～30	0	270	511	218	粉砂壤土	1.26
Au	30～64	0	251	543	206	粉砂壤土	1.22
Bkr1	64～85	0	262	504	235	粉砂壤土	1.26
Bkr2	85～100	0	260	499	242	壤土	1.38
Br	100～125	0	298	489	213	壤土	1.37

芨芨台系代表性单个土体化学性质

深度 /cm	pH	有机碳 /(g/kg)	全氮(N) /(g/kg)	全磷(P) /(g/kg)	全钾(K) /(g/kg)	CEC /[cmol(+)/kg]	$CaCO_3$ /(g/kg)	电导率(EC) /(dS/m)
0～14	8.4	8.4	0.72	0.53	13.9	6.4	234.7	1.1
14～30	8.5	6.1	0.56	0.46	13.7	9.9	231.4	1.0
30～64	8.3	7.4	0.66	0.58	11.9	11.1	221.7	1.3
64～85	8.2	6.2	0.56	0.44	11.1	9.7	289.6	1.8
85～100	8.7	3.2	0.34	0.37	12.5	7.1	330.0	1.0
100～125	8.5	3.3	0.35	0.49	13.3	8.7	129.6	1.0

4.3.3 十工村系（Shigongcun Series）

土　族：黏壤质混合型石灰性温性-斑纹灌淤旱耕人为土

拟定者：杨金玲，李德成

分布与环境条件 主要分布于酒泉地区河流两岸的古老耕作灌区，冲积平原，海拔 900～1300 m，母质为冲积物，旱地，长期灌溉，温带干旱气候，年均日照时数 3000～3300 h，气温 6～12℃，降水量 50～100 mm，无霜期 130～180 d。

十工村系典型景观

土系特征与变幅 诊断层包括灌淤表层和钙积层，诊断特性包括温性土壤温度状况、半干润土壤水分状况、人为淤积物质、氧化还原特征和石灰性。土体厚度 1 m 以上；灌淤表层厚度 50～75 cm；氧化还原特征上界出现在矿质土表以下 50～75 cm，具有氧化还原特征土层厚度 75～100 cm。层次质地构型为壤土-粉砂质黏壤土。碳酸钙相当物含量 150～350 g/kg，极强度石灰反应，土壤 pH 8.0～9.0。

对比土系 蔡家庄系和芨芨台系，同一土族，但蔡家庄系只有钙积现象，无钙积层；芨芨台系层次质地构型为壤土-粉砂壤土-壤土。

利用性能综述 旱地，土体深厚，土壤养分含量低，上层质地适中，但压实严重；底层较为黏重，透水性差。利用改良上：第一，增施有机肥料，秸秆还田，绿肥压青，提高土壤有机质含量。第二，合理施用复合肥和锌、硼、钼等微肥，增加作物产量。第三，需深耕松土，改善土壤物理性状。第四，由于底层黏重并含有一定的盐分，需防止盐分上移，土壤发生盐渍化。

参比土种 底黏厚灰灌土。

代表性单个土体 位于甘肃省酒泉市瓜州县南岔镇十工村，40°26′44.577″N，95°46′08.079″E，海拔 1113 m，冲积平原，母质为冲积物，旱地，长期灌溉，50 cm 深度年均土温 11.3℃，调查时间 2015 年 7 月，编号 62-073。

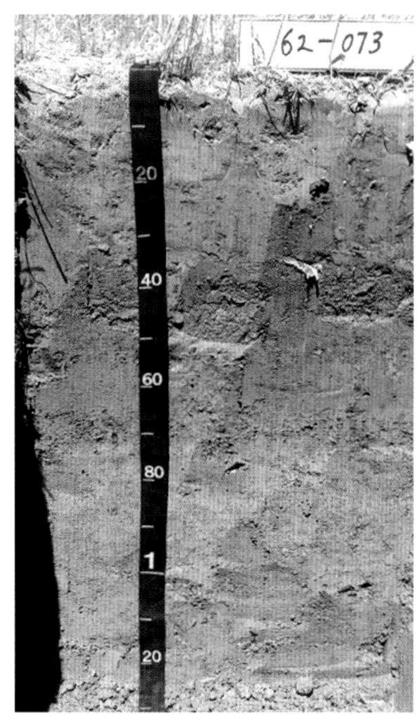

十工村系代表性单个土体剖面

Aup1：0～18 cm，浊黄橙色（10YR 7/3，干），浊黄棕色（10YR 5/3，润），壤土，发育强的粒状和直径<5 mm 块状结构，稍坚实，<2%炭屑，极强度石灰反应，向下层平滑清晰过渡。

Aup2：18～50 cm，浊黄橙色（10YR 7/3，干），浊黄棕色（10YR 5/3，润），壤土，发育强的直径 5～10 mm 块状结构，稍坚实，<2%炭屑和农膜，极强度石灰反应，向下层平滑清晰过渡。

Aur：50～70 cm，浊黄橙色（10YR 7/3，干），浊黄棕色（10YR 5/3，润），壤土，发育强的直径 5～10 mm 块状结构，疏松，<2%炭屑，2%铁锰斑纹，极强度石灰反应，向下层平滑清晰过渡。

Bkr1：70～80 cm，浊黄橙色（10YR 7/3，干），浊黄棕色（10YR 5/3，润），粉砂质黏壤土，发育中等的直径 10～20 mm 块状结构，稍坚实，2%～5%铁锰斑纹，极强度石灰反应，向下层平滑清晰过渡。

Bkr2：80～130 cm，橙白色（10YR 8/2，干），灰黄棕色（10YR 6/2，润），粉砂质黏壤土，发育中等的直径 5～10 mm 块状结构，稍坚实，<2%铁锰斑纹，极强度石灰反应。

十工村系代表性单个土体物理性质

土层	深度/cm	砾石(>2 mm，体积分数)/%	细土颗粒组成(粒径：mm)/(g/kg)			质地	容重/(g/cm^3)
			砂粒 2～0.05	粉粒 0.05～0.002	黏粒 <0.002		
Aup1	0～18	0	403	406	191	壤土	1.47
Aup2	18～50	0	461	370	169	壤土	1.44
Aur	50～70	0	393	438	169	壤土	1.27
Bkr1	70～80	0	90	566	344	粉砂质黏壤土	1.40
Bkr2	80～130	0	47	597	356	粉砂质黏壤土	1.36

十工村系代表性单个土体化学性质

深度/cm	pH	有机碳/(g/kg)	全氮(N)/(g/kg)	全磷(P)/(g/kg)	全钾(K)/(g/kg)	CEC/[cmol(+)/kg]	$CaCO_3$/(g/kg)	电导率(EC)/(dS/m)
0～18	8.7	6.5	0.64	0.71	16.4	4.0	228.9	1.7
18～50	8.8	4.9	0.50	0.69	16.7	3.3	197.8	1.5
50～70	8.0	3.2	0.31	0.44	15.7	3.0	184.6	3.4
70～80	8.1	3.3	0.48	0.46	21.9	5.3	282.3	3.8
80～130	8.2	3.0	0.42	0.48	22.4	6.2	330.3	2.1

4.4 普通灌淤旱耕人为土

4.4.1 付家寨系（Fujiazhai Series）

土 族：黏壤质混合型石灰性温性-普通灌淤旱耕人为土

拟定者：杨金玲，张甘霖，李德成

分布与环境条件 主要分布于张掖市、临泽县和高台县等河流冲积阶地的古老耕作灌区，冲积平原，海拔 1200～1600 m，母质为冲积物，旱地，长期灌溉，温带半干旱气候，年均日照时数 3000～3300 h，气温 6～12℃，降水量 100～200 mm，无霜期 130～180 d。

付家寨系典型景观

土系特征与变幅 诊断层包括灌淤表层，诊断特性包括温性土壤温度状况、半干润土壤水分状况、人为淤积物质和石灰性，具有盐积现象。土体厚度 1 m 以上；灌淤表层厚度 50～75 cm；矿质土表 50 cm 以下具有盐积现象，具有盐积现象土层厚度 50～75 cm。层次质地构型为壤土-粉砂质黏壤土。电导率为 1.0～14.9 dS/m，碳酸钙相当物含量 30～100 g/kg，中度-强度石灰反应，土壤 pH 8.0～9.0。

对比土系 胡庄子系、石桥村系和郑家台系，同一土族，但无盐积现象，且胡庄子系具有埋藏表层，石桥村系具有钙积现象。

利用性能综述 旱地，土体深厚，土壤养分含量低，耕层厚度和质地适中，但压实严重；底层较为黏重，透水性差。利用改良上：第一，增施有机肥料，秸秆还田，绿肥压青，提高土壤有机质含量。第二，合理施用复合肥和锌、硼、钼等微肥，增加作物产量。第三，需深耕松土，改善土壤物理性状。第四，由于耕层含有一定的盐分，底层黏重，需适量灌水，避免过量施用化肥，防止土壤发生盐渍化。

参比土种 厚层暗立土。

代表性单个土体 位于甘肃省张掖市甘州区上秦镇付家寨村东，陈家小湖村西，38°56′44.708″N，100°32′8.612″E，海拔 1431 m，冲积平原，母质为冲积物，旱地，玉米单作，50 cm 深度年均土温 9.8℃，调查时间 2013 年 7 月，编号 HH038。

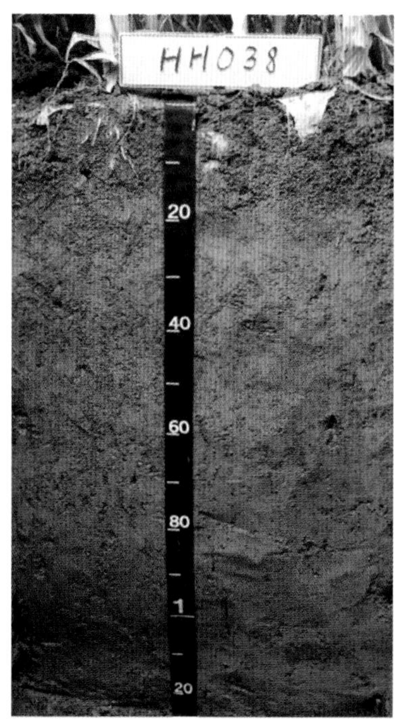

付家寨系代表性单个土体剖面

Aup1：0～15 cm，浊黄橙色（10YR 7/2，干），灰黄棕色（10YR 5/2，润），壤土，发育中等的粒状和直径<5 mm 块状结构，疏松，2%～5%炭屑和农膜，中度石灰反应，向下层波状清晰过渡。

Aup2：15～25 cm，浊黄橙色（10YR 7/2，干），灰黄棕色（10YR 5/2，润），壤土，发育中等的直径 5～10 mm 块状结构，坚实，2%炭屑和农膜，强度石灰反应，向下层波状清晰过渡。

Au：25～45 cm，橙白色（10YR 8/2，干），灰黄棕色（10YR 6/2，润），壤土，发育中等的直径 10～20 mm 块状结构，坚实，2%炭屑，强度石灰反应，向下层波状渐变过渡。

Aur：45～70 cm，浊黄橙色（10YR 7/3，干），浊黄棕色（7.5YR 5/3，润），壤土，发育弱的直径 20～50 mm 块状结构，坚实，2%炭屑，2%～5%铁锰斑纹，强度石灰反应，向下层平滑清晰过渡。

Brz：70～120 cm，浊黄橙色（10YR 7/3，干），浊黄棕色（7.5YR 5/3，润），粉砂质黏壤土，发育弱的直径 20～50 mm 块状结构，坚实，<2%铁锰斑纹，强度石灰反应。

付家寨系代表性单个土体物理性质

土层	深度/cm	砾石(>2 mm，体积分数)/%	细土颗粒组成(粒径：mm)/(g/kg)			质地	容重/(g/cm^3)
			砂粒 2～0.05	粉粒 0.05～0.002	黏粒 <0.002		
Aup1	0～15	0	419	368	213	壤土	1.34
Aup2	15～25	0	367	400	233	壤土	1.55
Au	25～45	0	252	486	262	壤土	1.50
Aur	45～70	0	250	480	270	壤土	1.57
Brz	70～120	0	148	497	356	粉砂质黏壤土	1.59

付家寨系代表性单个土体化学性质

深度/cm	pH	有机碳/(g/kg)	全氮(N)/(g/kg)	全磷(P)/(g/kg)	全钾(K)/(g/kg)	CEC/[cmol(+)/kg]	$CaCO_3$/(g/kg)	电导率(EC)/(dS/m)
0～15	8.1	8.0	0.69	0.79	14.0	7.2	47.1	2.1
15～25	8.4	8.6	0.74	0.71	15.7	7.0	82.7	2.2
25～45	8.1	7.0	0.62	0.65	16.3	8.3	89.8	2.0
45～70	8.5	5.2	0.49	0.67	16.6	7.8	95.1	2.1
70～120	8.2	2.9	0.32	0.60	16.8	9.6	98.7	4.9

4.4.2 胡庄子系（Huzhuangzi Series）

土 族：黏壤质混合型石灰性温性-普通灌淤旱耕人为土
拟定者：杨金玲，张甘霖，李德成

分布与环境条件 主要分布于酒泉地区城镇郊区的古老耕作灌区，冲积平原，海拔1200～1600 m，母质为冲积物，旱地，长期灌溉，温带干旱气候，年均日照时数3000～3300 h，气温6～12℃，降水量50～100 mm，无霜期130～180 d。

胡庄子系典型景观

土系特征与变幅 诊断层包括灌淤表层，诊断特性包括温性土壤温度状况、半干润土壤水分状况、人为淤积物质和石灰性。灌淤表层厚度1 m以上；灌淤表层下出现埋藏表层。层次质地构型为粉砂壤土-壤土-黏壤土。碳酸钙相当物含量100～200 g/kg，极强度石灰反应，土壤pH 7.5～9.0。

对比土系 付家寨系、石桥村系和郑家台系，同一土族，但无埋藏表层，且付家寨系具有盐积现象，石桥村系具有钙积现象。

利用性能综述 旱地，土体深厚，土壤养分含量中等，耕层厚度和质地适中，底层较为黏重，透水性差。利用改良上：第一，增施有机肥料，秸秆还田，绿肥压青，提高土壤有机质含量。第二，合理施用复合肥和锌、硼、钼等微肥，增加作物产量。第三，由于耕层含有一定的盐分，且底层黏重，需适量灌水，避免过量施用化肥，防止土壤发生盐渍化。

参比土种 厚层灰平土。

代表性单个土体 位于甘肃省酒泉市肃州区泉湖乡，39°43′54.197″N，98°33′42.379″E，海拔1391 m，冲积平原，母质为冲积物，旱地，玉米-小麦轮作，50 cm深度年均土温9.8℃，调查时间2013年7月，编号HH027。

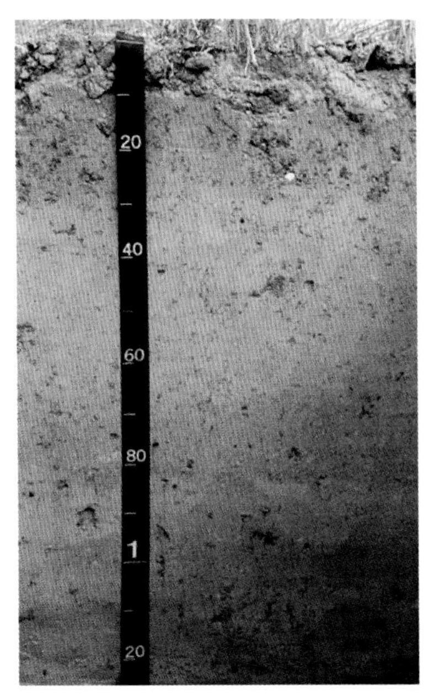

胡庄子系代表性单个土体剖面

Aup1：0～10 cm，浊黄橙（10YR7/2，干），灰黄棕色（10YR 5/2，润），粉砂壤土，发育中等的粒状和直径 5～10 mm 块状结构，疏松，<2%的炭屑和农膜，极强度石灰反应，向下层波状清晰过渡。

Aup2：10～30 cm，浊黄橙（10YR 7/2，干），灰黄棕色（10YR 5/2，润），壤土，发育中等的直径 10～20 mm 块状结构，疏松，约 2%的炭屑和农膜，极强度石灰反应，向下层平滑清晰过渡。

Au1：30～80 cm，橙白色（10YR 8/2，干），灰黄棕色（10YR 6/2，润），壤土，发育中等的直径 20～50 mm 块状结构，稍坚实，约 2%炭屑，极强度石灰反应，向下层波状渐变过渡。

Au2：80～110 cm，橙白色（10YR 8/2，干），灰黄棕色（10YR 6/2，润），壤土，发育弱的直径 20～50 mm 块状结构，稍坚实，约 2%炭屑，极强度石灰反应，向下层波状清晰过渡。

Apb：110～125 cm，橙白色（10YR 8/2，干），灰黄棕色（10YR 6/2，润），黏壤土，发育中等的直径 20～50 mm 块状结构，稍坚实，约 2%炭屑，极强度石灰反应。

胡庄子系代表性单个土体物理性质

土层	深度 /cm	砾石 (>2 mm，体积分数)/%	细土颗粒组成(粒径：mm)/(g/kg)			质地	容重 /(g/cm^3)
			砂粒 2～0.05	粉粒 0.05～0.002	黏粒 <0.002		
Aup1	0～10	0	260	512	228	粉砂壤土	1.16
Aup2	10～30	0	295	482	222	壤土	1.21
Au1	30～80	0	302	496	202	壤土	1.26
Au2	80～110	0	323	469	208	壤土	1.31
Apb	110～125	0	202	521	277	黏壤土	1.25

胡庄子系代表性单个土体化学性质

深度 /cm	pH	有机碳 /(g/kg)	全氮(N) /(g/kg)	全磷(P) /(g/kg)	全钾(K) /(g/kg)	CEC /[cmol(+)/kg]	$CaCO_3$ /(g/kg)	电导率(EC) /(dS/m)
0～10	8.6	10.2	0.86	0.24	16.8	8.1	155.1	2.3
10～30	8.7	8.1	0.70	0.62	15.5	6.8	165.4	2.3
30～80	8.6	6.1	0.56	0.53	15.0	8.3	157.7	2.3
80～110	7.9	4.6	0.44	0.56	15.4	11.6	145.8	2.5
110～125	8.3	6.3	0.57	0.47	16.8	6.5	164.5	2.4

4.4.3 石桥村系（Shiqiaocun Series）

土 族：黏壤质混合型石灰性温性-普通灌淤旱耕人为土
拟定者：杨金玲，李德成，张甘霖

分布与环境条件 主要分布于张掖地区的古老耕作灌区，冲积平原，海拔 1200～1600 m，母质为冲积物，旱地，长期灌溉，温带半干旱气候，年均日照时数 3000～3300 h，气温 6～9℃，降水量 100～200 mm，无霜期 130～180 d。

石桥村系典型景观

土系特征与变幅 诊断层包括灌淤表层，诊断特性包括温性土壤温度状况、半干润土壤水分状况、人为淤积物质和石灰性，具有钙积现象。灌淤表层厚约 1 m，灌淤表层之下为洪积砾石层；钙积现象出现在矿质土表以下 75～100 cm，具有钙积现象土层厚度 25～50 cm。质地构型为壤土-粉砂壤土。碳酸钙相当物含量 50～150 g/kg，强度-极强度石灰反应，土壤 pH 7.5～8.5。

对比土系 付家寨系、胡庄子系、郑家台系，同一土族，但无钙积现象，且付家寨系具有盐积现象，胡庄子系具有埋藏表层。

利用性能综述 旱地，土体较深厚，土壤养分含量中等，耕层厚度和质地适中，但压实较严重。利用改良上：第一，增施有机肥料，秸秆还田，绿肥压青，提高土壤有机质含量。第二，合理施用复合肥和锌、硼、钼等微肥，增加作物产量。第三，需深耕松土，改善土壤物理性状。

参比土种 底砂厚暗灌土。

代表性单个土体 位于甘肃省张掖市甘州区小满镇石桥村东南，金家城村北，38°53′09.816″N，100°22′34.382″E，海拔1498 m，冲积平原，母质为冲积物，旱地，玉米单作，50 cm 深度年均土温 9.8℃，调查时间 2012 年 8 月，编号 JL004。

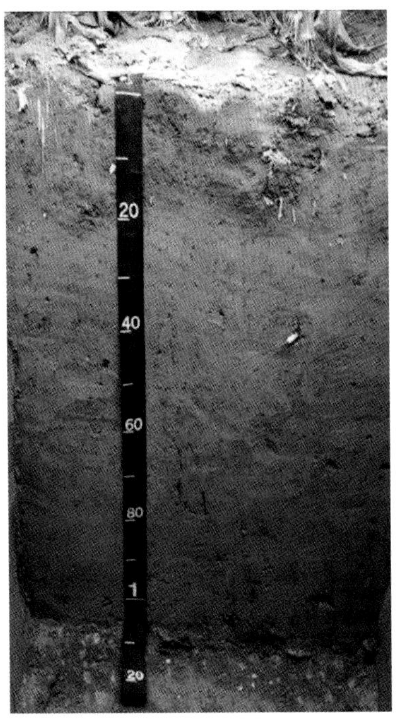

石桥村系代表性单个土体剖面

Aup1：0～16 cm，灰黄棕色（10YR 6/2，干），灰黄棕色（10YR 4/2，润），壤土，发育中等的粒状和直径<5 mm 块状结构，稍坚实，5%炭屑，强度石灰反应，向下层波状清晰过渡。

Aup2：16～28 cm，灰黄棕色（10YR 6/2，干），灰黄棕色（10YR 4/2，润），壤土，发育中等的直径 5～10 mm 块状结构，稍坚实，5%炭屑，强度石灰反应，向下层波状渐变过渡。

Au1：28～40 cm，浊黄橙色（10YR 7/2，干），灰黄棕色（10YR 5/2，润），粉砂壤土，发育中等的直径 10～20 mm 块状结构，稍坚实，2%～5%炭屑，强度石灰反应，向下层波状渐变过渡。

Au2：40～80 cm，灰黄棕色（10YR 6/2，干），灰黄棕色（10YR 4/2，润），粉砂壤土，发育中等的直径 20～50 mm 块状结构，疏松，2%～5%炭屑，强度石灰反应，向下层波状渐变过渡。

Auk：80～105 cm，灰黄棕色（10YR 6/2，干），灰黄棕色（10YR 4/2，润），粉砂壤土，发育中等的直径 20～50 mm 块状结构，疏松，<2%炭屑，极强度石灰反应，向下层平滑突变过渡。

2C：105～120 cm，岩石碎屑。

石桥村系代表性单个土体物理性质

土层	深度/cm	砾石(>2 mm，体积分数)/%	细土颗粒组成(粒径：mm)/(g/kg)			质地	容重/(g/cm³)
			砂粒 2～0.05	粉粒 0.05～0.002	黏粒 <0.002		
Aup1	0～16	0	292	471	237	壤土	1.39
Aup2	16～28	0	340	451	208	壤土	1.41
Au1	28～40	0	209	522	269	粉砂壤土	1.42
Au2	40～80	0	237	551	212	粉砂壤土	1.21
Auk	80～105	0	190	562	248	粉砂壤土	1.24

石桥村系代表性单个土体化学性质

深度/cm	pH	有机碳/(g/kg)	全氮(N)/(g/kg)	全磷(P)/(g/kg)	全钾(K)/(g/kg)	CEC/[cmol(+)/kg]	$CaCO_3$/(g/kg)	电导率(EC)/(dS/m)
0～16	7.9	13.7	1.08	0.96	16.1	10.3	79.4	0.9
16～28	8.0	9.9	0.78	0.79	17.1	11.2	85.7	0.8
28～40	8.2	8.3	0.62	0.63	16.3	10.1	90.4	0.9
40～80	8.2	7.9	0.57	0.70	16.4	10.3	88.8	0.9
80～105	8.1	6.6	0.50	0.64	15.5	8.9	110.8	0.9

4.4.4　郑家台系（Zhengjiatai Series）

土　族：黏壤质混合型石灰性温性-普通灌淤旱耕人为土

拟定者：杨金玲，张甘霖，李德成

分布与环境条件　主要分布于张掖地区的古老耕作灌区，冲积平原，海拔 1500～1900 m，母质冲积物，旱地，长期灌溉，温带半干旱气候，年均日照时数 2700～3000 h，气温 6～9℃，降水量 150～300 mm，无霜期 140～170 d。

郑家台系典型景观

土系特征与变幅　诊断层包括灌淤表层和雏形层，诊断特性包括温性土壤温度状况、半干润土壤水分状况、人为淤积物质和石灰性。土体厚度 1 m 以上；灌淤表层厚度 50～75 cm。通体为粉砂壤土。碳酸钙相当物含量 100～150 g/kg，极强度石灰反应，土壤 pH 7.5～9.0。

对比土系　付家寨系、胡庄子系和石桥村系，同一土族，但付家寨系具有盐积现象，胡庄子系具有埋藏表层，石桥村系具有钙积现象。

利用性能综述　旱地，土体深厚，土壤养分含量中等，耕层厚度和质地适中。利用改良上：第一，增施有机肥料，秸秆还田，绿肥压青，提高土壤有机质含量。第二，合理施用复合肥和锌、硼、钼等微肥，增加作物产量。

参比土种　厚层暗平土。

代表性单个土体　位于甘肃省张掖市山丹县清泉镇郑家台村西南，38°49′25.506″N，101°01′24.847″E，海拔 1702 m，冲积平原，母质为冲积物，旱地，小麦单作，50 cm 深度年均土温 9.1℃，调查时间 2012 年 8 月，编号 GL-023。

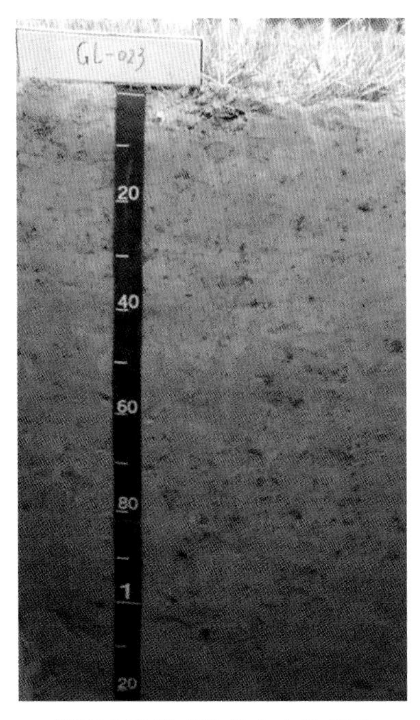

郑家台系代表性单个土体剖面

Aup1：0～17 cm，灰黄棕色（10YR 6/2，干），灰黄棕色（10YR 4/2，润），粉砂壤土，发育中等的粒状和直径<5 mm块状结构，疏松，2%～5%炭屑，极强度石灰反应，向下层平滑清晰过渡。

Aup2：17～30 cm，浊黄橙色（10YR 7/2，干），灰黄棕色（10YR 4/2，润），粉砂壤土，发育中等的直径5～10 mm块状结构，疏松，2%～5%炭屑，极强度石灰反应，向下层波状渐变过渡。

Au1：30～48 cm，浊黄橙色（10YR 7/2，干），灰黄棕色（10YR 4/2，润），粉砂壤土，发育中等的直径10～20 mm块状结构，稍坚实，2%～5%炭屑，极强度石灰反应，向下层波状渐变过渡。

Au2：48～70 cm，浊黄橙色（10YR 7/2，干），灰黄棕色（10YR 4/2，润），粉砂壤土，发育中等的直径20～50 mm块状结构，稍坚实，2%炭屑，极强度石灰反应，向下层波状渐变过渡。

Bw：70～120 cm，浊黄橙色（10YR 7/2，干），灰黄棕色（10YR 4/2，润），粉砂壤土，发育弱的直径20～50 mm块状结构，稍坚实，极强度石灰反应。

郑家台系代表性单个土体物理性质

土层	深度/cm	砾石(>2 mm，体积分数)/%	细土颗粒组成(粒径：mm)/(g/kg)			质地	容重/(g/cm^3)
			砂粒 2～0.05	粉粒 0.05～0.002	黏粒 <0.002		
Aup1	0～17	0	229	559	212	粉砂壤土	1.14
Aup2	17～30	0	237	552	211	粉砂壤土	1.16
Au1	30～48	0	198	589	213	粉砂壤土	1.21
Au2	48～70	0	209	578	213	粉砂壤土	1.24
Bw	70～120	0	208	569	222	粉砂壤土	1.26

郑家台系代表性单个土体化学性质

深度/cm	pH	有机碳/(g/kg)	全氮(N)/(g/kg)	全磷(P)/(g/kg)	全钾(K)/(g/kg)	CEC/[cmol(+)/kg]	$CaCO_3$/(g/kg)	电导率(EC)/(dS/m)
0～17	8.4	11.2	0.92	0.93	15.3	7.2	121.8	1.6
17～30	8.3	10.2	0.85	0.96	17.5	11.4	112.4	1.5
30～48	8.5	7.9	0.73	0.75	17.7	17.1	129.7	1.7
48～70	8.2	6.8	0.68	0.89	20.1	10.4	128.1	2.1
70～120	8.0	5.9	0.6	0.80	16.8	7.7	125.0	2.7

4.4.5 叶官寨系（Yeguanzhai Series）

土 族：壤质混合型石灰性冷性-普通灌淤旱耕人为土
拟定者：杨金玲，张甘霖，李德成

分布与环境条件 主要分布于张掖市民乐县的古老耕作灌区，冲积平原，海拔 1900～2300 m，母质为冲积物，旱地，长期灌溉，温带半干旱气候，年均日照时数 2700～3000 h，气温 3～6℃，降水量 150～300 mm，无霜期 140～170 d。

叶官寨系典型景观

土系特征与变幅 诊断层包括灌淤表层和雏形层，诊断特性包括冷性土壤温度状况、半干润土壤水分状况、人为淤积物质和石灰性。土体厚度 1 m 以上，灌淤表层厚 50～75 cm。通体为粉砂壤土。碳酸钙相当物含量 50～150 g/kg，强度石灰反应，土壤 pH 7.5～8.5。

对比土系 三坝村系和会川系。三坝村系，同一亚类，但不同土族，土壤温度状况为温性；会川系，同一亚纲，具有堆垫表层，为普通土垫旱耕人为土。

利用性能综述 旱地，土体深厚，土壤养分含量中等，质地适中，耕性好。利用改良上：第一，增施有机肥料，秸秆还田，绿肥压青，提高土壤有机质含量。第二，合理施用复合肥和锌、硼、钼等微肥，增加作物产量。

参比土种 薄层暗立土。

代表性单个土体 位于甘肃省张掖市民乐县洪水镇叶官寨村北，38°28′41.544″N，100°51′40.071″E，海拔 2178 m，冲积平原，母质为冲积物，旱地，小麦单作，50 cm 深度年均土温 7.8℃，调查时间 2012 年 8 月，编号 GL-022。

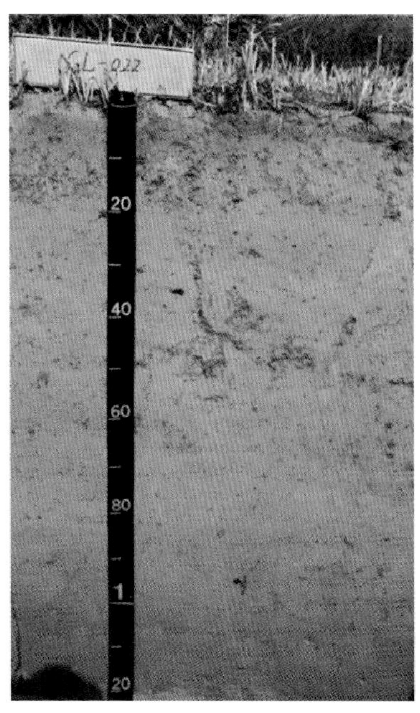

叶官寨系代表性单个土体剖面

Aup1：0～18 cm，浊黄棕色（10YR 5/3，干），暗棕色（10YR 3/3，润），粉砂壤土，发育中等的粒状和直径<5 mm块状结构，疏松，2%～5%炭屑，强度石灰反应，向下层平滑清晰过渡。

Aup2：18～50 cm，浊黄橙色（10YR 7/2，干），灰黄棕色（10YR 5/2，润），粉砂壤土，发育中等的直径 5～10 mm 块状结构，疏松，2%～5%炭屑，强度石灰反应，向下层平滑清晰过渡。

Bw：50～68 cm，浊黄橙色（10YR 7/2，干），灰黄棕色（10YR 5/2，润），粉砂壤土，发育中等的直径 10～20 mm 块状结构，坚实，强度石灰反应，向下层波状清晰过渡。

BC1：68～93 cm，浊黄橙色（10YR 7/2，干），灰黄棕色（10YR 5/2，润），粉砂壤土，发育弱的直径 20～50 mm 块状结构，稍坚实，可见冲积层理，强度石灰反应，向下层波状清晰过渡。

BC2：93～120 cm，浊黄橙色（10YR 6/3，干），浊黄棕色（10YR 4/3，润），粉砂壤土，发育弱的直径 20～50 mm 块状结构，稍坚实，可见冲积层理，强度石灰反应。

叶官寨系代表性单个土体物理性质

土层	深度 /cm	砾石 (>2 mm，体积分数)/%	细土颗粒组成(粒径：mm)/(g/kg)			质地	容重 /(g/cm^3)
			砂粒 2～0.05	粉粒 0.05～0.002	黏粒 <0.002		
Aup1	0～18	0	237	558	205	粉砂壤土	1.12
Aup2	18～50	0	213	577	210	粉砂壤土	1.11
Bw	50～68	0	299	503	198	粉砂壤土	1.38
BC1	68～93	0	263	542	195	粉砂壤土	1.22
BC2	93～120	0	226	569	205	粉砂壤土	1.23

叶官寨系代表性单个土体化学性质

深度 /cm	pH	有机碳 /(g/kg)	全氮(N) /(g/kg)	全磷(P) /(g/kg)	全钾(K) /(g/kg)	CEC /[cmol(+)/kg]	$CaCO_3$ /(g/kg)	电导率(EC) /(dS/m)
0～18	8.2	12.7	0.99	0.94	16.0	8.9	99.8	1.1
18～50	7.8	13.5	1.01	0.98	16.3	9.9	101.4	1.3
50～68	8.1	11.7	0.91	0.97	15.1	8.7	104.6	1.3
68～93	8.2	7.4	0.57	0.75	14.6	7.0	107.7	1.2
93～120	8.1	7.1	0.57	0.71	15.5	8.2	93.5	1.2

4.4.6 三坝村系（Sanbacun Series）

土 族：壤质混合型石灰性温性-普通灌淤旱耕人为土
拟定者：杨金玲，赵玉国，吴华勇

分布与环境条件 主要分布于武威、嘉峪关和酒泉地区河流冲积阶地的古老耕作灌区，冲积平原，海拔1000～1400 m，母质为冲积物，旱地，长期灌溉，温带半干旱气候，年均日照时数3000～3300 h，气温6～9℃，降水量100～200 mm，无霜期130～180 d。

三坝村系典型景观

土系特征与变幅 诊断层包括灌淤表层，诊断特性包括温性土壤温度状况、半干润土壤水分状况、人为淤积物质和石灰性，具有钙积现象。灌淤表层厚1 m以上；钙积现象出现在矿质土表以下75～100 cm，具有钙积现象土层厚度15～25 cm。通体为壤土。碳酸钙相当物含量50～150 g/kg，强度-极强度石灰反应，土壤pH 8.0～9.0。

对比土系 叶官寨系，同一亚类，但不同土族，土壤温度状况为冷性。

利用性能综述 旱地，土体深厚，土壤养分含量较低，质地适中，耕层浅，压实严重。利用改良上：第一，增施有机肥料，秸秆还田，绿肥压青，提高土壤有机质含量。第二，合理施用复合肥和锌、硼、钼等微肥，增加作物产量。第三，需深耕松土，改善土壤物理性状。

参比土种 厚层灰立土。

代表性单个土体 位于甘肃省武威市民勤县苏武镇三坝村，38°33′57.345″N，103°05′03.451″E，冲积平原，海拔1298 m，母质为冲积物，旱地，50 cm深度年均土温10.1℃，调查时间2015年7月，编号62-068。

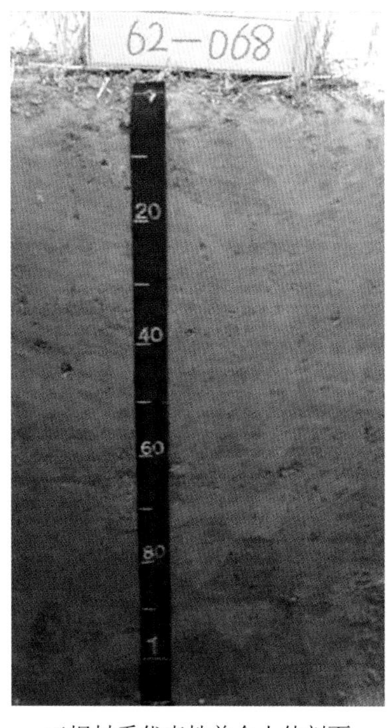

三坝村系代表性单个土体剖面

Aup1：0～7cm，浊黄橙色（10YR 7/3，干），浊黄棕色（10YR 5/3，润），壤土，发育强的粒状结构和直径<5 mm 块状结构，稍坚实，2%～5%炭屑，强度石灰反应，向下层平滑清晰过渡。

Aup2：7～27 cm，浊黄橙色（10YR 7/3，干），浊黄棕色（10YR 5/3，润），壤土，发育强的直径 5～10 mm 块状结构，坚实，2%～5%炭屑和 2%蚯蚓粪，强度石灰反应，向下层平滑渐变过渡。

Au1：27～50 cm，浊黄橙色（10YR 7/3，干），浊黄棕色（10YR 5/3，润），壤土，发育中等的直径 10～20 mm 块状结构，坚实，2%～5%炭屑和 5%蚯蚓粪，强度石灰反应，向下层平滑渐变过渡。

Au2：50～90 cm，浊黄橙色（10YR 7/3，干），浊黄棕色（10YR 5/3，润），壤土，发育中等的直径 10～20 mm 块状结构，很坚实，2%炭屑，强度石灰反应，向下层平滑清晰过渡。

Auk：90～110 cm，浊黄橙色（10YR 7/2，干），浊黄棕色（10YR 5/3，润），壤土，发育弱的直径 5～10 mm 块状结构，很坚实，2%炭屑，极强度石灰反应。

三坝村系代表性单个土体物理性质

土层	深度/cm	砾石(>2 mm，体积分数)/%	细土颗粒组成(粒径：mm)/(g/kg)			质地	容重/(g/cm³)
			砂粒 2～0.05	粉粒 0.05～0.002	黏粒 <0.002		
Aup1	0～7	0	504	371	125	壤土	1.40
Aup2	7～27	0	487	377	136	壤土	1.52
Au1	27～50	0	482	384	134	壤土	1.56
Au2	50～90	0	469	389	142	壤土	—
Auk	90～110	0	355	465	180	壤土	—

三坝村系代表性单个土体化学性质

深度/cm	pH	有机碳/(g/kg)	全氮(N)/(g/kg)	全磷(P)/(g/kg)	全钾(K)/(g/kg)	CEC/[cmol(+)/kg]	$CaCO_3$/(g/kg)	电导率(EC)/(dS/m)
0～7	8.7	9.1	0.93	1.06	22.0	6.3	96.8	0.7
7～27	9.0	6.6	0.73	0.86	22.0	6.0	91.8	0.6
27～50	8.9	6.1	0.62	0.73	22.2	5.7	89.2	0.6
50～90	8.9	4.3	0.44	0.61	21.7	5.1	96.5	0.8
90～110	8.6	4.1	0.47	0.61	22.1	6.1	117.8	1.2

4.5　普通土垫旱耕人为土

4.5.1　会川系（Huichuan Series）

土　族：黏壤质混合型石灰性冷性-普通土垫旱耕人为土

拟定者：杨金玲，宋效东

分布与环境条件　主要分布于陇西黄土高原地势较为平坦、距离村庄较近处，海拔2000～2400 m，母质为黄土沉积物，旱地，温带半湿润气候，年均日照时数 2100～2700 h，气温 0～6℃，降水量 200～500 mm，无霜期 130～170 d。

会川系典型景观

土系特征与变幅　诊断层包括堆垫表层和雏形层，诊断特性包括冷性土壤温度状况、半干润土壤水分状况和石灰性。土体厚度 1 m 以上；堆垫表层厚度 50～75 cm。通体为粉砂壤土。碳酸钙相当物含量 10～50 g/kg，轻度-中度石灰反应，土壤 pH 7.5～8.5。

对比土系　叶官寨系，同一亚纲，具有灌淤表层，为普通灌淤旱耕人为土。

利用性能综述　旱地，土体深厚，土壤养分含量较高，质地适中，土体通透性较好，易耕作，无障碍层次，保水保肥性能好，是上等耕作土壤。利用改良上：第一，加强田间管理，要重视平田整地，修埂培肥，沿等高线开沟种植，减少地面径流，防止水土流失。第二，增施有机肥料，秸秆还田，绿肥压青，改善土壤结构，提高土壤有机质含量，保证土壤养分的持续供应。第三，适时早耕深耕，立垡曝晒，熟化土壤，提高地温。

参比土种　厚吃劲土。

代表性单个土体　位于甘肃省定西市渭源县会川镇河里庄村，35°06′26.220″N，104°01′05.123″E，黄土高原塬地，海拔 2232 m，母质为黄土沉积物，旱地，50 cm 深度年均土温 8.5℃，调查时间 2015 年 7 月，编号 62-033。

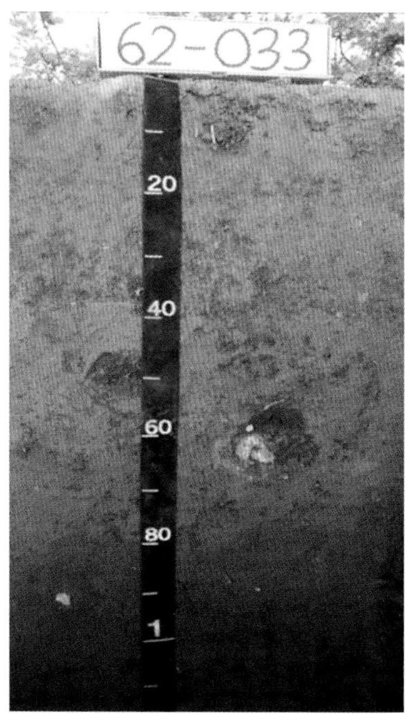

会川系代表性单个土体剖面

Aup1：0～19 cm，浊黄橙色（10YR 6/3，干），暗棕色（10YR 3/3，润），粉砂壤土，发育强的粒状和直径<5 mm 块状结构，疏松，中度石灰反应，约 2%的炭屑，向下层平滑清晰过渡。

Aup2：19～51 cm，浊黄橙色（10YR 6/3，干），暗棕色（10YR 3/3，润），2%岩石碎屑，粉砂壤土，发育强的直径 10～20 mm 块状结构，疏松，5%炭屑和 2%砖屑，中度石灰反应，向下层平滑清晰过渡。

Bw1：51～80 cm，浊黄棕色（10YR 5/3，干），暗棕色（10YR 3/4，润），2%岩石碎屑，粉砂壤土，发育中等的直径 10～20 mm 块状结构，稍坚实，<2%碳酸钙假菌丝体，中度石灰反应，向下层平滑清晰过渡。

Bw2：80～125 cm，浊黄棕色（10YR 5/3，干），暗棕色（10YR 3/4，润），2%岩石碎屑，粉砂壤土，发育中等的直径 20～50 mm 块状结构，稍坚实，中度石灰反应。

会川系代表性单个土体物理性质

土层	深度/cm	砾石(>2 mm，体积分数)/%	细土颗粒组成(粒径：mm)/(g/kg)			质地	容重/(g/cm^3)
			砂粒 2～0.05	粉粒 0.05～0.002	黏粒 <0.002		
Aup1	0～19	0	176	618	205	粉砂壤土	1.24
Aup2	19～51	2	191	598	211	粉砂壤土	1.21
Bw1	51～80	2	186	600	214	粉砂壤土	1.36
Bw2	80～125	2	162	608	230	粉砂壤土	1.32

会川系代表性单个土体化学性质

深度/cm	pH	有机碳/(g/kg)	全氮(N)/(g/kg)	全磷(P)/(g/kg)	全钾(K)/(g/kg)	CEC/[cmol(+)/kg]	$CaCO_3$/(g/kg)	电导率(EC)/(dS/m)
0～19	8.1	14.4	1.51	1.14	23.9	13.2	38.0	1.2
19～51	8.1	13.0	1.36	0.90	24.3	12.9	39.6	0.9
51～80	8.2	12.4	1.16	0.92	23.3	13.3	36.4	0.9
80～125	8.1	13.1	1.14	0.87	24.3	15.0	19.9	0.9

第5章　干　旱　土

5.1　石质钙积正常干旱土

5.1.1　麻黄河系（Mahuanghe Series）

土　族：粗骨质硅质混合型冷性-石质钙积正常干旱土

拟定者：杨金玲，李德成，刘峰

分布与环境条件　主要分布于河西走廊，祁连山北坡洪积扇，洪积平原，海拔1500～2000 m，母质为洪积物，荒漠戈壁，温带干旱气候，年均日照时数3000～3300 h，气温3～6℃，降水量50～100 mm，无霜期100～150 d。

麻黄河系典型景观

土系特征与变幅　诊断层包括干旱表层和钙积层，诊断特性包括冷性土壤温度状况、干旱土壤水分状况、准石质接触面和石灰性，具有盐积现象。地表有砾幂，土体厚度15～25 cm；干旱结皮厚度1～2 cm，干旱表层厚度5～10 cm；钙积层上界出现在矿质土表以下2～15 cm，厚度15～25 cm，5%～15%白色碳酸钙粉末；盐积现象自土表开始至土体底部。砾石含量可达25%～90%，壤土；电导率3.0～14.9 dS/m；碳酸钙相当物含量100～200 g/kg，极强度石灰反应，土壤pH 7.5～8.5。

对比土系　横沟村系和草湾村系，同一亚类，但不同土族，颗粒大小级别分别为粗骨砂质盖粗骨质和砂质盖粗骨质，土壤温度状况为温性。

利用性能综述　荒漠戈壁，土体薄，植被覆盖度极低，砾石多，不保水，不保肥，养分含量极低。不适于开发为农用地，亦不适于放牧。从保护生态环境的角度，应采取天然封育。

参比土种　砾幂土。

代表性单个土体　位于甘肃省酒泉市玉门市东镇街道西南，麻黄河西北，大红泉村东北，39°46′23.447″N，97°54′33.790″E，海拔 1873 m，洪积平原，母质为洪积物，荒漠戈壁，植被覆盖度约 15%，50 cm 深度年均土温 7.0℃，调查时间 2012 年 8 月，编号 LF-020。

麻黄河系代表性单个土体剖面

Ac：+2～0 cm，干旱结皮。

Az：0～5 cm，浊黄橙色（7.5YR 7/3，干），灰黄棕色（7.5YR 5/2，润），2%岩石碎屑，壤土，发育弱的直径<5 mm 块状结构，坚实，极少量灌木根系，极强度石灰反应，向下层平滑清晰过渡。

Bkz：5～22 cm，浊黄橙色（7.5YR 6/3，干），灰黄棕色（7.5YR 4/2，润），5%岩石碎屑，壤土，发育弱的直径 10～20 mm 块状结构，坚实，5%～10%白色碳酸钙粉末，极强度石灰反应，向下层波状渐变过渡。

C：22～40 cm，浊黄橙色（7.5YR 6/3，干），灰黄棕色（7.5YR 4/2，润），90%岩石碎屑，单粒无结构，松散，极强度石灰反应。

麻黄河系代表性单个土体物理性质

土层	深度/cm	砾石(>2 mm，体积分数)/%	细土颗粒组成(粒径：mm) /(g/kg)			质地	容重/(g/cm^3)
			砂粒 2～0.05	粉粒 0.05～0.002	黏粒 <0.002		
Az	0～5	2	369	402	229	壤土	1.42
Bkz	5～22	5	441	294	265	壤土	1.43
C	22～40	90	—	—	—	—	—

麻黄河系代表性单个土体化学性质

深度/cm	pH	有机碳/(g/kg)	全氮(N)/(g/kg)	全磷(P)/(g/kg)	全钾(K)/(g/kg)	CEC/[cmol(+)/kg]	$CaCO_3$/(g/kg)	电导率(EC)/(dS/m)
0～5	8.0	2.6	0.25	0.53	17.3	5.3	121.2	9.0
5～22	8.0	2.4	0.24	0.53	16.9	6.7	157.4	8.8
22～40	—	—	—	—	—	—	—	—

5.1.2 横沟村系（Henggoucun Series）

土 族：粗骨砂质盖粗骨质硅质混合型温性-石质钙积正常干旱土
拟定者：杨金玲，李德成，刘峰

分布与环境条件 主要分布于河西走廊南北的山间盆地、山前洪积平原，海拔 1200～1600 m，母质为洪积物，荒漠戈壁，温带干旱气候，年均日照时数 3000～3300 h，气温 6～9℃，降水量 50～100 mm，无霜期 130～180 d。

横沟村系典型景观

土系特征与变幅 诊断层包括干旱表层和钙积层，诊断特性包括温性土壤温度状况、干旱土壤水分状况、准石质接触面和石灰性，具有盐积现象。地表有砾幂，土体厚度 25～49 cm；干旱结皮厚度 1～2 cm，干旱表层厚度 5～10 cm；钙积层上界出现在矿质土表以下 25～50 cm，厚度 15～25 cm；盐积现象自矿质土表开始，厚度 15～25 cm。层次质地构型为壤土-砂质壤土-壤质砂土。电导率 1.0～29.9 dS/m；碳酸钙相当物含量 100～200 g/kg，极强度石灰反应，土壤 pH 7.5～9.0。

对比土系 麻黄河系和草湾村系，同一亚类，但不同土族，颗粒大小级别分别为粗骨质和砂质盖粗骨质，且麻黄河系温度状况为冷性。

利用性能综述 荒漠戈壁，土体薄，植被覆盖度极低，砾石多，不保水，不保肥，养分含量极低。不适于开发为农用地，亦不适于放牧。从保护生态环境的角度，应采取天然封育。

参比土种 砾幂土。

代表性单个土体 位于甘肃省嘉峪关市新城镇横沟村西北，夏庄南，李家村西南，39°53′53.345″N，98°21′45.288″E，海拔 1461 m，洪积平原，母质为洪积物，荒漠戈壁，植被覆盖度<5%，50 cm 深度年均土温 9.1℃，调查时间 2012 年 8 月，编号 LF-018。

横沟村系代表性单个土体剖面

Ac：+2～0 cm，干旱结皮。

Az：0～5 cm，浊黄橙色（10YR 7/3，干），灰黄棕色（10YR 5/2，润），10%岩石碎屑，壤土，发育弱的直径<5 mm 块状结构，坚实，极强度石灰反应，向下层平滑清晰过渡。

Bz：5～25 cm，浊黄橙色（10YR 7/3，干），灰黄棕色（10YR 5/2，润），10%岩石碎屑，砂质壤土，发育弱的直径 10～20 mm 块状结构，坚实，极强度石灰反应，向下层平滑清晰过渡。

Bk：25～48 cm，灰黄棕色（10YR 6/2，干），棕灰色（10YR 4/1，润），30%岩石碎屑，壤质砂土，发育弱的直径<5 mm 块状结构，坚实，5%～10%白色碳酸钙粉末，极强度石灰反应，向下层波状清晰过渡。

C：48～70 cm，灰黄棕色（10YR 6/2，干），棕灰色（10YR 4/1，润），90%岩石碎屑，单粒，无结构，松散，极强度石灰反应。

横沟村系代表性单个土体物理性质

土层	深度 /cm	砾石 (>2 mm，体积分数)/%	细土颗粒组成(粒径：mm)/(g/kg)			质地	容重 /(g/cm^3)
			砂粒 2～0.05	粉粒 0.05～0.002	黏粒 <0.002		
Az	0～5	10	484	306	210	壤土	1.43
Bz	5～25	10	615	239	146	砂质壤土	1.49
Bk	25～48	30	797	110	93	壤质砂土	1.53
C	48～70	90	—	—	—	—	—

横沟村系代表性单个土体化学性质

深度 /cm	pH	有机碳 /(g/kg)	全氮(N) /(g/kg)	全磷(P) /(g/kg)	全钾(K) /(g/kg)	CEC /[cmol(+)/kg]	$CaCO_3$ /(g/kg)	电导率(EC) /(dS/m)
0～5	7.7	2.5	0.18	0.58	15.4	4.2	142.2	17.5
5～25	8.1	1.8	0.13	0.45	13.4	2.9	136.9	7.7
25～48	8.6	1.4	0.06	0.32	11.1	1.0	196.2	2.2
48～70	—	—	—	—	—	—	—	—

5.1.3 草湾村系（Caowancun Series）

土 族：砂质盖粗骨质硅质混合型温性-石质钙积正常干旱土

拟定者：杨金玲，张甘霖，李德成

分布与环境条件 主要分布于酒泉市玉门、瓜州等，洪积平原，海拔 1200～1500 m，母质为洪积物，荒漠戈壁，温带干旱气候，年均日照时数 3000～3300 h，气温 6～12℃，降水量 40～80 mm，无霜期 130～180 d。

草湾村系典型景观

土系特征与变幅 诊断层包括干旱表层、钙积层和石膏层，诊断特性包括温性土壤温度状况、干旱土壤水分状况、准石质接触面和石灰性，具有盐积现象。地表有砾幂，土体厚度 25～49 cm；干旱结皮厚度 1～2 cm，干旱表层厚度 5～10 cm；钙积层出现在土表和底层，厚度 15～25 cm；石膏层上界自矿质土表开始，通体石膏晶体 2%～5%；盐积现象自矿质土表开始，厚度 25～50 cm。层次质地构型为壤土-砂质壤土。石膏含量 100～150 g/kg；电导率 3.0～14.9 dS/m；碳酸钙相当物含量 100～250 g/kg，极强度石灰反应，土壤 pH 7.0～8.0。

对比土系 麻黄河系和横沟村系，同一亚类，但不同土族，颗粒大小级别分别为粗骨质和粗骨砂质盖粗骨质，且麻黄河系土壤温度状况为冷性。

利用性能综述 荒漠戈壁，土体薄，植被覆盖度极低，砾石多，不保水，不保肥，养分含量极低。不适于开发为农用地，亦不适于放牧。从保护生态环境的角度，应采取天然封育。

参比土种 石膏黑砾幂土。

代表性单个土体 位于甘肃省酒泉市玉门市下西号镇东草湾村南，紫泥泉村北，西赵家庄东，40°20′54.960″N，97°14′36.881″E，海拔 1349 m，洪积平原，母质为洪积物，荒漠戈壁，植被覆盖度<2%，50 cm 深度年均土温 9.1℃，调查时间 2013 年 7 月，编号 HH021。

草湾村系代表性单个土体剖面

Ac：+2～0 cm，干旱结皮。

Akyz：0～10 cm，浊橙色（7.5YR 7/3，干），浊棕色（7.5YR 5/3，润），10%岩石碎屑，壤土，发育弱的直径<5 mm 块状结构，稍坚实，2%～5%石膏晶体，极强度石灰反应，向下层波状渐变过渡。

Byz：10～30 cm，浊橙色（7.5YR 7/3，干），浊棕色（7.5YR 5/3，润），5%岩石碎屑，壤土，发育弱的直径 10～20 mm 块状结构，坚实，2%～5%石膏晶体，极强度石灰反应，向下层波状清晰过渡。

Bky：30～45 cm，橙白色（7.5YR 8/2，干），灰棕色（7.5YR 6/2，润），5%岩石碎屑，砂质壤土，发育弱的直径 10～20 mm 块状结构，坚实，5%～10%的白色碳酸钙粉末和 2%石膏晶体，极强度石灰反应，向下层不规则清晰过渡。

2Cy：45～110 cm，浊橙色（7.5YR 7/3，干），灰棕色（7.5YR 5/2，润），90%岩石碎屑，砂质壤土，单粒，无结构，2%～5%石膏晶体，极强度石灰反应。

草湾村系代表性单个土体物理性质

土层	深度/cm	砾石(>2 mm，体积分数)/%	细土颗粒组成(粒径：mm)/(g/kg)			质地	容重/(g/cm^3)
			砂粒 2～0.05	粉粒 0.05～0.002	黏粒 <0.002		
Akyz	0～10	10	406	371	223	壤土	1.43
Byz	10～30	5	404	368	228	壤土	1.49
Bky	30～45	5	791	91	118	砂质壤土	1.37
2Cy	45～110	90	790	106	104	砂质壤土	1.61

草湾村系代表性单个土体化学性质

深度/cm	pH	有机碳/(g/kg)	全氮(N)/(g/kg)	全磷(P)/(g/kg)	全钾(K)/(g/kg)	CEC/[cmol(+)/kg]	$CaCO_3$/(g/kg)	电导率(EC)/(dS/m)	石膏/(g/kg)
0～10	7.4	2.2	0.27	0.43	14.2	4.2	182.9	12.2	132.0
10～30	7.5	1.1	0.19	0.38	13.2	4.6	121.5	9.0	137.7
30～45	7.4	0.9	0.17	0.18	10.4	1.2	208.8	6.3	107.5
45～110	7.4	1.0	0.17	0.16	7.8	1.2	171.6	5.0	134.8

5.2　石膏钙积正常干旱土

5.2.1　鲤鱼梁系（Liyuliang Series）

土　族：粗骨砂质硅质混合型温性-石膏钙积正常干旱土

拟定者：杨金玲，赵玉国，吴华勇

分布与环境条件　主要分布于酒泉市瓜州县，洪积平原，海拔 1100～1500 m，母质为洪积物，荒漠戈壁，温带干旱气候，年均日照时数 3000～3300 h，气温 6～12℃，降水量 40～80 mm，无霜期 130～180 d。

鲤鱼梁系典型景观

土系特征与变幅　诊断层包括干旱表层、钙积层和石膏层，诊断特性包括温性土壤温度状况、干旱土壤水分状况和石灰性。地表有砾幂，土体厚 1 m 以上，具有二元母质；干旱结皮厚度 1～2 cm，干旱表层厚度 10～20 cm；钙积层上界出现在矿质土表以下 25～50 cm，厚度 15～25 cm；石膏层上界出现在矿质土表以下 50～75 cm，厚度 50～75 cm，有 5%～40%的石膏晶体。砾石含量可达 25%～74%，细土质地为砂土。石膏含量 10～100 g/kg，碳酸钙相当物含量 20～500 g/kg，强度-极强度石灰反应，土壤 pH 7.5～9.0。

对比土系　呼能塔系，同一亚类，但不同土族，颗粒大小级别为砂质，土壤温度状况为冷性。

利用性能综述　荒漠戈壁，土体深厚，植被覆盖度极低，砾石多，质地为砂土，不保水，不保肥，养分含量极低。不适于开发为农用地，亦不适于放牧。从保护生态环境的角度，应采取天然封育。

参比土种　石膏黑砾幂土。

代表性单个土体　位于甘肃省酒泉市瓜州县西湖乡鲤鱼梁村，40°48′16.412″N，95°12′29.415″E，海拔 1264 m，洪积平原，母质为洪积物，荒漠戈壁，植被覆盖度<2%，50 cm 深度年均土温 11.3℃，调查时间 2015 年 7 月，编号 62-077。

鲤鱼梁系代表性单个土体剖面

Ac：　+2～0 cm，干旱结皮。

A：　0～18 cm，浊黄橙色（10YR 7/2，干），灰黄棕色（10YR 5/2，润），40%岩石碎屑，砂土，发育弱的直径 5～10 mm 块状结构，稍坚实，强度石灰反应，向下层平滑清晰过渡。

B：　18～36 cm，浊黄橙色（10YR 7/2，干），灰黄棕色（10YR 5/2，润），45%岩石碎屑，砂土，发育弱的直径 5～10 mm 块状结构，稍坚实，强度石灰反应，向下层平滑突变过渡。

2Bk：36～60 cm，橙色（5YR 6/6，干），红棕色（5YR4/8，润），40%岩石碎屑，砂土，发育弱的直径 5～10 mm 块状结构，坚实，2%～5%石膏晶体，极强度石灰反应，向下层平滑清晰过渡。

2By1：60～87 cm，橙色（5YR 6/6，干），红棕色（5YR4/8，润），40%岩石碎屑，砂土，发育弱的直径 10～20 mm 块状结构，坚实，10%～15%石膏晶体，强度石灰反应，向下层波状渐变过渡。

2By2：87～120 cm，橙色（5YR 6/6，干），红棕色（5YR4/8，润），40%岩石碎屑，砂土，发育弱的直径 20～50 mm 块状结构，坚实，20%～30%石膏晶体，强度石灰反应。

鲤鱼梁系代表性单个土体物理性质

土层	深度 /cm	砾石 (>2 mm，体积分数)/%	细土颗粒组成(粒径：mm)/(g/kg)			质地	容重 $/(g/cm^3)$
			砂粒 2～0.05	粉粒 0.05～0.002	黏粒 <0.002		
A	0～18	40	843	100	57	砂土	—
B	18～36	45	864	83	53	砂土	—
2Bk	36～60	40	802	119	80	砂土	—
2By1	60～87	40	822	122	55	砂土	—
2By2	87～120	40	822	127	51	砂土	—

鲤鱼梁系代表性单个土体化学性质

深度 /cm	pH	有机碳 /(g/kg)	全氮(N) /(g/kg)	全磷(P) /(g/kg)	全钾(K) /(g/kg)	CEC /[cmol(+)/kg]	$CaCO_3$ /(g/kg)	电导率(EC) /(dS/m)	石膏 /(g/kg)
0～18	8.0	1.3	0.09	0.58	17.4	2.0	99.4	2.0	31.5
18～36	8.1	1.0	0.05	0.53	18.5	2.1	80.7	1.6	14.0
36～60	8.4	0.9	0.09	0.31	12.3	11.0	425.0	3.0	15.8
60～87	7.5	1.0	0.13	0.13	22.1	16.6	30.3	5.1	89.3
87～120	7.5	0.9	0.18	0.17	23.7	15.4	21.9	5.2	94.6

5.2.2 呼能塔系（Hunengta Series）

土 族：砂质硅质混合型冷性-石膏钙积正常干旱土

拟定者：杨金玲，李德成，张甘霖

分布与环境条件 主要分布于酒泉市肃北蒙古族自治县马鬃山的冲积平原，海拔 1200～1600 m，母质为洪积物，荒漠戈壁，温带干旱气候，洪积平原，年均日照时数 3000～3300 h，气温 3～6℃，降水量 100～200 mm，无霜期 130～180 d。

呼能塔系典型景观

土系特征与变幅 诊断层包括干旱表层、钙积层、石膏层和盐积层，诊断特性包括冷性土壤温度状况、干旱土壤水分状况和石灰性。地表有砾幂，土体厚度 1 m 以上；干旱结皮厚度 1～2 cm，干旱表层厚度 10～20 cm；钙积层上界出现在矿质土表以下 25～50 cm，厚度 75～100 cm，2%～15%碳酸钙粉末；石膏层和盐积层上界自矿质土表开始，厚度>100 cm，通体 2%～15%石膏晶体或粉末。层次质地构型为壤质砂土-壤土-砂质壤土。石膏含量 50～150 g/kg；电导率 30～80 dS/m；碳酸钙相当物含量 30～200 g/kg，中度-极强度石灰反应，土壤 pH 8.0～9.0。

对比土系 鲤鱼梁系，同一亚类，但不同土族，颗粒大小级别为粗骨砂质，土壤温度状况为温性。

利用性能综述 荒漠戈壁，土体薄，植被覆盖度极低，砾石多，不保水，不保肥，养分含量极低。不适于开发为农用地，亦不适于放牧。从保护生态环境的角度，应采取天然封育。

参比土种 石膏盐磐土。

代表性单个土体 位于甘肃省酒泉市肃北蒙古族自治县马鬃山镇呼能塔东南，咸水沟南，红牛疙瘩西北，41°42′39.174″N，97°38′12.443″E，海拔 1426 m，洪积平原，母质为洪积物，戈壁，植被覆盖度<2%，50 cm 深度年均土温 8.0℃，调查时间 2012 年 8 月，编号 Alx-007。

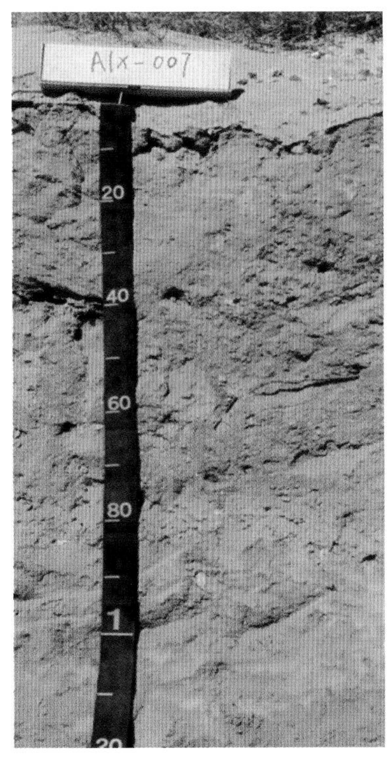

呼能塔系代表性单个土体剖面

Ac： +2～0 cm，干旱结皮。

Ayz： 0～12 m，浊黄橙色（10YR 7/3，干），灰黄棕色（10YR 5/2，润），5%岩石碎屑，壤质砂土，发育弱的直径<5 mm 块状结构，坚实，少量灌木根系，2%～5%石膏粉末，中度石灰反应，向下层平滑清晰过渡。

Byz： 12～40 cm，浊黄橙色（10YR 7/3，干），灰黄棕色（10YR 5/2，润），5%岩石碎屑，壤质砂土，发育弱的直径 5～10 mm 块状结构，坚实，2%～5%石膏粉末，强度石灰反应，向下层波状清晰过渡。

Bkyz1：40～75 cm，40%浊黄橙色（10YR 7/3，干）、灰黄棕色（10YR 5/2，润），60%黄灰色（2.5Y 6/1，干）、黄灰色（2.5Y 4/1，润），20%岩石碎屑，壤土，发育弱的直径 10～20 mm 块状结构，坚实，5%～10%石膏粉末和碳酸钙粉末，极强度石灰反应，向下层波状清晰过渡。

Bkyz2：75～120 cm，浅淡黄色（10YR 8/3，干），灰黄色（10YR 6/2，润），20%岩石碎屑，砂质壤土，发育弱的直径 10～20 mm 块状结构，很坚实，2%～5%石膏粉末和碳酸钙粉末，极强度石灰反应。

呼能塔系代表性单个土体物理性质

土层	深度/cm	砾石(>2 mm，体积分数)/%	细土颗粒组成(粒径：mm)/(g/kg)			质地	容重/(g/cm³)
			砂粒 2～0.05	粉粒 0.05～0.002	黏粒 <0.002		
Ayz	0～12	5	865	52	83	壤质砂土	1.60
Byz	12～40	5	805	95	101	壤质砂土	1.63
Bkyz1	40～75	20	466	329	205	壤土	1.54
Bkyz2	75～120	20	600	256	144	砂质壤土	1.60

呼能塔系代表性单个土体化学性质

深度/cm	pH	有机碳/(g/kg)	全氮(N)/(g/kg)	全磷(P)/(g/kg)	全钾(K)/(g/kg)	CEC/[cmol(+)/kg]	$CaCO_3$/(g/kg)	电导率(EC)/(dS/m)	石膏/(g/kg)
0～12	8.9	1.0	0.11	0.33	15.9	3.6	46.5	65.1	79.0
12～40	8.3	0.8	0.09	0.34	16.4	6.0	60.0	66.2	88.3
40～75	8.5	1.4	0.12	0.63	15.0	17.4	163.2	46.8	101.8
75～120	9.0	1.0	0.09	0.52	17.4	12.1	115.6	42.7	87.5

5.3 普通钙积正常干旱土

5.3.1 双桥村系（Shuangqiaocun Series）

土 族：粗骨壤质硅质混合型冷性-普通钙积正常干旱土

拟定者：杨金玲，赵玉国，吴华勇

分布与环境条件 主要分布于金昌市永昌县东寨镇一带，洪积扇，海拔 1500～1900 m，母质为洪积物，荒漠戈壁，温带干旱气候，年均日照时数 2800～3100 h，气温 3～6℃，降水量 100～200 mm，无霜期 130～160 d。

双桥村系典型景观

土系特征与变幅 诊断层包括干旱表层、钙积层和石膏层，诊断特性包括冷性土壤温度状况、干旱土壤水分状况和石灰性，具有盐积现象。地表有砾幂，土体厚度 1 m 以上；干旱结皮厚度 1～2 cm，干旱表层厚度 10～20 cm；钙积层自矿质土表开始，厚度 75～100 cm；石膏层上界出现在矿质土表以下 100～125 cm，厚度 15～25 cm，有 2%～5%石膏晶体或粉末；盐积现象上界出现在矿质土表以下 50～75 cm，具有盐积现象土层厚度 50～75 cm。砾石含量可达 25%～74%，通体为粉砂壤土。电导率 1.0～30 dS/m；碳酸钙相当物含量 50～200 g/kg，强度-极强度石灰反应，土壤 pH 7.5～8.5。

对比土系 白疙瘩系和双磨系，同一亚类，但不同土族，颗粒大小级别分别为黏壤质和壤质盖粗骨质，且白疙瘩系土壤温度状况为温性。

利用性能综述 荒漠戈壁，土体薄，植被覆盖度很低，砾石多，不保水，不保肥，养分含量极低。不适于开发为农用地，亦不适于放牧。从保护生态环境的角度，应采取天然封育。

参比土种 旱棕土。

代表性单个土体 位于甘肃省金昌市永昌县东寨镇双桥村，38°20′19.416″N，

102°04′46.002″E，洪积扇，海拔 1741 m，母质为洪积物，荒漠戈壁，植被覆盖度 2%～5%，50 cm 深度年均土温 7.8℃，调查时间 2015 年 7 月，编号 62-067。

双桥村系代表性单个土体剖面

Ac：+2～0 cm，干旱结皮。

Ak：0～18 cm，浊黄橙色（10YR 7/3，干），浊黄棕色（10YR 5/3，润），50%岩石碎屑，粉砂壤土，发育中等的直径 5～10 mm 块状结构，坚实，少量草被根系，极强度石灰反应，向下层波状渐变过渡。

Bk：18～53 cm，浊黄橙色（10YR 7/2，干），灰黄棕色（10YR 5/2，润），70%岩石碎屑，粉砂壤土，发育弱的直径 10～20 mm 块状结构，坚实，极强度石灰反应，向下层波状渐变过渡。

Bkz：53～85 cm，浊黄橙色（10YR 7/3，干），浊黄棕色（10YR 5/3，润），70%岩石碎屑，粉砂壤土，发育弱的直径 20～50 mm 块状结构，极坚实，极强度石灰反应，向下层波状渐变过渡。

Bz：85～110 cm，浊黄橙色（10YR 7/3，干），浊黄棕色（10YR 5/3，润），50%岩石碎屑，粉砂壤土，发育弱的直径 10～20 mm 块状结构，坚实，强度石灰反应，向下层波状渐变过渡。

Cyz：110～125 cm，淡黄橙色（10YR 8/3，干），浊黄棕色（10YR 5/3，润），40%岩石碎屑，粉砂壤土，单粒，无结构，5%石膏晶体，强度石灰反应。

双桥村系代表性单个土体物理性质

土层	深度 /cm	砾石 (>2 mm，体积分数)/%	细土颗粒组成(粒径：mm)/(g/kg)			质地	容重 /(g/cm^3)
			砂粒 2～0.05	粉粒 0.05～0.002	黏粒 <0.002		
Ak	0～18	50	235	577	188	粉砂壤土	—
Bk	18～53	70	267	556	177	粉砂壤土	—
Bkz	53～85	70	307	526	168	粉砂壤土	—
Bz	85～110	50	323	525	151	粉砂壤土	—
Cyz	110～125	40	355	502	143	粉砂壤土	—

双桥村系代表性单个土体化学性质

深度 /cm	pH	有机碳 /(g/kg)	全氮(N) /(g/kg)	全磷(P) /(g/kg)	全钾(K) /(g/kg)	CEC /[cmol(+)/kg]	$CaCO_3$ /(g/kg)	电导率(EC) /(dS/m)	石膏 /(g/kg)
0～18	7.6	6.5	0.77	0.51	22.9	7.3	159.4	2.7	29.4
18～53	8.2	3.1	0.37	0.52	22.3	5.8	146.2	7.1	41.5
53～85	8.3	2.6	0.27	0.52	22.3	4.7	149.3	29.2	24.2
85～110	8.2	2.2	0.26	0.66	21.7	4.8	92.2	17.2	10.6
110～125	8.1	2.0	0.21	0.68	20.4	5.2	66.2	12.5	119.4

5.3.2　白疙瘩系（Baigeda Series）

土　族：黏壤质混合型温性-普通钙积正常干旱土
拟定者：杨金玲，李德成，赵玉国

分布与环境条件　主要分布于酒泉市金塔县黄土沉积区域，中山坡地，海拔 1100～1500 m，母质上为黄土状物质，下为坡积物，裸地，温带干旱气候，年均日照时数 3000～3300 h，气温 6～9℃，降水量 50～100 mm，无霜期 130～180 d。

白疙瘩系典型景观

土系特征与变幅　诊断层包括干旱表层、钙积层和盐积层，诊断特性包括温性土壤温度状况、干旱土壤水分状况和石灰性。土体厚 1 m 以上；干旱结皮厚度 1～2 cm，干旱表层厚度 5～10 cm；钙积层上界出现在矿质土表以下 25～50 cm，厚度 75～100 cm，有 5%～15%的白色碳酸钙粉末；盐积层上界出现在矿质土表以下 5～15 cm，厚度 100～125 cm。土体内质地构成复杂，层次质地构型为粉砂壤土-壤土-壤质砂土-粉砂壤土-粉砂质黏壤土。电导率 15~80 dS/m；碳酸钙相当物含量变化范围极大，50～400 g/kg，强度-极强度石灰反应，土壤 pH 7.5～9.0。

对比土系　双桥村系和双磨系，同一亚类，但不同土族，颗粒大小级别分别为粗骨壤质和壤质盖粗骨质，土壤温度状况为冷性。

利用性能综述　荒漠戈壁，土体较厚，植被覆盖度极低，砾石多，不保水，不保肥，养分含量极低。地形较陡，水土流失严重。不适于开发为农用地，亦不适于放牧。从保护生态环境的角度，应采取天然封育。

参比土种　破皮盐性灰白土。

代表性单个土体　位于甘肃省酒泉市金塔县古城乡张家庄北，白疙瘩村南，许家庄西北，39°50′11.455″N，98°47′12.096″E，海拔 1304 m，中山中坡中下部，母质上为黄土状物质，下为坡积物，裸地，植被覆盖度<2%，50 cm 深度年均土温 9.6℃，调查时间 2012 年 8 月，编号 YG-025。

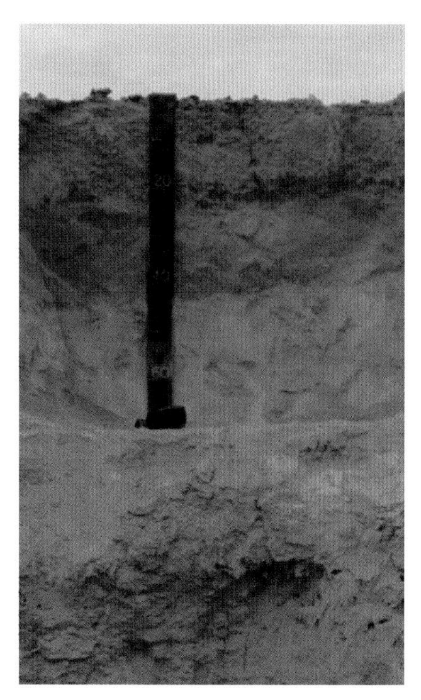

白疙瘩系代表性单个土体剖面

Ac：+2～0 cm，干旱结皮。

A：0～8 cm，浊橙色（7.5YR 7/3，干），灰棕色（7.5YR 5/2，润），粉砂壤土，发育弱的直径<5 mm 块状结构，坚实，强度石灰反应，向下层波状渐变过渡。

Bz1：8～25 cm，浊橙色（7.5YR 7/3，干），灰棕色（7.5YR 5/2，润），壤土，发育弱的直径 5～10 mm 块状结构，坚实，强度石灰反应，向下层平滑清晰过渡。

Bz2：25～43 cm，70%浊橙色（7.5YR 7/3，干），灰棕色（7.5YR 5/2，润），30%淡棕灰色（7.5YR 7/1，干），棕灰色（7.5YR 5/1，润），壤质砂土，发育弱的直径 20～50 mm 块状结构，坚实，强度石灰反应，向下层波状清晰过渡。

Bkz1：43～65 cm，淡黄橙色（7.5YR 8/3，干），灰棕色（7.5YR 6/2，润），粉砂壤土，发育弱的直径 20～50 mm 块状结构，坚实，15%白色碳酸钙粉末，极强度石灰反应，向下层波状渐变过渡。

Bkz2：65～120 cm，淡黄橙色（7.5YR 8/3，干），灰棕色（7.5YR 6/2，润），粉砂质黏壤土，发育弱的直径 20～50 mm 块状结构，稍坚实，15%白色碳酸钙粉末，极强度石灰反应。

白疙瘩系代表性单个土体物理性质

土层	深度/cm	砾石(>2 mm，体积分数)/%	细土颗粒组成(粒径：mm)/(g/kg)			质地	容重/(g/cm^3)
			砂粒 2～0.05	粉粒 0.05～0.002	黏粒 <0.002		
A	0～8	0	326	502	172	粉砂壤土	1.51
Bz1	8～25	0	379	495	126	壤土	1.61
Bz2	25～43	0	793	114	93	壤质砂土	1.62
Bkz1	43～65	0	130	627	243	粉砂壤土	1.54
Bkz2	65～120	0	160	561	278	粉砂质黏壤土	1.52

白疙瘩系代表性单个土体化学性质

深度/cm	pH	有机碳/(g/kg)	全氮(N)/(g/kg)	全磷(P)/(g/kg)	全钾(K)/(g/kg)	CEC/[cmol(+)/kg]	$CaCO_3$/(g/kg)	电导率(EC)/(dS/m)
0～8	7.6	1.6	0.16	0.29	10.7	5.3	94.2	28.3
8～25	7.7	0.9	0.1	0.24	11.4	5.3	100.6	41.0
25～43	8.0	0.9	0.05	0.26	14.5	3.5	60.3	47.7
43～65	8.3	1.4	0.17	0.31	14.4	9.1	373.1	64.7
65～120	8.4	1.5	0.17	0.33	16.1	10.1	321.5	56.9

5.3.3 双磨系（Shuangmo Series）

土 族：壤质盖粗骨质混合型冷性-普通钙积正常干旱土

拟定者：杨金玲，李德成

分布与环境条件 主要分布于高台县、山丹县、金昌市的低丘地带，中山前洪积扇，海拔 1800～2200 m，母质为洪积物，裸地，温带干旱气候，年均日照时数 2800～3100 h，气温 3～6℃，降水量 100～200 mm，无霜期 130～160 d。

双磨系典型景观

土系特征与变幅 诊断层包括干旱表层和钙积层，诊断特性包括冷性土壤温度状况、干旱土壤水分状况和石灰性，具有盐积现象和石膏现象。地表有砾幂，土体厚度 50～100 cm；干旱结皮厚度 1～2 cm，干旱表层厚度 5～10 cm；钙积层上界出现在矿质土表以下 25～50 cm，厚度 15～25 cm；盐积现象上界出现在矿质土表以下 25～50 cm，具有盐积现象土层厚度 50～75 cm；通体具有石膏现象。层次质地构型为粉砂壤土-粉砂质黏壤土。石膏含量 10～49 g/kg；电导率 1.0～29.9 dS/m；碳酸钙相当物含量 100～250 g/kg，极强度石灰反应，土壤 pH 8.0～9.0。

对比土系 双桥村系和白疙瘩系，同一亚类，但不同土族，颗粒大小级别分别为粗骨壤质和黏壤质，且白疙瘩系土壤温度状况为温性。

利用性能综述 荒漠戈壁，土体薄，植被覆盖度极低，砾石多，不保水，不保肥，养分含量低。不适于开发为农用地，亦不适于放牧。从保护生态环境的角度，应采取天然封育。

参比土种 薄层黄板土。

代表性单个土体 位于甘肃省金昌市永昌县焦家庄乡双磨街村，38°17′14.635″N，101°45′59.784″E，中山洪积扇，海拔 2087 m，母质为洪积物，裸地，植被覆盖度<5%，50 cm 深度年均土温 7.8℃，调查时间 2015 年 7 月，编号 62-065。

双磨系代表性单个土体剖面

Ac： +2～0 cm，干旱结皮。

Ay： 0～10 cm，灰黄棕色（10YR 6/2，干），灰黄棕色（10YR 4/2，润），粉砂壤土，发育强的直径<5 mm 块状结构，松散，少量草被根系，极强度石灰反应，向下层平滑清晰过渡。

By： 10～35 cm，浊黄橙色（10YR 7/2，干），灰棕色（10YR 5/2，润），粉砂壤土，发育弱的直径 10～20 mm 块状和粒状结构，疏松，少量草被根系，极强度石灰反应，向下层平滑渐变过渡。

Bkyz：35～60 cm，浊黄橙色（10YR 7/3，干），棕色（10YR 4/6，润），粉砂壤土，发育中等的直径 10～20 mm 块状结构，稍坚实，极强度石灰反应，向下层平滑渐变过渡。

2Cyz：60～90 cm，浊黄橙色（10YR 7/3，干），棕色（10YR 4/6，润），90%岩石碎屑，粉砂质黏壤土，单粒，无结构，极强度石灰反应。

双磨系代表性单个土体物理性质

土层	深度/cm	砾石(>2 mm，体积分数)/%	细土颗粒组成(粒径：mm)/(g/kg)			质地	容重/(g/cm^3)
			砂粒 2～0.05	粉粒 0.05～0.002	黏粒 <0.002		
Ay	0～10	0	207	614	179	粉砂壤土	1.16
By	10～35	0	172	627	201	粉砂壤土	1.02
Bkyz	35～60	0	302	525	173	粉砂壤土	1.09
2Cyz	60～90	90	570	187	243	粉砂质黏壤土	—

双磨系代表性单个土体化学性质

深度/cm	pH	有机碳/(g/kg)	全氮(N)/(g/kg)	全磷(P)/(g/kg)	全钾(K)/(g/kg)	CEC/[cmol(+)/kg]	$CaCO_3$/(g/kg)	电导率(EC)/(dS/m)	石膏/(g/kg)
0～10	8.5	7.7	0.89	0.65	22.0	7.2	129.8	0.8	17.5
10～35	8.6	6.1	0.94	0.55	20.9	8.0	127.3	3.2	15.6
35～60	8.4	4.0	0.46	0.53	22.6	6.3	204.2	17.8	22.5
60～90	8.2	4.0	0.49	0.33	26.8	13.2	127.9	25.3	43.3

5.4 普通盐积正常干旱土

5.4.1 灰泉子系（Huiquanzi Series）

土 族：砂质硅质混合型石灰性温性-普通盐积正常干旱土

拟定者：杨金玲，李德成，张甘霖

分布与环境条件 主要分布于酒泉市肃州区铧尖乡一带，冲积平原，海拔 1100～1500 m，母质为冲积物，稀疏旱生藻木，温带干旱气候，年均日照时数 3000～3300 h，气温 6～9℃，降水量 50～100 mm，无霜期 130～180 d。

灰泉子系典型景观

土系特征与变幅 诊断层包括干旱表层和盐积层，诊断特性包括温性土壤温度状况、干旱土壤水分状况、氧化还原特征和石灰性，具有钙积现象。土体厚度 1 m 以上；干旱结皮厚度 1～2 cm，干旱表层厚度 5～10 cm；盐积层出现在矿质土表以下 10～25 cm，盐积层厚度 15～25 cm；钙积现象出现在矿质土表以下 25～50 cm，具有钙积现象土层厚度 25～50 cm。层次质地构型为砂质壤土-壤土-壤质砂土-砂质壤土-黏壤土。电导率 3.0～50 dS/m；碳酸钙相当物含量 20～100 g/kg，中度-强度石灰反应，土壤 pH 7.5～8.5。

对比土系 若笠系，同一亚类，但不同土族，颗粒大小级别为壤质。

利用性能综述 土体深厚，植被覆盖度很低，养分含量极低。目前为灌丛，不适于开发为农用地，亦不适于放牧。从保护生态环境的角度，应采取天然封育，进一步提高植被覆盖度，防止过度放牧和沙化。

参比土种 盐性板土。

代表性单个土体 位于甘肃省酒泉市肃州区铧尖乡漫水滩村西南，野猪沟村东，灰泉子村西，39°39′29.858″N，98°46′34.993″E，海拔 1359 m，冲积平原，母质为冲积物，旱生灌木，植被覆盖度 10%，50 cm 深度年均土温 9.6℃，调查时间 2013 年 7 月，编号 HH028。

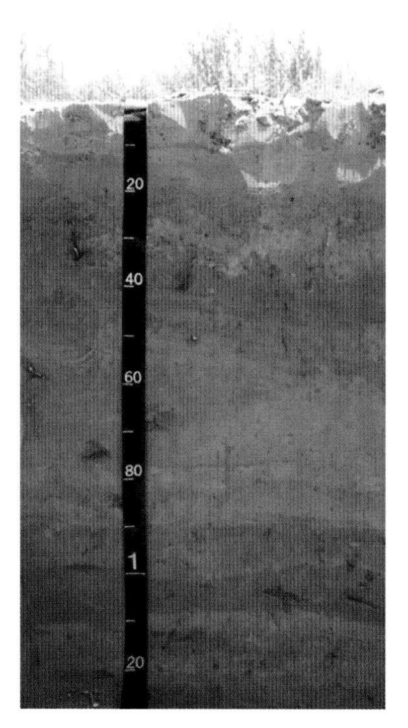

灰泉子系代表性单个土体剖面

Ac：+2～0 cm，干旱结皮。

A： 0～10 cm，橙色（7.5YR 7/6，干），浊棕色（7.5YR 5/4，润），砂质壤土，发育弱的粒状和直径<5 mm 块状结构，稍坚实，中量骆驼刺根系，中度石灰反应，向下层平滑清晰过渡。

Bw：10～20 cm，橙色（7.5YR 7/6，干），浊棕色（7.5YR 5/4，润），壤土，发育弱的直径<5 mm 块状结构，稍坚实，少量骆驼刺根系，中度石灰反应，向下层平滑清晰过渡。

Bz： 20～40 cm，橙色（7.5YR 6/6，干），棕色（7.5YR 4/4，润），壤质砂土，发育弱的直径 10～20 mm 块状结构，稍坚实，少量骆驼刺根系，中度石灰反应，向下层平滑清晰过渡。

BkrC：40～70 cm，橙色（7.5YR 7/6，干），浊棕色（7.5YR 5/4，润），砂质壤土，发育弱的直径 5～10 mm 块状结构，稍坚实，少量骆驼刺根系，可见冲积层理，2%铁锰斑纹，强度石灰反应，向下层平滑清晰过渡。

BrC：70～130 cm，橙色（7.5YR 6/6，干），棕色（7.5YR 4/4，润），黏壤土，发育弱的直径 5～10 mm 块状结构，稍坚实，可见冲积层理，2%铁锰斑纹，强度石灰反应。

灰泉子系代表性单个土体物理性质

土层	深度/cm	砾石(>2 mm，体积分数)/%	细土颗粒组成(粒径：mm)/(g/kg)			质地	容重/(g/cm^3)
			砂粒 2～0.05	粉粒 0.05～0.002	黏粒 <0.002		
A	0～10	0	786	114	100	砂质壤土	1.55
Bw	10～20	0	504	324	171	壤土	1.20
Bz	20～40	0	848	63	89	壤质砂土	1.58
BkrC	40～70	0	781	116	103	砂质壤土	1.60
BrC	70～130	0	267	455	279	黏壤土	1.65

灰泉子系代表性单个土体化学性质

深度/cm	pH	有机碳/(g/kg)	全氮(N)/(g/kg)	全磷(P)/(g/kg)	全钾(K)/(g/kg)	CEC/[cmol(+)/kg]	$CaCO_3$/(g/kg)	电导率(EC)/(dS/m)
0～10	8.2	0.8	0.16	0.39	14.2	2.2	33.6	18.4
10～20	8.1	1.0	0.17	0.39	14.7	4.2	37.0	18.5
20～40	8.1	0.7	0.15	0.30	14.0	1.6	54.0	33.9
40～70	7.9	1.0	0.18	0.24	14.3	1.8	81.6	8.5
70～130	7.8	0.8	0.16	0.42	15.6	8.7	69.3	7.4

5.4.2 若笠系（Ruoli Series）

土　族：壤质混合型石灰性温性-普通盐积正常干旱土
拟定者：杨金玲，赵玉国，吴华勇

分布与环境条件 主要分布于白银市、永登县、张掖地区和定西县，中山坡地，海拔1300～1700 m，母质为黄土状沉积物，荒漠，温带半干旱气候，年均日照时数 2400～2700 h，气温 6～9℃，降水量 200～300 mm，无霜期 150～170 d。

若笠系典型景观

土系特征与变幅 诊断层包括干旱表层和盐积层，诊断特性包括温性土壤温度状况、干旱土壤水分状况和石灰性，具有钙积现象。土体厚度 1 m 以上；干旱结皮 1～2 cm，干旱表层 5～10 cm；盐积层上界出现在矿质土表以下 25～50 cm，厚度 25～50 cm；钙积现象上界出现在矿质土表以下 15～25 cm，具有钙积现象土层厚度 15～25 cm。通体为粉砂壤土。电导率 1.0～80 dS/m；碳酸钙相当物含量 100～150 g/kg，极强度石灰反应，土壤 pH 7.5～9.0。

对比土系 灰泉子系，同一亚类，但不同土族，颗粒大小级别为砂质。

利用性能综述 土体深厚，养分含量低，盐分含量高。植被覆盖度低，不适于开发为农用地，亦不适于放牧。从保护生态环境的角度，应采取天然封育，提升植被覆盖度，防止过度放牧和水土流失。

参比土种 盐性灰白土。

代表性单个土体 位于甘肃省白银市靖远县若笠乡中塬村，36°42′00.072″N，104°55′13.481″E，中山中下部缓坡，海拔 1575 m，母质为黄土状沉积物，荒漠，植被覆盖度 5%，50 cm 深度年均土温 11.0℃，调查时间 2015 年 7 月，编号 62-056。

若笠系代表性单个土体剖面

Ac：+2～0 cm，干旱结皮。

A：0～10 cm，淡黄橙色（10YR 8/3，干），浊黄棕色（10YR 5/4，润），粉砂壤土，发育强的屑粒状结构，松散，少量灌木根系，5%白色碳酸钙粉末，极强度石灰反应，向下层平滑清晰过渡。

AB：10～21 cm，淡黄橙色（10YR 8/3，干），浊黄棕色（10YR 5/4，润），粉砂壤土，发育弱的屑粒状和直径<5 mm 的块状结构，松散，极少量灌木根系，2%白色碳酸钙粉末，极强度石灰反应，向下层平滑清晰过渡。

Abk：21～41 cm，淡黄橙色（10YR 8/3，干），浊黄棕色（10YR 5/4，润），粉砂壤土，发育中等直径 10～20 mm 块状结构，坚实，5%白色碳酸钙粉末，极强度石灰反应，向下层波状渐变过渡。

Bz：41～90 cm，淡黄橙色（10YR 8/3，干），浊黄棕色（10YR 5/4，润），粉砂壤土，发育中等的直径 20～50 mm 块状结构，很坚实，2%～5%白色碳酸钙粉末，极强度石灰反应，向下层波状渐变过渡。

BC：90～120 cm，淡黄橙色（10YR 8/3，干），浊黄棕色（10YR 5/4，润），粉砂壤土，发育弱的直径 20～50 mm 块状结构，坚实，2%～5%白色碳酸钙粉末，极强度石灰反应。

若笠系代表性单个土体物理性质

土层	深度/cm	砾石(>2 mm，体积分数)/%	细土颗粒组成(粒径：mm)/(g/kg)			质地	容重/(g/cm³)
			砂粒 2～0.05	粉粒 0.05～0.002	黏粒 <0.002		
A	0～10	5	222	604	173	粉砂壤土	1.02
AB	10～21	2	181	629	190	粉砂壤土	1.12
Abk	21～41	0	220	601	179	粉砂壤土	—
Bz	41～90	0	194	626	179	粉砂壤土	—
BC	90～120	0	146	660	194	粉砂壤土	—

若笠系代表性单个土体化学性质

深度/cm	pH	有机碳/(g/kg)	全氮(N)/(g/kg)	全磷(P)/(g/kg)	全钾(K)/(g/kg)	CEC/[cmol(+)/kg]	$CaCO_3$/(g/kg)	电导率(EC)/(dS/m)
0～10	7.9	4.9	0.43	0.50	19.2	6.4	125.0	2.5
10～21	8.1	5.4	0.52	0.49	19.3	6.8	133.4	4.7
21～41	8.4	10.7	0.69	0.53	20.6	7.6	134.4	1.7
41～90	8.4	3.2	0.34	0.53	20.2	5.4	108.1	65.4
90～120	8.8	2.7	0.25	0.61	21.7	5.6	103.7	26.5

5.5　石质石膏正常干旱土

5.5.1　特勒门系（Telemen Series）

土　族：粗骨壤质混合型石灰性冷性-石质石膏正常干旱土

拟定者：杨金玲，李德成，张甘霖

分布与环境条件　主要分布于酒泉市肃北蒙古族自治县马鬃山镇，剥蚀残丘，海拔1700～2000 m，母质为黄土和岩类风化残积物，荒漠戈壁，温带干旱气候，年均日照时数3000～3300 h，气温3～6℃，降水量100～200 mm，无霜期130～180 d。

特勒门系典型景观

土系特征与变幅　诊断层包括干旱表层和石膏层，诊断特性包括冷性土壤温度状况、干旱土壤水分状况、石质接触面和石灰性，具有盐积现象。地表有砾幂，土体厚25～49 cm；干旱结皮厚度1～3 cm，干旱表层厚度10～20 cm；石膏层自矿质土表开始，厚度25～50 cm，有2%～15%的石膏粉末或晶体；盐积现象上界出现在矿质土表以下15～25 cm，具有盐积现象土层厚度15～25 cm。砾石含量可达25%～74%，细土质地为壤土。石膏含量50～150 g/kg；电导率3.0～14.9 dS/m；碳酸钙相当物含量100～150 g/kg，极强度石灰反应，土壤pH 7.5～8.5。

对比土系　野马井系，同一亚类，但不同土族，颗粒大小级别为粗骨质，土壤温度状况为温性。

利用性能综述　荒漠戈壁，土体薄，植被覆盖度极低，砾石多，不保水，不保肥，养分含量极低。不适于开发为农用地，亦不适于放牧。从保护生态环境的角度，应采取天然封育。

参比土种　石膏黑砾幂土。

代表性单个土体　位于甘肃省酒泉市肃北蒙古族自治县马鬃山镇特勒门图西北，夏日陶来西南，41°55′53.056″N，96°40′25.968″E，海拔 1842 m，剥蚀残丘，母质为黄土和岩类风化残积物，戈壁，植被覆盖度<5%，50 cm 深度年均土温 6.6℃，调查时间 2013 年 7 月，编号 HH064。

特勒门系代表性单个土体剖面

Ac：　+3～0 cm，干旱结皮。

Ay：　0～17 cm，橙白色（10YR 8/2，干），灰黄棕色（10YR 5/2，润），20%岩石碎屑，壤土，发育弱的直径<5 mm 块状结构，坚实，少量灌木根系，2%～5%石膏粉末，极强度石灰反应，向下层波状渐变过渡。

Byz：17～40 cm，橙白色（10YR 8/2，干），灰黄棕色（10YR 5/2，润），50%岩石碎屑，壤土，发育弱的直径 5～10 mm 块状结构，坚实，5%～10%石膏粉末，极强度石灰反应，向下层波状渐变过渡。

R：　40 cm 以下，基岩。

特勒门系代表性单个土体物理性质

土层	深度 /cm	砾石 (>2 mm，体积分数)/%	细土颗粒组成(粒径：mm)/(g/kg)			质地	容重 /(g/cm^3)
			砂粒 2～0.05	粉粒 0.05～0.002	黏粒 <0.002		
Ay	0～17	20	407	366	227	壤土	1.51
Byz	17～40	50	411	383	205	壤土	1.49

特勒门系代表性单个土体化学性质

深度 /cm	pH	有机碳 /(g/kg)	全氮(N) /(g/kg)	全磷(P) /(g/kg)	全钾(K) /(g/kg)	CEC /[cmol(+)/kg]	$CaCO_3$ /(g/kg)	电导率 (EC) /(dS/m)	石膏 /(g/kg)
0～17	7.8	1.6	0.22	0.36	17.2	9.0	112.3	5.4	81.1
17～40	7.8	1.8	0.23	0.40	15.1	7.0	101.7	13.3	129.5

5.5.2 野马井系（Yemajing Series）

土　族：粗骨质硅质混合型石灰性温性-石质石膏正常干旱土
拟定者：杨金玲，李德成，张甘霖

分布与环境条件 主要分布于酒泉市金塔县和瓜州县等，中山剥蚀残丘，海拔 1100～1500 m，母质为砂砾岩风化残积-坡积物，荒漠戈壁，温带干旱气候，年均日照时数 3000～3300 h，气温 6～9℃，降水量 50～100 mm，无霜期 130～180 d。

野马井系典型景观

土系特征与变幅 诊断层包括干旱表层和石膏层，诊断特性包括温性土壤温度状况、干旱土壤水分状况、准石质接触面和石灰性，具有盐积现象。地表有砾幂，土体厚度 25～49 cm；干旱结皮厚度 1～3 cm，干旱表层厚度 5～10 cm；石膏层上界出现在矿质土表以下 10～25 cm，厚度 25～50 cm，有 15%～40%的石膏粉末或晶体。砾石含量可达 25%～80%，细土质地为壤土。石膏含量 20～300 g/kg；电导率 3.0～14.9 dS/m；碳酸钙相当物含量 10～100 g/kg，轻度-强度石灰反应，土壤 pH 7.5～8.5。

对比土系 特勒门系，同一亚类，但不同土族，颗粒大小级别为粗骨壤质，土壤温度状况为冷性。

利用性能综述 荒漠戈壁，土体薄，植被覆盖度极低，砾石多，不保水，不保肥，养分含量极低。不适于开发为农用地，亦不适于放牧。从保护生态环境的角度，应采取天然封育。

参比土种 石膏黑砾幂土。

代表性单个土体 位于甘肃省酒泉市金塔县大庄子乡野马井村西，大塘村北，40°26′21.369″N，99°03′16.069″E，海拔 1381 m，中山剥蚀残丘，母质为砂砾岩风化残积-坡积物，戈壁，植被覆盖度<5%，50 cm 深度年均土温 9.0℃，调查时间 2013 年 7 月，

编号 HH052。

野马井系代表性单个土体剖面

Ac：+3～0 cm，干旱结皮。

Az：0～10 cm，浊黄橙色（10YR 6/4，干），浊黄棕色（10YR 4/3，润），30%岩石碎屑，壤土，发育弱的粒状和直径<5 mm 块状结构，稍坚实，强度石灰反应，向下层波状渐变过渡。

Byz：10～40 cm，25%亮棕色（7.5YR 5/6，干）、暗棕色（7.5YR 3/4，润），75%灰白色（2.5Y 8/1，干）、黄灰色（2.5Y 6/1，润），75%岩石碎屑，壤土，发育弱的直径<5 mm 块状结构，坚实，15%～20%的石膏晶体，轻度石灰反应，向下层波状模糊过渡。

R：40 cm 以下，基岩。

野马井系代表性单个土体物理性质

土层	深度/cm	砾石(>2 mm，体积分数)/%	细土颗粒组成(粒径：mm)/(g/kg)			质地	容重/(g/cm^3)
			砂粒 2～0.05	粉粒 0.05～0.002	黏粒 <0.002		
Az	0～10	30	431	391	178	壤土	1.51
Byz	10～40	75	441	401	158	壤土	1.69

野马井系代表性单个土体化学性质

深度/cm	pH	有机碳/(g/kg)	全氮(N)/(g/kg)	全磷(P)/(g/kg)	全钾(K)/(g/kg)	CEC/[cmol(+)/kg]	$CaCO_3$/(g/kg)	电导率(EC)/(dS/m)	石膏/(g/kg)
0～10	8.2	1.7	0.23	0.50	15.2	4.9	79.1	14.7	24.2
10～40	8.0	0.6	0.15	0.71	10.9	3.1	17.1	12.0	276.2

5.6　普通石膏正常干旱土

5.6.1　弓桥段系（Gongqiaoduan Series）

土　族：粗骨砂质硅质混合型石灰性冷性-普通石膏正常干旱土

拟定者：杨金玲，李德成，赵玉国

分布与环境条件　主要分布于甘肃省酒泉市肃北蒙古族自治县马鬃山镇山前平原，洪积平原，海拔 1700～2000 m，母质为黄土与砾石交错洪积物，荒漠戈壁，温带干旱气候，年均日照时数 3000～3300 h，气温 3～6℃，降水量 100～200 mm，无霜期 130～180 d。

弓桥段系典型景观

土系特征与变幅　诊断层包括干旱表层和石膏层，诊断特性包括冷性土壤温度状况、干旱土壤水分状况和石灰性，具有钙积现象和盐积现象。地表有砾幂，土体厚度 1 m 以上；干旱结皮厚度 1～2 cm，干旱表层厚度 5～10 cm；石膏层自矿质土表开始，厚度大于 100 cm，有 5%～15%的石膏粉末或晶体；钙积现象出现在干旱表层。砾石含量可达 25%～74%，细土层次质地构型为砂质壤土-壤质砂土-砂土-壤质砂土。石膏含量 50～150 g/kg；电导率 3.0~60 dS/m，但电导率为 30～60 dS/m 的土层厚度＜15 cm；碳酸钙相当物含量 30～100 g/kg，中度-强度石灰反应，土壤 pH 7.0～8.0。

对比土系　同昌口系，同一土族，但不具有钙积现象。

利用性能综述　荒漠戈壁，土体较厚，植被覆盖度极低，砾石多，不保水，不保肥，养分含量极低。不适于开发为农用地，亦不适于放牧。从保护生态环境的角度，应采取天然封育。

参比土种　石膏盐磐土。

代表性单个土体　位于甘肃省酒泉市肃北蒙古族自治县马鬃山镇弓桥段村南，马鬃山村东北，41°37′01.573″N，96°59′09.169″E，海拔 1860 m，洪积平原，母质为黄土与砾石交错洪积物，戈壁，植被覆盖度<5%，50 cm 深度年均土温 6.7℃，调查时间 2012 年 8 月，编号 YG-038。

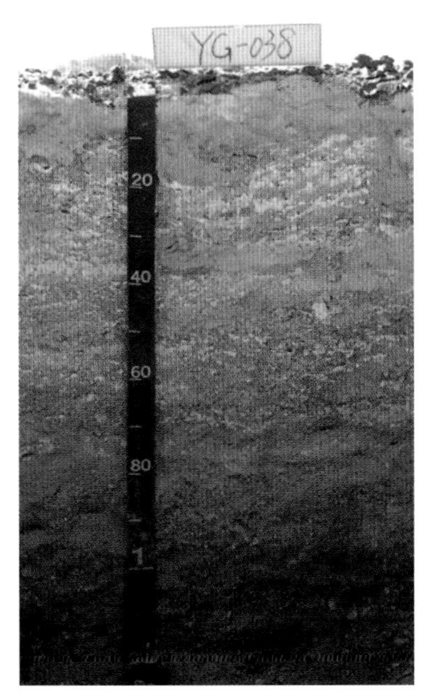

弓桥段系代表性单个土体剖面

Ac：+2～0 cm，干旱结皮。

Akyz：0～10 cm，浊黄橙色（10YR 7/3，干），棕灰色（10YR 4/1，润），5%岩石碎屑，砂质壤土，发育弱的直径<5 mm 块状结构，坚实，5%～10%石膏粉末，强度石灰反应，向下层波状清晰过渡。

Byz1：10～40 cm，浊黄橙色（10YR 7/2，干），棕灰色（10YR 5/1，润），50%岩石碎屑，壤质砂土，发育弱的直径 10～20 mm 块状结构，很坚实，10%～15%石膏晶体和粉末，中度石灰反应，向下层波状清晰过渡。

Byz2：40～79 cm，浊黄橙色（10YR 7/2，干），棕灰色（10YR 5/1，润），50%岩石碎屑，砂土，发育弱的直径 10～20 mm 块状结构，很坚实，10%～15%石膏晶体和粉末，中度石灰反应，向下层波状渐变过渡。

Byz3：79～120 cm，浊黄橙色（10YR 7/3，干），棕灰色（10YR 5/1，润），50%岩石碎屑，壤质砂土，发育弱的直径 10～20 mm 块状结构，很坚实，5%～10%石膏粉末，中度石灰反应。

弓桥段系代表性单个土体物理性质

土层	深度/cm	砾石(>2 mm，体积分数)/%	细土颗粒组成(粒径：mm)/(g/kg)			质地	容重/(g/cm³)
			砂粒 2～0.05	粉粒 0.05～0.002	黏粒 <0.002		
Akyz	0～10	5	528	300	172	砂质壤土	1.47
Byz1	10～40	50	880	38	82	壤质砂土	1.63
Byz2	40～79	50	922	10	68	砂土	1.65
Byz3	79～120	50	856	36	108	壤质砂土	1.58

弓桥段系代表性单个土体化学性质

深度/cm	pH	有机碳/(g/kg)	全氮(N)/(g/kg)	全磷(P)/(g/kg)	全钾(K)/(g/kg)	CEC/[cmol(+)/kg]	$CaCO_3$/(g/kg)	电导率(EC)/(dS/m)	石膏/(g/kg)
0～10	7.3	2.0	0.2	0.58	14.4	7.4	94.8	52.0	101.4
10～40	7.5	0.9	0.04	0.31	10.9	2.0	49.6	20.8	132.0
40～79	7.2	0.8	0.03	0.33	11.8	2.0	58.5	13.7	132.4
79～120	7.3	1.1	0.06	0.34	13.3	5.1	52.5	8.5	95.7

5.6.2 同昌口系（Tongchangkou Series）

土 族：粗骨砂质硅质混合型石灰性冷性-普通石膏正常干旱土
拟定者：杨金玲，李德成，赵玉国

分布与环境条件 主要分布于甘肃省酒泉市肃北蒙古族自治县马鬃山镇的山前平原，洪积平原，海拔 1700～2000 m，母质为黄土与砾石混杂洪积物，荒漠戈壁，温带干旱气候，年均日照时数 3000～3300 h，气温 3～6℃，降水量 100～200 mm，无霜期 130～180 d。

同昌口系典型景观

土系特征与变幅 诊断层包括干旱表层和石膏层，诊断特性包括冷性土壤温度状况、干旱土壤水分状况和石灰性，具有盐积现象。地表有砾幂，土体厚度 1 m 以上；干旱结皮厚度 1～2 cm，干旱表层厚度 5～10 cm；石膏层上界自矿质土表开始，厚度大于 100 cm，有 2%～15%的石膏粉末或晶体；盐积现象的上界出现在矿质土表以下 10～25 cm，具有盐积现象的土层厚度 75～100 cm。砾石含量可达 25%～74%，通体为砂质壤土。石膏含量 80～150 g/kg；电导率 3.0～29.9 dS/m；碳酸钙相当物含量 50～150 g/kg，强度石灰反应，土壤 pH 7.5～8.5。

对比土系 弓桥段系和四马梁系。弓桥段系，同一土族，但具有钙积现象；四马梁系，同一亚类，地理位置相近，但不同土族，颗粒大小级别为黏壤质。

利用性能综述 荒漠戈壁，土体较厚，植被覆盖度极低，砾石多，不保水，不保肥，养分含量极低。不适于开发为农用地，亦不适于放牧。从保护生态环境的角度，应采取天然封育。

参比土种 石膏砾幂土。

代表性单个土体 位于甘肃省酒泉市肃北蒙古族自治县马鬃山镇同昌口山西南，41°30′1.023″N，96°57′49.820″E，海拔 1954 m，洪积平原，母质为黄土与砾石混杂洪积物，戈壁，植被覆盖度 10%～30%，50 cm 深度年均土温 6.6℃，调查时间 2013 年 7 月，编号 YZ039。

同昌口系代表性单个土体剖面

Ac：+2～0 cm，干旱结皮。

Ay：0～10 cm，淡黄橙色（10YR 8/3，干），灰黄棕色（10YR 6/2，润），30%岩石碎屑，砂质壤土，发育弱的直径 10～20 mm 块状结构，坚实，2%～5%石膏粉末，强度石灰反应，向下层平滑清晰过渡。

Byz1：10～55 cm，灰黄棕色（10YR 6/2，干），棕灰色（10YR 4/1，润），30%岩石碎屑，砂质壤土，发育弱的直径 10～20 mm 块状结构，坚实，2%～5%石膏粉末，强度石灰反应，向下层波状清晰过渡。

Byz2：55～110 cm，浊黄橙色（10YR 7/3，干），灰黄棕色（10YR 5/2，润），30%岩石碎屑，砂质壤土，发育弱的直径 10～20 mm 块状结构，坚实，5%～10%石膏粉末，强度石灰反应。

同昌口系代表性单个土体物理性质

土层	深度/cm	砾石(>2 mm，体积分数)/%	细土颗粒组成(粒径：mm)/(g/kg)			质地	容重/(g/cm^3)
			砂粒 2～0.05	粉粒 0.05～0.002	黏粒 <0.002		
Ay	0～10	30	675	179	146	砂质壤土	1.48
Byz1	10～55	30	806	82	112	砂质壤土	1.42
Byz2	55～110	30	783	76	141	砂质壤土	1.47

同昌口系代表性单个土体化学性质

深度/cm	pH	有机碳/(g/kg)	全氮(N)/(g/kg)	全磷(P)/(g/kg)	全钾(K)/(g/kg)	CEC/[cmol(+)/kg]	$CaCO_3$/(g/kg)	电导率(EC)/(dS/m)	石膏/(g/kg)
0～10	8.4	1.9	0.24	0.57	15.5	2.9	111.0	4.0	81.5
10～55	8.0	2.5	0.29	0.47	15.4	2.6	98.8	16.1	82.3
55～110	8.1	2.0	0.25	0.38	16.6	3.7	117.9	11.9	112.4

5.6.3 黑山口系（Heishankou Series）

土　族：粗骨砂质硅质混合型石灰性温性-普通石膏正常干旱土
拟定者：杨金玲，赵玉国，吴华勇

分布与环境条件 主要分布于酒泉市瓜州县西湖乡，洪积平原，海拔 1100～1500 m，母质为洪积物，荒漠戈壁，温带干旱气候，年均日照时数 3000～3300 h，气温 6～9℃，降水量 50～100 mm，无霜期 130～180 d。

黑山口系典型景观

土系特征与变幅 诊断层包括干旱表层和石膏层，诊断特性包括温性土壤温度状况、干旱土壤水分状况和石灰性，具有钙积现象和盐积现象。地表有砾幂，有盐斑，土体厚度 1 m 以上；干旱结皮厚度 1～2 cm，干旱表层厚度 10～20 cm；石膏层上界出现在矿质土表以下 25～50 cm，厚度 50～75 cm，有 10%～40%的石膏粉末或晶体；钙积现象和盐积现象均自矿质土表开始，土层厚度分别为 70～100 cm 和 15～25 cm。砾石含量可达 25%～74%，细土质地为砂土。石膏含量 10～200 g/kg；电导率 1.0～14.9 dS/m；碳酸钙相当物含量 50～150 g/kg，中度-强度石灰反应，土壤 pH 7.5～8.5。

对比土系 青山坡系，同一亚类，但不同土族，颗粒大小级别为粗骨壤质。

利用性能综述 荒漠戈壁，土体较厚，植被覆盖度极低，砾石多，不保水，不保肥，养分含量极低。不适于开发为农用地，亦不适于放牧。从保护生态环境的角度，应采取天然封育。

参比土种 石膏黑砾幂土。

代表性单个土体 位于甘肃省酒泉市瓜州县柳园镇黑山口村，40°56′36.757″N，95°31′6.284″E，海拔 1492 m，洪积平原，母质为洪积物，荒漠戈壁，植被覆盖度<2%，50 cm 深度年均土温 11.2℃，调查时间 2015 年 7 月，编号 62-078。

黑山口系代表性单个土体剖面

Ac：+3～0 cm，盐结皮，电导率 50.4 dS/m。

Akz：0～20 cm，浊黄橙色（10YR 7/2，干），灰黄棕色（10YR 5/2，润），40%岩石碎屑，砂土，发育弱的直径<5 mm 块状结构，稍坚实，5%石膏结晶，强度石灰反应，向下层平滑清晰过渡。

Bk：20～30 cm，灰黄棕色（10YR 6/2，干），灰黄棕色（10YR 4/2，润），40%岩石碎屑，砂土，发育弱的直径 5～10 mm 块状结构，坚实，5%石膏晶体，强度石灰反应，向下层平滑清晰过渡。

Bky1：30～70 cm，浊黄橙色（10YR 7/2，干），灰黄棕色（10YR 5/2，润），50%岩石碎屑，砂土，发育弱的直径 5～10 mm 块状结构，坚实，20%石膏晶体，强度石灰反应，向下层平滑清晰过渡。

Bky2：70～85 cm，棕灰色（10YR 6/1，干），棕灰色（10YR 4/1，润），60%岩石碎屑，砂土，发育弱的直径 10～20 mm 块状结构，坚实，30%石膏晶体，强度石灰反应，向下层平滑清晰过渡。

By：85～100 cm，浊黄橙色（10YR 7/2，干），灰黄棕色（10YR 5/2，润），60%岩石碎屑，砂土，发育弱的直径 10～20 mm 块状结构，坚实，15%石膏晶体，强度石灰反应。

黑山口系代表性单个土体物理性质

土层	深度 /cm	砾石 (>2 mm，体积分数)/%	细土颗粒组成(粒径：mm)/(g/kg)			质地	容重 /(g/cm³)
			砂粒 2～0.05	粉粒 0.05～0.002	黏粒 <0.002		
Akz	0～20	40	872	83	46	砂土	—
Bk	20～30	40	868	93	47	砂土	—
Bky1	30～70	50	864	91	45	砂土	—
Bky2	70～85	60	830	120	51	砂土	—
By	85～100	60	889	72	38	砂土	—

黑山口系代表性单个土体化学性质

深度 /cm	pH	有机碳 /(g/kg)	全氮(N) /(g/kg)	全磷(P) /(g/kg)	全钾(K) /(g/kg)	CEC /[cmol(+)/kg]	$CaCO_3$ /(g/kg)	电导率 (EC) /(dS/m)	石膏 /(g/kg)
0～20	7.6	2.3	0.16	0.69	17.7	2.2	100.0	8.4	19.3
20～30	7.9	1.6	0.11	0.62	15.6	4.2	101.1	6.5	22.8
30～70	7.9	1.2	0.09	0.51	18.6	4.2	103. 1	4.8	73.5
70～85	7.9	2.2	0.15	0.50	16.1	1.9	88.7	2.5	127.8
85～100	7.7	1.6	0.13	0.72	15.1	3.0	58.4	2.5	152.3

5.6.4　青山坡系（Qingshanpo Series）

土　族：粗骨壤质混合型石灰性温性-普通石膏正常干旱土
拟定者：杨金玲，李德成，赵玉国

分布与环境条件　主要分布于酒泉市金塔县坡麓地带，洪积扇，海拔 1100～1500 m，母质为洪积物，荒漠戈壁，温带干旱气候，年均日照时数 3000～3300 h，气温 6～9℃，降水量 50～100 mm，无霜期 130～180 d。

青山坡系典型景观

土系特征与变幅　诊断层包括干旱表层和石膏层，诊断特性包括温性土壤温度状况、干旱土壤水分状况和石灰性。地表有砾幂，土体厚度 1 m 以上；干旱结皮厚度 1～2 cm，干旱表层厚度 10～20 cm；石膏层自矿质土表开始，厚度大于 100 cm，有 2%～5%的石膏粉末或晶体。砾石含量可达 25%～74%，细土层次质地构型为粉砂壤土-粉砂质黏壤土-粉砂壤土。石膏含量 50～100 g/kg；碳酸钙相当物含量 10～50 g/kg，轻度-中度石灰反应，土壤 pH 8.5～9.5。

对比土系　黑山口系，同一亚类，但不同土族，颗粒大小级别为粗骨砂质。

利用性能综述　荒漠戈壁，土体较厚，植被覆盖度极低，砾石多，不保水，不保肥，养分含量极低。不适于开发为农用地，亦不适于放牧。从保护生态环境的角度，应采取天然封育。

参比土种　石膏砾幂土。

代表性单个土体　位于甘肃省酒泉市金塔县天仓乡青山坡村西北，40°45′45.571″N，99°24′16.443″E，海拔 1363 m，洪积扇，母质为洪积物，荒漠戈壁，植被覆盖度<5%，50 cm 深度年均土温 9.7℃，调查时间 2013 年 7 月，编号 YZ024。

青山坡系代表性单个土体剖面

Ac：+2～0 cm，干旱结皮。

Ay：0～18 cm，淡黄橙色（7.5YR 8/3，干），浊棕色（7.5YR 6/3，润），50%岩石碎屑，粉砂壤土，发育弱的粒状-鳞片状结构，松散，少量灌木根系，约 1%～2%石膏晶体，中度石灰反应，向下层平滑清晰过渡。

By1：18～40 cm，浊橙色（7.5YR 6/4，干），棕色（7.5YR 4/3，润），30%岩石碎屑，粉砂壤土，发育弱的直径 10～20 mm 块状结构，坚实，2%石膏晶体，中度石灰反应，向下层平滑渐变过渡。

By2：40～66 cm，浊橙色（7.5YR 7/4，干），浊棕色（7.5YR 5/3，润），20%岩石碎屑，粉砂质黏壤土，发育弱的直径 10～20 mm 块状结构，坚实，2%石膏晶体，中度石灰反应，向下层平滑清晰过渡。

By3：66～105 cm，浊橙色（7.5YR 7/4，干），浊棕色（7.5YR 5/3，润），30%岩石碎屑，粉砂质黏壤土，发育弱的直径 10～20 mm 块状结构，坚实，5%石膏晶体，中度石灰反应，向下层平滑清晰过渡。

ByC：105～120 cm，浊橙色（7.5YR 7/4，干），浊棕色（7.5YR 5/3，润），30%岩石碎屑，粉砂壤土，发育弱的直径 10～20 mm 块状结构，坚实，2%石膏晶体，可见冲积层理，中度石灰反应。

青山坡系代表性单个土体物理性质

土层	深度/cm	砾石(>2 mm，体积分数)/%	细土颗粒组成(粒径：mm)/(g/kg)			质地	容重/(g/cm³)
			砂粒 2～0.05	粉粒 0.05～0.002	黏粒 <0.002		
Ay	0～18	50	177	635	188	粉砂壤土	1.64
By1	18～40	30	122	632	246	粉砂壤土	1.74
By2	40～66	20	68	598	335	粉砂质黏壤土	1.60
By3	66～105	30	108	587	305	粉砂质黏壤土	1.69
ByC	105～120	30	194	621	185	粉砂壤土	1.62

青山坡系代表性单个土体化学性质

深度/cm	pH	有机碳/(g/kg)	全氮(N)/(g/kg)	全磷(P)/(g/kg)	全钾(K)/(g/kg)	CEC/[cmol(+)/kg]	$CaCO_3$/(g/kg)	电导率(EC)/(dS/m)	石膏/(g/kg)
0～18	8.9	0.8	0.16	0.27	15.4	1.5	31.3	1.5	74.2
18～40	8.7	0.5	0.14	0.21	13.2	3.2	29.7	3.0	76.2
40～66	9.4	1.0	0.18	0.21	15.0	2.1	48.1	1.7	75.8
66～105	9.5	0.6	0.15	0.25	15.5	1.8	39.7	1.9	77.8
105～120	8.9	0.9	0.17	0.29	16.7	2.3	44.7	2.6	75.8

5.6.5 四马梁系（Simaliang Series）

土 族：黏壤质混合型石灰性冷性-普通石膏正常干旱土

拟定者：杨金玲，李德成，赵玉国

分布与环境条件 主要分布于甘肃省酒泉市肃北蒙古族自治县马鬃山镇一带，冲积平原，海拔 1300～1700 m，母质为冲积物，荒漠戈壁，温带干旱气候，年均日照时数 3000～3300 h，气温 3～6℃，降水量 100～200 mm，无霜期 130～180 d。

四马梁系典型景观

土系特征与变幅 诊断层包括干旱表层和石膏层，诊断特性包括冷性土壤温度状况、干旱土壤水分状况和石灰性，具有钙积现象和盐积现象。地表有砾幂，土体厚度 1 m 以上；干旱结皮厚度 1～2 cm，干旱表层厚度 10～20 cm；石膏层上界自矿质土表开始，厚度 100 cm 以上，有 2%～15%的石膏粉末或晶体；钙积现象和盐积现象均自矿质土表开始，土层厚度分别为 25～50 cm 和大于 100 cm。砾石含量可达 5%～24%，层次质地构型为黏壤土-粉砂质黏壤土-壤土。石膏含量 80～150 g/kg；电导率 3.0～29.9 dS/m；碳酸钙相当物含量 30～100 g/kg，中度-强度石灰反应，土壤 pH 7.0～8.5。

对比土系 同昌口系，同一亚类，地理位置相近，但不同土族，颗粒大小级别为粗骨砂质。

利用性能综述 荒漠戈壁，土体较厚，植被覆盖度极低，砾石多，不保水，不保肥，养分含量极低。不适于开发为农用地，亦不适于放牧。从保护生态环境的角度，应采取天然封育。

参比土种 石膏砾幂土。

代表性单个土体 位于甘肃省酒泉市肃北蒙古族自治县马鬃山镇四马梁东北，41°46′552″N，97°23′570″E，海拔 1597 m，冲积平原河漫滩，母质为冲积物，戈壁，植被覆盖度 5%～10%，50 cm 深度年均土温 7.4℃，调查时间 2013 年 7 月，编号 YZ040。

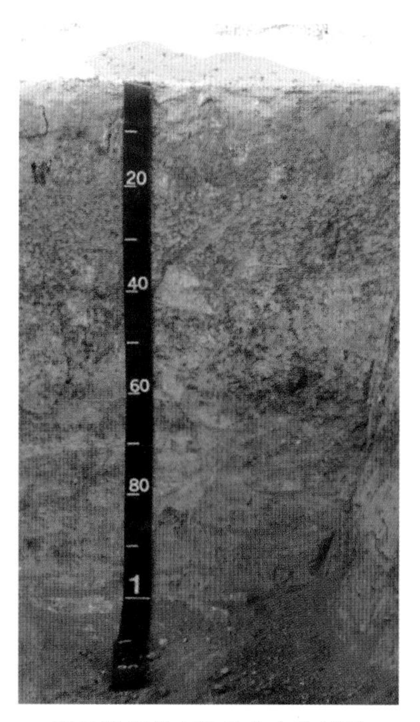

四马梁系代表性单个土体剖面

Ac：　+3～0 cm，干旱结皮。

Akyz：0～15 cm，浊橙色（5YR 6/4，干），浊红棕色（5YR 4/3，润），10%岩石碎屑，黏壤土，发育弱的直径 5～10 mm 块状结构，稍坚实，少量灌木根系，5%～10%石膏粉末，强度石灰反应，向下层波状渐变过渡。

Bkyz：15～42 cm，浊橙色（5YR 6/4，干），浊红棕色（5YR 4/3，润），10%岩石碎屑，粉砂质黏壤土，发育弱的直径 5～10 mm 块状结构，坚实，少量灌木根系，5%～10%石膏粉末，强度石灰反应，向下层波状渐变过渡。

Byz：42～64 cm，浊橙色（5YR 6/4，干），浊红棕色（5YR 4/3，润），10%岩石碎屑，粉砂质黏壤土，发育弱的直径 10～20 mm 块状结构，坚实，5%～10%石膏粉末，中度石灰反应，向下层波状清晰过渡。

ByzC：64～110 cm，浊橙色（5YR 6/4，干），浊红棕色（5YR 4/3，润），10%岩石碎屑，壤土，发育弱的直径 10～20 mm 块状结构，稍坚实，2%～5%石膏粉末，可见冲积层理，强度石灰反应。

四马梁系代表性单个土体物理性质

土层	深度/cm	砾石(>2 mm，体积分数)/%	细土颗粒组成(粒径：mm)/(g/kg)			质地	容重/(g/cm³)
			砂粒 2～0.05	粉粒 0.05～0.002	黏粒 <0.002		
Akyz	0～15	10	430	241	329	黏壤土	1.32
Bkyz	15～42	10	83	552	366	粉砂质黏壤土	1.31
Byz	42～64	10	182	465	353	粉砂质黏壤土	1.44
ByzC	64～110	10	259	483	258	壤土	1.42

四马梁系代表性单个土体化学性质

深度/cm	pH	有机碳/(g/kg)	全氮(N)/(g/kg)	全磷(P)/(g/kg)	全钾(K)/(g/kg)	CEC/[cmol(+)/kg]	$CaCO_3$/(g/kg)	电导率(EC)/(dS/m)	石膏/(g/kg)
0～15	7.2	4.4	0.43	0.37	18.7	2.8	85.0	8.7	101.7
15～42	7.8	4.6	0.44	0.46	16.7	1.5	74.5	15.7	114.2
42～64	8.1	2.4	0.28	0.54	18.6	1.4	48.5	15.4	123.4
64～110	8.1	2.6	0.30	0.48	17.3	1.3	69.3	24.2	84.5

5.7 石质简育正常干旱土

5.7.1 李家上系（Lijiashang Series）

土 族：壤质混合型石灰性冷性-石质简育正常干旱土

拟定者：杨金玲，李德成，张甘霖

分布与环境条件 主要分布于酒泉市肃州区丰乐乡一带，洪积扇，海拔1500～1900 m，母质为洪积物，荒漠，温带干旱气候，年均日照时数3000～3300 h，气温3～6℃，降水量50～100 mm，无霜期130～180 d。

李家上系典型景观

土系特征与变幅 诊断层包括干旱表层，诊断特性包括冷性土壤温度状况、干旱土壤水分状况、石质接触面和石灰性，具有盐积现象。地表有岩石出露，土体厚度25～49 cm；干旱结皮厚度1～2 cm，干旱表层厚度10～20 cm；盐积现象上界出现在矿质土表以下10～25 cm，具有盐积现象土层厚度25～50 cm。通体为粉砂壤土。电导率3.0～29.9 dS/m；碳酸钙相当物含量约100～150 g/kg，极强度石灰反应，土壤pH 8.0～9.0。

对比土系 钟家口系，同一土类，但不同亚类，土体厚度50～100 cm，为普通简育正常干旱土。

利用性能综述 荒漠，土体薄，植被覆盖度低，砾石多，不保水，不保肥，养分含量低。不适于开发为农用地，亦不适于放牧。从保护生态环境的角度，应采取天然封育。进一步提升植被覆盖度，防止过度放牧，导致沙化。

参比土种 薄层黄板土。

代表性单个土体 位于甘肃省酒泉市肃州区丰乐乡李家上庄东南，陈家东庄南，西邻岗村西北，S214 线边，39°21′51.319″N，98°54′4.581″E，海拔 1785 m，洪积扇，母质为洪积物，荒漠，植被覆盖度<5%，50 cm 深度年均土温 8.4℃，调查时间 2012 年 8 月，编号 ZL-030。

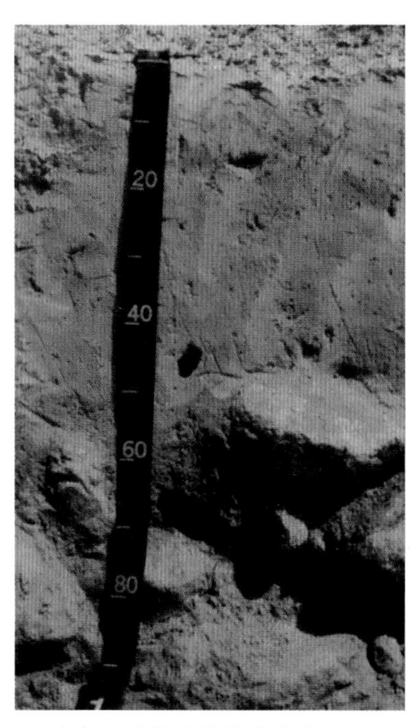

李家上系代表性单个土体剖面

Ac：+2～0 cm，干旱结皮。

A：0～16 cm，淡黄橙色（10YR 8/3，干），淡黄棕色（10YR 5/3，润），粉砂壤土，发育弱的粒状和直径<5 mm 块状结构，疏松，少量灌木根系，极强度石灰反应，向下层波状渐变过渡。

Bz：16～46 cm，淡黄橙色（10YR 8/3，干），淡黄棕色（10YR 5/3，润），粉砂壤土，发育弱的直径 10～20 mm 块状结构，疏松，少量灌木根系，极强度石灰反应，向下层不规则突变过渡。

R：46 cm 以下，岩石。

李家上系代表性单个土体物理性质

土层	深度/cm	砾石(>2 mm，体积分数)/%	细土颗粒组成(粒径：mm)/(g/kg)			质地	容重/(g/cm^3)
			砂粒 2～0.05	粉粒 0.05～0.002	黏粒 <0.002		
A	0～16	0	296	548	156	粉砂壤土	1.29
Bz	16～46	0	229	606	165	粉砂壤土	1.12

李家上系代表性单个土体化学性质

深度/cm	pH	有机碳/(g/kg)	全氮(N)/(g/kg)	全磷(P)/(g/kg)	全钾(K)/(g/kg)	CEC/[cmol(+)/kg]	$CaCO_3$/(g/kg)	电导率(EC)/(dS/m)
0～16	8.6	4.7	0.52	0.67	15.3	5.9	148.2	1.6
16～46	8.3	4.8	0.49	0.53	16.0	6.1	147.3	29.3

5.8　弱石膏简育正常干旱土

5.8.1　东格列克系（Donggelieke Series）

土　族：粗骨砂质硅质混合型石灰性温性-弱石膏简育正常干旱土

拟定者：杨金玲，赵玉国，吴华勇

分布与环境条件　主要分布于酒泉市阿克塞哈萨克族自治县红柳湾镇一带，洪积平原，海拔 1200～1600 m，母质为洪积物，荒漠戈壁，温带干旱气候，年均日照时数 3000～3300 h，气温 6～9℃，降水量 50～100 mm，无霜期 130～180 d。

东格列克系典型景观

土系特征与变幅　诊断层包括干旱表层，诊断特性包括温性土壤温度状况、干旱土壤水分状况和石灰性，具有钙积现象和石膏现象。土体厚度 1 m 以上；干旱结皮厚度 1～2 cm，干旱表层厚度 10～20 cm；石膏现象自矿质土表开始，具有石膏现象土层厚度 75～100 cm，有<5%的石膏粉末或晶体。砾石含量可达 25%～74%，砂土。石膏含量 10～80 g/kg，但含量达到 50 g/kg 的层次厚度未达到 15 cm；碳酸钙相当物含量 50～150 g/kg，中度石灰反应，土壤 pH 8.0～10.0。

对比土系　红沙岗系，同一土族，但无钙积现象。

利用性能综述　荒漠戈壁，土体较厚，植被覆盖度极低，砾石多，不保水，不保肥，养分含量极低。不适于开发为农用地，亦不适于放牧。从保护生态环境的角度，应采取天然封育。

参比土种　砾幂土。

代表性单个土体　位于甘肃省酒泉市阿克塞哈萨克族自治县红柳湾镇东格列克村，39°48′51.249″N，94°20′51.696″E，洪积平原，海拔 1419 m，母质为洪积物，戈壁，植被覆盖度<2%，50 cm 深度年均土温 10.3℃，调查时间 2015 年 7 月，编号 62-072。

东格列克系代表性单个土体剖面

Ac：+2～0 cm，干旱结皮。

Aky：0～18 cm，淡黄橙色（10YR 8/3，干），浊黄橙色（10YR 6/4，润），20%岩石碎屑，砂土，发育弱的直径 5～10 mm 块状结构，稍坚实，2%石膏晶体，极强度石灰反应，向下层平滑清晰过渡。

By：18～30 cm，淡黄橙色（10YR 8/3，干），浊黄橙色（10YR 6/4，润），15%岩石碎屑，砂土，发育弱的直径 5～10 mm 块状结构，稍坚实，2%石膏晶体，强度石灰反应，向下层平滑清晰过渡。

Cky：30～50 cm，淡黄橙色（10YR 8/3，干），浊黄橙色（10YR 6/4，润），40%岩石碎屑，砂土，单粒，无结构，2%石膏晶体，极强度石灰反应，向下层平滑清晰过渡。

Cy：50～80 cm，橙白色（10YR 8/2，干），浊黄橙色（10YR 6/3，润），70%岩石碎屑，砂土，单粒，无结构，极强度石灰反应，向下层平滑清晰过渡。

C：80～120 cm，橙白色（10YR 8/2，干），浊黄橙色（10YR 6/3，润），40%岩石碎屑，砂土，单粒，无结构，极强度石灰反应。

东格列克系代表性单个土体物理性质

土层	深度 /cm	砾石 (>2 mm，体积分数)/%	细土颗粒组成(粒径：mm)/(g/kg)			质地	容重 /(g/cm^3)
			砂粒 2～0.05	粉粒 0.05～0.002	黏粒 ＜0.002		
Aky	0～18	20	786	124	91	砂土	—
By	18～30	15	829	102	70	砂土	—
Cky	30～50	40	925	49	26	砂土	—
Cy	50～80	70	950	32	18	砂土	—
C	80～120	40	967	20	14	砂土	—

东格列克系代表性单个土体化学性质

深度 /cm	pH	有机碳 /(g/kg)	全氮(N) /(g/kg)	全磷(P) /(g/kg)	全钾(K) /(g/kg)	CEC /[cmol(+)/kg]	$CaCO_3$ /(g/kg)	电导率 (EC) /(dS/m)	石膏 /(g/kg)
0～18	8.1	1.0	0.06	0.56	15.0	2.3	121.6	2.9	43.8
18～30	8.9	1.3	0.10	0.42	16.8	3.3	77.0	2.5	50.8
30～50	9.9	1.1	0.06	0.49	16.3	1.4	117.2	0.9	40.3
50～80	9.8	1.2	0.05	0.59	16.9	1.3	105.4	2.0	28.0
80～120	9.8	1.0	0.02	0.45	16.4	1.2	110.7	2.0	7.0

5.8.2 红沙岗系（Hongshagang Series）

土 族：粗骨砂质硅质混合型石灰性温性-弱石膏简育正常干旱土
拟定者：杨金玲，赵玉国，吴华勇

分布与环境条件 主要分布于武威市民勤县红沙岗镇，冲-洪积平原，海拔 1200～1600 m，母质为冲-洪积物，荒漠戈壁，温带干旱气候，年均日照时数 3000～3300 h，气温 6～9℃，降水量 100～200 mm，无霜期 160～180 d。

红沙岗系典型景观

土系特征与变幅 诊断层包括干旱表层和雏形层，诊断特性包括温性土壤温度状况、干旱土壤水分状况和石灰性，具有石膏现象。土体厚 1 m 以上；干旱结皮厚度 1～2 cm，干旱表层厚度 10～20 cm；石膏现象上界出现在矿质土表以下 15～25 cm，厚度 25～50 cm，<5%石膏晶体。砾石含量可达 25%～74%，砂土。石膏含量 10～49 g/kg，碳酸钙相当物含量 10～60 g/kg，弱度-强度石灰反应，土壤 pH 8.5～9.5。

对比土系 东格列克系，同一土族，但具有钙积现象。

利用性能综述 荒漠戈壁，土体厚，植被覆盖度很低，砾石多，不保水，不保肥，养分含量很低。不适于开发为农用地，亦不适于放牧。从保护生态环境的角度，应采取天然封育。

参比土种 砾幂土。

代表性单个土体 位于甘肃省武威市民勤县红沙岗镇红沙岗村，39°02′31.242″N，102°30′04.860″E，冲-洪积平原，海拔 1418 m，母质为冲积物，戈壁，植被覆盖度<2%，50 cm 深度年均土温 10.8℃，调查时间 2015 年 7 月，编号 62-070。

红沙岗系代表性单个土体剖面

Ac：+2～0 cm，干旱结皮。

A：0～20 cm，浊黄橙色（10YR 7/3，干），浊黄棕色（10YR 5/3，润），30%岩石碎屑，砂土，发育弱的直径 5～10 mm 块状结构，稍坚实，强度石灰反应，向下层平滑清晰过渡。

By：20～70 cm，浊黄橙色（10YR 7/3，干），浊黄棕色（10YR 5/3，润），30%岩石碎屑，砂土，发育弱的直径 5～10 mm 块状结构，稍坚实，2%碳酸钙假菌丝体，中度石灰反应，向下层平滑清晰过渡。

Bw1：70～90 cm，浊黄橙色（10YR 7/4，干），浊黄橙色（10YR 6/3，润），30%岩石碎屑，砂土，发育弱的直径 5～10 mm 块状结构，稍坚实，弱度石灰反应，向下层平滑清晰过渡。

Bw2：90～140 cm，浊黄橙色（10YR 7/4，干），浊黄橙色（10YR 6/3，润），30%岩石碎屑，砂土，发育弱的直径 5～10 mm 块状结构，稍坚实，中度石灰反应。

红沙岗系代表性单个土体物理性质

土层	深度/cm	砾石(>2 mm，体积分数)/%	细土颗粒组成(粒径：mm)/(g/kg)			质地	容重/(g/cm³)
			砂粒 2～0.05	粉粒 0.05～0.002	黏粒 <0.002		
A	0～20	30	855	105	40	砂土	—
By	20～70	30	935	45	20	砂土	—
Bw1	70～90	30	916	60	25	砂土	—
Bw2	90～140	30	840	99	61	砂土	—

红沙岗系代表性单个土体化学性质

深度/cm	pH	有机碳/(g/kg)	全氮(N)/(g/kg)	全磷(P)/(g/kg)	全钾(K)/(g/kg)	CEC/[cmol(+)/kg]	$CaCO_3$/(g/kg)	电导率(EC)/(dS/m)	石膏/(g/kg)
0～20	9.2	1.7	0.17	0.47	19.9	2.7	54.4	0.2	1.4
20～70	9.1	1.1	0.15	0.37	19.6	2.6	40.1	0.2	12.6
70～90	9.2	1.2	0.09	0.39	20.4	4.8	16.8	0.1	7.6
90～140	9.1	1.1	0.14	0.24	21.0	7.2	43.5	0.3	4.2

5.9　普通简育正常干旱土

5.9.1　钟家口系（Zhongjiakou Series）

土　族：壤质盖粗骨质混合型石灰性冷性-普通简育正常干旱土

拟定者：杨金玲，李德成，张甘霖

分布与环境条件　主要分布于嘉峪关市文殊镇一带，洪积扇，海拔1400～1800 m，母质为洪积物，戈壁荒漠，温带干旱气候，年均日照时数3000～3300 h，气温6～9℃，降水量50～100 mm，无霜期130～180 d。

钟家口系典型景观

土系特征与变幅　诊断层包括干旱表层，诊断特性包括冷性土壤温度状况、干旱土壤水分状况和石灰性，具有盐积现象。土体厚度50～100 cm；干旱结皮厚度1～2 cm，干旱表层厚度10～20 cm；盐积现象上界出现在矿质土表以下10～25 cm，具有盐积现象土层厚度75～100 cm。层次质地构型为粉砂壤土-壤土交替。电导率3.0～29.9 dS/m；碳酸钙相当物含量100～150 g/kg，极强度石灰反应，土壤pH 7.5～8.5。

对比土系　李家上系，同一土类，但不同亚类，土体厚度25～49 cm，有石质接触面，为石质简育正常干旱土。

利用性能综述　荒漠，土体薄，植被覆盖度低，下层砾石多，不保水，不保肥，养分含量低。不适于开发为农用地，亦不适于放牧。从保护生态环境的角度，应采取天然封育。

参比土种　盐性灰白土。

代表性单个土体　位于甘肃省嘉峪关市文殊镇西王家庄西南，钟家口子东北，39°41′53.373″N，98°19′27.153″E，海拔1624 m，洪积扇，母质为洪积物，荒漠，植被覆盖度8%～10%，50 cm深度年均土温8.8℃，调查时间2013年7月，编号HH026。

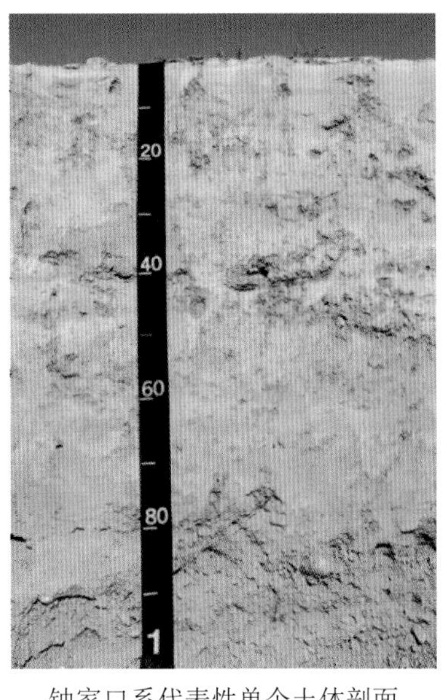

钟家口系代表性单个土体剖面

Ac：+2～0 cm，干旱结皮。

A：0～14 cm，淡黄橙色（10YR 8/3，干），灰黄棕色（10YR 6/2，润），粉砂壤土，发育弱的直径 5～10 mm 块状结构，稍坚实，少量灌木根系，极强度石灰反应，向下层平滑清晰过渡。

Bz1：14～40 cm，淡黄橙色（10YR 8/3，干），灰黄棕色（10YR 6/2，润），壤土，发育弱的直径 10～20 mm 块状结构，稍坚实，少量灌木根系，极强度石灰反应，向下层波状渐变过渡。

Bz2：40～50 cm，淡黄橙色（10YR 8/3，干），灰黄棕色（10YR 6/2，润），粉砂壤土，发育弱的直径 20～50 mm 块状结构，坚实，少量灌木根系，极强度石灰反应，向下层波状渐变过渡。

Bz3：50～80 cm，淡黄橙色（10YR 8/3，干），灰黄棕色（10YR 6/2，润），壤土，发育弱的直径 20～50 mm 块状结构，坚实，极强度石灰反应，向下层波状渐变过渡。

Cz：80～100 cm，淡黄橙色（10YR 8/3，干），灰黄棕色（10YR 6/2，润），80%岩石碎屑，壤土，单粒，无结构，局部可见较明显的冲积层理，极强度石灰反应。

钟家口系代表性单个土体物理性质

土层	深度/cm	砾石(>2 mm，体积分数)/%	细土颗粒组成(粒径：mm)/(g/kg)			质地	容重/(g/cm^3)
			砂粒 2～0.05	粉粒 0.05～0.002	黏粒 <0.002		
A	0～14	0	278	526	196	粉砂壤土	1.35
Bz1	14～40	0	390	462	148	壤土	1.37
Bz2	40～50	0	238	559	204	粉砂壤土	1.41
Bz3	50～80	0	456	390	154	壤土	1.46
Cz	80～100	80	409	422	169	壤土	1.41

钟家口系代表性单个土体化学性质

深度/cm	pH	有机碳/(g/kg)	全氮(N)/(g/kg)	全磷(P)/(g/kg)	全钾(K)/(g/kg)	CEC/[cmol(+)/kg]	$CaCO_3$/(g/kg)	电导率(EC)/(dS/m)
0～14	8.1	2.0	0.25	0.36	15.2	6.4	135.6	6.2
14～40	8.1	1.9	0.24	0.45	14.7	5.9	139.2	18.1
40～50	8.3	2.7	0.31	0.53	15.0	7.1	142.4	16.2
50～80	8.2	0.9	0.17	0.45	13.9	4.5	140.7	10.7
80～100	8.1	2.8	0.31	0.49	14.5	5.0	122.0	9.3

第6章　盐　成　土

6.1　洪积干旱正常盐成土

6.1.1　沙窝子系（Shawozi Series）

土　族：壤质混合型石灰性温性-洪积干旱正常盐成土

拟定者：杨金玲，张甘霖，刘峰

分布与环境条件　主要分布于酒泉地区湖积平原地带，洪积-冲积平原，海拔 1000～1500 m，母质为洪积-冲积物，盐碱地，温带大陆性干旱气候，年均日照时数 3000～3300 h，气温 6～9℃，降水量 50～100 mm，无霜期 130～180 d。

沙窝子系典型景观

土系特征与变幅　诊断层包括淡薄表层壳和盐积层，诊断特性包括温性土壤温度状况、干旱土壤水分状况、氧化还原特征和石灰性。土体厚度 1 m 以上，盐积层自表层开始，厚度 15～25 cm，之下为盐积现象；5%～15%铁锰斑纹。层次质地构型为壤土-粉砂壤土。电导率为 15～50 dS/m；碳酸钙相当物含量 100～200 g/kg，极强度石灰反应，土壤 pH 8.0～9.0。

对比土系　西坝系，同一土类，但不同亚类，为普通干旱正常盐成土。

利用性能综述　盐碱地，土体深厚，植被覆盖度较低，养分含量低，质地适中。不适于开发为农用地，亦不适于放牧。从保护生态环境的角度，应采取天然封育，保护现有植被，防止进一步盐化。

参比土种　氯硫旱盐土。

代表性单个土体 位于甘肃省酒泉市玉门市花海镇东沙窝子村东，花山井村西南，圪垯井西，40°14′33.675″N，97°51′56.028″E，海拔 1174 m，湖积平原，母质为湖相沉积物，盐碱地，植被覆盖度 5%～10%，50 cm 深度年均土温 9.7℃，调查时间 2012 年 8 月，编号 LF-019。

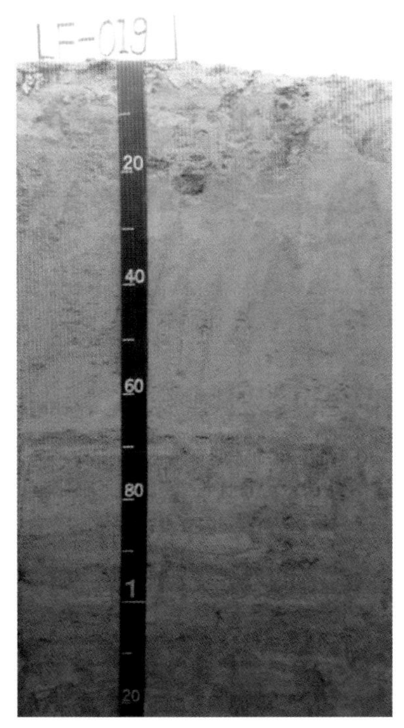

沙窝子系代表性单个土体剖面

Ahz：0～15 cm，浊黄橙色（10YR 7/2，干），灰黄棕色（10YR 5/2，润），壤土，发育弱的粒状和直径<5mm 的块状结构，稍坚实，2%白色碳酸钙粉末，极强度石灰反应，向下层平滑清晰过渡。

Bz：15～47 cm，浊黄橙色（10YR 7/2，干），灰黄棕色（10YR 5/2，润），壤土，发育弱的直径 10～20 mm 块状结构，稍坚实，2%白色碳酸钙粉末，极强度石灰反应，向下层平滑清晰过渡。

Brz：47～64 cm，浊黄橙色（10YR 7/2，干），灰黄棕色（10YR 5/2，润），壤土，发育弱的直径 20～50 mm 块状结构，稍坚实，2%白色碳酸钙粉末和 2%～5%铁锰斑纹，极强度石灰反应，向下层平滑清晰过渡。

BrzC：64～120 cm，50%浊黄橙色（10YR 7/2，干）、灰黄棕色（10YR 5/2，润），50%浊黄棕色（10YR 5/4，干）、暗棕色（10YR 3/3，润），粉砂壤土，发育弱的直径 10～20 mm 块状结构，稍坚实，2%白色碳酸钙粉末，5%～10%铁锰斑纹，具有冲积层理，极强度石灰反应。

沙窝子系代表性单个土体物理性质

土层	深度/cm	砾石(>2 mm，体积分数)/%	细土颗粒组成(粒径：mm)/(g/kg)			质地	容重/(g/cm^3)
			砂粒 2～0.05	粉粒 0.05～0.002	黏粒 <0.002		
Ahz	0～15	0	447	369	184	壤土	1.14
Bz	15～47	0	329	475	196	壤土	1.28
Brz	47～64	0	396	396	208	壤土	1.34
BrzC	64～120	0	187	624	189	粉砂壤土	1.38

沙窝子系代表性单个土体化学性质

深度/cm	pH	有机碳/(g/kg)	全氮(N)/(g/kg)	全磷(P)/(g/kg)	全钾(K)/(g/kg)	CEC/[cmol(+)/kg]	$CaCO_3$/(g/kg)	电导率(EC)/(dS/m)
0～15	8.4	2.7	0.23	0.52	16.3	5.6	145.7	36.8
15～47	8.4	3.2	0.28	0.62	15.7	5.9	154.4	26.5
47～64	8.6	2.4	0.19	0.54	16.0	6.2	157.9	20.6
64～120	8.7	2.8	0.24	0.56	17.9	8.5	157.9	21.9

6.2 普通干旱正常盐成土

6.2.1 西坝系（Xiba Series）

土 族：黏壤质混合型石灰性温性-普通干旱正常盐成土

拟定者：杨金玲，李德成，张甘霖

分布与环境条件 主要分布于酒泉地区湖积平原低洼处，湖积平原洼地，海拔 1000～1500 m，母质为湖积物，草地，温带干旱气候，年均日照时数 3000～3300 h，气温 6～9℃，降水量 50～100 mm，无霜期 130～180 d。

西坝系典型景观

土系特征与变幅 诊断层包括淡薄表层、盐结壳、盐积层和钙积层，诊断特性包括温性土壤温度状况、干旱土壤水分状况、氧化还原特征和石灰性。地表盐斑面积约 30%～50%，土体厚度 1 m 以上，盐结壳厚度 2～3 cm；地表即出现盐积层，厚度 25～50 cm，之下为盐积现象；钙积层上界出现在矿质土表以下 50～75 cm，厚度 50～75 cm；2%～5%的铁锰斑纹。层次质地构型为粉砂壤土-粉砂质黏壤土-粉砂质黏土-黏壤土。电导率为 15～50 dS/m；碳酸钙相当物含量 100～250 g/kg，强度-极强度石灰反应，土壤 pH 8.5～9.0。

对比土系 沙窝子系和双泉子系。沙窝子系，同一土类，但不同亚类，为洪积干旱正常盐成土；双泉子系，同一亚类，但不同土族，颗粒大小级别为壤质。

利用性能综述 盐碱地，地形平缓，土体深厚，养分含量低，结构差，植被覆盖度低，应保护现有植被，进一步提升灌草盖度，不宜开垦它用。

参比土种 氯硫锈土。

代表性单个土体 位于甘肃省酒泉市金塔县西坝乡李家老庄西北，贺家大庄东南，马家地北，西关地南，40°13′33.798″N，98°43′59.400″E，海拔 1172 m，洪积平原洼地，母质为湖相沉积物，盐碱地，盐斑面积约 30%，植被覆盖度约 20%，50 cm 深度年均土温 9.8℃，调查时间 2013 年 7 月，编号 HH050。

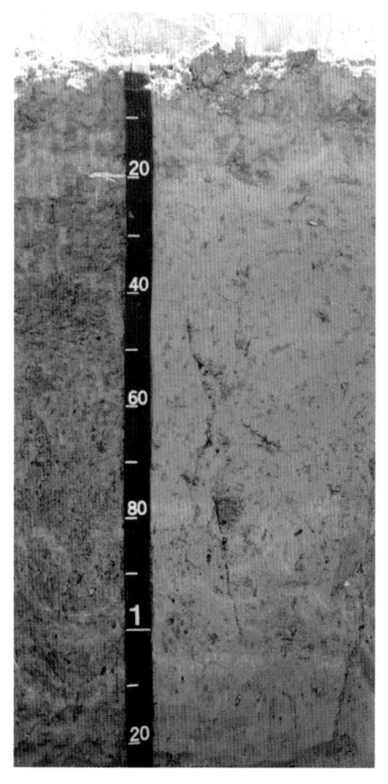

西坝系代表性单个土体剖面

Kz：　+2～0 cm，盐结壳。

Ahz：　0～12 cm，淡棕灰色（5YR 7/2，干），灰棕色（5YR 5/2，润），粉砂壤土，发育中等的直径<5mm 块状结构，疏松，地表 30%盐斑，中量芦苇根系，<2%白色碳酸钙粉末，极强度石灰反应，向下层平滑清晰过渡。

Bz：　12～25 cm，70%淡棕灰色（5YR 7/2，干）、灰棕色（5YR 5/2，润），30%浊橙色（5YR 6/4，干）、灰棕色（5YR 4/2，润），粉砂壤土，发育弱的直径 10～20 mm 块状结构，稍坚实，少量芦苇根系，极强度石灰反应，向下层平滑清晰过渡。

Brz：　25～55 cm，淡棕灰色（5YR 7/2，干），灰棕色（5YR 5/2，润），粉砂质黏壤土，发育弱的直径 20～50 mm 块状结构，坚实，少量芦苇根系，2%铁锰斑纹，极强度石灰反应，向下层波状渐变过渡。

Bkrz1：55～85 cm，淡棕灰色（5YR 7/2，干），灰棕色（5YR 5/2，润），粉砂质黏土，发育弱的直径 20～50 mm 块状结构，坚实，5%白色碳酸钙粉末，2%铁锰斑纹，极强度石灰反应，向下层波状渐变过渡。

Bkrz2：85～120 cm，50%淡棕灰色（5YR 7/2，干），灰棕色（5YR 5/2，润）；50%浊橙色（5YR 6/4，干），灰棕色（5YR 4/2，润），黏壤土，发育弱的直径 20～50 mm 块状结构，坚实，5%白色碳酸钙粉末，2%铁锰斑纹，极强度石灰反应。

西坝系代表性单个土体物理性质

土层	深度/cm	砾石(>2 mm，体积分数)/%	细土颗粒组成(粒径：mm)/(g/kg)			质地	容重/(g/cm³)
			砂粒 2～0.05	粉粒 0.05～0.002	黏粒 <0.002		
Ahz	0～12	0	262	528	210	粉砂壤土	1.27
Bz	12～25	0	142	648	210	粉砂壤土	1.45
Brz	25～55	0	59	644	297	粉砂质黏壤土	1.44
Bkrz1	55～85	0	67	524	409	粉砂质黏土	1.49
Bkrz2	85～120	0	206	485	309	黏壤土	1.42

西坝系代表性单个土体化学性质

深度/cm	pH	有机碳/(g/kg)	全氮(N)/(g/kg)	全磷(P)/(g/kg)	全钾(K)/(g/kg)	CEC/[cmol(+)/kg]	$CaCO_3$/(g/kg)	电导率(EC)/(dS/m)
0～12	8.7	5.8	0.53	0.45	14.0	5.1	155.3	43.9
12～25	8.7	3.7	0.38	0.50	16.8	11.4	135.8	32.5
25～55	8.7	5.3	0.50	0.49	19.3	8.7	125.2	16.3
55～85	8.8	5.7	0.53	0.57	20.5	11.2	187.2	17.9
85～120	8.7	6.1	0.55	0.47	17.5	8.0	199.6	16.8

6.2.2 双泉子系（shuangquanzi Series）

土 族：壤质混合型石灰性温性-普通干旱正常盐成土
拟定者：杨金玲，张甘霖

分布与环境条件 主要分布于酒泉地区冲积平原低洼地带，冲积平原洼地，海拔1000～1500 m，母质为冲积物，灌草地，温带干旱气候，年均日照时数3000～3300 h，气温6～9℃，降水量50～100 mm，无霜期130～180 d。

双泉子系典型景观

土系特征与变幅 诊断层包括淡薄表层和盐积层，诊断特性包括温性土壤温度状况、干旱土壤水分状况、氧化还原特征和石灰性。地表盐斑面积<30%，土体厚度1 m以上；淡薄表层厚度10～20 cm；地表即出现盐积层，厚度75～100 cm，之下为盐积现象；5%～15%铁锰斑纹。层次质地构型为砂质壤土-壤土-砂质黏壤土-砂质壤土。电导率为7.5～150 dS/m；碳酸钙相当物含量50～150 g/kg，强度-极强度石灰反应，土壤pH 7.5～8.5。

对比土系 西坝系，同一亚类，但不同土族，颗粒大小级别为黏壤质。

利用性能综述 盐碱地，土体深厚，植被覆盖度较低，养分含量较低，质地适中。不适于开发为农用地，亦不适于放牧。从保护生态环境的角度，应采取天然封育，保护现有植被，防止进一步盐化。

参比土种 氯锈盐土。

代表性单个土体 位于甘肃省酒泉市玉门市花海镇富民村北，双泉子村西南，古董沙窝村东，40°21′44.308″N，97°38′56.426″E，海拔1210 m，冲积平原洼地，母质为冲积物，盐碱地，柽柳、泡泡刺，植被覆盖度20%～30%，50 cm深度年均土温9.6℃，调查时间2013年7月，编号HH023。

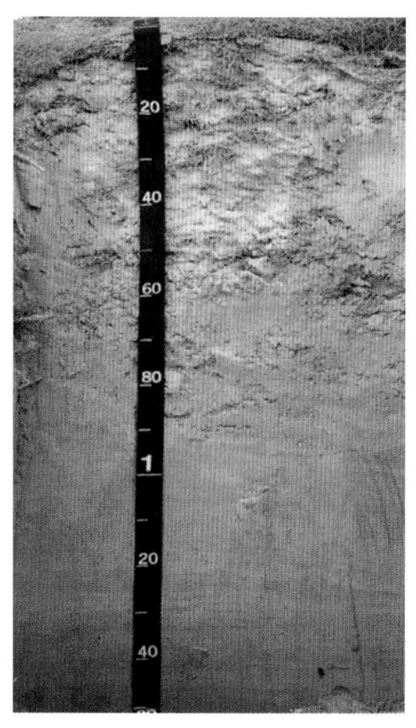
双泉子系代表性单个土体剖面

O：+1～0 cm，枯枝落叶。

Ahz：0～20 cm，浊黄橙色（10YR 7/4，干），浊黄棕色（10YR 5/3，润），砂质壤土，发育弱的粒状和小片状结构，疏松，地表有10%盐斑，多量灌木根系，5%白色碳酸钙粉末，强度石灰反应，向下层波状渐变过渡。

Bz1：20～42 cm，浊黄橙色（10YR 7/2，干），灰黄棕色（10YR 5/2，润），砂质壤土，发育弱的直径<5 mm块状结构，疏松，多量灌木根系，5%白色碳酸钙粉末，强度石灰反应，向下层波状渐变过渡。

Bz2：42～75 cm，浊黄橙色（10YR 7/2，干），灰黄棕色（10YR 5/2，润），壤土，发育弱的直径10～20 mm块状结构，稍坚实，少量灌木根系，强度石灰反应，向下层不规则清晰过渡。

Brz：75～86 cm，橙白色（10YR 8/2，干），灰黄棕色（10YR 6/2，润），砂质黏壤土，发育弱的直径20～50 mm块状结构，稍坚实，少量灌木根系，2%铁锰斑纹，强度石灰反应，向下层平滑清晰过渡。

Crz：86～140 cm，橙白色（10YR 8/2，干），灰黄棕色（10YR 6/2，润），砂质壤土，单粒，无结构，15%铁锰斑纹，冲积层理明显，强度石灰反应。

双泉子系代表性单个土体物理性质

土层	深度/cm	砾石(>2 mm，体积分数)/%	细土颗粒组成(粒径：mm)/(g/kg)			质地	容重/(g/cm³)
			砂粒 2～0.05	粉粒 0.05～0.002	黏粒 <0.002		
Ahz	0～20	0	540	285	175	砂质壤土	1.05
Bz1	20～42	0	535	282	183	砂质壤土	1.14
Bz2	42～75	0	476	325	199	壤土	1.28
Brz	75～86	0	517	279	204	砂质黏壤土	1.30
Crz	86～140	0	647	181	173	砂质壤土	1.30

双泉子系代表性单个土体化学性质

深度/cm	pH	有机碳/(g/kg)	全氮(N)/(g/kg)	全磷(P)/(g/kg)	全钾(K)/(g/kg)	CEC/[cmol(+)/kg]	$CaCO_3$/(g/kg)	电导率(EC)/(dS/m)
0～20	8.4	8.63	0.80	0.42	13.4	6.4	105.4	149.0
20～42	8.3	7.34	0.75	0.47	12.9	3.5	97.3	117.0
42～75	8.3	6.76	0.57	0.50	14.4	8.5	92.5	121.9
75～86	8.3	3.50	0.34	0.42	13.3	3.5	100.5	28.4
86～140	8.2	5.13	0.49	0.35	13.4	6.2	92.5	14.2

6.3 结壳潮湿正常盐成土

6.3.1 无量庙系（Wuliangmiao Series）

土 族：黏壤质混合型石灰性温性-结壳潮湿正常盐成土

拟定者：杨金玲，李德成，张甘霖

分布与环境条件 主要分布于酒泉地区盐湖外围和湖积平原低洼地带，湖积平原洼地，海拔 1000～1300 m，母质为湖积物，盐碱地，温带干旱气候，年均日照时数 3000～3300 h，气温 6～9℃，降水量 50～100 mm，无霜期 130～180 d。

无量庙系典型景观

土系特征与变幅 诊断层包括淡薄表层、盐结壳、盐积层和钙积层，诊断特性包括温性土壤温度状况、潮湿土壤水分状况、氧化还原特征和石灰性，并具有盐积现象。土体厚度 1 m 以上；盐结壳厚度 2～3 cm，盐积层自矿质土表开始，厚度 15～25 cm，之下为盐积现象；钙积层上界出现在矿质土表以下 50～75 cm，厚度 50～75 cm；2%～5%的铁锰斑纹；矿质土表以下 25～50 cm 出现埋藏层。层次质地构型为壤土-粉砂质黏土-粉砂质黏壤土-粉砂壤土。电导率为 15～50 dS/m；碳酸钙相当物含量 20～150 g/kg，中度-极强度石灰反应，土壤 pH 8.0～9.0。

对比土系 殷家红系，同一土族，但无埋藏表层。

利用性能综述 盐碱地，土体深厚，植被覆盖度中等，养分含量中等，质地较为黏重。不适于开发为农用地，亦不适于放牧。从保护生态环境的角度，应采取天然封育，保护现有植被，防止进一步盐化。

参比土种 氯锈盐土。

代表性单个土体 位于甘肃省酒泉市玉门市花海镇南渠村北，花三井村西，无量庙村东南，独尖墩村西南，40°19′0.838″N，97°48′46.857″E，海拔 1169 m，湖积平原洼地，母质为湖积物，盐碱地，盐芦苇覆盖度 60%，50 cm 深度年均土温 9.7℃，调查时间 2013 年 7 月，编号 HH024。

无量庙系代表性单个土体剖面

Kz：+2～0 cm，盐结壳。

Ahz：0～16 cm，浊黄橙色（10YR 6/4，干），浊黄棕色（10YR 4/3，润），壤土，发育弱的粒状和片状结构，稍坚实，多量芦苇根系，中度石灰反应，向下层波状清晰过渡。

Bz：16～48 cm，浊黄橙色（10YR 7/3，干），浊黄棕色（10YR 5/3，润），粉砂质黏土，发育弱的小片状和直径 10～20 mm 块状结构，疏松，中量芦苇根系，中度石灰反应，向下层波状清晰过渡。

Abz：48～56 cm，灰黄棕色（10YR 6/2，干），灰黄棕色（10YR 4/2，润），粉砂质黏土，发育中等的直径 10～20 mm 块状结构，疏松，少量芦苇根系，中度石灰反应，向下层波状清晰过渡。

Bbkr：56～72 cm，浊黄橙色（10YR 6/4，干），浊黄棕色（10YR 4/3，润），粉砂质黏壤土，发育中等的直径 10～20 mm 块状结构，稍坚实，少量芦苇根系，2%～5%铁锰斑纹，极强度石灰反应，向下层波状渐变过渡。

Ckr：72～120 cm，浊黄橙色（10YR 6/4，干），浊黄棕色（10YR 4/3，润），粉砂壤土，单粒，无结构，可见冲积层理和<2%铁锰斑纹，少量芦苇根系，极强度石灰反应。

无量庙系代表性单个土体物理性质

土层	深度/cm	砾石(>2 mm，体积分数)/%	细土颗粒组成(粒径：mm)/(g/kg)			质地	容重/(g/cm³)
			砂粒 2～0.05	粉粒 0.05～0.002	黏粒 <0.002		
Ahz	0～16	0	353	431	216	壤土	1.35
Bz	16～48	0	95	490	415	粉砂质黏土	1.08
Abz	48～56	0	86	472	442	粉砂质黏土	1.25
Bbkr	56～72	0	155	465	379	粉砂质黏壤土	1.32
Ckr	72～120	0	226	557	217	粉砂壤土	1.38

无量庙系代表性单个土体化学性质

深度/cm	pH	有机碳/(g/kg)	全氮(N)/(g/kg)	全磷(P)/(g/kg)	全钾(K)/(g/kg)	CEC/[cmol(+)/kg]	$CaCO_3$/(g/kg)	电导率(EC)/(dS/m)
0～16	8.1	11.6	0.87	0.21	12.5	11.7	27.6	43.2
16～48	8.0	3.8	0.39	0.48	13.6	6.9	30.9	27.1
48～56	8.3	15.2	1.23	0.70	17.3	22.3	34.9	23.9
56～72	8.3	4.4	0.59	0.58	17.0	12.7	134.7	22.1
72～120	8.5	2.4	0.28	0.62	18.6	10.1	140.7	16.0

6.3.2 殷家红系（Yinjiahong Series）

土 族：黏壤质混合型石灰性温性-结壳潮湿正常盐成土

拟定者：杨金玲，李德成，赵玉国

分布与环境条件 主要分布于酒泉地区冲积平原低洼地带，冲积平原洼地，海拔 1100～1500 m，母质为冲积物，盐碱地，温带干旱气候，年均日照时数 3000～3300 h，气温 6～9℃，降水量 50～100 mm，无霜期 130～180 d。

殷家红系典型景观

土系特征与变幅 诊断层包括淡薄表层、盐结壳、盐积层和钙积层，诊断特性包括温性土壤温度状况、潮湿土壤水分状况、氧化还原特征和石灰性。土体厚度 1 m 以上；盐结壳厚度 2～3 cm，盐积层自矿质土表开始，厚度 15～25 cm，之下为盐积现象；钙积层自矿质土表开始，厚度 50～75 cm；2%～5%的铁锰斑纹和白色碳酸钙粉末。层次质地构型为粉砂壤土-粉砂质黏壤土-粉砂壤土，电导率为 7.5～50 dS/m；碳酸钙相当物含量 100～200 g/kg，极强度石灰反应，土壤 pH 8.0～9.0。

对比土系 无量庙系和前滩村系。无量庙系，同一土族，但有埋藏表层；前滩村系，同一亚类，但不同土族，颗粒大小级别为壤质。

利用性能综述 盐碱地，土体深厚，植被覆盖度中等，养分含量较低，夹有黏土层，透水性差。不适于开发为农用地，可适当放牧。

参比土种 氯盐土。

代表性单个土体 位于甘肃省酒泉市肃州区三墩镇殷家红庄西，焦家村东南，张家闸村东北，39°43′00.694″N，98°42′39.199″E，海拔 1340 m，冲积平原洼地，母质为冲积物，盐碱地，植被覆盖度 60%，50 cm 深度年均土温 9.6℃，调查时间 2012 年 8 月，编号 YG-024。

殷家红系代表性单个土体剖面

Kz：　+3～0 cm，盐结壳。

Ahkz：0～18 cm，浊黄橙色（10YR 7/3，干），灰黄棕色（10YR 5/2，润），粉砂壤土，发育弱的粒状和小片状结构，疏松，多量草被根系，极强度石灰反应，向下层平滑清晰过渡。

Bkz：18～40 cm，浊黄橙色（10YR 7/3，干），灰黄棕色（10YR 5/2，润），粉砂质黏壤土，发育弱的小片状和直径 10～20 mm 块状结构，疏松，中量草被根系，极强度石灰反应，向下层波状渐变过渡。

Brz：40～90 cm，淡黄橙色（10YR 8/3，干），浊黄橙色（10YR 7/2，润），粉砂质黏壤土，发育弱的直径 20～50 mm 块状结构，疏松，2%～5%白色碳酸钙粉末和 2%铁锰斑纹，极强度石灰反应，向下层不规则清晰过渡。

Bkrz：90～110 cm，橙白色（10YR 8/1，干），棕灰色（10YR 5/1，润），粉砂壤土，发育弱的直径 10～20 mm 块状结构，稍坚实，5%白色碳酸钙粉末和 5%铁锰斑纹，极强度石灰反应。

殷家红系代表性单个土体物理性质

土层	深度 /cm	砾石 (>2 mm，体积分数)/%	细土颗粒组成(粒径：mm)/(g/kg)			质地	容重 /(g/cm^3)
			砂粒 2～0.05	粉粒 0.05～0.002	黏粒 <0.002		
Ahkz	0～18	0	122	632	246	粉砂壤土	1.16
Bkz	18～40	0	68	598	335	粉砂质黏壤土	1.26
Brz	40～90	0	108	587	305	粉砂质黏壤土	1.25
Bkrz	90～110	0	194	621	185	粉砂壤土	1.34

殷家红系代表性单个土体化学性质

深度 /cm	pH	有机碳 /(g/kg)	全氮(N) /(g/kg)	全磷(P) /(g/kg)	全钾(K) /(g/kg)	CEC /[cmol(+)/kg]	$CaCO_3$ /(g/kg)	电导率 (EC)/(dS/m)
0～18	8.2	6.2	0.41	0.56	16.0	10.6	184.5	40.9
18～40	8.2	5.3	0.37	0.53	18.3	12.1	187.7	22.8
40～90	8.1	6.4	0.56	0.52	14.5	7.7	111.9	14.0
90～110	8.3	3.9	0.33	0.53	16.6	9.0	190.9	18.1

6.3.3 前滩村系（Qiantancun Series）

土 族：壤质混合型石灰性温性-结壳潮湿正常盐成土
拟定者：杨金玲，李德成，张甘霖

分布与环境条件 主要分布于张掖地区冲积平原低洼地带，冲积平原洼地，海拔 1100～1500 m，母质为冲积物，草地，温带半干旱气候，年均日照时数 3000～3300 h，气温 6～12℃，降水量 100～200 mm，无霜期 130～180 d。

前滩村系典型景观

土系特征与变幅 诊断层包括淡薄表层、盐结壳和盐积层，诊断特性包括温性土壤温度状况、潮湿土壤水分状况、氧化还原特征和石灰性。土体厚度 1 m 以上，盐结壳厚度 2～3 cm，盐积层自表层开始，厚度 75～100 cm，之下为盐积现象；有 2%～5%铁锰斑纹。通体为粉砂壤土。电导率为 7.5～100 dS/m；碳酸钙相当物含量 10～50 g/kg，中度石灰反应，土壤 pH 7.5～8.5。

对比土系 殷家红系，同一亚类，但不同土族，颗粒大小级别为黏壤质。

利用性能综述 盐碱地，土体深厚，植被覆盖度较低，养分含量低，质地适中。不适于开发为农用地，亦不适于放牧。从保护生态环境的角度，应采取天然封育，保护现有植被，防止进一步盐化。

参比土种 氯硫盐土。

代表性单个土体 位于甘肃省张掖市肃南县明花乡郑家村南，杜家庄北，前滩村西北，于家村东北，39°37′42.306″N，98°51′25.865″E，海拔 1349 m，冲积平原洼地，母质为冲积物，盐碱地，盐芦苇，植被覆盖度约 20%，50 cm 深度年均土温 9.6℃，调查时间 2012 年 8 月，编号 ZL-008。

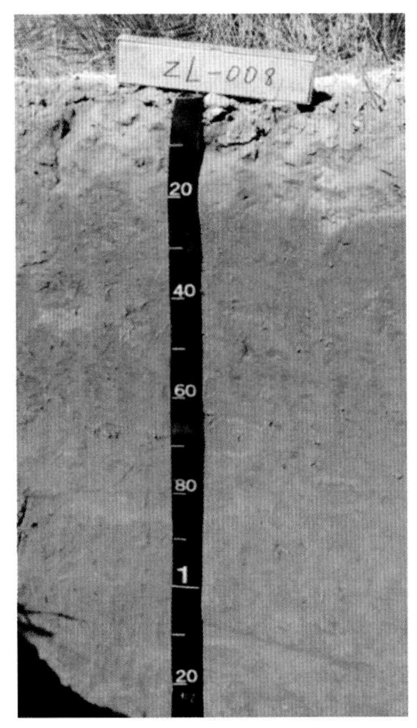

前滩村系代表性单个土体剖面

Kz：+2～0 cm，盐结壳。

Ahz：0～20 cm，橙白色（7.5YR 8/1，干），棕灰色（7.5YR 5/1，润），粉砂壤土，发育弱的直径<5mm 块状结构，松散，中量茅草和芦苇根系，中度石灰反应，向下层波状清晰过渡。

Bz1：20～55 cm，淡黄橙色（7.5YR 7/3，干），棕灰色（7.5YR 5/1，润），粉砂壤土，发育弱的直径 10～20 mm 块状结构，疏松，少量芦苇根系，中度石灰反应，向下层波状渐变过渡。

Bz2：55～80 cm，淡黄橙色（7.5YR 8/3，干），灰黄棕色（7.5YR 6/2，润），粉砂壤土，发育弱的直径 10～20 mm 块状结构，疏松，少量芦苇根系，中度石灰反应，向下层波状渐变过渡。

BrzC：80～130 cm，淡黄橙色（7.5YR 8/3，干），灰黄棕色（7.5YR 6/2，润），粉砂壤土，发育弱的直径 20～50 mm 块状结构，疏松，极少量芦苇根系，2%铁锰斑纹，中度石灰反应。

前滩村系代表性单个土体物理性质

土层	深度/cm	砾石(>2 mm，体积分数)/%	细土颗粒组成(粒径：mm)/(g/kg)			质地	容重/(g/cm^3)
			砂粒 2～0.05	粉粒 0.05～0.002	黏粒 <0.002		
Ahz	0～20	0	211	606	183	粉砂壤土	0.83
Bz1	20～55	0	198	594	207	粉砂壤土	0.92
Bz2	55～80	0	176	640	185	粉砂壤土	1.07
BrzC	80～130	0	136	685	178	粉砂壤土	1.19

前滩村系代表性单个土体化学性质

深度/cm	pH	有机碳/(g/kg)	全氮(N)/(g/kg)	全磷(P)/(g/kg)	全钾(K)/(g/kg)	CEC/[cmol(+)/kg]	$CaCO_3$/(g/kg)	电导率(EC)/(dS/m)
0～20	8.2	4.2	0.23	0.54	18.6	9.5	44.4	98.4
20～55	8.2	3.9	0.26	0.71	15.0	15.6	39.6	43.1
55～80	8.0	3.0	0.18	0.68	14.1	11.3	37.2	31.3
80～130	7.8	2.6	0.17	0.55	12.7	6.8	49.6	10.0

6.4 普通潮湿正常盐成土

6.4.1 许三湾系（Xusanwan Series）

土 族：粗骨壤质盖粗骨质硅质混合型石灰性温性-普通潮湿正常盐成土
拟定者：杨金玲，张甘霖，李德成

分布与环境条件 主要分布于张掖地区洪积平原地势低洼处，洪积平原，海拔 1300～1600 m，母质为洪积物，荒草地，温带半干旱气候，年均日照时数 3000～3300 h，气温 6～9℃，降水量 100～200 mm，无霜期 130～180 d。

许三湾系典型景观

土系特征与变幅 诊断层包括淡薄表层和盐积层，诊断特性包括温性土壤温度状况、半干润土壤水分状况和石灰性，具有钙积现象。土体厚度 20～50 cm，淡薄表层厚度 10～20 cm；盐积层上界出现在矿质土表以下 10～25 cm，厚度 25～50 cm，其上部为盐积现象。砾石含量 5%～90%，通体为粉砂质黏壤土。电导率为 3.0～30 dS/m；碳酸钙相当物含量 50～100 g/kg，强度石灰反应，土壤 pH 8.0～9.0。

对比土系 涝池沟系，同一亚类，但不同土族，颗粒大小级别为黏壤质，温度状况为冷性。

利用性能综述 荒草地，土体浅簿，砾石多，植被覆盖度较低，养分含量低，应做好现有自然植被的保护，并种植耐盐和耐旱灌木。

参比土种 强盐漠钙土。

代表性单个土体 位于甘肃省张掖市高台县新坝乡许三湾滩东北，西滩村西，单沙窝头村东南，39°18′57.063″N，99°26′21.639″E，海拔 1469 m，洪积平原，母质为洪积物，荒草地，草灌覆盖度 10%～20%，50 cm 深度年均土温 9.5℃，调查时间 2013 年 7 月，编号 HH029。

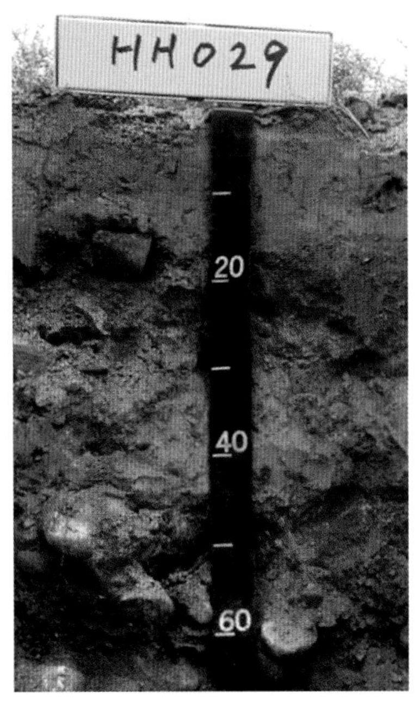

许三湾系代表性单个土体剖面

Ahz：0～10 cm，淡黄橙色（10YR 8/3，干），浊黄棕色（10YR 5/3，润），5%岩石碎屑，粉砂质黏壤土，发育弱的直径 <5 mm 块状结构，稍坚实，中量草灌根系，强度石灰反应，向下层平滑清晰过渡。

Bkz：10～22 cm，亮黄棕色（10YR 6/6，干），棕色（10YR 4/4，润），10%岩石碎屑，粉砂质黏壤土，发育弱的直径 5～10 mm 块状结构，稍坚实，少量草灌根系，强度石灰反应，向下层波状清晰过渡。

Bz：22～42 cm，橙白色（10YR 8/2，干），灰黄棕色（10YR 5/2，润），35%岩石碎屑，粉砂质黏壤土，发育弱的直径 5～10 mm 块状结构，稍坚实，强度石灰反应，向下层波状渐变过渡。

C：42～70 cm，橙白色（10YR 8/2，干），灰黄棕色（10YR 5/2，润），85%岩石碎屑，单粒，无结构，强度石灰反应。

许三湾系代表性单个土体物理性质

土层	深度/cm	砾石(>2 mm，体积分数)/%	细土颗粒组成(粒径：mm)/(g/kg)			质地	容重/(g/cm^3)
			砂粒 2～0.05	粉粒 0.05～0.002	黏粒 <0.002		
Ahz	0～10	5	78	567	355	粉砂质黏壤土	1.39
Bkz	10～22	10	105	577	118	粉砂质黏壤土	1.49
Bz	22～42	35	138	564	298	粉砂质黏壤土	1.43
C	42～70	85	—	—	—	—	—

许三湾系代表性单个土体化学性质

深度/cm	pH	有机碳/(g/kg)	全氮(N)/(g/kg)	全磷(P)/(g/kg)	全钾(K)/(g/kg)	CEC/[cmol(+)/kg]	$CaCO_3$/(g/kg)	电导率(EC)/(dS/m)
0～10	8.0	3.1	0.33	0.54	14.7	5.5	79.5	6.3
10～22	8.6	1.8	0.23	0.61	15.6	7.6	94.8	19.5
22～42	8.4	2.4	0.28	0.45	14.5	3.0	71.0	22.8
42～70	—	—	—	—	—	—	—	—

6.4.2 涝池沟系（Laochigou Series）

土 族：黏壤质混合型石灰性冷性-普通潮湿正常盐成土
拟定者：杨金玲，李德成，张甘霖

分布与环境条件 主要分布于张掖地区黄土高原坡麓低洼处，黄土高原梁峁坡麓，海拔2100～2500 m，母质为黄土沉积物，荒草地，温带半干旱气候，年均日照时数2500～2800 h，气温0～6℃，降水量200～350 mm，无霜期110～140 d。

涝池沟系典型景观

土系特征与变幅 诊断层包括淡薄表层、钙积层和盐积层，诊断特性包括冷性土壤温度状况、半干润土壤水分状况和石灰性。土体厚度1 m以上；淡薄表层厚度为10～20 cm；钙积层上界出现在矿质土表以下25～50 cm，厚度50～75 cm，5%～15%白色碳酸钙粉末；盐积层上界出现在矿质土表以下25～50 cm，厚度75～100 cm，其上为盐积现象。通体为粉砂壤土。电导率1.0～50 dS/m；碳酸钙相当物含量50～250 g/kg，强度-极强度石灰反应，土壤pH 8.0～8.5。

对比土系 许三湾系和羊户口系。许三湾系为同一亚类，但不同土族，颗粒大小级别为粗骨壤质盖粗骨质，温度状况为温性；羊户口系，同一土族，但母质类型上为黄土状沉积物，下为坡积物。

利用性能综述 草地，土体深厚，养分含量中等，植被覆盖度较低，不适于开发和耕种利用，应自然封育，提高植被覆盖度，防止过度放牧带来荒漠化。

参比土种 盐性黄板土。

代表性单个土体 位于甘肃省张掖市山丹县老军乡涝池沟村东，五里沟村北，双井子牧场南，38°29′7.114″N，101°33′13.230″E，海拔2399 m，黄土高原梁峁缓坡坡麓，母质为黄土沉积物，荒草地，植被覆盖度约30%，50 cm深度年均土温7.1℃，调查时间2013年7月，编号HH045。

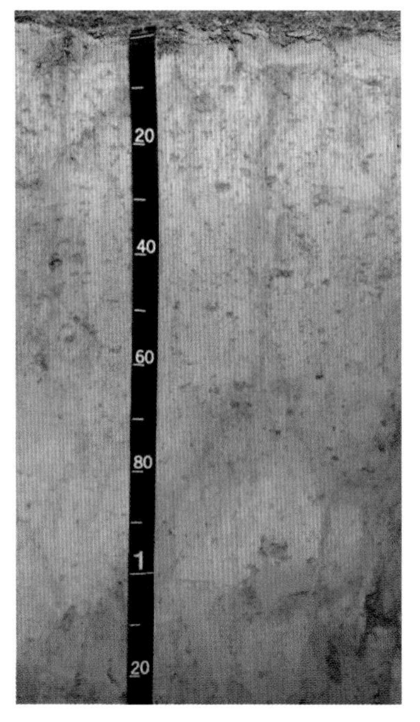

涝池沟系代表性单个土体剖面

Ah：0～10 cm，亮黄棕色（10YR 7/6，干），浊黄棕色（10YR 5/4，润），粉砂壤土，发育弱的粒状和直径<5 mm 块状结构，疏松，多量草被根系，强度石灰反应，向下层平滑清晰过渡。

ABz：10～25 cm，亮黄棕色（10YR 7/6，干），浊黄棕色（10YR 5/4，润），粉砂壤土，发育弱的直径 10～20 mm 块状结构，疏松，中量草被根系，极强度石灰反应，向下层波状清晰过渡。

Bkz1：25～65 cm，淡黄橙色（10Y 8/3，干），浊黄棕色（10YR 4/3，润），粉砂壤土，发育弱的直径 20～50 mm 块状结构，稍坚实，5%～8%白色碳酸钙粉末，极强度石灰反应，向下层波状渐变过渡。

Bkz2：65～100 cm，亮黄棕色（10YR 7/6，干），浊黄棕色（10YR 5/4，润），粉砂壤土，发育弱的直径 20～50 mm 块状结构，稍坚实，10%～15%白色碳酸钙粉末，极强度石灰反应，向下层波状渐变过渡。

Bz：100～120 cm，亮黄棕色（10YR 7/6，干），浊黄棕色（10YR 5/4，润），粉砂壤土，发育弱的直径 20～50 mm 块状结构，稍坚实，极强度石灰反应。

涝池沟系代表性单个土体物理性质

土层	深度 /cm	砾石 (>2 mm，体积分数)/%	细土颗粒组成(粒径：mm)/(g/kg)			质地	容重 /(g/cm^3)
			砂粒 2～0.05	粉粒 0.05～0.002	黏粒 <0.002		
Ah	0～10	0	226	557	217	粉砂壤土	1.16
ABz	10～25	0	166	603	231	粉砂壤土	0.99
Bkz1	25～65	0	167	601	232	粉砂壤土	1.16
Bkz2	65～100	0	158	617	225	粉砂壤土	1.25
Bz	100～120	0	163	625	212	粉砂壤土	1.42

涝池沟系代表性单个土体化学性质

深度 /cm	pH	有机碳 /(g/kg)	全氮(N) /(g/kg)	全磷(P) /(g/kg)	全钾(K) /(g/kg)	CEC /[cmol(+)/kg]	$CaCO_3$ /(g/kg)	电导率(EC) /(dS/m)
0～10	8.5	13.3	1.09	0.70	17.9	11.6	79.4	2.3
10～25	8.5	14.8	1.20	0.64	15.3	13.4	121.9	13.5
25～65	8.0	9.4	0.80	0.64	16.4	14.2	159.1	40.8
65～100	8.4	4.9	0.46	0.46	14.8	11.7	217.1	32.3
100～120	8.3	2.6	0.29	0.54	16.4	7.6	130.4	29.8

6.4.3 羊户口系（Yanghukou Series）

土 族：黏壤质混合型石灰性冷性-普通潮湿正常盐成土

拟定者：杨金玲，李德成，张甘霖

分布与环境条件 主要分布于张掖市山丹县地势低洼处，山区，海拔 2400～2800 m，母质上为黄土状沉积物，下为坡积物，草地，温带半干旱气候，年均日照时数 2500～2800 h，气温 3～6℃，降水量 200～350 mm，无霜期 110～140 d。

羊户口系典型景观

土系特征与变幅 诊断层包括淡薄表层、钙积层和盐积层，诊断特性包括冷性土壤温度状况、半干润土壤水分状况和石灰性。土体厚度 1 m 以上；淡薄表层厚度 10～20 cm；钙积层上界出现在矿质土表以下 10～25 cm，厚度 25～50 cm，5%～15%白色碳酸钙粉末或假菌丝体；盐积层上界出现在矿质土表以下 10～25 cm，厚度 75～100 cm。通体为粉砂壤土。电导率 1.0～30 dS/m；碳酸钙相当物含量 50～250 g/kg，强度-极强度石灰反应，土壤 pH 7.5～8.5。

对比土系 涝池沟系，同一土族，但母质类型为黄土沉积物。

利用性能综述 草地，土体较深厚，养分含量较高，植被覆盖度中等，不适于开发和耕种利用，应自然封育，提高植被覆盖度，防止过度放牧带来荒漠化和水土流失。

参比土种 中盐漠钙土。

代表性单个土体 位于甘肃省张掖市山丹县老军乡羊户口村南，井湾村西北，红石崖圈村东南，38°25′54.330″N，101°26′53.057″E，海拔 2677 m，洪积扇，母质上为黄土状沉积物，下为坡积物，草地，植被覆盖度 50%～60%，50 cm 深度年均土温 6.3℃，调查时间 2013 年 7 月，编号 HH043。

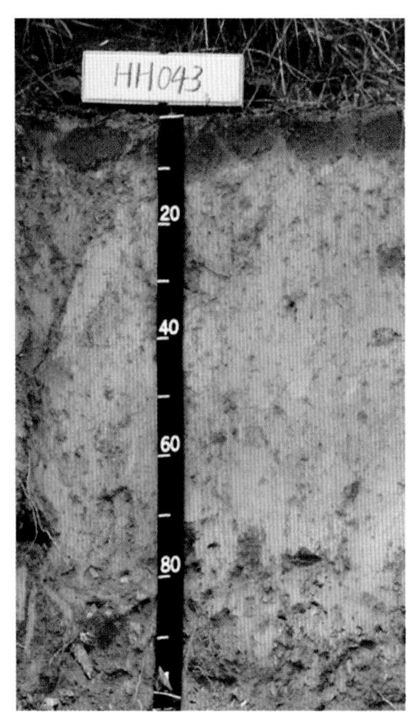

羊户口系代表性单个土体剖面

Ah：0～10 cm，浊黄橙色（10YR 7/4，干），浊黄棕色（10YR 4/3，润），粉砂壤土，发育弱的粒状和直径<5 mm 块状结构，疏松，多量草被根系，强烈石灰反应，向下层不规则清晰过渡。

Bkz1：10～30 cm，淡黄橙色（10YR 8/4，干），浊黄橙色（10YR 6/3，润），粉砂壤土，发育弱的直径 10～20 mm 块状结构，疏松，中量草被根系，10%～15%白色碳酸钙粉末，极强烈石灰反应，向下层波状渐变过渡。

Bkz2：30～50 cm，淡黄橙色（10YR 8/4，干），浊黄橙色（10YR 6/3，润），粉砂壤土，发育弱的直径 20～50 mm 块状结构，稍坚实，少量草被根系，10%～15%白色碳酸钙粉末，极强烈石灰反应，向下层波状渐变过渡。

Bz1：50～70 cm，淡黄橙色（10YR 8/4，干），浊黄橙色（10YR 6/3，润），粉砂壤土，发育弱的直径 20～50 mm 块状结构，稍坚实，2%～5%白色碳酸钙粉末，极强烈石灰反应，向下层波状渐变过渡。

Bz2：70～100 cm，淡黄橙色（10YR 8/4，干），浊黄橙色（10YR 6/3，润），20%岩石碎屑，粉砂壤土，发育弱的直径 20～50 mm 块状结构，稍坚实，少量草被根系，2%～5%白色碳酸钙粉末，极强烈石灰反应。

羊户口系代表性单个土体物理性质

土层	深度/cm	砾石(>2 mm，体积分数)/%	细土颗粒组成(粒径：mm)/(g/kg)			质地	容重/(g/cm^3)
			砂粒 2～0.05	粉粒 0.05～0.002	黏粒 <0.002		
Ah	0～10	0	172	607	221	粉砂壤土	1.15
Bkz1	10～30	0	186	591	223	粉砂壤土	1.09
Bkz2	30～50	0	200	589	210	粉砂壤土	1.25
Bz1	50～70	0	158	618	224	粉砂壤土	1.28
Bz2	70～100	20	288	505	207	粉砂壤土	1.37

羊户口系代表性单个土体化学性质

深度/cm	pH	有机碳/(g/kg)	全氮(N)/(g/kg)	全磷(P)/(g/kg)	全钾(K)/(g/kg)	CEC/[cmol(+)/kg]	$CaCO_3$/(g/kg)	电导率(EC)/(dS/m)
0～10	7.8	26.3	2.06	0.64	17.2	13.1	84.5	2.2
10～30	7.9	15.4	1.24	0.51	15.6	13.8	210.8	17.1
30～50	8.1	5.8	0.53	0.54	15.8	10.6	232.2	23.3
50～70	8.0	4.8	0.46	0.79	17.0	8.5	150.5	19.0
70～100	8.4	3.5	0.36	0.48	17.4	8.7	159.2	21.4

第7章 均 腐 土

7.1 钙积寒性干润均腐土

7.1.1 尕海系（Gahai Series）

土 族：粗骨壤质盖粗骨质混合型-钙积寒性干润均腐土
拟定者：杨金玲，宋效东

分布与环境条件 主要分布于甘南高原，高山洪积扇，海拔 3200～3600 m，母质为冲-洪积物，草地，高寒半湿润气候，年均日照时数 1800～2200 h，气温 0～3℃，降水量 500～700 mm，无霜期 50～80 d。

尕海系典型景观

土系特征与变幅 诊断层包括暗沃表层和钙积层，诊断特性包括半干润土壤水分状况、寒性土壤温度状况、石灰性和均腐殖质特性，具有冻融特征。有效土层厚度 50～100 cm，暗沃表层厚度 25～50 cm；通体 Rh 为 0.20～0.39，C/N 为 8.0～12.0。钙积层上界出现在矿质土表以下 25～50 cm，厚度 25～50 cm。层次质地构型为壤土-粉砂壤土-壤土。碳酸钙相当物含量 20～150 g/kg，中度-极强度石灰反应，土壤 pH 7.5～8.5。

对比土系 夏河系，同一土类，但不同亚类，没有钙积层，为普通寒性干润均腐土。

利用性能综述 有效土层厚度不足 1 m，但是养分含量高。地势起伏不大，不易发生水土流失，质地适中，是良好的牧场。可适度放牧，用养结合，避免过度放牧造成草原退化。

参比土种 底砂脱潮土。

代表性单个土体　位于甘肃省甘南藏族自治州碌曲县尕海乡加仓村，34°13′14.470″N，102°24′03.802″E，高山洪积扇，海拔 3454 m，母质为洪积物，草地，植被覆盖度>90%，50 cm 深度年均土温 4.1℃，调查时间 2015 年 7 月，编号 62-019。

尕海系代表性单个土体剖面

Ah1：0～10 cm，黑棕色（10YR 3/2，干），黑棕色（10YR 2/2，润），2%岩石碎屑，壤土，发育强的粒状和片状结构，地表具有冻胀丘，极疏松，多量缠结草被根系，轻度石灰反应，向下层波状清晰过渡。

Ah2：10～26 cm，浊棕色（10YR 5/3，干），黑棕色（10YR 3/2，润），5%岩石碎屑，壤土，发育中等的粒状和直径<5 mm 块状结构，疏松，中量草被根系，<2%白色碳酸钙粉末，中度石灰反应，向下层波状渐变过渡。

AB：26～50 cm，浊棕色（10YR 5/3，干），黑棕色（10YR 3/2，润），10%岩石碎屑，粉砂壤土，发育中等的直径 10～20 mm 块状结构，疏松，少量草被根系，2%～5%白色碳酸钙粉末，强度石灰反应，向下层平滑清晰过渡。

Bk：50～78 cm，浊棕色（10YR 5/3，干），黑棕色（10YR 3/2，润），30%岩石碎屑，壤土，发育弱的直径 10～20 mm 块状结构，稍坚实，15%～20%白色碳酸钙粉末，极强度石灰反应，向下层平滑突变过渡。

C：78～140 cm，90%岩石碎屑，石面有 10%～15%白色碳酸钙粉末，极强度石灰反应。

尕海系代表性单个土体物理性质

土层	深度/cm	砾石(>2 mm，体积分数)/%	细土颗粒组成(粒径：mm)/(g/kg)			质地	容重/(g/cm³)
			砂粒 2～0.05	粉粒 0.05～0.002	黏粒 <0.002		
Ah1	0～10	2	306	491	202	壤土	0.89
Ah2	10～26	5	357	463	180	壤土	1.23
AB	26～50	10	274	520	207	粉砂壤土	1.06
Bk	50～78	30	318	486	197	壤土	1.21
C	78～140	90	—	—	—	—	—

尕海系代表性单个土体化学性质

深度/cm	pH	有机碳/(g/kg)	全氮(N)/(g/kg)	全磷(P)/(g/kg)	全钾(K)/(g/kg)	CEC/[cmol(+)/kg]	$CaCO_3$/(g/kg)	电导率(EC)/(dS/m)
0～10	8.1	50.6	4.30	0.76	21.1	25.1	29.8	0.7
10～26	8.2	27.0	2.57	0.68	21.3	16.6	58.5	0.5
26～50	8.0	22.3	2.28	0.70	21.6	15.9	74.4	1.0
50～78	8.1	13.1	1.36	0.61	20.5	10.8	133.7	0.5
78～140	—	—	—	—	—	—	—	—

7.2 普通寒性干润均腐土

7.2.1 夏河系（Xiahe Series）

土 族：壤质盖粗骨质混合型非酸性-普通寒性干润均腐土

拟定者：杨金玲，宋效东

分布与环境条件 主要分布于甘南高原和武威等地，高原阶地，海拔 2900～3300 m，母质为冲积物，草地，高寒半湿润气候，年均日照时数 1800～2200 h，气温 0～3℃，降水量 400～600 mm，无霜期 50～80 d。

夏河系典型景观

土系特征与变幅 诊断层包括暗沃表层，诊断特性包括寒性土壤温度状况、半干润土壤水分状况、均腐殖质特性和永冻层次。土体厚度 1 m 以上；暗沃表层厚度 25～50 cm；通体 Rh 为 0.20～0.39，C/N 为 10.0～16.9；潜育特征上界出现在矿质土表以下 50～75 cm，具有潜育特征土层厚度 25～50 cm。层次质地构型为粉砂壤土-壤土。无石灰性，土壤 pH 5.5～8.5。

对比土系 尕海系，同一土类，但不同亚类，有钙积层，为钙积寒性干润均腐土。

利用性能综述 土体较深厚，养分状况良好，质地适中，但底层砾石含量高。高寒草甸植被，腐殖质不易分解矿化，土性凉，目前无法从事农业生产。应保护草场资源，合理放牧，防止草原退化。

参比土种 洼泥锈湿土。

代表性单个土体 位于甘肃省甘南藏族自治州夏河县阿木去乎镇黑力宁巴村，34°45′32.610″N，102°36′18.271″E，高原阶地，海拔 3104 m，母质为冲积物，草地，植被覆盖度>80%，50 cm 深度年均土温 4.9℃，调查时间 2015 年 7 月，编号 62-027。

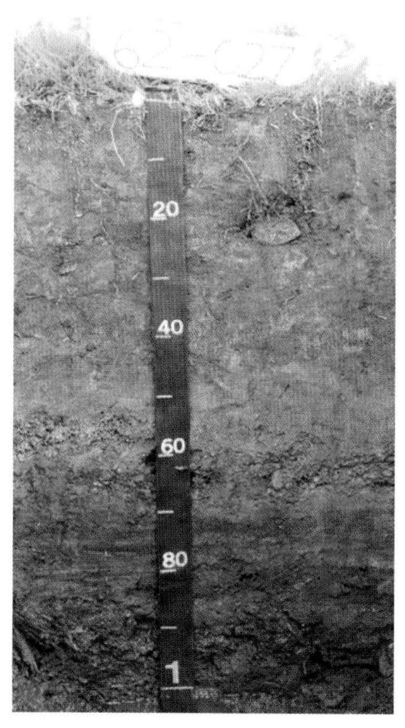
夏河系代表性单个土体剖面

Ah：0～9 cm，暗灰黄色（2.5Y 5/2，干），黑棕色（2.5Y 3/2，润），粉砂壤土，发育中等的粒状和直径<5 mm 块状结构，稍紧实，大量草被根系，向下层平滑清晰过渡。

Ahr：9～33 cm，暗灰黄色（2.5Y 5/2，干），黑棕色（2.5Y 3/2，润），10%岩石碎屑，粉砂壤土，发育中等的直径 5～10 mm 块状结构，疏松，中量草被根系，8%铁锰斑纹，向下层平滑清晰过渡。

Br：33～55 cm，黄灰色（2.5Y 5/1，干），黑棕色（2.5Y 3/1，润），5%岩石碎屑，粉砂壤土，发育弱的直径 20～50 mm 块状结构，疏松，少量草被根系，2%铁锰斑纹，向下层平滑突变过渡。

Cr：55～65 cm，浊黄色（2.5Y 6/4，干），橄榄棕色（2.5Y 4/4，润），80%岩石碎屑，壤土，单粒，无结构，10%铁锰斑纹，向下层平滑突变过渡。

Abr：65～110 cm，暗灰黄色（2.5Y 5/2，干），黑棕色（2.5Y 3/2，润），20%岩石碎屑，壤土，直径＜5 mm 块状结构，15%铁锰斑纹。

夏河系代表性单个土体物理性质

土层	深度/cm	砾石(>2 mm，体积分数)/%	细土颗粒组成(粒径：mm)/(g/kg)			质地	容重/(g/cm³)
			砂粒 2～0.05	粉粒 0.05～0.002	黏粒 ＜0.002		
Ah	0～9	0	105	638	257	粉砂壤土	1.55
Ahr	9～33	10	206	583	211	粉砂壤土	1.28
Br	33～55	5	295	522	183	粉砂壤土	1.17
Cr	55～65	80	466	377	157	壤土	1.39
Abr	65～110	20	340	469	191	壤土	1.49

夏河系代表性单个土体化学性质

深度/cm	pH	有机碳/(g/kg)	全氮(N)/(g/kg)	全磷(P)/(g/kg)	全钾(K)/(g/kg)	CEC/[cmol(+)/kg]	$CaCO_3$/(g/kg)	电导率(EC)/(dS/m)
0～9	8.4	20.9	1.82	0.71	23.2	15.1	7.6	0.5
9～33	8.1	23.2	1.99	0.65	22.8	17.4	4.3	0.4
33～55	7.8	14.0	1.05	0.52	22.2	12.3	1.5	0.2
55～65	7.6	6.3	0.53	0.61	20.3	5.4	1.9	0.3
65～110	5.6	16.4	1.06	0.56	21.5	9.7	1.1	2.2

7.3 普通暗厚干润均腐土

7.3.1 江洛系（Jiangluo Series）

土 族：粗骨壤质混合型石灰性温性-普通暗厚干润均腐土
拟定者：杨金玲，刘峰

分布与环境条件 主要分布于陇南山区，中山坡地，海拔 900～1300 m，母质为硅质岩风化残积-坡积物，林地，温带半湿润气候，年均日照时数 1500～1900 h，气温 9～12℃，降水量 600～750 mm，无霜期 190～210 d。

江洛系典型景观

土系特征与变幅 诊断层包括暗沃表层，诊断特性包括温性土壤温度状况、半干润土壤水分状况、均腐殖质特性和石灰性。土体厚度 1 m 以上；暗沃表层厚 50～100 cm；Rh 为 0.10～0.30，C/N 为 8.0～13.0。砾石含量 25%～50%，粉砂壤土。碳酸钙相当物含量 50～100 g/kg，强度石灰反应，土壤 pH 8.0～8.5。

对比土系 古鲁赫系，同一亚类，不同土族，颗粒大小级别为黏壤质，土壤酸碱性为非酸性，土壤温度状况为冷性。

利用性能综述 林地，土体深厚，养分含量较高，植被覆盖度高，地势陡峭，不适于开发和耕种利用，应自然封育，提高植被覆盖度，防止水土流失。

参比土种 棕黄砂土。

代表性单个土体 位于甘肃省陇南市徽县江洛镇过河口村，33°55′25.052″N，105°49′03.990″E，中山陡坡坡麓，海拔 1129 m，母质为硅质岩风化残积-坡积物，林地，植被覆盖度 90%，50 cm 深度年均土温 13.8℃，调查时间 2015 年 7 月，编号 62-014。

江洛系代表性单个土体剖面

Ah1：0～25 cm，浊黄棕色（10YR 4/3，干），黑棕色（10YR 3/2，润），30%岩石碎屑，粉砂壤土，发育强的粒状和直径<5 mm 块状结构，极疏松，中量灌草根系，强度石灰反应，向下层波状清晰过渡。

Ah2：25～40 cm，浊黄棕色（10YR 5/3，干），暗棕色（10YR 3/3，润），45%岩石碎屑，粉砂壤土，发育强的直径<5 mm 块状结构，疏松，中量灌草根系，强度石灰反应，向下层平滑清晰过渡。

Ah3：40～65 cm，浊黄棕色（10YR 5/3，干），暗棕色（10YR 3/3，润），50%岩石碎屑，粉砂壤土，发育中等的直径 5～10 mm 块状结构，稍坚实，少量灌草根系，强度石灰反应，向下层波状渐变过渡。

Ah4：65～88 cm，浊黄棕色（10YR 5/3，干），暗棕色（10YR 3/3，润），45%岩石碎屑，粉砂壤土，发育中等的直径 10～20 mm 块状结构，坚实，少量灌草根系，强度石灰反应，向下层波状渐变过渡。

AB：88～120 cm，浊黄棕色（10YR 5/3，干），暗棕色（10YR 3/3，润），45%岩石碎屑，粉砂壤土，发育弱的直径 10～20 mm 块状结构，稍坚实，少量灌草根系，强度石灰反应。

江洛系代表性单个土体物理性质

土层	深度 /cm	砾石 (>2 mm，体积分数)/%	细土颗粒组成(粒径：mm)/(g/kg)			质地	容重 /(g/cm³)
			砂粒 2～0.05	粉粒 0.05～0.002	黏粒 <0.002		
Ah1	0～25	30	157	637	206	粉砂壤土	—
Ah2	25～40	45	167	608	225	粉砂壤土	—
Ah3	40～65	50	150	608	242	粉砂壤土	—
Ah4	65～88	45	158	603	238	粉砂壤土	—
AB	88～120	45	159	609	232	粉砂壤土	—

江洛系代表性单个土体化学性质

深度 /cm	pH	有机碳 /(g/kg)	全氮(N) /(g/kg)	全磷(P) /(g/kg)	全钾(K) /(g/kg)	CEC /[cmol(+)/kg]	$CaCO_3$ /(g/kg)	电导率(EC) /(dS/m)
0～25	8.3	17.9	1.73	1.02	20.7	16.2	83.8	0.3
25～40	8.3	17.2	1.71	1.01	21.3	16.3	83.0	0.3
40～65	8.3	15.6	1.62	0.88	20.5	15.7	91.5	0.3
65～88	8.3	15.4	1.56	0.96	20.6	16.0	86.4	0.3
88～120	8.4	13.7	1.47	0.82	21.2	15.6	99.3	0.3

7.3.2 古鲁赫系（Guluhe Series）

土 族：黏壤质混合型非酸性冷性-普通暗厚干润均腐土
拟定者：杨金玲，宋效东

分布与环境条件 主要分布于甘南藏族自治州高山区，高山坡地，海拔 2600～3000 m，母质为砂砾岩风化残积-坡积物，林地，高寒半湿润气候，年均日照时数 1800～2200 h，气温 0～3℃，降水量 400～600 mm，无霜期 50～80 d。

古鲁赫系典型景观

土系特征与变幅 诊断层包括暗沃表层，诊断特性包括冷性土壤温度状况、半干润土壤水分状况、均腐殖质特性和准石质接触面。土体厚度 1 m 以上；暗沃表层厚 100～150 cm；其下紧接半风化体； Rh 为 0.30～0.39，C/N 为 10.0～16.9。通体为粉砂壤土。无石灰性，土壤 pH 6.5～8.0。

对比土系 江洛系、那尼头系和西仓系。江洛系，同一亚类，不同土族，颗粒大小级别为粗骨壤质，土壤酸碱性为石灰性，土壤温度状况为温性；那尼头系和西仓系，同一土族，但母质类型不同，分别为黄土沉积物和黄土状沉积物。

利用性能综述 土体较厚，养分含量高，质地适中，结构好，植被覆盖度高，土壤抗蚀能力较强，保水保肥能力强，是高质量的林场。在成年林带，应采伐和培育相结合，栽植最适宜的速生快长树种，防止树林砍伐过程中带来水土流失。

参比土种 黑毡土。

代表性单个土体 位于甘肃省甘南藏族自治州合作市卡加曼乡古鲁赫尔，35°04′08.562″N，102°54′27.510″E，高山陡坡地中下部，海拔 2807 m，母质为砂砾岩风化残积-坡积物，林地，植被覆盖度 70%～80%，50 cm 深度年均土温 5.5℃，调查时间 2015 年 7 月，编号 62-036。

古鲁赫系代表性单个土体剖面

Ah1：0～15 cm，暗棕色（10YR 3/3，干），黑棕色（10YR 2/2，润），2%岩石碎屑，粉砂壤土，发育强的粒状结构，极疏松，多量草被根系，向下层平滑渐变过渡。

Ah2：15～36 cm，暗棕色（10YR 3/4，干），黑棕色（10YR 2/3，润），2%岩石碎屑，粉砂壤土，发育强的粒状结构，极疏松，多量灌草根系，向下层平滑渐变过渡。

Ah3：36～74 cm，暗棕色（10YR 3/4，干），黑棕色（10YR 2/3，润），5%岩石碎屑，粉砂壤土，发育强的粒状和直径<5 mm 块状结构，极疏松，中量灌草根系，向下层波状渐变过渡。

Ah4：74～110 cm，棕色（10YR 4/4，干），暗棕色（10YR 3/3，润），10%岩石碎屑，粉砂壤土，发育中等的粒状和直径<5 mm 块状结构，疏松，少量粗树根和中量灌草根系，向下层波状突变过渡。

C：　110～130 cm，亮黄棕色（10YR 6/6，干），黄棕色（10YR 5/6，润），95%岩石碎屑，粉砂壤土，单粒，无结构。

古鲁赫系代表性单个土体物理性质

土层	深度/cm	砾石(>2 mm，体积分数)/%	细土颗粒组成(粒径：mm)/(g/kg)			质地	容重$/(g/cm^3)$
			砂粒 2～0.05	粉粒 0.05～0.002	黏粒 <0.002		
Ah1	0～15	2	124	641	234	粉砂壤土	0.71
Ah2	15～36	2	115	656	229	粉砂壤土	0.83
Ah3	36～74	5	99	660	241	粉砂壤土	0.83
Ah4	74～110	10	119	638	243	粉砂壤土	0.92
C	110～130	95	239	553	208	粉砂壤土	—

古鲁赫系代表性单个土体化学性质

深度/cm	pH	有机碳/(g/kg)	全氮(N)/(g/kg)	全磷(P)/(g/kg)	全钾(K)/(g/kg)	CEC/[cmol(+)/kg]	$CaCO_3$/(g/kg)	电导率(EC)/(dS/m)
0～15	6.9	72.3	5.83	0.96	20.7	40.3	0	0
15～36	6.9	67.7	5.27	0.99	20.2	35.2	1.5	0
36～74	7.5	53.4	3.87	0.98	21.0	38.4	2.3	0
74～110	7.8	45.0	2.65	0.86	21.8	34.3	1.9	0.3
110～130	7.8	14.5	1.11	0.55	22.9	18.2	1.9	0.2

7.3.3 那尼头系（Nanitou Series）

土　族：黏壤质混合型非酸性冷性-普通暗厚干润均腐土

拟定者：杨金玲，宋效东

分布与环境条件　主要分布于临夏回族自治州、兰州、定西、甘南等地的丘陵岗地，黄土高原梁峁坡地，海拔 2200～2600 m，母质为黄土沉积物，旱地，高寒半湿润气候，年均日照时数 1800～2200 h，气温 3～6℃，降水量 400～600 mm，无霜期 120～150 d。

那尼头系典型景观

土系特征与变幅　诊断层包括暗沃表层和雏形层，诊断特性包括冷性土壤温度状况、半干润土壤水分状况和均腐殖质特性。土体厚度 1 m 以上，暗沃表层厚 50～75 cm；Rh 为 0.30～0.39，C/N 为 8.0～13.0。通体为粉砂壤土。无石灰性，土壤 pH 7.5～8.5。

对比土系　古鲁赫系和西仓系，同一土族，但古鲁赫系的母质类型为砂砾岩风化残积-坡积物；西仓系母质类型为黄土状沉积物，暗沃表层更厚，厚度可达 100～150 cm。

利用性能综述　土体深厚，土壤养分含量较高，质地适中，结构良好，保水保肥能力较强，无障碍层次，易耕作，宜耕期长，适种性广。但因黄土母质水稳定性结构差，遇水土粒易分散，抗蚀性差，坡度较大，极易于发生水土流失。第一，加强田间管理，要重视平田整地，修埂培肥，沿等高线开沟种植，减少地面径流，防止水土流失。第二，增施有机肥料，秸秆还田，绿肥压青，改善土壤结构，提高土壤有机质含量；同时重视氮磷化肥的施用，增加作物产量。

参比土种　薄麻灰黑土。

代表性单个土体　位于甘肃省临夏回族自治州康乐县八松乡那尼头村，35°19′54.303″N，103°29′23.775″E，黄土高原梁峁缓坡中下部，海拔 2445 m，母质为黄土沉积物，缓坡梯田旱地，50 cm 深度年均土温 8.6℃，调查时间 2015 年 7 月，编号 62-035。

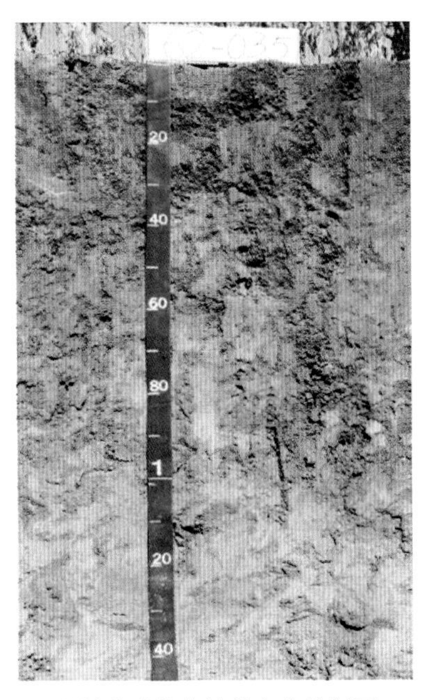

那尼头系代表性单个土体剖面

Ap：0～20 cm，灰黄棕色（10YR 5/2，干），黑棕色（10YR 3/2，润），粉砂壤土，发育强的粒状和直径<5 mm 块状结构，疏松，向下层平滑清晰过渡。

Ah：20～60 cm，灰黄棕色（10YR 5/2，干），黑棕色（10YR 3/2，润），粉砂壤土，发育强的直径 5～10 mm 块状结构，稍坚实，向下层波状渐变过渡。

Bw1：60～80 cm，淡黄橙色（10YR 7/3，干），浊黄棕色（10YR 5/4，润），粉砂壤土，发育强的直径 10～20 mm 块状结构，很坚实，向下层波状渐变过渡。

Bw2：80～140 cm，淡黄橙色（10YR 8/3，干），浊黄橙色（10YR 6/4，润），粉砂壤土，发育中等的直径 20～50 mm 块状结构，坚实。

那尼头系代表性单个土体物理性质

土层	深度 /cm	砾石 (>2 mm，体积分数)/%	细土颗粒组成(粒径：mm)/(g/kg)			质地	容重 /(g/cm^3)
			砂粒 2～0.05	粉粒 0.05～0.002	黏粒 <0.002		
Ap	0～20	0	122	623	255	粉砂壤土	1.37
Ah	20～60	0	106	654	240	粉砂壤土	1.52
Bw1	60～80	0	169	623	208	粉砂壤土	1.66
Bw2	80～140	0	199	666	136	粉砂壤土	1.62

那尼头系代表性单个土体化学性质

深度 /cm	pH	有机碳 /(g/kg)	全氮(N) /(g/kg)	全磷(P) /(g/kg)	全钾(K) /(g/kg)	CEC /[cmol(+)/kg]	$CaCO_3$ /(g/kg)	电导率(EC) /(dS/m)
0～20	7.9	19.4	1.55	0.83	23.4	10.8	1.9	0.3
20～60	8.0	14.6	1.15	0.74	23.6	32.9	0.0	0.2
60～80	7.9	5.4	0.47	0.67	24.5	11.3	2.3	0.2
80～140	8.1	3.4	0.38	0.74	24.8	10.6	2.3	0.2

7.3.4 西仓系（Xicang Series）

土 族：黏壤质混合型非酸性冷性-普通暗厚干润均腐土

拟定者：杨金玲，宋效东

分布与环境条件 主要分布于甘南藏族自治州碌曲县高山区，高山坡地，海拔 3000～3200 m，母质上为黄土状沉积物，下为泥质岩风化残积-坡积物，林草地，高寒半湿润气候，年均日照时数 1800～2200 h，气温 0～6℃，降水量 400～600 mm，无霜期 50～80 d。

西仓系典型景观

土系特征与变幅 诊断层包括暗沃表层，诊断特性包括冷性土壤温度状况、半干润土壤水分状况和均腐殖质特性。土体厚度 1 m 以上，暗沃表层厚 100～150 cm；Rh 为 0.10～0.30，C/N 为 13.0～16.9。通体为粉砂壤土。无石灰性，土壤 pH 6.0～7.5。

对比土系 古鲁赫系和那尼头系，同一土族，但古鲁赫系的母质类型为砂砾岩风化残积-坡积物；那尼头系母质类型为黄土沉积物，暗沃表层更薄，厚度 50～75 cm。

利用性能综述 林地，土体深厚，养分含量高，质地适中，土体通透性较好，植被覆盖度高，土壤抗蚀能力较强，保水保肥能力强，是高质量的牧场和林场。适度放牧，防止草原退化和水土流失。

参比土种 黑毡土。

代表性单个土体 位于甘肃省甘南藏族自治州碌曲县西仓乡嘎寨尔村，34°33′46.454″N，102°32′37.280″E，高原缓坡中下部，海拔 3069 m，母质上为黄土状沉积物，下为泥质岩风化残积-坡积物，林草地，植被覆盖度>90%，50 cm 深度年均土温 5.2℃，调查时间 2015 年 7 月，编号 62-030。

西仓系代表性单个土体剖面

Ah1：0～12 cm，暗棕色（10YR 3/4，干），黑棕色（10YR 2/3，润），10%岩石碎屑，粉砂壤土，发育强的粒状结构，极疏松，大量草被根系，向下层平滑渐变过渡。

Ah2：12～30 cm，暗棕色（10YR 3/4，干），黑棕色（10YR 2/3，润），5%岩石碎屑，粉砂壤土，发育强的粒状结构和直径<5mm 块状结构，极疏松，大量草被根系，向下层波状渐变过渡。

Ah3：30～94 cm，暗棕色（10YR 3/4，干），黑棕色（10YR 2/3，润），2%岩石碎屑，粉砂壤土，发育强的直径<5 mm 块状结构，极疏松，中量树草根系，向下层平滑渐变过渡。

Ah4：94～120 cm，暗棕色（10YR 3/4，干），黑棕色（10YR 2/3，润），2%岩石碎屑，粉砂壤土，发育中等的直径 5～10 mm 块状结构，疏松，中量树草根系。

西仓系代表性单个土体物理性质

土层	深度/cm	砾石(>2 mm，体积分数)/%	细土颗粒组成(粒径：mm)/(g/kg)			质地	容重/(g/cm³)
			砂粒 2～0.05	粉粒 0.05～0.002	黏粒 <0.002		
Ah1	0～12	10	143	628	230	粉砂壤土	0.76
Ah2	12～30	5	186	600	214	粉砂壤土	0.95
Ah3	30～94	2	129	629	242	粉砂壤土	0.88
Ah4	94～120	2	137	631	232	粉砂壤土	1.07

西仓系代表性单个土体化学性质

深度/cm	pH	有机碳/(g/kg)	全氮(N)/(g/kg)	全磷(P)/(g/kg)	全钾(K)/(g/kg)	CEC/[cmol(+)/kg]	$CaCO_3$/(g/kg)	电导率(EC)/(dS/m)
0～12	6.9	48.9	3.45	0.66	21.9	30.3	0.0	0.5
12～30	6.7	57.3	3.93	0.67	20.8	56.0	3.1	0.5
30～94	6.3	39.6	2.83	0.45	16.6	26.0	0.0	0.5
94～120	6.7	30.5	2.25	0.62	22.6	23.4	0.0	0.4

第8章 淋 溶 土

8.1 普通钙积干润淋溶土

8.1.1 白雀村系（Baiquecun Series）

土 族：黏壤质混合型温性-普通钙积干润淋溶土

拟定者：杨金玲，刘峰

分布与环境条件 主要分布于陇南山地塬地中下部，黄土高原梁峁坡地，海拔 1400～1800 m，母质为黄土沉积物，旱地，温带半湿润气候，年均日照时数 1700～1900 h，气温 9～12℃，降水量 500～600 mm，无霜期 180～210 d。

白雀村系典型景观

土系特征与变幅 诊断层包括淡薄表层、钙积层、钙磐和黏磐，诊断特性包括温性土壤温度状况、半干润土壤水分状况和石灰性。土体厚度 1 m 以上；淡薄表层厚度 10～20 cm；钙磐和黏磐上界出现在矿质土表下 75～100 cm，厚度 25～50 cm。层次质地构型为粉砂壤土-粉砂质黏壤土。碳酸钙相当物含量 150～350 g/kg，极强度石灰反应，土壤 pH 8.0～9.0。

对比土系 郭铺系，同一亚纲，但不同土类，没有钙积层，为普通简育干润淋溶土。

利用性能综述 梯田旱地，土体深厚，土壤养分含量中等，耕层偏浅，上层土体质地适中，底层黏重。利用改良上：第一，增施有机肥料，秸秆还田，绿肥压青，提高土壤肥力。第二，合理施用复合肥和锌、硼、钼等微肥，增加作物产量。第三，需深耕松土，增加耕层厚度。

参比土种 棕黄土。

代表性单个土体　位于甘肃省陇南市西和县西峪乡白雀村，34°00′37.190″N，105°15′49.471″E，黄土高原梁峁中坡中部，海拔 1630 m，母质为黄土沉积物，梯田旱地，50 cm 深度年均土温 12.8℃，调查时间 2015 年 7 月，编号 62-017。

白雀村系代表性单个土体剖面

Ap：0～10 cm，浊黄橙色（10YR 6/3，干），浊黄棕色（10YR 4/3，润），2%岩石碎屑，粉砂壤土，发育中等的粒状和直径<5 mm 块状结构，疏松，极强度石灰反应，向下层波状渐变过渡，

AB：10～30 cm，浊黄橙色（10YR 7/3，干），浊黄棕色（10YR 5/3，润），2%岩石碎屑，粉砂壤土，发育中等的直径 10～20 mm 块状结构，稍坚实，<2%白色碳酸钙粉末，极强度石灰反应，向下层波状渐变过渡。

Bk1：30～45 cm，浊黄橙色（10YR 7/3，干），浊黄棕色（10YR 5/3，润），5%岩石碎屑，粉砂壤土，发育中等的直径 10～20 mm 块状结构，稍坚实，10%～15%白色碳酸钙粉末，极强度石灰反应，向下层平滑清晰过渡。

Bk2：45～80 cm，浊黄橙色（10YR 7/3，干），浊黄棕色（10YR 5/3，润），5%岩石碎屑，粉砂壤土，发育中等的直径 20～50 mm 块状结构，坚实，10%～15%白色碳酸钙粉末，极强度石灰反应，向下层平滑清晰过渡。

Bktm：80～110 cm，灰色（10Y 6/1，干），灰色（10Y 4/1，润），20%岩石碎屑，粉砂质黏壤土，发育中等的直径 20～50 mm 棱块状结构，极坚实，钙磐，黏磐，极强度石灰反应。

白雀村系代表性单个土体物理性质

土层	深度 /cm	砾石 (>2 mm，体积分数)/%	细土颗粒组成(粒径：mm)/(g/kg)			质地	容重 /(g/cm³)
			砂粒 2～0.05	粉粒 0.05～0.002	黏粒 <0.002		
Ap	0～10	2	211	578	211	粉砂壤土	1.07
AB	10～30	2	135	618	247	粉砂壤土	1.30
Bk1	30～45	5	133	624	243	粉砂壤土	1.26
Bk2	45～80	5	142	619	239	粉砂壤土	1.36
Bktm	80～110	20	64	592	345	粉砂质黏壤土	—

白雀村系代表性单个土体化学性质

深度 /cm	pH	有机碳 /(g/kg)	全氮(N) /(g/kg)	全磷(P) /(g/kg)	全钾(K) /(g/kg)	CEC /[cmol(+)/kg]	$CaCO_3$ /(g/kg)	电导率(EC) /(dS/m)
0～10	8.5	11.8	1.13	0.49	17.7	14.0	188.7	0.4
10～30	8.5	5.8	0.69	0.65	21.6	12.9	175.5	0.3
30～45	8.6	4.3	0.55	0.73	25.0	12.7	187.7	0.4
45～80	8.3	4.1	0.55	0.63	21.1	12.3	183.4	0.5
80～110	8.3	2.1	0.35	0.69	24.9	15.6	342.8	0.5

8.2 普通简育干润淋溶土

8.2.1 郭铺系（Guopu Series）

土 族：黏壤质混合型石灰性温性-普通简育干润淋溶土

拟定者：杨金玲，刘峰

分布与环境条件 主要分布于陇东黑河、四郎河以南的堰面，川台地也有零星分布，黄土高原台地，海拔900～1300 m，母质为黄土沉积物，旱地，温带半湿润气候，年均日照时数2200～2500 h，气温8～12℃，降水量500～600 mm，无霜期170～200 d。

郭铺系典型景观

土系特征与变幅 诊断层包括淡薄表层和黏化层，诊断特性包括温性土壤温度状况、半干润土壤水分状况和石灰性。土体厚度1 m以上；淡薄表层厚度10～20 cm；黏化层上界出现在矿质土表下75～100 cm，厚度25～50 cm。层次质地构型为粉砂壤土-粉砂质黏壤土。碳酸钙相当物含量20～100 g/kg，中度-强度石灰反应，土壤pH 7.5～8.5。

对比土系 白雀村系，同一亚纲，但不同土类，有钙积层为普通钙积干润淋溶土。

利用性能综述 旱地，土体深厚，土壤养分含量较低，上层土体质地适中，底层黏重。利用改良上：第一，增施有机肥料，秸秆还田，绿肥压青，提高土壤肥力。第二，合理施用复合肥和锌、硼、钼等微肥，增加作物产量。

参比土种 厚盖黏黑垆土。

代表性单个土体 位于甘肃省庆阳市宁县早胜镇郭铺村，35°26′13.451″N，107°57′03.792″E，黄土高原台地，海拔1172 m，母质为黄土沉积物，旱地，小麦单作，50 cm深度年均土温11.3℃，调查时间2015年7月，编号62-037。

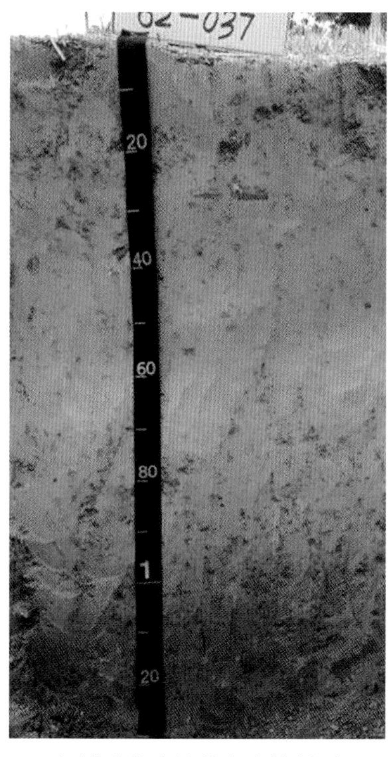

郭铺系代表性单个土体剖面

Ap1：0～18 cm，浊黄橙色（10YR 6/4，干），棕色（10YR 4/4，润），粉砂壤土，发育强的直径<5 mm 块状结构，疏松，强度石灰反应，向下层平滑清晰过渡。

Ap2：18～26 cm，浊黄橙色（10YR 6/4，干），棕色（10YR 4/4，润），粉砂壤土，发育强的直径 5～10 mm 块状结构，稍坚实，强度石灰反应，向下层波状渐变过渡。

Bw1：26～57 cm，浊黄棕色（10YR 7/3，干），浊黄棕色（10YR 5/3，润），粉砂壤土，发育中等直径 10～20 mm 块状结构，坚实，2～5%白色碳酸钙粉末，强度石灰反应，向下层波状清晰过渡。

Bw2：57～80 cm，淡黄橙色（10YR 8/3，干），浊黄橙色（10YR 6/3，润），粉砂壤土，发育中等的直径 20～50 mm 块状结构，很坚实，2%白色碳酸钙粉末，强度石灰反应，向下层平滑清晰过渡。

Bt1：80～100 cm，浊黄橙色（10YR 7/3，干），浊黄棕色（10YR 5/3，润），粉砂质黏壤土，发育强的直径 10～20 mm 块状结构，坚实，有黏粒胶膜，中度石灰反应，向下层波状渐变过渡。

Bt2：100～125 cm，浊黄橙色（10YR 6/3，干），浊黄棕色（10YR 4/3，润），2%岩石碎屑，粉砂质黏壤土，发育强的直径 10～20 mm 块状结构，很坚实，有黏粒胶膜，中度石灰反应。

郭铺系代表性单个土体物理性质

土层	深度 /cm	砾石 (>2 mm，体积分数)/%	细土颗粒组成(粒径：mm)/(g/kg)			质地	容重 /(g/cm³)
			砂粒 2～0.05	粉粒 0.05～0.002	黏粒 ＜0.002		
Ap1	0～18	0	136	664	200	粉砂壤土	1.26
Ap2	18～26	0	139	667	194	粉砂壤土	1.35
Bw1	26～57	0	149	656	195	粉砂壤土	1.48
Bw2	57～80	0	161	656	183	粉砂壤土	1.52
Bt1	80～100	0	66	631	303	粉砂质黏壤土	1.47
Bt2	100～125	2	76	591	333	粉砂质黏壤土	1.58

郭铺系代表性单个土体化学性质

深度 /cm	pH	有机碳 /(g/kg)	全氮(N) /(g/kg)	全磷(P) /(g/kg)	全钾(K) /(g/kg)	CEC /[cmol(+)/kg]	$CaCO_3$ /(g/kg)	电导率(EC) /(dS/m)
0～18	7.8	7.5	0.92	0.87	21.6	8.9	79.7	0.5
18～26	8.3	6.7	0.84	0.85	22.3	8.4	86.7	0.4
26～57	8.5	4.6	0.59	0.73	22.4	7.8	80.2	0.4
57～80	8.4	3.1	0.41	0.64	22.1	7.7	65.1	0.5
80～100	8.3	5.3	0.62	0.67	24.9	13.3	45.9	0.5
100～125	8.2	7.1	0.85	0.65	25.9	16.0	26.1	0.5

第9章　雏　形　土

9.1　钙积灌淤干润雏形土

9.1.1　崔家梁系（Cuijialiang Series）

土　族：壤质盖粗骨质混合型冷性-钙积灌淤干润雏形土
拟定者：杨金玲，李德成，张甘霖

分布与环境条件　主要分布于酒泉市肃州区长期灌溉区域，洪-冲积平原，海拔 1500～1900 m，母质为洪-冲积物，旱地，温带干旱气候，年均日照时数 3000～3300 h，气温 3～6℃，降水量 100～200 mm，无霜期 120～140 d。

崔家梁系典型景观

土系特征与变幅　诊断层包括钙积层，诊断特性包括冷性土壤温度状况、半干润土壤水分状况、人为淤积物质和石灰性，具有灌淤现象。土体厚度 50～100 cm；具有灌淤现象土层厚度 20～49 cm；钙积层上界出现在矿质土表以下 25～50 cm，厚度 25～50 cm。通体为粉砂壤土，土体下部为砾石层。碳酸钙相当物含量 50～200 g/kg，强度-极强度石灰反应，土壤 pH 7.5～8.5。

对比土系　中截系和西上坝系。中截系，同一亚类，但不同土族，颗粒大小级别为壤质，土壤温度状况为温性。西上坝系，同一土类，但不同亚类，无钙积层，为普通灌淤干润雏形土。

利用性能综述　旱地，土体稍浅，土壤养分含量中等，质地适中，通透性好，土性柔和，耕性好。利用改良上：第一，增施有机肥料，秸秆还田，绿肥压青，提高土壤有机质含量，用养结合。第二，合理施用化肥，实施配方施肥，适当施用氮磷化肥和锌、硼、钼等微肥，增加作物产量。

参比土种　灌淤灰棕漠土。

代表性单个土体　位于甘肃省酒泉市肃州区西洞镇王家庄南，胡家庄西，崔家梁底北，39°35′52.810″N，98°24′31.560″E，海拔 1757 m，洪-冲积平原，母质为洪-冲积物，旱地，小麦-玉米不定期轮作，50 cm 深度年均土温 8.2℃，调查时间 2012 年 8 月，编号 ZL-027。

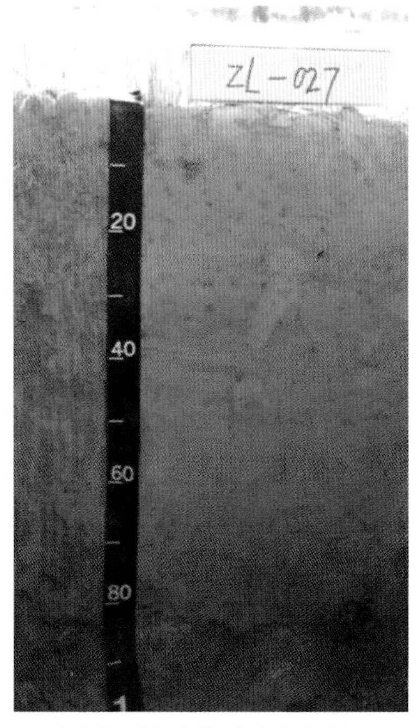

崔家梁系代表性单个土体剖面

Aup1：0～18 cm，淡黄橙色（10YR 8/3，干），浊黄棕色（10YR 5/3，润），粉砂壤土，发育中等的粒状和直径<5 mm 块状结构，疏松，2%炭屑，极强度石灰反应，向下层平滑清晰过渡。

Aup2：18～48 cm，淡黄橙色（10YR 8/3，干），浊黄棕色（10YR 5/3，润），粉砂壤土，发育中等的直径 10～20 mm 块状结构，稍坚实，2%炭屑，强度石灰反应，向下层波状渐变过渡。

Bk：48～82 cm，浊黄橙色（10YR 7/3，干），浊黄棕色（10YR 5/3，润），粉砂壤土，发育弱的直径 20～50 mm 块状结构，坚实，极强度石灰反应，向下层波状突变过渡。

C：82～100 cm，灰黄棕色（10YR 6/2，干），灰黄棕色（10YR 4/2，润），90%岩石碎屑，单粒，无结构，极强度石灰反应。

崔家梁系代表性单个土体物理性质

土层	深度/cm	砾石(>2 mm，体积分数)/%	细土颗粒组成(粒径：mm)/(g/kg)			质地	容重/(g/cm^3)
			砂粒 2～0.05	粉粒 0.05～0.002	黏粒 <0.002		
Aup1	0～18	0	223	551	226	粉砂壤土	1.15
Aup2	18～48	0	230	547	223	粉砂壤土	1.26
Bk	48～82	0	257	564	179	粉砂壤土	1.39
C	82～100	90	—	—	—	—	—

崔家梁系代表性单个土体化学性质

深度/cm	pH	有机碳/(g/kg)	全氮(N)/(g/kg)	全磷(P)/(g/kg)	全钾(K)/(g/kg)	CEC/[cmol(+)/kg]	$CaCO_3$/(g/kg)	电导率(EC)/(dS/m)
0～18	8.0	10.8	0.92	0.73	14.3	8.0	167.8	1.6
18～48	8.3	5.9	0.56	0.62	14.8	10.9	53.3	1.0
48～82	8.3	3.1	0.32	0.64	14.3	9.3	154.1	4.6
82～100	—	—	—	—	—	—	—	—

9.1.2　中截系（Zhongjie Series）

土　族：壤质混合型温性-钙积灌淤干润雏形土
拟定者：杨金玲，李德成，刘峰

分布与环境条件　主要分布于酒泉市金塔县长期灌溉区域，冲积平原，海拔 1000～1400 m，母质为冲积物，旱地，温带干旱气候，年均日照时数 3000～3300 h，气温 6～12℃，降水量 50～100 mm，无霜期 130～180 d。

中截系典型景观

土系特征与变幅　诊断层包括钙积层和雏形层，诊断特性包括温性土壤温度状况、半干润土壤水分状况、人为淤积物质、氧化还原特征和石灰性，具有灌淤现象。土体厚度 1 m 以上；具有灌淤现象土层厚度 20～49 cm；钙积层上界出现在矿质土表以下 75～100 cm，厚度 15～25 cm；2%～5%铁锰斑纹。层次质地构型为壤土-砂质壤土-壤土-粉砂质黏壤土。碳酸钙相当物含量 100～250 g/kg，极强度石灰反应，土壤 pH 7.5～9.0。

对比土系　崔家梁系，同一亚类，但不同土族，颗粒大小级别为壤质盖粗骨质，土壤温度状况为冷性。

利用性能综述　旱地，土体深厚，土壤养分含量中等，质地适中，通透性好，土性柔和，耕性好。利用改良上：第一，增施有机肥料，秸秆还田，绿肥压青，提高土壤有机质含量，用养结合。第二，合理施用化肥，实施配方施肥，适当施用氮磷化肥和锌、硼、钼等微肥，增加作物产量。

参比土种　灰灌漠土。

代表性单个土体　位于甘肃省酒泉市金塔县金塔镇中截村北，陈家后庄西南，40°1′0.872″N，98°53′45.834″E，海拔 1262 m，冲积平原，母质为冲积物，旱地，小麦单作，50 cm 深度年均土温 9.8℃，调查时间 2012 年 8 月，编号 LF-022。

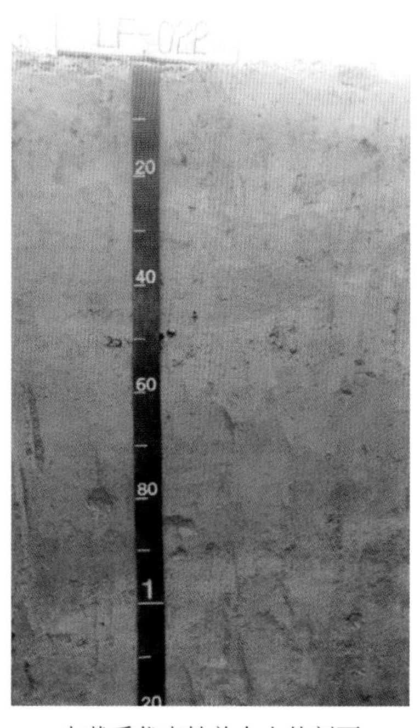

中截系代表性单个土体剖面

Aup1：0～18 cm，浊黄橙色（10YR 7/2，干），灰黄棕色（10YR 4/2，润），壤土，发育中等的粒状和直径<5 mm 块状结构，疏松，2%～5%炭屑，极强度石灰反应，向下层平滑清晰过渡。

Aup2：18～48 cm，浊黄橙色（10YR 7/2，干），灰黄棕色（10YR 5/2，润），砂质壤土，发育中等的直径 5～10 mm 块状结构，稍坚实，2%～5%炭屑，极强度石灰反应，向下层波状渐变过渡。

Bw：48～80 cm，浊黄橙色（10YR 7/2，干），灰黄棕色（10YR 5/2，润），砂质壤土，发育中等的直径 10～20 mm 块状结构，稍坚实，极强度石灰反应，向下层波状渐变过渡。

Br：80～96 cm，浊黄橙色（10YR 7/2，干），灰黄棕色（10YR 5/2，润），壤土，发育弱的直径 10～20 mm 块状结构，稍坚实，2%铁锰斑纹，极强度石灰反应，向下层波状渐变过渡。

Bkr：96～120 cm，浊黄橙色（10YR 7/2，干），灰黄棕色（10YR 5/2，润），粉砂质黏壤土，发育弱的直径 5～10 mm 块状结构，稍坚实，5%铁锰斑纹，极强度石灰反应。

中截系代表性单个土体物理性质

土层	深度/cm	砾石(>2 mm，体积分数)/%	细土颗粒组成(粒径：mm)/(g/kg)			质地	容重/(g/cm³)
			砂粒 2～0.05	粉粒 0.05～0.002	黏粒 <0.002		
Aup1	0～18	0	501	366	133	壤土	1.15
Aup2	18～48	0	548	291	161	砂质壤土	1.35
Bw	48～80	0	632	245	124	砂质壤土	1.45
Br	80～96	0	333	479	187	壤土	1.41
Bkr	96～120	0	146	542	311	粉砂质黏壤土	1.34

中截系代表性单个土体化学性质

深度/cm	pH	有机碳/(g/kg)	全氮(N)/(g/kg)	全磷(P)/(g/kg)	全钾(K)/(g/kg)	CEC/[cmol(+)/kg]	$CaCO_3$/(g/kg)	电导率(EC)/(dS/m)
0～18	8.0	10.6	0.91	0.66	14.2	4.1	150.4	1.0
18～48	8.3	3.8	0.3	0.46	14.3	2.3	142.5	1.5
48～80	8.6	2.2	0.22	0.42	14.5	1.5	125.2	0.3
80～96	8.4	2.8	0.2	0.54	15.4	4.3	163.0	1.2
96～120	8.3	4.0	0.37	0.60	18.6	7.6	241.8	2.4

9.2 斑纹灌淤干润雏形土

9.2.1 东沙门系（Dongshamen Series）

土 族：砂质硅质混合型石灰性温性-斑纹灌淤干润雏形土

拟定者：杨金玲，赵玉国，吴华勇

分布与环境条件 主要分布于酒泉市敦煌市长期灌溉区域，冲积平原，海拔 900～1200 m，母质为冲积物，旱地，温带干旱气候，年均日照时数 3000～3300 h，气温 6～12℃，降水量 20～50 mm，无霜期 130～180 d。

东沙门系典型景观

土系特征与变幅 诊断层包括雏形层，诊断特性包括温性土壤温度状况、半干润土壤水分状况、氧化还原特征、人为淤积物质和石灰性，具有灌淤现象。土体厚度 1 m 以上；具有灌淤现象土层厚度 20～49 cm；2%～5%铁锰斑纹。层次质地构型为壤土-砂质壤土-壤土。碳酸钙相当物含量 50～150 g/kg，强度-极强度石灰反应，土壤 pH 8.5～9.5。

对比土系 中南村系和常家庄系。中南村系，同一土族，但层次质地构型为壤土-壤质砂土-砂质壤土，中度石灰反应；常家庄系，同一亚类，但不同土族，颗粒大小级别为壤质，矿物类型为混合型，温度状况为冷性。

利用性能综述 土体深厚，土壤养分含量低，质地偏砂，耕层厚度适中，压实严重。利用改良上：第一，增施有机肥料，秸秆还田，绿肥压青，提高土壤有机质含量。第二，合理施用复合肥和锌、硼、钼等微肥，增加作物产量。第三，需深耕松土，改善土壤物理性状。

参比土种 黄泥田。

代表性单个土体 位于甘肃省酒泉市敦煌市转渠口镇东沙门村，40°15′47.263″N，

94°45′37.379″E，海拔 1001 m，冲积平原，母质为冲积物，旱地，50 cm 深度年均土温 12.4℃，调查时间 2015 年 7 月，编号 62-076。

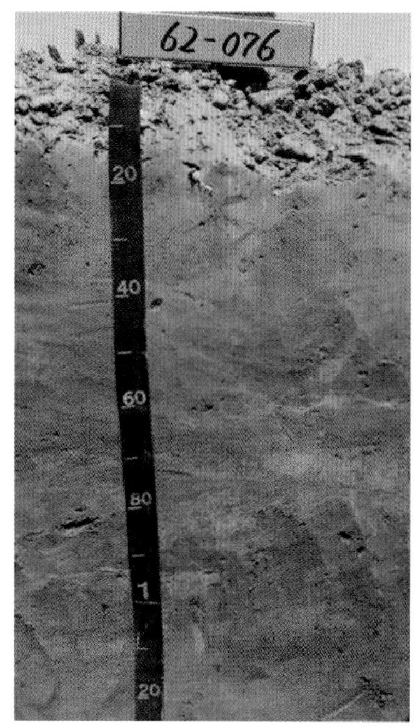

东沙门系代表性单个土体剖面

Aup1：0～16 cm，浊黄橙色（10YR 7/3，干），浊黄棕色（10YR 5/4，润），壤土，发育强的直径<5mm 块状结构，坚实，<2%炭屑，强度石灰反应，向下层平滑清晰过渡。

Aup2：16～42 cm，淡黄橙色（10YR 8/3，干），浊黄棕色（10YR 5/4，润），壤土，发育强的直径 5～10 mm 块状结构，坚实，2%炭屑和<2%蚯蚓粪，强度石灰反应，向下层平滑渐变过渡。

Br1：42～65 cm，淡黄橙色（10YR 8/3，干），浊黄棕色（10YR 5/4，润），砂质壤土，发育强的直径 10～20 mm 块状，稍坚实，2%铁锰斑纹，强度石灰反应，向下层平滑渐变过渡。

Br2：65～100 cm，浊黄橙色（10YR 7/3，干），浊黄棕色（10YR 5/4，润），砂质壤土，发育中等的直径 10～20 mm 块状结构，很坚实，5%铁锰斑纹，强度石灰反应，向下层平滑渐变过渡。

Br3：100～125 cm，浊黄橙色（10YR 7/3，干），浊黄棕色（10YR 5/4，润），壤土，发育中等的直径 10～20 mm 块状结构，很坚实，2%铁锰斑纹，强度石灰反应。

东沙门系代表性单个土体物理性质

土层	深度/cm	砾石(>2 mm，体积分数)/%	细土颗粒组成(粒径：mm)/(g/kg)			质地	容重/(g/cm^3)
			砂粒 2～0.05	粉粒 0.05～0.002	黏粒 <0.002		
Aup1	0～16	0	396	419	186	壤土	1.62
Aup2	16～42	0	392	418	190	壤土	1.56
Br1	42～65	0	571	304	124	砂质壤土	1.35
Br2	65～100	0	763	164	73	砂质壤土	—
Br3	100～125	0	350	460	191	壤土	—

东沙门系代表性单个土体化学性质

深度/cm	pH	有机碳/(g/kg)	全氮(N)/(g/kg)	全磷(P)/(g/kg)	全钾(K)/(g/kg)	CEC/[cmol(+)/kg]	$CaCO_3$/(g/kg)	电导率(EC)/(dS/m)
0～16	8.6	4.7	0.46	0.73	20.4	4.8	102.7	2.3
16～42	9.0	4.2	0.40	0.66	19.9	4.1	84.5	0.7
42～65	9.2	2.6	0.26	0.55	19.4	2.8	92.4	0.7
65～100	9.1	1.4	0.10	0.46	17.8	1.9	87.3	0.4
100～125	8.8	2.1	0.18	0.52	20.4	3.4	84.8	1.3

9.2.2　中南村系（Zhongnancun Series）

土　族：砂质硅质混合型石灰性温性-斑纹灌淤干润雏形土
拟定者：杨金玲，李德成，张甘霖

分布与环境条件　主要分布于张掖市甘州区长期灌溉区域，冲积平原，海拔 1200～1600 m，母质为冲积物，旱地，温带半干旱气候，年均日照时数 3000～3300 h，气温 6～12℃，降水量 100～200 mm，无霜期 130～180 d。

中南村系典型景观

土系特征与变幅　诊断层包括雏形层，诊断特性包括温性土壤温度状况、半干润土壤水分状况、人为淤积物质、氧化还原特征和石灰性，具有灌淤现象。土体厚度 1 m 以上；具有灌淤现象土层厚度 20～49 cm；2%～15%铁锰斑纹。层次质地构型为壤土-壤质砂土-砂质壤土。碳酸钙相当物含量 20～80 g/kg，中度石灰反应，土壤 pH 7.5～8.5。

对比土系　东沙门系和常家庄系，东沙门系，同一土族，但层次质地构型为壤土-砂质壤土-壤土，强度-极强度石灰反应；常家庄系，同一亚类，但不同土族，但颗粒大小级别为壤质，矿物类型为混合型，温度状况为冷性。

利用性能综述　土体深厚，土壤养分含量较低，质地偏砂，耕层厚度较浅。利用改良上：第一，增施有机肥料，秸秆还田，绿肥压青，提高土壤有机质含量。第二，合理施用复合肥和锌、硼、钼等微肥，增加作物产量。第三，需深耕，增加耕层厚度。

参比土种　灰灌漠土。

代表性单个土体　位于甘肃省张掖市甘州区明永镇中南村，39°0′38.21.424″N，100°17′43.338″E，海拔 1435 m，冲积平原，母质为冲积物，旱地，玉米单作，50 cm 深度年均土温 9.8℃，调查时间 2013 年 7 月，编号 HH037。

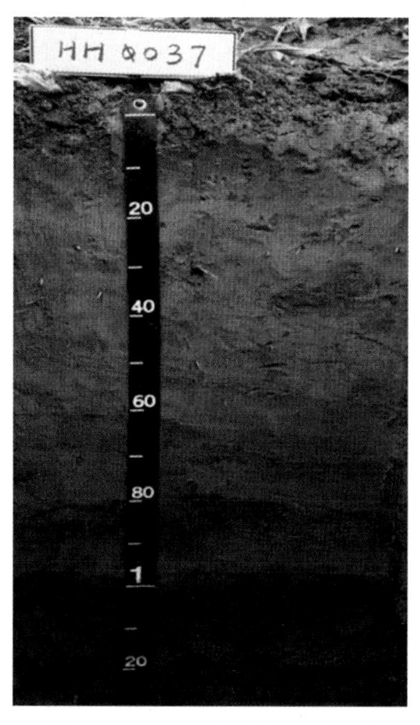

中南村系代表性单个土体剖面

Aup1：0～10 cm，浊黄橙色（10YR 7/2，干），灰黄棕色（10YR 5/2，润），壤土，发育中等的粒状和直径<5 mm 块状结构，疏松，5%炭屑，中度石灰反应，向下层平滑清晰过渡。

Aup2：10～20 cm，浊黄橙色（10YR 7/2，干），灰黄棕色（10YR 5/2，润），壤质砂土，发育中等的直径 5～10 mm 块状结构，稍坚实，2%～5%炭屑，中度石灰反应，向下层平滑渐变过渡。

Br：20～40 cm，橙白色（10YR 8/2，干），灰黄棕色（10YR 6/2，润），砂质壤土，发育弱的直径 5～10 mm 块状结构，疏松，10%铁锰斑纹，中度石灰反应，向下层平滑清晰过渡。

Cr：40～120 cm，淡黄橙色（10YR 8/3，干），浊黄棕色（10YR 5/3，润），砂质壤土，无结构，8%的铁锰斑纹，可见冲积层理，中度石灰反应。

中南村系代表性单个土体物理性质

土层	深度 /cm	砾石 (>2 mm，体积分数)/%	细土颗粒组成(粒径：mm)/(g/kg)			质地	容重 /(g/cm^3)
			砂粒 2～0.05	粉粒 0.05～0.002	黏粒 <0.002		
Aup1	0～10	0	436	386	178	壤土	1.23
Aup2	10～20	0	804	101	95	壤质砂土	1.45
Br	20～40	0	636	221	143	砂质壤土	1.38
Cr	40～120	0	700	178	122	砂质壤土	1.42

中南村系代表性单个土体化学性质

深度 /cm	pH	有机碳 /(g/kg)	全氮(N) /(g/kg)	全磷(P) /(g/kg)	全钾(K) /(g/kg)	CEC /[cmol(+)/kg]	$CaCO_3$ /(g/kg)	电导率(EC) /(dS/m)
0～10	7.9	6.9	0.62	0.86	15.0	5.2	40.4	2.0
10～20	8.5	5.2	0.27	0.61	13.7	2.1	43.8	1.2
20～40	8.4	3.1	0.33	0.57	15.3	2.5	50.6	1.5
40～120	8.0	2.6	0.30	0.52	15.8	2.6	30.2	1.6

9.2.3 常家庄系（Changjiazhuang Series）

土 族：壤质混合型石灰性冷性-斑纹灌淤干润雏形土

拟定者：杨金玲，李德成，张甘霖

分布与环境条件 主要分布于酒泉市肃州区长期灌溉区域，冲积平原，海拔 1400～1800 m，母质为冲积物，旱地，温带干旱气候，年均日照时数 3000～3300 h，气温 3～6℃，降水量 100～200 mm，无霜期 120～140 d。

常家庄系典型景观

土系特征与变幅 诊断层包括雏形层，诊断特性包括温性土壤温度状况、半干润土壤水分状况、人为淤积物质、氧化还原特征和石灰性，具有灌淤现象。土体厚度 1 m 以上；具有灌淤现象土层厚度 20～49 cm；2%～5%铁锰斑纹。层次质地构型为粉砂壤土-壤土。碳酸钙相当物含量 50～150 g/kg，强度-极强度石灰反应，土壤 pH 7.5～9.0。

对比土系 东沙门系和中南村系，同一亚类，但不同土族，颗粒大小级别均为砂质，矿物类型为硅质混合型，温度状况为温性。

利用性能综述 土体深厚，土壤养分含量一般，耕层厚度和质地适中，但压实严重。利用改良上：第一，增施有机肥料，秸秆还田，绿肥压青，提高土壤有机质含量。第二，合理施用复合肥和锌、硼、钼等微肥，增加作物产量。第三，需深耕松土，改善土壤物理性状。

参比土种 灰灌漠土。

代表性单个土体 位于甘肃省酒泉市肃州区金佛寺镇常家庄北，马家新庄西北，39°27′50.334″N，98°51′41.784″E，海拔 1605 m，冲积平原，母质为冲积物，旱地，玉米单作，50 cm 深度年均土温 8.9℃，调查时间 2012 年 8 月，编号 ZL-003。

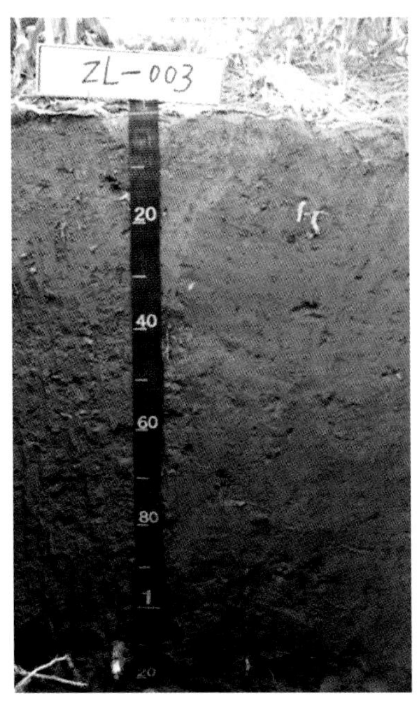

常家庄系代表性单个土体剖面

Aup1：0～18 cm，浊黄橙色（10YR 7/2，干），灰黄棕色（10YR 4/2，润），粉砂壤土，发育中等的粒状和直径<5 mm块状结构，疏松，2%～5%炭屑，强度石灰反应，向下层平滑清晰过渡。

Aup2：18～40 cm，浊黄橙色（10YR 7/2，干），灰黄棕色（10YR 5/2，润），壤土，发育中等的直径 10～20 mm 块状结构，稍坚实，2%炭屑，强度石灰反应，向下层平滑清晰过渡。

Br1：40～78 cm，灰黄棕色（10YR 6/2，干），灰黄棕色（10YR 4/2，润），壤土，发育中等的直径 20～50 mm 块状结构，稍坚实，2%铁锰斑纹，强度石灰反应，向下层波状渐变过渡。

Br2：78～120 cm，灰黄棕色（10YR 6/2，干），灰黄棕色（10YR 5/2，润），壤土，发育中等的直径 10～20 mm 块状结构，稍坚实，少量杨树根系，5%铁锰斑纹，强度石灰反应。

常家庄系代表性单个土体物理性质

土层	深度/cm	砾石(>2 mm，体积分数)/%	细土颗粒组成(粒径：mm)/(g/kg)			质地	容重/(g/cm³)
			砂粒 2～0.05	粉粒 0.05～0.002	黏粒 <0.002		
Aup1	0～18	0	198	554	249	粉砂壤土	1.29
Aup2	18～40	0	358	451	191	壤土	1.41
Br1	40～78	0	515	337	149	壤土	1.43
Br2	78～120	0	302	465	234	壤土	1.36

常家庄系代表性单个土体化学性质

深度/cm	pH	有机碳/(g/kg)	全氮(N)/(g/kg)	全磷(P)/(g/kg)	全钾(K)/(g/kg)	CEC/[cmol(+)/kg]	$CaCO_3$/(g/kg)	电导率(EC)/(dS/m)
0～18	8.3	10.8	0.89	0.85	17.3	8.5	118.1	2.3
18～40	8.3	6.3	0.49	0.67	14.7	3.6	92.3	2.3
40～78	8.6	3.3	0.20	0.69	15.4	2.5	93.9	0.9
78～120	8.0	3.5	0.24	0.73	16.5	7.1	97.1	1.5

9.3 普通灌淤干润雏形土

9.3.1 西上坝系（Xishangba Series）

土 族：黏壤质盖粗骨质混合型石灰性冷性-普通灌淤干润雏形土
拟定者：杨金玲，李德成，张甘霖

分布与环境条件 主要分布于张掖市高台县长期灌溉区域，洪-冲积平原，海拔 2000～2400 m，母质为洪-冲积物，旱地，温带半干旱气候，年均日照时数 2600～3000 h，气温 3～6℃，降水量 100～200 mm，无霜期 130～180 d。

西上坝系典型景观

土系特征与变幅 诊断层包括雏形层，诊断特性包括冷性土壤温度状况、半干润土壤水分状况、人为淤积物质和石灰性，具有灌淤现象。土体厚度 1 m 以上；灌淤现象土层厚度 20～49 cm；具有多元母质。通体为粉砂壤土。碳酸钙相当物含量 50～200 g/kg，强度-极强度石灰反应，土壤 pH 8.0～9.0。

对比土系 崔家梁系，同一土类，但不同亚类，有钙积层，为钙积灌淤干润雏形土。

利用性能综述 旱地，土体深厚，土壤养分含量中等，耕层厚度和质地适中。利用改良上：第一，增施有机肥料，秸秆还田，绿肥压青，提高土壤有机质含量。第二，合理施用复合肥和锌、硼、钼等微肥，增加作物产量。

参比土种 淡栗钙土。

代表性单个土体 位于甘肃省张掖市高台县新坝乡红崖子村南，西上坝村北，边沟村东南，39°07′58.945″N，99°17′45.962″E，海拔 2251 m，洪-冲积平原，母质为洪-冲积物，旱地，油菜单作，50 cm 深度年均土温 7.2℃，调查时间 2012 年 8 月，编号 GL-020。

西上坝系代表性单个土体剖面

Aup1：0～15 cm，灰黄棕色（10YR 6/2，干），灰黄棕色（10YR 4/2，润），5%岩石碎屑，粉砂壤土，发育中等的粒状和直径<5 mm 块状结构，疏松，2%炭屑，极强度石灰反应，向下层平滑清晰过渡。

Aup2：15～25 cm，灰黄棕色（10YR 6/2，干），灰黄棕色（10YR 4/2，润），5%岩石碎屑，粉砂壤土，发育中等的直径10～20 mm 块状结构，疏松，<2%炭屑，极强度石灰反应，向下层平滑清晰过渡。

Bw：25～66 cm，浊黄橙色（10YR 7/2，干），灰黄棕色（10YR 5/2，润），10%岩石碎屑，粉砂壤土，发育中等的直径20～50 mm 块状结构，稍坚实，强度石灰反应，向下层平滑突变过渡。

2C：66～90 cm，棕灰色（10YR 6/1，干），棕灰色（10YR 4/1，润），80%岩石碎屑，砾石面上有约 30%白色碳酸钙粉末，粉砂壤土，单粒，无结构，极强度石灰反应，向下层清晰突变过渡。

3C：90～110 cm，浊黄橙色（10YR 7/3，干），灰黄棕色（10YR 5/2，润），5%岩石碎屑，粉砂壤土，单粒，无结构，极强度石灰反应。

西上坝系代表性单个土体物理性质

土层	深度/cm	砾石(>2 mm，体积分数)/%	细土颗粒组成(粒径：mm)/(g/kg)			质地	容重/(g/cm^3)
			砂粒 2～0.05	粉粒 0.05～0.002	黏粒 <0.002		
Aup1	0～15	5	221	550	229	粉砂壤土	1.13
Aup2	15～25	5	213	558	229	粉砂壤土	1.23
Bw	25～66	10	150	612	238	粉砂壤土	1.26
2C	66～90	80	208	594	197	粉砂壤土	1.31
3C	90～110	5	150	612	238	粉砂壤土	1.31

西上坝系代表性单个土体化学性质

深度/cm	pH	有机碳/(g/kg)	全氮(N)/(g/kg)	全磷(P)/(g/kg)	全钾(K)/(g/kg)	CEC/[cmol(+)/kg]	$CaCO_3$/(g/kg)	电导率(EC)/(dS/m)
0～15	8.4	12.1	1.03	0.83	15.8	12.3	126.8	1.0
15～25	8.3	7.1	0.71	0.74	16.6	10.2	138.7	1.1
25～66	8.5	6.1	0.64	0.73	17.4	13.3	82.4	0.9
66～90	8.5	4.7	0.48	0.64	16.3	19.0	159.8	0.9
90～110	8.5	4.7	0.48	0.63	15.2	13.5	129.8	1.0

9.4 弱盐底锈干润雏形土

9.4.1 三墩系（Sandun Series）

土 族：黏质混合型石灰性温性-弱盐底锈干润雏形土

拟定者：杨金玲，李德成

分布与环境条件 主要分布于酒泉市瓜州县地势低洼处，冲积平原，海拔1100～1500 m，母质为冲积物，旱地，温带干旱气候，年均日照时数3000～3300 h，气温6～12℃，降水量50～100 mm，无霜期130～180 d。

三墩系典型景观

土系特征与变幅 诊断层包括淡薄表层、钙积层和石膏层，诊断特性包括温性土壤温度状况、半干润土壤水分状况、氧化还原特征和石灰性，具有盐积现象。土体厚度1 m以上；淡薄表层厚度10～20 cm；钙积层上界出现在矿质土表以下25～50 cm，厚度25～50 cm；石膏具有表聚和底聚现象，石膏层厚度50～75 cm；盐积现象自矿质土表开始，具有盐积现象土层厚度15～25 cm；2%～5%铁锰斑纹。层次质地构型为粉砂壤土-粉砂质黏壤土-粉砂质黏土。电导率为3.0～14.9 dS/m；碳酸钙相当物含量50～300 g/kg，强度-极强度石灰反应，土壤pH 7.5～8.5。

对比土系 火烧凹系，同一亚类，但不同土族，颗粒大小级别为黏壤质，土壤温度状况为冷性。

利用性能综述 旱地，土体深厚，作物种植区域由于表土高盐分而被剥离，土壤养分含量很低，质地较为黏重，土体紧实。利用改良上：第一，增施有机肥料，秸秆还田，绿肥压青，提高土壤有机质含量。第二，合理施用复合肥和锌、硼、钼等微肥，增加作物产量。第三，需深耕松土，改善土壤物理性状。第四，碳酸钙和盐分含量高，需要洗盐，防止进一步盐渍化。

参比土种　黄泥田。

代表性单个土体　位于甘肃省酒泉市瓜州县七墩乡三墩村，40°31′10.142″N，96°55′17.820″E，海拔 1330 m，冲积平原，母质为冲积物，旱地，小麦单作，50 cm 深度年均土温 9.7℃，调查时间 2015 年 7 月，编号 62-075。

三墩系代表性单个土体剖面

Apyz：0～18 cm，橙白色（10YR 8/2，干），浊黄棕色（10YR 5/3，润），粉砂壤土，发育中等的直径 5～10 mm 块状结构，坚实，极强度石灰反应，向下层平滑清晰过渡。

By：　18～35 cm，橙白色（10YR 8/2，干），浊黄棕色（10YR 5/3，润），粉砂质黏壤土，发育弱的直径 10～20 mm 块状结构，坚实，极强度石灰反应，向下层平滑清晰过渡。

Bkr1：35～58 cm，橙白色（10YR 8/2，干），浊黄棕色（10YR 5/3，润），粉砂质黏土，发育弱的直径 20～50 mm 块状结构，坚实，2%～5%铁锰结核，极强度石灰反应，向下层波状渐变过渡。

Bkr2：58～75 cm，橙白色（10YR 8/2，干），浊黄棕色（10YR 5/3，润），粉砂质黏土，发育弱的直径 20～50 mm 块状结构，坚实，2%～5%铁锰结核，极强度石灰反应，向下层平滑清晰过渡。

Bry：75～110 cm，橙白色（10YR 8/2，干），浊黄棕色（10YR 5/3，润），粉砂壤土，发育中等的直径 20～50 mm 块状结构，坚实，2%～5%铁锰结核，强度石灰反应。

三墩系代表性单个土体物理性质

土层	深度/cm	砾石(>2 mm，体积分数)/%	细土颗粒组成(粒径：mm)/(g/kg)			质地	容重/(g/cm³)
			砂粒 2～0.05	粉粒 0.05～0.002	黏粒 ＜0.002		
Apyz	0～18	0	170	563	267	粉砂壤土	1.41
By	18～35	0	108	602	291	粉砂质黏壤土	1.45
Bkr1	35～58	0	0	529	471	粉砂质黏土	1.43
Bkr2	58～75	0	39	524	437	粉砂质黏土	1.46
Bry	75～110	0	140	676	183	粉砂壤土	1.47

三墩系代表性单个土体化学性质

深度/cm	pH	有机碳/(g/kg)	全氮(N)/(g/kg)	全磷(P)/(g/kg)	全钾(K)/(g/kg)	CEC/[cmol(+)/kg]	$CaCO_3$/(g/kg)	电导率(EC)/(dS/m)	石膏/(g/kg)
0～18	8.3	3.0	0.37	0.49	18.1	3.9	165.6	9.2	82.3
18～35	7.8	2.7	0.30	0.50	18.3	4.7	213.1	6.4	63.0
35～58	7.8	2.9	0.44	0.45	23.8	7.0	281.1	6.9	45.5
58～75	7.9	2.9	0.41	0.48	23.5	7.6	280.3	6.3	33.3
75～110	7.8	1.9	0.18	0.42	13.8	5.3	73.9	5.9	157.6

9.4.2 火烧凹系（Huoshaoao Series）

土　族：黏壤质混合型石灰性冷性-弱盐底锈干润雏形土

拟定者：杨金玲，李德成，张甘霖

分布与环境条件　主要分布于张掖市民乐县河流附近，河漫滩，海拔1900～2200 m，母质为冲积物，草地，温带半干旱气候，年均日照时数2700～3000 h，气温3～6℃，降水量150～300 mm，无霜期140～170 d。

火烧凹系典型景观

土系特征与变幅　诊断层包括淡薄表层、盐积层和雏形层，诊断特性包括冷性土壤温度状况、半干润土壤水分状况、氧化还原特征和石灰性，具有钙积现象。土体厚度1 m以上，淡薄表层厚度为10～20 cm；盐积层上界出现在矿质土表以下30～50 cm，厚度75～100 cm；钙积现象上界出现在矿质土表以下 50～75 cm，具有钙积现象土层厚度 25～50 cm；5%～15%的铁锰斑纹。通体为粉砂壤土。电导率为1.0～30 dS/m；碳酸钙相当物含量100～200 g/kg，极强度石灰反应，土壤pH 8.0～8.5。

对比土系　三墩系，同一亚类，但不同土族，颗粒大小级别为黏质，土壤温度状况为温性。

利用性能综述　土体深厚，土壤养分含量低，质地适中。位于河漫滩，不宜开发利用为耕地，是非常好的牧草地，可适度放牧。

参比土种　草甸灰钙土。

代表性单个土体　位于甘肃省张掖市民乐县民联乡高寨村东南，火烧凹村西南，黄庄子村东，龙山九队北，38°30′10.184″N，100°56′46.901″E，海拔2162 m，河漫滩，母质为冲积物，草地，植被覆盖度100%，50 cm深度年均土温7.9℃，调查时间2013年7月，编号HH041。

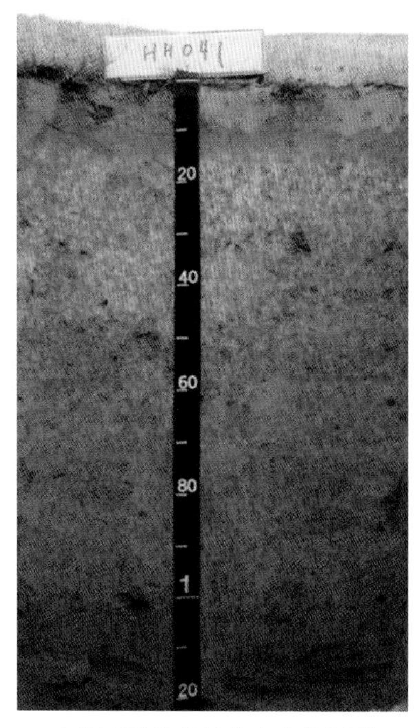

火烧凹系代表性单个土体剖面

Ah：0～15 cm，淡黄橙色（10YR 8/3，干），棕色（10YR 4/4，润），粉砂壤土，发育弱的粒状和直径<5 mm 块状结构，疏松，多量草被根系，极强度石灰反应，向下层平滑清晰过渡。

Bw：15～40 cm，淡黄橙色（10YR 8/3，干），棕色（10YR 4/4，润），粉砂壤土，发育弱的直径 20～50 mm 块状结构，稍坚实，中量草被根系，极强度石灰反应，向下层波状清晰过渡。

Brz：40～70 cm，淡黄橙色（10YR 8/3，干），浊黄棕色（10YR 5/4，润），粉砂壤土，发育弱的直径 20～50 mm 块状结构，稍坚实，少量草被根系，2%～5%锈纹锈斑，极强度石灰反应，向下层波状渐变过渡。

Bkrz1：70～90 cm，淡黄橙色（10YR 8/3，干），浊黄棕色（10YR 5/4，润），粉砂壤土，发育弱的直径 20～50 mm 块状结构，稍坚实，5%～10%锈纹锈斑，极强度石灰反应，向下层波状渐变过渡。

Bkrz2：90～120 cm，淡黄橙色（10YR 8/3，干），浊黄棕色（10YR 5/4，润），粉砂壤土，发育弱的直径 20～50 mm 块状结构，稍坚实，5%～10%锈纹锈斑，极强度石灰反应。

火烧凹系代表性单个土体物理性质

土层	深度/cm	砾石(>2 mm，体积分数)/%	细土颗粒组成(粒径：mm)/(g/kg)			质地	容重/(g/cm^3)
			砂粒 2～0.05	粉粒 0.05～0.002	黏粒 <0.002		
Ah	0～15	0	195	589	216	粉砂壤土	1.31
Bw	15～40	0	252	552	196	粉砂壤土	1.25
Brz	40～70	0	186	594	220	粉砂壤土	1.25
Bkrz1	70～90	0	218	577	206	粉砂壤土	1.28
Bkrz2	90～120	0	216	566	218	粉砂壤土	1.21

火烧凹系代表性单个土体化学性质

深度/cm	pH	有机碳/(g/kg)	全氮(N)/(g/kg)	全磷(P)/(g/kg)	全钾(K)/(g/kg)	CEC/[cmol(+)/kg]	$CaCO_3$/(g/kg)	电导率(EC)/(dS/m)
0～15	8.4	6.4	0.57	0.85	18.3	8.4	120.1	2.0
15～40	8.1	6.2	0.56	0.60	18.7	7.6	123.6	5.2
40～70	8.1	5.6	0.52	0.63	16.9	7.9	121.8	17.6
70～90	8.1	6.1	0.55	0.60	17.5	8.0	157.9	19.3
90～120	8.3	6.6	0.59	0.53	16.6	8.4	166.3	19.4

9.5 石灰底锈干润雏形土

9.5.1 大泉村系（Daquancun Series）

土 族：壤质混合型冷性-石灰底锈干润雏形土

拟定者：杨金玲，李德成

分布与环境条件 主要分布于武威市天祝藏族自治县境的嵩山滩洪积扇缘交洼地及三岔以下龙滩河两侧，中山沟谷，海拔 2300～2700 m，母质为冲积物，旱地，长期灌溉，温带半干旱气候，年均日照时数 2600～3000 h，气温 0～6℃，降水量 200～400 mm，无霜期 120～150 d。

大泉村系典型景观

土系特征与变幅 诊断层包括淡薄表层和雏形层，诊断特性包括冷性土壤温度状况、半干润土壤水分状况、氧化还原特征和石灰性，具有钙积现象。土体厚度 1 m 以上；淡薄表层厚度 10～20 cm；钙积现象上界出现在矿质土表以下 25～50 cm，具有钙积现象土层厚度 25～50 cm；5%～15%铁锰斑纹；矿质土表以下 50～75 cm 具有冲积层理。层次质地构型为粉砂壤土-壤土。碳酸钙相当物含量 20～80 g/kg，中度-强度石灰反应，土壤 pH 8.0～9.0。

对比土系 南河村系，同一亚类，地理位置相近，但不同土族，土壤温度状况为温性。

利用性能综述 旱地，土体深厚，土壤养分含量较高，质地适中，耕性好，耕层略浅。利用改良上：第一，增施有机肥料，秸秆还田，绿肥压青，用养结合，保持土壤肥力。第二，合理施用复合肥和锌、硼、钼等微肥，增加作物产量。第三，需深耕松土，增加耕层厚度。

参比土种 潮栗土。

代表性单个土体　位于甘肃省武威市天祝藏族自治县安远镇大泉头村，37°16′36.896″N，102°52′21.253″E，中山沟谷，海拔 2501 m，母质为冲积物，旱地，小麦单作，50 cm 深度年均土温 3.0℃，调查时间 2015 年 7 月，编号 62-059。

大泉村系代表性单个土体剖面

Ap：0～18 cm，浊黄橙色（10YR 7/3，干），暗棕色（10YR 3/4，润），2%岩石碎屑，粉砂壤土，发育强的粒状结构，疏松，强度石灰反应，向下层平滑清晰过渡。

AB：18～42 cm，浊黄橙色（10YR 7/3，干），暗棕色（10YR 3/4，润），2%岩石碎屑，粉砂壤土，发育强的直径 5～10 mm 块状结构，稍坚实，强度石灰反应，向下层波状渐变过渡。

Bkr：42～70 cm，浊黄橙色（10YR 7/3，干），暗棕色（10YR 3/4，润），2%岩石碎屑，粉砂壤土，发育中等的直径 10～20 mm 块状结构，稍坚实，2%～5%铁锰斑纹，强度石灰反应，向下层平滑清晰过渡。

Cr：70～100 cm，浊黄橙色（10YR 7/3，干），暗棕色（10YR 3/4，润），30%岩石碎屑，壤土，单粒，无结构，稍坚实，可见冲积层理，15%铁锰斑纹，中度石灰反应。

大泉村系代表性单个土体物理性质

土层	深度/cm	砾石(>2 mm，体积分数)/%	细土颗粒组成(粒径：mm)/(g/kg)			质地	容重/(g/cm^3)
			砂粒 2～0.05	粉粒 0.05～0.002	黏粒 <0.002		
Ap	0～18	2	345	511	144	粉砂壤土	1.05
AB	18～42	2	347	500	154	粉砂壤土	1.26
Bkr	42～70	2	345	502	154	粉砂壤土	1.23
Cr	70～100	30	393	478	130	壤土	1.29

大泉村系代表性单个土体化学性质

深度/cm	pH	有机碳/(g/kg)	全氮(N)/(g/kg)	全磷(P)/(g/kg)	全钾(K)/(g/kg)	CEC/[cmol(+)/kg]	$CaCO_3$/(g/kg)	电导率(EC)/(dS/m)
0～18	8.4	19.4	1.90	1.45	24.8	12.4	70.3	0.6
18～42	8.5	19.1	1.53	1.08	23.7	10.7	57.3	0.5
42～70	8.4	14.6	1.51	0.83	22.7	9.7	60.6	1.6
70～100	8.6	9.9	0.93	0.63	20.9	7.0	24.8	1.0

9.5.2　龙泉寺系（Longquansi Series）

土　族：壤质混合型温性-石灰底锈干润雏形土

拟定者：杨金玲，李德成

分布与环境条件　主要分布于兰州市永登县河流一级阶地，黄土高原阶地，海拔 1500～2000 m，母质为黄土沉积物，旱地，温带半干旱半湿润气候，年均日照时数 2800～3200 h，气温 6～9℃，降水量 100～300 mm，无霜期 150～180 d。

龙泉寺系典型景观

土系特征与变幅　诊断层包括淡薄表层和雏形层，诊断特性包括温性土壤温度状况、半干润土壤水分状况、氧化还原特征和石灰性。土体厚度 1 m 以上；淡薄表层厚度 10～20 cm；2%～5%铁锰结核和斑纹。通体为粉砂壤土。碳酸钙相当物含量 100～150 g/kg，极强度石灰反应，土壤 pH 8.5～9.0。

对比土系　磨沟村系和南河村系，同一土族，但磨沟村系具有钙积层，南河村系具有钙积现象。

利用性能综述　旱地，土体深厚，土壤养分含量较低，质地适中，耕层略浅。利用改良上：第一，增施有机肥料，秸秆还田，绿肥压青，提高土壤肥力。第二，合理施用复合肥和锌、硼、钼等微肥，增加作物产量。第三，需深耕松土，增加耕层厚度。

参比土种　水地绵白土。

代表性单个土体　位于甘肃省兰州市永登县龙泉寺镇水槽沟村，36°28′16.890″N，103°23′16.739″E，黄土高原一级阶地，海拔 1788 m，母质为黄土沉积物，旱地，撂荒，50 cm 深度年均土温 9.5℃，调查时间 2015 年 7 月，编号 62-053。

龙泉寺系代表性单个土体剖面

Ap：0～12 cm，浊黄橙色（10YR 6/3，干），浊黄棕色（10YR 4/3，润），粉砂壤土，发育强的粒状和直径<5 mm 块状结构，疏松，极强度石灰反应，向下层平滑清晰过渡。

AB：12～38 cm，浊黄橙色（10YR 6/3，干），浊黄棕色（10YR 4/3，润），粉砂壤土，发育强的直径 5～10 mm 块状结构，稍坚实，极强度石灰反应，向下层平滑清晰过渡。

Br1：38～62 cm，浊黄橙色（10YR 7/3，干），浊黄棕色（10YR 5/3，润），粉砂壤土，发育中等的直径 10～20 mm 块状结构，疏松，2%～5%小铁锰结核和斑纹，极强度石灰反应，向下层波状渐变过渡。

Br2：62～87 cm，浊黄橙色（10YR 7/3，干），浊黄棕色（10YR 5/3，润），粉砂壤土，发育弱的直径 10～20 mm 块状结构，稍坚实，5%小铁锰结核和斑纹，极强度石灰反应，向下层波状渐变过渡。

Br3：87～120 cm，浊黄橙色（10YR 7/3，干），浊黄棕色（10YR 5/3，润），粉砂壤土，发育弱的直径 10～20 mm 块状结构，坚实，<2%的小铁锰结核和斑纹，极强度石灰反应。

龙泉寺系代表性单个土体物理性质

土层	深度/cm	砾石(>2 mm，体积分数)/%	细土颗粒组成(粒径：mm)/(g/kg)			质地	容重/(g/cm³)
			砂粒 2～0.05	粉粒 0.05～0.002	黏粒 <0.002		
Ap	0～12	0	212	620	168	粉砂壤土	1.23
AB	12～38	0	244	597	160	粉砂壤土	1.30
Br1	38～62	0	210	623	167	粉砂壤土	1.24
Br2	62～87	0	209	627	164	粉砂壤土	1.30
Br3	87～120	0	207	622	171	粉砂壤土	1.42

龙泉寺系代表性单个土体化学性质

深度/cm	pH	有机碳/(g/kg)	全氮(N)/(g/kg)	全磷(P)/(g/kg)	全钾(K)/(g/kg)	CEC/[cmol(+)/kg]	$CaCO_3$/(g/kg)	电导率(EC)/(dS/m)
0～12	8.7	9.8	0.92	1.32	21.2	7.8	127.8	1.4
12～38	8.8	10.0	0.86	1.21	21.2	8.4	132.2	1.4
38～62	8.8	5.3	0.61	1.00	21.7	7.2	148.3	1.3
62～87	8.5	3.9	0.48	0.86	21.0	5.6	149.1	1.7
87～120	8.5	3.4	0.41	0.84	21.1	6.0	148.7	1.9

9.5.3 磨沟村系（Mogoucun Series）

土 族：壤质混合型温性-石灰底锈干润雏形土
拟定者：杨金玲，李德成，张甘霖

分布与环境条件 主要分布于张掖市临泽县河流附近，河漫滩，海拔 1500～1900 m，母质为冲积物，旱地，温带半干旱气候，年均日照时数 3000～3300 h，气温 6～9℃，降水量 100～200 mm，无霜期 150～180 d。

磨沟村系典型景观

土系特征与变幅 诊断层包括淡薄表层、钙积层和雏形层，诊断特性包括温性土壤温度状况、半干润土壤水分状况、氧化还原特征和石灰性。土体厚度 1 m 以上；淡薄表层厚度 10～20 cm；钙积层上界出现在矿质土表以下 25～50 cm，厚度 25～50 cm；5%～15%铁锰斑纹；矿质土表以下 50～75 cm 具有冲积层理。通体为壤土。碳酸钙相当物含量 50～150 g/kg，强度-极强度石灰反应，土壤 pH 8.0～9.0。

对比土系 龙泉寺系和南河村系，同一土族，但无钙积层。

利用性能综述 旱地，土体深厚，土壤养分含量低，质地适中，耕性好，耕层略浅。利用改良上：第一，增施有机肥料，秸秆还田，绿肥压青，提高土壤肥力。第二，合理施用复合肥和锌、硼、钼等微肥，增加作物产量。第三，需深耕松土，增加耕层厚度。

参比土种 灰棕漠土。

代表性单个土体 位于甘肃省张掖市临泽县倪家营乡梨园村西南，大山沟村南，磨沟村东南，38°59′04.903″N，100°00′36.615″E，海拔 1722 m，河漫滩，母质为冲积物，旱地，玉米单作，50 cm 深度年均土温 9.0℃，调查时间 2012 年 8 月，编号 ZL-034。

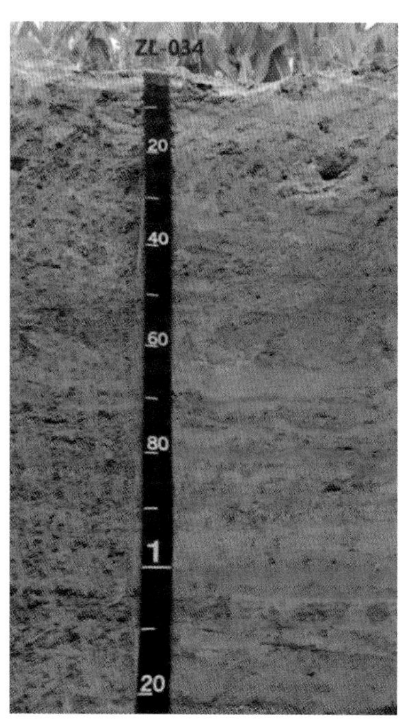

磨沟村系代表性单个土体剖面

Ap：0～15 cm，浊橙色（7.5YR 7/3，干），灰棕色（7.5YR 5/2，润），壤土，发育中等的粒状和直径<5 mm 块状结构，疏松，强度石灰反应，向下层平滑清晰过渡。

AB：15～30 cm，浊橙色（7.5YR 7/3，干），灰棕色（7.5YR 5/2，润），壤土，发育中等的直径 10～20 mm 块状结构，稍坚实，强度石灰反应，向下层平滑清晰过渡。

Bkr：30～70 cm，50%浊棕色（7.5YR 6/3，干）、棕色（7.5YR 4/3，润），50%浊橙色（7.5YR 7/3，干）、灰棕色（7.5YR 5/2，润），壤土，发育中等的直径 20～50 mm 块状结构，稍坚实，2%～5%铁锰斑纹，极强度石灰反应，向下层平滑清晰过渡。

BrC：70～120 cm，50%浊棕色（7.5YR 6/3，干）、棕色（7.5YR 4/3，润），50%浊橙色（7.5YR 7/3，干）、灰棕色（7.5YR 5/2，润），壤土，发育中等的直径 20～50 mm 块状结构，稍坚实，5%～10%铁锰斑纹，可见冲积层理，强度石灰反应。

磨沟村系代表性单个土体物理性质

土层	深度/cm	砾石(>2 mm，体积分数)/%	细土颗粒组成(粒径：mm)/(g/kg)			质地	容重/(g/cm³)
			砂粒 2～0.05	粉粒 0.05～0.002	黏粒 <0.002		
Ap	0～15	0	440	364	196	壤土	1.38
AB	15～30	0	431	370	199	壤土	1.47
Bkr	30～70	0	460	376	164	壤土	1.42
BrC	70～120	0	327	493	180	壤土	1.45

磨沟村系代表性单个土体化学性质

深度/cm	pH	有机碳/(g/kg)	全氮(N)/(g/kg)	全磷(P)/(g/kg)	全钾(K)/(g/kg)	CEC/[cmol(+)/kg]	$CaCO_3$/(g/kg)	电导率(EC)/(dS/m)
0～15	8.3	5.9	0.34	0.46	15.8	4.4	73.8	1.4
15～30	8.7	5.4	0.30	0.44	14.4	4.4	76.4	0.8
30～70	8.6	5.3	0.35	0.45	14.7	5.9	119.9	0.9
70～120	8.4	5.8	0.31	0.54	15.6	8.5	58.4	0.9

9.5.4 南河村系（Nanhecun Series）

土 族：壤质混合型温性-石灰底锈干润雏形土

拟定者：杨金玲，李德成

分布与环境条件 主要分布于武威市河流附近，冲积平原，海拔1300～1700 m，母质为冲积物，旱地，温带半干旱气候，年均日照时数2600～3100 h，气温6～9℃，降水量100～200 mm，无霜期140～170 d。

南河村系典型景观

土系特征与变幅 诊断层包括淡薄表层和雏形层，诊断特性包括温性土壤温度状况、半干润土壤水分状况、氧化还原特征和石灰性，具有钙积现象。土体厚度1 m以上；淡薄表层厚度10～20 cm；钙积现象上界出现在矿质土表以下50～75 cm，具有钙积现象土层厚度50～75 cm；5%～15%铁锰斑纹。层次质地构型为粉砂壤土-壤土。碳酸钙相当物含量50～100 g/kg，强度石灰反应，土壤pH 8.5～9.0。

对比土系 大泉村系、龙泉寺系和磨沟村系。大泉村系，同一亚类，地理位置相近，但不同土族，土壤温度状况为温状；龙泉寺系和磨沟村系，同一土族，但龙泉寺系无钙积现象，磨沟村系具有钙积层。

利用性能综述 旱地，土体深厚，土壤养分含量中等，质地适中，耕层略浅。利用改良上：第一，增施有机肥料，秸秆还田，绿肥压青，提高土壤肥力。第二，合理施用复合肥和锌、硼、钼等微肥，增加作物产量。第三，需深耕松土，增加耕层厚度。

参比土种 灌灰锈斑土。

代表性单个土体 位于甘肃省武威市凉州区松树乡南河村，37°56′51.220″N，102°30′56.158″E，冲积平原，海拔1563 m，母质为冲积物，旱地，50 cm深度年均土温9.9℃，调查时间2015年7月，编号62-064。

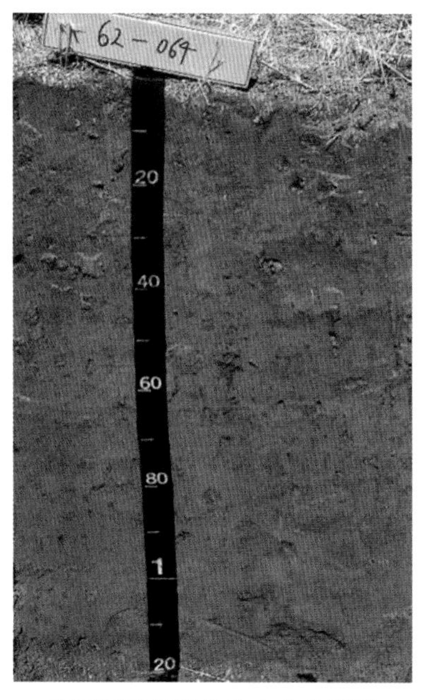

南河村系代表性单个土体剖面

Ap：0～12 cm，灰黄橙色（10YR 6/2，干），黑棕色（10YR 3/2，润），粉砂壤土，发育强的粒状和直径<5 mm 块状结构，稍坚实，强度石灰反应，向下层平滑清晰过渡。

AB：12～35 cm，灰黄橙色（10YR 6/2，干），黑棕色（10YR 3/2，润），2%岩石碎屑，粉砂壤土，发育强的直径 10～20 mm 块状结构，坚实，强度石灰反应，向下层波状渐变过渡。

Bw：35～62 cm，浊黄橙色（10YR 6/3，干），浊黄棕色（10YR 4/3，润），2%岩石碎屑，壤土，发育中等的直径 5～10 mm 块状结构，坚实，强度石灰反应，向下层波状渐变过渡。

Bkr：62～90 cm，浊黄橙色（10YR 6/3，干），浊黄棕色（10YR 4/3，润），壤土，发育弱的直径<5 mm 块状结构，坚实，2%铁锰斑纹，强度石灰反应，向下层平滑清晰过渡。

Ckr：90～120 cm，浊黄橙色（10YR 7/3，干），浊黄棕色（10YR 5/3，润），壤土，坚实，单粒，无结构，可见冲积层理，5%铁锰斑纹，强度石灰反应。

南河村系代表性单个土体物理性质

土层	深度/cm	砾石(>2 mm，体积分数)/%	细土颗粒组成(粒径：mm)/(g/kg)			质地	容重/(g/cm³)
			砂粒 2～0.05	粉粒 0.05～0.002	黏粒 <0.002		
Ap	0～12	0	243	593	164	粉砂壤土	1.36
AB	12～35	2	307	540	153	粉砂壤土	1.42
Bw	35～62	2	438	443	119	壤土	1.47
Bkr	62～90	0	417	448	135	壤土	1.48
Ckr	90～120	0	531	364	105	壤土	1.43

南河村系代表性单个土体化学性质

深度/cm	pH	有机碳/(g/kg)	全氮(N)/(g/kg)	全磷(P)/(g/kg)	全钾(K)/(g/kg)	CEC/[cmol(+)/kg]	$CaCO_3$/(g/kg)	电导率(EC)/(dS/m)
0～12	8.6	11.6	1.17	0.94	24.0	8.9	73.2	0.5
12～35	8.6	8.8	0.90	0.79	24.8	7.4	73.5	0.5
35～62	8.7	3.2	0.40	0.65	25.0	4.8	65.4	0.3
62～90	8.7	3.0	0.33	0.62	24.6	5.1	90.2	0.3
90～120	8.8	2.6	0.30	0.61	23.0	4.9	94.7	0.3

9.6　钙积暗沃干润雏形土

9.6.1　蔓菁山系（Manjingshan Series）

土　族：粗骨壤质混合型冷性-钙积暗沃干润雏形土

拟定者：杨金玲，宋效东

分布与环境条件　主要分布于定西市岷县山区沟谷区域，中山坡地，海拔 2300～2700 m，母质为黄土混合硅质岩风化坡积物，草地，温带半湿润气候，年均日照时数 1800～2100 h，气温 0～6℃，降水量 400～600 mm，无霜期 100～130 d。

蔓菁山系典型景观

土系特征与变幅　诊断层包括暗沃表层和钙积层，诊断特性包括冷性土壤温度状况、半干润土壤水分状况和石灰性。土体厚度 1 m 以上；暗沃表层厚度为 25～50 cm；钙积层上界出现在矿质土表以下 25～50 cm，厚度 50～75 cm；5%～15%白色碳酸钙粉末。砾石含量可达 25%～74%，通体为粉砂壤土。碳酸钙相当物含量 50～150 g/kg，强度-极强度石灰反应，土壤 pH 8.0～8.5。

对比土系　甘江头系和坪城系，同一亚类，但不同土族，甘江头系土壤温度状况为温性，坪城系颗粒大小级别为壤质盖粗骨质。

利用性能综述　草地，土体浅薄，表层养分含量高。位于高山的沟谷区，质地适中，但砾石含量高，保水性能差，易于发生水土流失，不宜发展种植业。应封山育林，加强水土保持，发挥其生态环境效应。

参比土种　麻褐砂土。

代表性单个土体　位于甘肃省定西市岷县西寨镇蔓菁山，34°32′36.582″N，103°47′17.220″E，中山陡坡下部，海拔 2516 m，母质为黄土状沉积物混合硅质岩类风化坡积物，草地，植被覆盖度>90%，50 cm 深度年均土温 8.7℃，调查时间 2015 年 7 月，编号 62-023。

蔓菁山系代表性单个土体剖面

Ah：0～25 cm，灰黄棕色（10YR 5/2，干），黑棕色（10YR 3/2，润），5%岩石碎屑，粉砂壤土，发育强的粒状结构，疏松，大量草被根系，强度石灰反应，向下层平滑清晰过渡。

AB：25～40 cm，浊黄棕色（10YR 5/3，干），暗棕色（10YR 3/3，润），10%岩石碎屑，粉砂壤土，发育强的粒状结构和直径<5 mm 块状结构，疏松，中量草被根系，2%白色碳酸钙粉末，强度石灰反应，向下层波状清晰过渡。

Bk：40～63 cm，浊黄橙色（10YR 7/3，干），浊黄棕色（10YR 5/3，润），50%岩石碎屑，粉砂壤土，发育中等的直径 5～10 mm 块状结构，稍坚实，少量草被根系，10%～15%碳酸钙假菌丝体，极强度石灰反应，向下层波状清晰过渡。

BkC1：63～90 cm，浊黄橙色（10YR 7/3，干），浊黄棕色（10YR 5/3，润），70%岩石碎屑，粉砂壤土，发育中等的直径 20～50 mm 块状结构，稍坚实，10%～15%碳酸钙假菌丝体，极强度石灰反应，向下层平滑清晰过渡。

BkC2：90～110 cm，浊黄橙色（10YR 7/3，干），浊黄棕色（10YR 5/3，润），10%岩石碎屑，粉砂壤土，发育弱的直径 10～20 mm 块状结构，疏松，5%～10%碳酸钙假菌丝体，极强度石灰反应。

蔓菁山系代表性单个土体物理性质

土层	深度/cm	砾石(>2 mm，体积分数)/%	细土颗粒组成(粒径：mm)/(g/kg)			质地	容重/(g/cm^3)
			砂粒 2～0.05	粉粒 0.05～0.002	黏粒 <0.002		
Ah	0～25	5	208	575	218	粉砂壤土	1.32
AB	25～40	10	164	607	229	粉砂壤土	1.10
Bk	40～63	50	209	604	187	粉砂壤土	—
BkC1	63～90	70	178	620	203	粉砂壤土	—
BkC2	90～110	10	215	602	183	粉砂壤土	0.80

蔓菁山系代表性单个土体化学性质

深度/cm	pH	有机碳/(g/kg)	全氮(N)/(g/kg)	全磷(P)/(g/kg)	全钾(K)/(g/kg)	CEC/[cmol(+)/kg]	$CaCO_3$/(g/kg)	电导率(EC)/(dS/m)
0～25	8.4	25.5	2.30	0.70	26.0	12.3	65.1	0.4
25～40	8.3	16.2	1.67	0.66	25.8	9.6	77.5	0.3
40～63	8.4	5.8	0.71	0.60	25.5	5.2	127.7	0.2
63～90	8.4	4.3	0.48	0.56	22.3	5.0	129.6	0.2
90～110	8.5	2.9	0.37	0.57	24.7	4.7	123.9	0.3

9.6.2　甘江头系（Ganjiangtou Series）

土　族：粗骨壤质混合型温性-钙积暗沃干润雏形土

拟定者：杨金玲，宋效东

分布与环境条件　主要分布于陇南山区，陡坡中下部，海拔1300～1700 m，母质为黄土状沉积物混合钙质岩类风化坡积物，草地，温带半湿润气候，年均日照时数1600～2000 h，气温6～9℃，降水量400～600 mm，无霜期190～210 d。

甘江头系典型景观

土系特征与变幅　诊断层包括暗沃表层和钙积层，诊断特性包括温性土壤温度状况、半干润土壤水分状况和石灰性。土体厚度1 m以上；暗沃表层厚度25～50 cm；钙积层上界出现在矿质土表以下25～50 cm，厚度75～100 cm；5%～15%白色碳酸钙粉末。砾石含量可达25%～74%，通体为粉砂壤土。碳酸钙相当物含量50～250 g/kg，强度-极强度石灰反应，土壤pH 8.0～10.5。

对比土系　蔓菁山系和坪城系，同一亚类，但不同土族，土壤温度状况为冷性，且坪城系颗粒大小级别为壤质盖粗骨质。

利用性能综述　草地，土体较深厚，养分含量较高，植被覆盖度较高，在坡度较缓地区，可开垦为梯田。由于砾石含量非常高，保水性能差，易于发生水土流失。因此，坡度较大的地方仍需退耕，种植树木、草皮等，防止水土流失。

参比土种　褐黄砂土。

代表性单个土体　位于甘肃省陇南市宕昌县甘江头乡甘江头村，33°56′12.670″N，104°30′50.742″E，陡坡中下部，海拔1585 m，母质为黄土状沉积物混合钙质岩类风化坡积物，草地，植被覆盖度80%，50 cm深度年均土温11.7℃，调查时间2015年7月，编号62-008。

甘江头系代表性单个土体剖面

Ah：0～25 cm，浊黄橙色（10YR 5/3，干），浊黄棕色（10YR 3/3，润），30%岩石碎屑，粉砂壤土，发育强的粒状结构，疏松，中量树灌根系，强度石灰反应，向下层波状清晰过渡。

ABk：25～55 cm，浊黄橙色（10YR 6/3，干），黄棕色（10YR 5/4，润），40%岩石碎屑，粉砂壤土，发育中等的直径<5 mm 块状结构，疏松，中量树灌根系，5%白色碳酸钙粉末，极强度石灰反应，向下层不规则清晰过渡。

Bk1：55～88 cm，淡黄橙色（10YR 8/4，干），浊棕色（10YR 7/4，润），50%岩石碎屑，粉砂壤土，发育中等的直径 10～20 mm 块状结构，稍坚实，少量树灌根系，5%～10%白色碳酸钙粉末，极强度石灰反应，向下层平滑渐变过渡，

Bk2：88～120 cm，橙白色（10YR 8/2，干），浊棕色（10YR 7/2，润），50%岩石碎屑，粉砂壤土，发育弱的直径 10～20 mm 块状结构，稍坚实，10%～15%白色碳酸钙粉末，极强度石灰反应。

甘江头系代表性单个土体物理性质

土层	深度 /cm	砾石 (>2 mm，体积分数)/%	细土颗粒组成(粒径：mm)/(g/kg)			质地	容重 /(g/cm³)
			砂粒 2～0.05	粉粒 0.05～0.002	黏粒 ＜0.002		
Ah	0～25	30	144	645	211	粉砂壤土	1.11
ABk	25～55	40	98	673	228	粉砂壤土	1.11
Bk1	55～88	50	90	676	234	粉砂壤土	—
Bk2	88～120	50	71	686	242	粉砂壤土	—

甘江头系代表性单个土体化学性质

深度 /cm	pH	有机碳 /(g/kg)	全氮(N) /(g/kg)	全磷(P) /(g/kg)	全钾(K) /(g/kg)	CEC /[cmol(+)/kg]	$CaCO_3$ /(g/kg)	电导率(EC) /(dS/m)
0～25	8.4	26.3	2.33	0.63	25.1	6.4	99.1	0.4
25～55	8.7	20.5	1.93	0.66	26.2	9.6	155.2	0.3
55～88	9.8	8.2	1.04	0.67	29.6	5.0	185.1	0.7
88～120	10.1	3.3	0.62	0.69	30.4	3.8	203.0	0.9

9.6.3 坪城系（Pingcheng Series）

土 族：壤质盖粗骨质混合型冷性-钙积暗沃干润雏形土

拟定者：杨金玲，李德成

分布与环境条件 主要分布于兰州市城关区、永登县、皋兰县、白银市的平川区、靖远、景泰等县区，低丘沟坡及中山洪积扇，海拔 2300～2700 m，母质为黄土状沉积物混合钙质岩类风化坡积物，旱地，温带半干旱气候，年均日照时数 2300～2600 h，气温 3～6℃，降水量 200～400 mm，无霜期 120～150 d。

坪城系典型景观

土系特征与变幅 诊断层包括暗沃表层和钙积层，诊断特性包括冷性土壤温度状况、半干润土壤水分状况和石灰性，具有盐积现象。地表为砾石覆盖，有效土体厚度 50～75 cm；暗沃表层厚度为 18～25 cm；钙积层上界出现在矿质土表以下 10～25 cm，厚度 50～75 cm，15%～40%白色碳酸钙粉末；矿质土表 50 cm 以下具有盐积现象。砾石含量可达 25%～74%，层次质地构型为粉砂壤土-壤质砂土。电导率 0.5～14.9 dS/m；碳酸钙相当物含量 100～400 g/kg，极强度石灰反应，土壤 pH 8.5～9.5。

对比土系 蔓菁山系和甘江头系，同一亚类，但不同土族，颗粒大小级别为粗骨壤质，且甘江头系土壤温度状况为温性。

利用性能综述 旱地，表层养分含量高，质地适中，土性柔和，疏松，通透性好，易耕作，热量条件好，适种性强，土体底层砾石含量高，水分缺乏是主要的限制因子。由于土壤表层覆盖砂层，砂砾层孔隙大，渗水力强，降水可均匀渗入土中，使土壤水分条件得到改善，同时由于砂砾层覆盖减少了毛管水蒸发，抑制盐分上升，使作物根系活动层的有害盐分相对减轻，起到了抗旱保墒、压抑盐碱、提高地温和防止水土流失等方面的作用，改善了土壤水、肥、气、热状况，是干旱地区生产性能较好的一种旱作土壤。改良培肥措施：第一，加强田间管理，建设配套灌溉措施，蓄水保墒，致力于提高单产。第二，增施有机肥料，秸秆还田，绿肥压青，改善土壤结构，提高土壤有机质含量，用养结合。第三，实施配方施肥，适当施用氮磷化肥和锌、硼、钼等微肥，增加作物产量。

参比土种　旱砂绵白土。

代表性单个土体　位于甘肃省兰州市永登县坪城乡坪城村，36°58′21.746″N，103°19′35.990″E，中山洪积扇，海拔 2539 m，母质为黄土状沉积物混合钙质岩类风化坡积物，旱地，50 cm 深度年均土温 5.9℃，调查时间 2015 年 7 月，编号 62-057。

坪城系代表性单个土体剖面

Ap：0～25 cm，浊黄棕色（10YR 5/3，干），暗棕色（10YR 3/3，润），2%岩石碎屑，粉砂壤土，发育强的粒状结构，松散，极强度石灰反应，向下层平滑清晰过渡。

Bk1：25～38 cm，灰黄棕色（10YR 6/2，干），灰黄棕色（10YR 4/2，润），2%岩石碎屑，粉砂壤土，发育中等直径<5 mm 块状结构，疏松，5%～10%白色碳酸钙粉末，极强度石灰反应，向下层平滑清晰过渡。

Bk2：38～60 cm，橙白色（10YR 8/2，干），浊黄棕色（10YR 5/3，润），2%岩石碎屑，粉砂壤土，发育弱的直径 10～20 mm 块状结构，稍坚实，5%～10%白色碳酸钙粉末，极强度石灰反应，向下层波状渐变过渡。

Bkz：60～75 cm，橙白色（10YR 8/2，干），浊黄棕色（10YR 5/3，润），15%岩石碎屑，壤质砂土，发育弱的直径 20～50 mm 块状结构，稍坚实，15%～25%白色碳酸钙粉末，极强度石灰反应，向下层波状突变过渡。

Cz：75～120cm，淡黄橙色（10YR 8/3，干），浊黄橙色（10YR 6/3，润），75%岩石碎屑，壤质砂土，单粒，无结构，极强度石灰反应。

坪城系代表性单个土体物理性质

土层	深度 /cm	砾石 (>2 mm，体积分数)/%	细土颗粒组成(粒径：mm)/(g/kg)			质地	容重 /(g/cm^3)
			砂粒 2～0.05	粉粒 0.05～0.002	黏粒 <0.002		
Ap	0～25	2	218	583	199	粉砂壤土	0.99
Bk1	25～38	2	218	590	192	粉砂壤土	1.00
Bk2	38～60	2	278	557	164	粉砂壤土	1.16
Bkz	60～75	15	782	154	63	壤质砂土	—
Cz	75～120	75	788	152	60	壤质砂土	—

坪城系代表性单个土体化学性质

深度 /cm	pH	有机碳 /(g/kg)	全氮(N) /(g/kg)	全磷(P) /(g/kg)	全钾(K) /(g/kg)	CEC /[cmol(+)/kg]	$CaCO_3$ /(g/kg)	电导率(EC) /(dS/m)
0～25	8.8	21.8	2.49	0.79	20.5	14.1	144.9	0.9
25～38	8.9	16.1	1.37	0.70	17.6	10.7	274.4	1.7
38～60	9.3	5.9	0.64	0.62	17.3	4.9	276.5	1.3
60～75	8.9	4.8	0.45	0.41	16.4	4.1	359.2	4.6
75～120	9.1	4.0	0.42	0.43	18.8	3.4	203.2	4.4

9.7 普通暗沃干润雏形土

9.7.1 香告系（Xianggao Series）

土 族：粗骨质硅质混合型石灰性冷性-普通暗沃干润雏形土
拟定者：杨金玲，宋效东

分布与环境条件 主要分布于甘南山区，中山坡地，海拔1900～2300 m，母质为钙质岩风化残积-坡积物，林灌地，温带半湿润气候，年均日照时数2100～2500 h，气温3～6℃，降水量400～600 mm，无霜期120～150 d。

香告系典型景观

土系特征与变幅 诊断层包括暗沃表层，诊断特性包括冷性土壤温度状况、半干润土壤水分状况和石灰性，具有钙积现象。土体厚度50～100 cm；暗沃表层厚度25～50 cm；钙积现象上界出现在矿质土表以下 25～50 cm，具有钙积现象土层厚度 75～100 cm；5%～15%假菌丝体。砾石含量可达75%～90%，通体为粉砂壤土。碳酸钙相当物含量20～150 g/kg，中度-极强度石灰反应，土壤pH 7.5～8.5。

对比土系 宁昌系，同一亚类，但不同土族，颗粒大小级别为壤质。

利用性能综述 林地，土层浅薄，土壤养分很高，有机质含量很高，疏松，质地适中，但海拔高，坡度较大，气温低，土性凉，砾石含量高，不宜发展种植业。应封山育林，加强水土保持，发挥其生态环境效应。

参比土种 棕黑碴土。

代表性单个土体 位于甘肃省甘南藏族自治州夏河县曲奥乡香告村，35°22′44.659″N，102°54′52.433″E，中山陡坡中下部，海拔 2194 m，母质为钙质岩风化残积-坡积物，林灌地，植被覆盖度>80%，50 cm深度年均土温7.4℃，调查时间2015年7月，编号62-041。

香告系代表性单个土体剖面

O：　+2～0 cm，枯枝落叶。

Ah：　0～30 cm，浊黄棕色（10YR 5/3，干），黑棕色（10YR 2/3，润），10%岩石碎屑，粉砂壤土，发育强的粒状结构，极疏松，多量灌草根系，中度石灰反应，向下层平滑清晰过渡。

Bk1：30～60 cm，浊黄棕色（10YR 5/3，干），黑棕色（10YR 2/3，润），75%岩石碎屑，粉砂壤土，发育中等的粒状和直径<5 mm 块状结构，疏松，多量灌草根系，2%～5%碳酸钙假菌丝体，极强度石灰反应，向下层波状渐变过渡。

Bk2：60～120 cm，浊黄棕色（10YR 5/3，干），黑棕色（10YR 2/3，润），85%岩石碎屑，粉砂壤土，发育中等的直径5～10 mm 块状结构，疏松，中量草被根系，10%～15%碳酸钙假菌丝体，极强度石灰反应。

香告系代表性单个土体物理性质

土层	深度 /cm	砾石 (>2 mm，体积分数)/%	细土颗粒组成(粒径：mm)/(g/kg)			质地	容重 /(g/cm^3)
			砂粒 2～0.05	粉粒 0.05～0.002	黏粒 <0.002		
Ah	0～30	10	174	584	242	粉砂壤土	0.90
Bk1	30～60	75	179	589	233	粉砂壤土	1.24
Bk2	60～120	85	135	622	243	粉砂壤土	1.25

香告系代表性单个土体化学性质

深度 /cm	pH	有机碳 /(g/kg)	全氮(N) /(g/kg)	全磷(P) /(g/kg)	全钾(K) /(g/kg)	CEC /[cmol(+)/kg]	$CaCO_3$ /(g/kg)	电导率(EC) /(dS/m)
0～30	8.1	44.9	4.12	0.96	24.2	25.9	46.4	0.6
30～60	8.2	17.6	1.67	0.65	22.0	15.3	102.1	0.7
60～120	8.4	16.7	1.47	0.64	22.3	13.9	132.7	0.4

9.7.2 关上村系（Guanshangcun Series）

土 族：粗骨壤质盖粗骨质混合型非酸性冷性-普通暗沃干润雏形土

拟定者：杨金玲，宋效东

分布与环境条件 主要分布于天水、陇南、定西地区，中山坡地，海拔 2200～2600 m，母质为砂砾岩风化残积-坡积物，林地，温带半湿润气候，年均日照时数 1800～2100 h，气温 3～6℃，降水量 400～600 mm，无霜期 100～130 d。

关上村系典型景观

土系特征与变幅 诊断层包括暗沃表层，诊断特性包括冷性土壤温度状况和半干润土壤水分状况。有效土体厚度 50～75 cm；暗沃表层厚度 18～25 cm。砾石含量可达 25%～90%，层次质地构型为粉砂壤土-粉砂质黏壤土。碳酸钙相当物含量<20 g/kg，土壤 pH 7.5～8.5。

对比土系 梅川系，同一亚类，但不同土族，颗粒大小级别为黏壤质盖粗骨质。

利用性能综述 林地，土体浅薄，砾石含量高，坡度大，不适于开发和耕种利用，应封山育林，发展林草地，加强水土保持，发挥其生态环境效应。缓坡处已经开发为梯田的，应加强田间管理，修埂培肥，减少地面径流，防止水土流失。

参比土种 黄石渣土。

代表性单个土体 位于甘肃省定西市岷县西寨镇关上村，34°32′29.120″N，103°47′6.471″E，中山陡坡中下部，海拔 2481 m，母质为砂砾岩风化残积-坡积物，林地，植被覆盖度 40%～50%，50 cm 深度年均土温 8.7℃，调查时间 2015 年 7 月，编号 62-024。

关上村系代表性单个土体剖面

Ah：0～20 cm，黑棕色（10YR 2/2，干），黑色（10YR 2/1，润），10%岩石碎屑，粉砂壤土，发育强的粒状结构，松散，多量灌草根系，向下层波状渐变过渡。

AB：20～45 cm，黑棕色（10YR 2/2，干），黑色（10YR 2/1，润），30%岩石碎屑，粉砂质黏壤土，发育中等的粒状和直径<5 mm 块状结构，极疏松，多量灌草根系，向下层波状清晰过渡。

BC：45～110 cm，浊黄橙色（10YR 7/4，干），浊黄棕色（10YR 5/4，润），90%岩石碎屑，粉砂质黏壤土，发育弱的直径 5～10 mm 块状结构，疏松，少量灌草根系，砾石表面可见黏粒胶膜，轻度石灰反应。

关上村系代表性单个土体物理性质

土层	深度/cm	砾石(>2 mm，体积分数)/%	细土颗粒组成(粒径：mm)/(g/kg)			质地	容重/(g/cm^3)
			砂粒 2～0.05	粉粒 0.05～0.002	黏粒 <0.002		
Ah	0～20	10	127	619	253	粉砂壤土	0.80
AB	20～45	30	100	625	276	粉砂质黏壤土	1.00
BC	45～110	90	255	420	324	粉砂质黏壤土	—

关上村系代表性单个土体化学性质

深度/cm	pH	有机碳/(g/kg)	全氮(N)/(g/kg)	全磷(P)/(g/kg)	全钾(K)/(g/kg)	CEC/[cmol(+)/kg]	$CaCO_3$/(g/kg)	电导率(EC)/(dS/m)
0～20	7.5	64.0	5.32	0.93	22.7	31.3	2.4	0.6
20～45	7.5	31.7	2.82	0.76	22.5	22.2	3.7	0.4
45～110	8.5	6.1	0.80	0.66	30.5	7.7	18.0	0.2

9.7.3 梅川系（Meichuan Series）

土　族：黏壤质盖粗骨质混合型非酸性冷性-普通暗沃干润雏形土

拟定者：杨金玲，宋效东

分布与环境条件　主要分布于定西、陇南、天水的迭岷山地、秦岭山地及陇山山地的垂直带中，中山坡地，海拔 2500～2900 m，母质上为黄土沉积物，下为砂砾岩风化坡积物，林地，温带半湿润气候，年均日照时数 1800～2100 h，气温 3～6℃，降水量 400～600 mm，无霜期 100～130 d。

梅川系典型景观

土系特征与变幅　诊断层包括暗沃表层和雏形层，诊断特性包括冷性土壤温度状况和半干润土壤水分状况。有效土体厚度 50～75 cm；暗沃表层厚度 18～25 cm。砾石含量可达 75%～90%，通体为粉砂壤土。碳酸钙相当物含量<10 g/kg，土壤 pH 7.5～8.0。

对比土系　关上村系，同一亚类，但不同土族，颗粒大小级别为粗骨壤质盖粗骨质。

利用性能综述　林地，土体中有效土层较薄，养分状况高，质地适中，底层砾石含量高，土体通透性较好，目前植被覆盖度较高，土壤抗蚀能力较强，保水保肥能力强，适宜松科针叶林生长。改良利用措施：封山育林、保护好现有植被，促进幼林生长；在成年林带，应采伐和培育相结合，栽植最适宜的速生快长树种。

参比土种　棕石碴土。

代表性单个土体　位于甘肃省定西市岷县梅川镇老幼店村，34°37′30.212″N，104°07′30.701″E，中山中坡中下部，母质上为黄土沉积物，下为砂砾岩风化坡积物，海拔 2764 m，林地，植被覆盖度>90%，50 cm 深度年均土温 8.1℃，调查时间 2015 年 7 月，编号 62-029。

梅川系代表性单个土体剖面

Ah：0～25 cm，浊黄棕色（10YR 5/3，干），黑棕色（10YR 3/2，润），2%岩石碎屑，粉砂壤土，发育强的粒状结构，极疏松，多量林草根系，向下层平滑清晰过渡。

AB：25～40 cm，浊黄棕色（10YR 5/3，干），暗棕色（10YR 3/3，润），5%岩石碎屑，粉砂壤土，发育中等的直径<5 mm 块状结构，稍坚实，中量草被根系，向下层波状渐变过渡。

Bw：40～70 cm，浊黄棕色（10YR 5/3，干），暗棕色（10YR 3/3，润），5%岩石碎屑，粉砂壤土，发育中等的直径 5～10 mm 块状结构，疏松，少量草被根系，向下层波状突变过渡。

BC：70～105 cm，浊黄橙色（10YR 7/4，干），浊黄棕色（10YR 5/4，润），80%岩石碎屑，粉砂壤土，发育弱的直径<5 mm 块状结构，稍坚实，向下层平滑清晰过渡。

C：105～120 cm，浊黄橙色（10YR 7/4，干），浊黄棕色（10YR 5/4，润），90%岩石碎屑。

梅川系代表性单个土体物理性质

土层	深度 /cm	砾石 (>2 mm，体积分数)/%	细土颗粒组成(粒径：mm)/(g/kg)			质地	容重 /(g/cm^3)
			砂粒 2～0.05	粉粒 0.05～0.002	黏粒 <0.002		
Ah	0～25	2	148	637	215	粉砂壤土	1.10
AB	25～40	5	138	631	231	粉砂壤土	1.34
Bw	40～70	5	90	652	258	粉砂壤土	1.00
BC	70～105	80	133	609	258	粉砂壤土	—
C	105～120	90	—	—	—	—	—

梅川系代表性单个土体化学性质

深度 /cm	pH	有机碳 /(g/kg)	全氮(N) /(g/kg)	全磷(P) /(g/kg)	全钾(K) /(g/kg)	CEC /[cmol(+)/kg]	$CaCO_3$ /(g/kg)	电导率(EC) /(dS/m)
0～25	7.5	19.1	1.72	0.54	19.7	16.6	0	1.3
25～40	7.7	21.8	1.89	0.63	20.0	18.8	2.3	0.4
40～70	7.9	29.2	2.52	0.69	20.9	24.0	2.7	0.3
70～105	7.8	9.9	0.90	0.52	22.8	15.3	0	0.2
105～120	—	—	—	—	—	—	—	—

9.7.4 豆坪系（Douping Series）

土 族：黏壤质混合型石灰性温性-普通暗沃干润雏形土

拟定者：杨金玲，刘峰

分布与环境条件 主要分布于陇南山区康县和宕昌县境内的山脚和黄土峁的下部较为平缓处，山地，海拔 900～1300 m，母质为黄土沉积物，林草地，温带半湿润气候，年均日照时数 1600～2000 h，气温 9～12℃，降水量 700～900 mm，无霜期 250～290 d。

豆坪系典型景观

土系特征与变幅 诊断层包括暗沃表层和雏形层，诊断特性包括半干润土壤水分状况、温性土壤温度状况和石灰性，具有钙积现象。土体厚度 1 m 以上；暗沃表层厚度 25～50 cm；钙积现象上界出现在矿质土表以下 25～50 cm，具有钙积现象土层厚度 25～50 cm。通体为粉砂壤土。碳酸钙相当物含量高 50～150 g/kg，强度-极强度石灰反应，土壤 pH 8.0～9.0。

对比土系 西华系，同一土族，但无钙积现象。

利用性能综述 林草地，土体较深厚，植被覆盖度较高，部分开发利用为农田或种植果树，养分含量较低，土壤较贫瘠，有水土流失现象。不适于开发和耕种利用，应封山育林，发展林草地，加强水土保持，发挥其生态环境效应。

参比土种 淡钙黑土。

代表性单个土体 位于甘肃省陇南市康县豆坪乡豆坪村，33°33′49.063″N，105°30′37.210″E，山地，海拔 921 m，坡度 10°～20°。母质为黄土沉积物，林草地，林草覆盖度 90%。50 cm 深度年均土温为 13.9℃。调查时间 2015 年 7 月，编号 62-006。

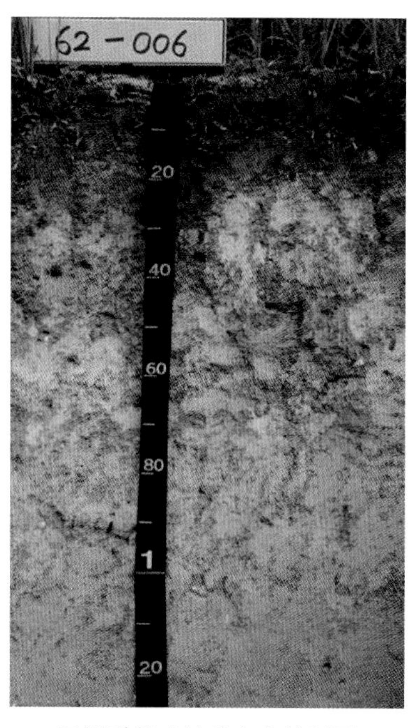

豆坪系代表性单个土体剖面

Ah1：0～15 cm，浊黄棕色（10YR 4/3，干），黑棕色（10YR 3/2，润），2%岩石碎屑，粉砂壤土，发育中等的粒状结构，极疏松，中量禾本科植物中细根，极强度石灰反应，向下层波状清晰过渡。

Ah2：15～26 cm，浊黄橙色（10YR 5/3，干），暗棕色（10YR 3/3，润），2%岩石碎屑，粉砂壤土，发育中等的直径 5～10 mm 块状结构，疏松，少量禾本科植物中细根，极强度石灰反应，向下层波状清晰过渡。

Bw1：26～48 cm，浊黄橙色（10YR 7/3，干），浊黄棕色（10YR 5/3，润），3%岩石碎屑，粉砂壤土，发育中等的直径 10～20 mm 块状结构，稍坚实，极少量茅草中细根，极强度石灰反应，向下层平滑清晰过渡。

Bk：48～84 cm，浊黄橙色（10YR 7/3，干），浊黄棕色（10YR 5/3，润），5%岩石碎屑，粉砂壤土，发育中等的直径 10～20 mm 块状结构，稍坚实，2%白色碳酸钙粉末，极强度石灰反应，向下层平滑清晰过渡。

Bw2：84～120 cm，浊黄橙色（10YR 7/3，干），黑棕色（10YR 3/2，润），8%岩石碎屑，粉砂壤土，发育中等的直径 10～20 mm 块状结构，稍坚实，强度石灰反应。

豆坪系代表性单个土体物理性质

土层	深度/cm	砾石 (>2 mm，体积分数)/%	细土颗粒组成(粒径：mm)/(g/kg)			质地	容重 /(g/cm³)
			砂粒 2～0.05	粉粒 0.05～0.002	黏粒 <0.002		
Ah1	0～15	2	141	624	235	粉砂壤土	1.06
Ah2	15～26	2	111	634	255	粉砂壤土	1.17
Bw1	26～48	3	135	634	231	粉砂壤土	1.39
Bk	48～84	5	137	625	238	粉砂壤土	1.35
Bw2	84～120	8	128	663	209	粉砂壤土	1.28

豆坪系代表性单个土体化学性质

深度/cm	pH	有机碳 /(g/kg)	全氮(N) /(g/kg)	全磷(P) /(g/kg)	全钾(K) /(g/kg)	CEC /[cmol(+)/kg]	$CaCO_3$ /(g/kg)	电导率(EC) /(dS/m)
0～15	8.3	8.6	0.88	0.72	24.4	9.8	114.9	0.4
15～26	8.3	6.6	0.71	0.65	24.4	9.3	116.4	0.4
26～48	8.4	5.3	0.59	0.63	24.7	8.7	113.2	0.4
48～84	8.2	4.0	0.49	0.63	22.4	8.4	117.6	0.6
84～120	8.5	3.8	0.48	0.68	23.6	8.2	97.1	0.3

9.7.5 西华系（Xihua Series）

土 族：黏壤质混合型石灰性温性-普通暗沃干润雏形土

拟定者：杨金玲，刘峰

分布与环境条件 主要分布于定西、平凉、陇南、天水等地市的山区，高山坡地，海拔1300～1700 m，母质为硅质岩类风化残积-坡积物，林地，温带半湿润气候，年均日照时数2000～2300 h，气温6～9℃，降水量500～650 mm，无霜期170～200 d。

西华系典型景观

土系特征与变幅 诊断层包括暗沃表层和雏形层，诊断特性包括温性土壤温度状况、半干润土壤水分状况和石灰性。土体厚度1 m以上；暗沃表层厚度25～50 cm。通体为粉砂壤土。碳酸钙相当物含量1～50 g/kg，土体底部无石灰反应，上部中度石灰反应，土壤pH 8.0～8.5。

对比土系 豆坪系，同一土族，但有钙积现象。

利用性能综述 林地，土体较深厚，养分含量中等。目前主要为马尾松人工林，等高种植，植被恢复较好，有效地阻止了水土侵蚀。林下的莎草生长较好，植被覆盖度较高，部分平缓处被开发种植。由于地形坡度较大，易于发生水土流失，不适于开发和耕种利用。应封山育林，加强水土保持，发挥其生态环境效应，也可适当种植经济林和适度放牧。

参比土种 山地草甸土。

代表性单个土体 位于甘肃省平凉市华亭县西华镇西华村东，35°11′40.390″N，106°34′45.054″E，高山阴坡中部，海拔1558 m，母质为硅质岩类风化残积-坡积物，林地，植被覆盖度>90%，50 cm深度年均土温9.9℃，调查时间2015年7月，编号62-021。

西华系代表性单个土体剖面

Ah：0～12 cm，灰黄棕色（10YR 5/2，干），黑棕色（10YR 3/2，润），3%岩石碎屑，粉砂壤土，发育强的粒状结构，极疏松，大量树草根系，轻度石灰反应，向下层平滑清晰过渡。

AB：12～30 cm，浊黄棕色（10YR 5/3，干），暗棕色（10YR 3/3，润），5%岩石碎屑，粉砂壤土，发育中等的直径<5 mm 块状结构，疏松，中量树草根系，中度石灰反应，向下层波状渐变过渡。

Bw1：30～58 cm，浊黄橙色（10YR 6/3，干），浊黄棕色（10YR 4/3，润），2%岩石碎屑，粉砂壤土，发育中等的直径 5～10 mm 块状结构，稍坚实，少量树根，中度石灰反应，向下层波状渐变过渡。

Bw2：58～80 cm，浊黄橙色（10YR 6/4，干），棕色（10YR 4/4，润），2%岩石碎屑，粉砂壤土，发育弱的直径 10～20 mm 块状结构，稍坚实，轻度石灰反应，向下层平滑清晰过渡。

Bw3：80～100 cm，浊黄橙色（10YR 7/2，干），灰黄棕色（10YR 5/2，润），2%岩石碎屑，粉砂壤土，发育弱的直径 5～10 mm 块状结构，稍坚实。

西华系代表性单个土体物理性质

土层	深度 /cm	砾石 (>2 mm，体积分数)/%	细土颗粒组成(粒径：mm)/(g/kg)			质地	容重 /(g/cm³)
			砂粒 2～0.05	粉粒 0.05～0.002	黏粒 ＜0.002		
Ah	0～12	3	160	615	225	粉砂壤土	1.12
AB	12～30	5	144	616	240	粉砂壤土	1.21
Bw1	30～58	2	128	627	246	粉砂壤土	1.32
Bw2	58～80	2	96	644	259	粉砂壤土	1.40
Bw3	80～100	2	90	648	262	粉砂壤土	1.37

西华系代表性单个土体化学性质

深度 /cm	pH	有机碳 /(g/kg)	全氮(N) /(g/kg)	全磷(P) /(g/kg)	全钾(K) /(g/kg)	CEC /[cmol(+)/kg]	$CaCO_3$ /(g/kg)	电导率(EC) /(dS/m)
0～12	8.1	14.4	1.31	0.53	22.4	17.1	24.0	0.4
12～30	8.2	8.4	0.87	0.45	20.1	15.3	31.7	0.4
30～58	8.2	6.2	0.65	0.52	21.8	14.6	35.7	0.4
58～80	8.3	6.8	0.60	0.33	20.2	11.2	8.3	0.4
80～100	8.2	6.4	0.55	0.24	17.6	11.6	4.5	0.3

9.7.6 宁昌系（Ningchang Series）

土　族：壤质混合型石灰性冷性-普通暗沃干润雏形土

拟定者：杨金玲，李德成

分布与环境条件 主要分布于张掖市肃南县皇城镇，中山坡地，海拔 2000～2400 m，母质为以黄土状物质为主的坡积物，草地，高寒半干旱气候，年均日照时数 2600～2900 h，气温 3～6℃，降水量 200～300 mm，无霜期 100～120 d。

宁昌系典型景观

土系特征与变幅 诊断层包括暗沃表层和雏形层，诊断特性包括冷性土壤温度状况、半干润土壤水分状况和石灰性，具有盐积现象。土体厚度 1 m 以上，暗沃表层厚度 10～20 cm；土表即出现盐积现象，具有盐积现象土层厚度 75～100 cm。通体为粉砂壤土，土体下部有 5%～24%的岩石碎屑。电导率为 1.0～14.9 dS/m；碳酸钙相当物含量 100～150 g/kg，极强度石灰反应，土壤 pH 8.0～9.0。

对比土系 香告系和上巴藏系，同一亚类，但不同土族，香告系颗粒大小级别为粗骨质，上巴藏系温度状况为温性。

利用性能综述 草地，土体深厚，养分含量较高，植被覆盖度较高，应自然封育，进一步提高植被覆盖度，防止过度放牧带来荒漠化和水土流失。

参比土种 灰棕漠土。

代表性单个土体 位于甘肃省张掖市肃南县皇城镇宁昌村，37°50′02.479″N，102°00′42.926″E，海拔 2282 m，中山中坡中下部，母质为以黄土状物质为主的坡积物，草地，植被覆盖度 80%～90%，50 cm 深度年均土温 6.9℃，调查时间 2015 年 7 月，编号 62-084。

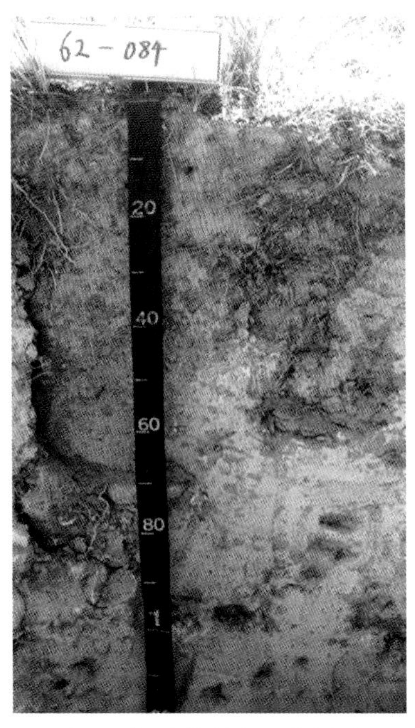

宁昌系代表性单个土体剖面

Ahz：0～25 cm，浊黄棕色（10YR 5/3，干），暗棕色（10YR 3/3，润），粉砂壤土，发育强的粒状结构，极疏松，多量灌草根系，极强度石灰反应，向下层波状渐变过渡。

ABz：25～47 cm，浊黄棕色（10YR 5/3，干），暗棕色（10YR 3/3，润），粉砂壤土，发育中等的粒状和直径 5～10 mm 块状结构，疏松，中量灌草根系，极强度石灰反应，向下层不规则渐变过渡。

Bw：47～70 cm，浊黄橙色（10YR 6/3，干），浊黄棕色（10YR 4/3，润），5%岩石碎屑，粉砂壤土，发育中等的直径 10～20 mm 块状结构，疏松，少量灌草根系，强度石灰反应，2%白色碳酸钙粉末，向下层不规则渐变过渡。

Bz：70～120 cm，淡黄橙色（10YR 8/3，干），浊黄橙色（10YR 6/3，润），10%岩石碎屑，粉砂壤土，发育弱的直径 20～50 mm 块状结构，稍坚实，2%白色碳酸钙粉末，强度石灰反应。

宁昌系代表性单个土体物理性质

土层	深度/cm	砾石(>2 mm，体积分数)/%	细土颗粒组成(粒径：mm)/(g/kg)			质地	容重/(g/cm^3)
			砂粒 2～0.05	粉粒 0.05～0.002	黏粒 <0.002		
Ahz	0～25	0	248	575	177	粉砂壤土	0.96
ABz	25～47	0	266	578	156	粉砂壤土	1.20
Bw	47～70	5	278	565	158	粉砂壤土	1.18
Bz	70～120	10	298	553	149	粉砂壤土	1.26

宁昌系代表性单个土体化学性质

深度/cm	pH	有机碳/(g/kg)	全氮(N)/(g/kg)	全磷(P)/(g/kg)	全钾(K)/(g/kg)	CEC/[cmol(+)/kg]	$CaCO_3$/(g/kg)	电导率(EC)/(dS/m)
0～25	8.2	17.7	1.84	0.66	21.5	9.1	139.3	4.7
25～47	8.8	4.8	0.47	0.68	22.1	4.7	143.7	4.0
47～70	9.0	2.9	0.29	0.67	22.6	4.2	128.9	2.4
70～120	8.8	2.2	0.21	0.69	23.2	4.1	110.4	5.3

9.7.7 上巴藏系（Shangbazang Series）

土 族：壤质混合型石灰性温性-普通暗沃干润雏形土

拟定者：杨金玲，宋效东

分布与环境条件 主要分布于甘南高原山地和祁连山东部，中山坡下，海拔 1400～1800 m，母质为碎屑岩坡积物，草地，温带半湿润气候，年均日照时数 1800～2100 h，气温 6～9℃，降水量 500～700 mm，无霜期 210～250 d。

上巴藏系典型景观

土系特征与变幅 诊断层包括暗沃表层和雏形层，诊断特性包括温性土壤温度状况、半干润土壤水分状况和石灰性，具有钙积现象。土体厚度 1 m 以上；暗沃表层厚度 25～50 cm；钙积现象上界出现在矿质土表以下 50～75 cm，具有钙积现象土层厚度 25～50 cm。通体为粉砂壤土。碳酸钙相当物含量 50～150 g/kg，强度-极强度石灰反应，土壤 pH 8.0～9.0。

对比土系 宁昌系，同一亚类，但不同土族，温度状况为冷性。

利用性能综述 草地，土体深厚，养分含量低，植被覆盖度较高，坡度较大，不适于开发和耕种利用，应自然封育，提高植被覆盖度，防止过度放牧带来荒漠化和水土流失。

参比土种 棕黄砂土。

代表性单个土体 位于甘肃省甘南藏族自治州舟曲县巴藏乡上巴藏村，33°54′17.009″N，104°00′42.284″E，中山坡下，海拔 1619 m，母质为碎屑岩坡积物，草地，植被覆盖度 60%～70%，50 cm 深度年均土温 10.4℃，调查时间 2015 年 7 月，编号 62-007。

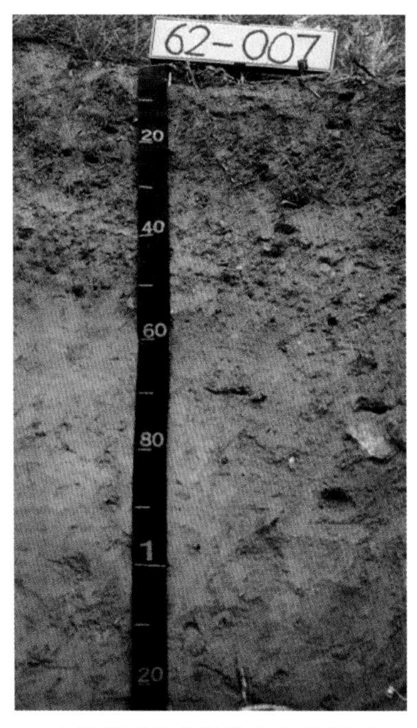

上巴藏系代表性单个土体剖面

Ah：0～25 cm，淡黄橙色（10YR 5/3，干），暗棕色（10YR 3/3，润），15%岩石碎屑，粉砂壤土，发育强的粒状和直径<5 mm 块状结构，疏松，中量草本根系，极强度石灰反应，向下层平滑清晰过渡。

Bw1：25～55 cm，浊黄橙色（10YR 7/3，干），浊黄棕色（10YR 5/3，润），20%岩石碎屑，粉砂壤土，发育中等的直径 5～10 mm 块状结构，稍坚实，中量灌草根系，极强度石灰反应，向下层平滑清晰过渡。

Bk：55～102 cm，淡黄橙色（10YR 8/3，干），浊黄橙色（10YR 6/3，润），10%岩石碎屑，粉砂壤土，发育弱的直径 10～20 mm 块状结构，稍坚实，少量树灌根系，极强度石灰反应，向下层平滑渐变过渡。

Bw2：102～125 cm，淡黄橙色（10YR 8/3，干），浊黄橙色（10YR 6/3，润），2%岩石碎屑，粉砂壤土，发育弱的直径 10～20 mm 块状结构，疏松，少量树灌根系，强度石灰反应。

上巴藏系代表性单个土体物理性质

土层	深度 /cm	砾石 (>2 mm，体积分数)/%	细土颗粒组成(粒径：mm)/(g/kg)			质地	容重 /(g/cm^3)
			砂粒 2～0.05	粉粒 0.05～0.002	黏粒 <0.002		
Ah	0～25	15	249	593	158	粉砂壤土	1.06
Bw1	25～55	20	260	589	151	粉砂壤土	1.31
Bk	55～102	10	279	574	147	粉砂壤土	1.22
Bw2	102～125	2	269	589	142	粉砂壤土	1.12

上巴藏系代表性单个土体化学性质

深度 /cm	pH	有机碳 /(g/kg)	全氮(N) /(g/kg)	全磷(P) /(g/kg)	全钾(K) /(g/kg)	CEC /[cmol(+)/kg]	$CaCO_3$ /(g/kg)	电导率(EC) /(dS/m)
0～25	8.7	7.2	0.80	0.68	22.8	5.2	113.4	0.3
25～55	8.7	5.6	0.64	0.66	22.4	4.9	101.8	0.3
55～102	8.6	3.8	0.48	0.58	22.6	4.8	121.3	0.6
102～125	8.3	2.8	0.35	0.56	24.4	4.1	93.9	2.4

9.8 钙积简育干润雏形土

9.8.1 马家营系（Majiaying Series）

土 族：砂质混合型冷性-钙积简育干润雏形土

拟定者：杨金玲，李德成，赵玉国

分布与环境条件 主要分布于酒泉市肃州区，洪-冲积平原，海拔 1200～1600 m，母质为洪-冲积物，荒草地，温带半干旱气候，年均日照时数 3000～3300 h，气温 3～6℃，降水量 100～200 mm，无霜期 120～140 d。

马家营系典型景观

土系特征与变幅 诊断层包括淡薄表层和钙积层，诊断特性包括冷性土壤温度状况、半干润土壤水分状况和石灰性，具有盐积现象。土体厚度 100～125 cm；淡薄表层厚度 10～20 cm；钙积层上界出现在矿质土表下 10～25 cm，厚度 75～100 cm，5%～40%白色碳酸钙粉末或假菌丝体；盐积现象上界出现在矿质土表以下 10~25 cm，具有盐积现象土层厚度 100~125 cm。层次质地构型为粉砂壤土-壤土-壤质砂土-粉砂壤土。1 m 以下砾石含量可达 50%～75%。电导率 0.5～29.9 dS/m；碳酸钙相当物含量 100～250 g/kg，极强度石灰反应，土壤 pH 8.0～9.0。

对比土系 红崖子系和黄嵩湾系，同一亚类，但不同土族，土壤颗粒大小级别分别为黏壤质盖粗骨质和黏壤质。

利用性能综述 草地，土体较深厚，养分含量高，植被覆盖度较低，不适于开发和耕种利用，应自然封育，提高植被覆盖度，防止过度放牧带来荒漠化。

参比土种 灰棕漠土。

代表性单个土体　位于甘肃省酒泉市肃州区清水镇马家营子东北，辛家庄东南，39°17′35.980″N，99°14′45.842″E，海拔 1450 m，洪-冲积平原，母质为洪-冲积物，荒草地，植被覆盖度 20%～30%，50 cm 深度年均土温 8.6℃，调查时间 2012 年 8 月，编号 YG-014。

马家营系代表性单个土体剖面

Ah：　0～11 cm，浊黄橙色（10YR 7/3，干），浊黄棕色（10YR 5/3，润），粉砂壤土，发育弱的粒状和直径<5 mm 块状结构，疏松，少量灌木根系，极强度石灰反应，向下层波状渐变过渡。

ABkz：11～51 cm，橙白色（10YR 8/2，干），灰黄棕色（10YR 6/2，润），壤土，发育弱的直径 10～20 mm 块状结构，疏松，少量灌木根系，5%白色碳酸钙粉末，极强度石灰反应，向下层波状渐变过渡。

Bkz：　51～105 cm，橙白色（10YR 8/2，干），灰黄棕色（10YR 6/2，润），壤质砂土，发育弱的直径 20～50 mm 块状结构，稍坚实，15%～25%白色碳酸钙粉末，极强度石灰反应，向下层波状渐变过渡。

Cz：　105～120 cm，橙白色（10YR 8/2，干），灰黄棕色（10YR 6/2，润），70%岩石碎屑，粉砂壤土，单粒，无结构，极强度石灰反应。

马家营系代表性单个土体物理性质

土层	深度/cm	砾石(>2 mm，体积分数)/%	细土颗粒组成(粒径：mm)/(g/kg)			质地	容重/(g/cm^3)
			砂粒 2～0.05	粉粒 0.05～0.002	黏粒 <0.002		
Ah	0～11	0	326	502	172	粉砂壤土	0.99
ABkz	11～51	0	379	495	126	壤土	1.05
Bkz	51～105	0	793	114	93	壤质砂土	1.19
Cz	105～120	70	130	627	243	粉砂壤土	1.23

马家营系代表性单个土体化学性质

深度/cm	pH	有机碳/(g/kg)	全氮(N)/(g/kg)	全磷(P)/(g/kg)	全钾(K)/(g/kg)	CEC/[cmol(+)/kg]	$CaCO_3$/(g/kg)	电导率(EC)/(dS/m)
0～11	8.2	25.4	1.99	0.75	16.2	3.9	113.7	0.9
11～51	8.3	18.6	1.48	0.59	15.1	4.4	170.2	10.8
51～105	9.0	8.5	0.74	0.66	16.6	4.7	239.4	15.5
105～120	8.4	6.9	0.62	0.61	16.2	4.6	175.3	12.3

9.8.2　红崖子系（Hongyazi Series）

土　族：黏壤质盖粗骨质混合型冷性-钙积简育干润雏形土

拟定者：杨金玲，张甘霖，李德成

分布与环境条件　主要分布于张掖市山丹县坡麓，洪积扇，海拔 1800～2200 m，母质上为黄土状物质，下为洪积物，荒草地，温带半干旱气候，年均日照时数 2700～3000 h，气温 3～6℃，降水量 150～300 mm，无霜期 140～170 d。

红崖子系典型景观

土系特征与变幅　诊断层包括淡薄表层和钙积层，诊断特性包括冷性土壤温度状况、半干润土壤水分状况和石灰性，具有盐积现象。土体厚度 50～75 cm；淡薄表层厚度为 10～20 cm，钙积层上界出现在矿质土表以下 15～25 cm，厚度 25～50 cm，5%～15%白色碳酸钙粉末或假菌丝体；盐积现象上界出现在矿质土表以下 15～25 cm，具有盐积现象土层厚度 25～50 cm。通体为粉砂壤土，土体下部为洪积砾石层。电导率 1.0～14.9 dS/m；碳酸钙相当物含量 100～200 g/kg，极强度石灰反应，土壤 pH 7.5～8.5。

对比土系　马家营系和黄嵩湾系，同一亚类，但不同土族，土壤颗粒大小级别分别为砂质和黏壤质。

利用性能综述　草地，土体较浅薄，养分含量低，植被覆盖度较低，不适于开发和耕种利用，应自然封育，提高植被覆盖度，防止过度放牧带来荒漠化。

参比土种　淡栗钙土。

代表性单个土体　位于甘肃省张掖市山丹县东乐乡红崖子村西南，鹰窝村东南，38°55′41.722″N，100°49′54.804″E，海拔 2089 m，洪积扇，母质上为黄土状沉积物，下为洪积物，荒草地，植被覆盖度 40%，50 cm 深度年均土温 7.8℃，调查时间 2012 年 8 月，编号 GL-024。

红崖子系代表性单个土体剖面

Ah：0～15 cm，浊黄橙色（10YR 7/2，干），灰黄棕色（10YR 5/2，润），粉砂壤土，发育弱的直径<5 mm 块状结构，疏松，少量草本根系，极强度石灰反应，向下层波状清晰过渡。

Bz：15～25 cm，浊黄橙色（10YR 6/3，干），浊黄棕色（10YR 4/3，润），粉砂壤土，发育弱的直径 10～20 mm 块状结构，稍坚实，少量草本根系，极强度石灰反应，向下层波状渐变过渡。

Bkz1：25～50 cm，浊黄橙色（10YR 7/3，干），浊黄棕色（10YR 5/3，润），粉砂壤土，发育弱的直径 20～50 mm 块状结构，稍坚实，5%碳酸钙假菌丝体，极强度石灰反应，向下层波状渐变过渡。

Bkz2：50～64 cm，浊黄橙色（10YR 7/3，干），浊黄棕色（10YR 5/3，润），10%岩石碎屑，粉砂壤土，发育弱的直径 20～50 mm 块状结构，稍坚实，10%碳酸钙假菌丝体，极强度石灰反应，向下层波状清晰过渡。

2C：64～90 cm，浊黄橙色（10YR 7/2，干），灰黄棕色（10YR 5/2，润），90%岩石碎屑，粉砂壤土，单粒，无结构，极强度石灰反应。

红崖子系代表性单个土体物理性质

土层	深度/cm	砾石(>2 mm，体积分数)/%	细土颗粒组成(粒径：mm)/(g/kg)			质地	容重/(g/cm^3)
			砂粒 2～0.05	粉粒 0.05～0.002	黏粒 <0.002		
Ah	0～15	0	215	600	184	粉砂壤土	1.26
Bz	15～25	0	191	613	196	粉砂壤土	1.28
Bkz1	25～50	0	152	619	228	粉砂壤土	1.31
Bkz2	50～64	10	197	595	208	粉砂壤土	1.32
2C	64～90	90	—	—	—	—	—

红崖子系代表性单个土体化学性质

深度/cm	pH	有机碳/(g/kg)	全氮(N)/(g/kg)	全磷(P)/(g/kg)	全钾(K)/(g/kg)	CEC/[cmol(+)/kg]	$CaCO_3$/(g/kg)	电导率(EC)/(dS/m)
0～15	8.1	6.1	0.63	0.80	17.7	9.3	132.8	1.1
15～25	7.9	5.6	0.56	0.82	17.1	10.6	140.7	3.7
25～50	8.2	4.6	0.44	0.68	16.7	13.6	153.3	5.8
50～64	7.9	4.4	0.43	0.58	15.5	7.8	165.9	6.7
64～90	—	—	—	—	—	—	—	—

9.8.3 黄嵩湾系（Huangsongwan Series）

土 族：黏壤质混合型冷性-钙积简育干润雏形土

拟定者：杨金玲，李德成，张甘霖

分布与环境条件 主要分布于张掖市山丹县位奇镇，黄土高原剥蚀台地，海拔 1900～2300 m，母质为黄土沉积物，荒草地，温带半干旱气候，年均日照时数 2700～3000 h，气温 0～6℃，降水量 150～300 mm，无霜期 140～170 d。

黄嵩湾系典型景观

土系特征与变幅 诊断层包括淡薄表层和钙积层，诊断特性包括冷性土壤温度状况、半干润土壤水分状况和石灰性，具有盐积现象。土体厚度 1 m 以上；淡薄表层厚度 10～20 cm；钙积层上界出现在矿质土表以下 10～25 cm，厚度 50～75 cm，10%～15%白色碳酸钙粉末或假菌丝体；盐积现象上界出现在矿质土表以下 25～50 cm，具有盐积现象土层厚度 75～100 cm。层次质地构型为粉砂壤土-砂质壤土。电导率 0.5～14.9 dS/m；碳酸钙相当物含量 50～150 g/kg，强度-极强度石灰反应，土壤 pH 7.5～9.0。

对比土系 红崖子系，同一亚类，但不同土族，颗粒大小级别为黏壤质盖粗骨质。

利用性能综述 草地，土体深厚，养分含量一般，植被覆盖度中等，不适于开发和耕种利用，应自然封育，提高植被覆盖度，防止过度放牧带来荒漠化和水土流失。

参比土种 草甸灰钙土。

代表性单个土体 位于甘肃省张掖市山丹县老军乡草沟道班东南，黄嵩湾村西，下石湾子村东，38°33′38.483″N，101°29′11.868″E，海拔 2116 m，高原剥蚀台地，母质为黄土沉积物，荒草地，植被覆盖度 40%，50 cm 深度年均土温 7.9℃，调查时间 2013 年 7 月，编号 HH044。

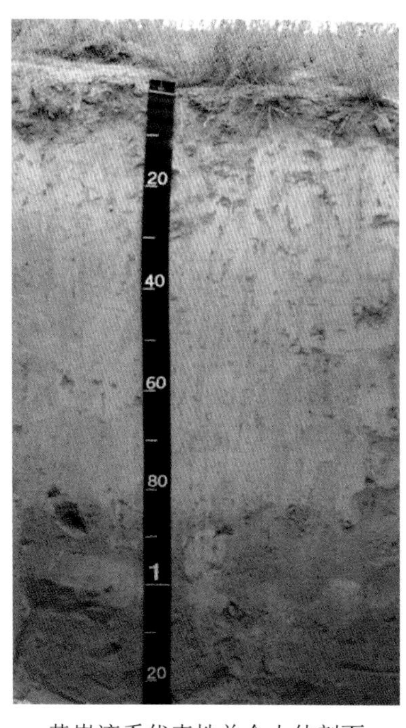

黄嵩湾系代表性单个土体剖面

Ah：0～11 cm，亮黄棕色（10YR 6/6，干），棕色（10YR 4/4，润），粉砂壤土，发育弱的粒状和直径<5 mm 块状结构，松散-疏松，多量草被根系，中度石灰反应，向下层波状清晰过渡。

Bk：11～30 cm，亮黄棕色（10YR 7/6，干），浊黄棕色（10YR 5/4，润），粉砂壤土，发育弱的直径 5～10 mm 块状结构，疏松，中量草被根系，10%～15%白色碳酸钙粉末，极强度石灰反应，向下层波状清晰过渡。

Bkz1：30～54 cm，亮黄棕色（10YR 7/6，干），浊黄棕色（10YR 5/4，润），粉砂壤土，发育弱的直径 10～20 mm 块状结构，稍坚实，少量草被根系，10%～15%白色碳酸钙粉末，极强度石灰反应，向下层波状渐变过渡。

Bkz2：54～84 cm，亮黄棕色（10YR 7/6，干），浊黄棕色（10YR 5/4，润），粉砂壤土，发育弱的直径 10～20 mm 块状结构，稍坚实，10%～15%白色碳酸钙粉末，极强度石灰反应，向下层波状渐变过渡。

BzC：84～130 cm，浊棕色（7.5YR 6/3，干），棕色（7.5YR 4/3，润），砂质壤土，发育弱的直径 5～10 mm 块状结构和单粒，强度石灰反应。

黄嵩湾系代表性单个土体物理性质

土层	深度/cm	砾石(>2 mm，体积分数)/%	细土颗粒组成(粒径：mm)/(g/kg)			质地	容重/(g/cm^3)
			砂粒 2～0.05	粉粒 0.05～0.002	黏粒 <0.002		
Ah	0～11	0	199	590	210	粉砂壤土	1.13
Bk	11～30	0	200	580	220	粉砂壤土	1.15
Bkz1	30～54	0	251	525	224	粉砂壤土	1.39
Bkz2	54～84	0	287	501	212	粉砂壤土	1.41
BzC	84～130	0	549	282	169	砂质壤土	1.28

黄嵩湾系代表性单个土体化学性质

深度/cm	pH	有机碳/(g/kg)	全氮(N)/(g/kg)	全磷(P)/(g/kg)	全钾(K)/(g/kg)	CEC/[cmol(+)/kg]	$CaCO_3$/(g/kg)	电导率(EC)/(dS/m)
0～11	8.5	11.7	0.97	0.70	16.5	8.4	77.7	0.9
11～30	8.7	10.6	0.89	0.63	16.4	7.6	130.4	2.5
30～54	8.4	6.7	0.60	0.53	16.0	7.9	130.4	4.8
54～84	8.0	6.0	0.55	0.52	17.2	8.0	133.6	4.3
84～130	8.5	5.4	0.50	0.41	17.3	11.6	94.7	3.1

9.8.4 南家畔系（Nanjiapan Series）

土　族：黏壤质混合型温性-钙积简育干润雏形土

拟定者：杨金玲，刘峰

分布与环境条件　主要分布于陇东塬地，黄土高原塬地，海拔 1100～1500 m，母质为黄土沉积物，旱地，温带半湿润气候，年均日照时数 2200～2500 h，气温 8～12℃，降水量 500～600 mm，无霜期 170～200 d。

南家畔系典型景观

土系特征与变幅　诊断层包括淡薄表层、钙积层和雏形层，诊断特性包括温性土壤温度状况、半干润土壤水分状况和石灰性。土体厚度 1 m 以上；淡薄表层厚度 5～10 cm；钙积层上界出现在矿质土表下 50～75 cm，厚度 50～75 cm，15%～40%碳酸钙粉末或假菌丝体；矿质土表下 25～50 cm 具有埋藏表层。通体为粉砂壤土。碳酸钙相当物含量 20～200 g/kg，中度-极强度石灰反应，土壤 pH 8.0～9.0。

对比土系　仇家庄系和朱潘系，同一土族，但有 5%～15%白色碳酸钙粉末或假菌丝体，没有埋藏层，且仇家庄系成土母质为冲积物。

利用性能综述　旱地，土体深厚，养分含量低，质地适中，耕性好，地势平缓，通过休耕或者增施有机肥料，秸秆还田，绿肥压青等措施培肥地力。

参比土种　薄盖黑麻垆土。

代表性单个土体　位于甘肃省庆阳市庆城县白马乡南家畔，35°51′05.041″N，107°47′49.680″E，黄土高原塬地，海拔 1302 m，母质为黄土沉积物，撂荒旱地，植被覆盖度>90%，50 cm 深度年均土温 11.0℃，调查时间 2015 年 7 月，编号 62-044。

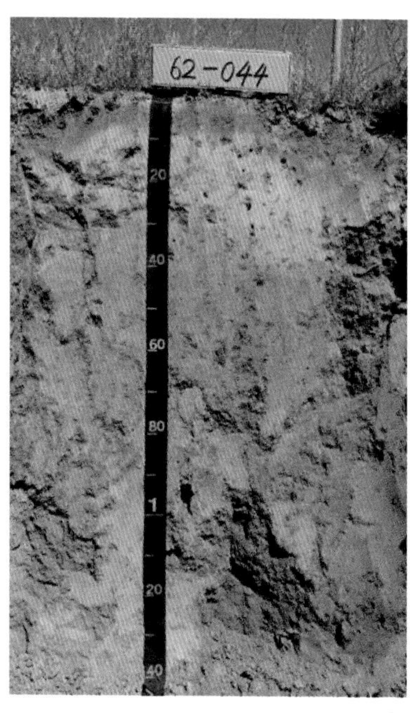

南家畔系代表性单个土体剖面

Ah：0～9 cm，浊黄橙色（10YR 7/4，干），浊黄棕色（10YR 5/4，润），粉砂壤土，发育强的直径<5 mm 块状结构，疏松，中量草被根系，强度石灰反应，向下层平滑清晰过渡。

Bw：9～35 cm，橙白色（10YR 8/2，干），灰黄棕色（10YR 6/2，润），粉砂壤土，发育强的直径 10～20 mm 块状结构，坚实，中量草被根系，强度石灰反应，向下层波状清晰过渡。

Ab：35～70 cm，浊黄橙色（10YR 7/4，干），浊黄棕色（10YR 5/4，润），粉砂壤土，发育中等的直径 5～10 mm 块状结构，坚实，少量草被根系，中度石灰反应，向下层平滑清晰过渡。

Bbk1：70～120 cm，浊黄橙色（10YR 7/4，干），浊黄棕色（10YR 5/4，润），粉砂壤土，发育中等的直径 20～50 mm 块状结构，很坚实，10%～15%碳酸钙假菌丝体，强度石灰反应，向下层波状渐变过渡。

Bbk2：120～140 cm，橙白色（10YR 8/2，干），灰黄棕色（10YR 6/2，润），粉砂壤土，发育中等的直径 20～50 mm 块状结构，极坚实，15%～20%碳酸钙假菌丝体，极强度石灰反应。

南家畔系代表性单个土体物理性质

土层	深度 /cm	砾石 (>2 mm，体积分数)/%	细土颗粒组成(粒径：mm)/(g/kg)			质地	容重 /(g/cm^3)
			砂粒 2～0.05	粉粒 0.05～0.002	黏粒 <0.002		
Ah	0～9	0	168	648	184	粉砂壤土	1.29
Bw	9～35	0	158	650	192	粉砂壤土	1.37
Ab	35～70	0	137	641	222	粉砂壤土	1.32
Bbk1	70～120	0	178	631	191	粉砂壤土	1.44
Bbk2	120～140	0	158	648	194	粉砂壤土	1.52

南家畔系代表性单个土体化学性质

深度 /cm	pH	有机碳 /(g/kg)	全氮(N) /(g/kg)	全磷(P) /(g/kg)	全钾(K) /(g/kg)	CEC /[cmol(+)/kg]	$CaCO_3$ /(g/kg)	电导率(EC) /(dS/m)
0～9	8.6	5.9	0.66	0.69	22.5	7.4	86.6	0.4
9～35	8.5	4.0	0.49	0.60	22.2	8.0	48.4	0.3
35～70	8.4	6.5	0.69	0.63	22.7	11.2	39.4	0.3
70～120	8.4	5.8	0.60	0.70	21.0	10.3	94.7	2.3
120～140	8.4	3.1	0.37	0.70	22.8	7.1	151.5	0.3

9.8.5 仇家庄系（Qiujiazhuang Series）

土 族：黏壤质混合型温性-钙积简育干润雏形土

拟定者：杨金玲，张甘霖，李德成

分布与环境条件 主要分布于酒泉市肃州区银达镇近水灌溉区，河漫滩，海拔 1100～1500 m，母质为冲积物，旱地，温带干旱气候，年均日照时数 3000～3300 h，气温 6～9℃，降水量 50～100 mm，无霜期 130～180 d。

仇家庄系典型景观

土系特征与变幅 诊断层包括淡薄表层和钙积层，诊断特性包括温性土壤温度状况、半干润土壤水分状况和石灰性。土体厚度 1 m 以上；淡薄表层厚度 10～20 cm；钙积层上界出现在矿质土表下 10～25 cm，厚度大于 100 cm，5%～15%白色碳酸钙粉末或假菌丝体。层次质地构型为壤土-粉砂壤土-粉砂质黏壤土。碳酸钙相当物含量 100～300 g/kg，极强度石灰反应，土壤 pH 8.0～9.0。

对比土系 南家畔系和朱潘系，同一土族，但成土母质均为黄土沉积物，且南家畔系具有 15%～40%白色碳酸钙粉末或假菌丝体，具有埋藏表层。

利用性能综述 旱地，土体深厚，土壤养分含量中等，上层质地适中，下层较黏重。利用改良上：第一，加强田间管理，建设配套灌溉措施，进行早耕、深耕，接纳雨水。第二，增施有机肥料，秸秆还田，绿肥压青，改善土壤结构，提高土壤有机质含量，用养结合。第三，实施配方施肥，适当施用氮磷化肥和锌、硼、钼等微肥，增加作物产量。第四，底层排水不良，防止大水漫灌。

参比土种 灰灌漠土。

代表性单个土体 位于甘肃省酒泉市肃州区银达镇仇家庄南，39°46′28.402″N，98°33′04.654″E，海拔 1388 m，河漫滩，母质为冲积物，旱地，玉米-蔬菜不定期轮作，50 cm 深度年均土温 9.4℃，调查时间 2012 年 8 月，编号 ZL-025。

仇家庄系代表性单个土体剖面

Ap：0～15 cm，淡灰色（10YR 7/1，干），棕灰色（10YR 5/1，润），壤土，发育中等的粒状和直径<5 mm 块状结构，疏松，少量蔬菜根系，极强度石灰反应，向下层波状清晰过渡。

Bk1：15～48 cm，淡灰色（10YR 7/1，干），棕灰色（10YR 5/1，润），壤土，发育中等的直径 10～20 mm 块状结构，稍坚实，2%～5%白色碳酸钙粉末，极强度石灰反应，向下层波状清晰过渡。

Bk2：48～88 cm，橙白色（10YR 8/1，干），棕灰色（10YR 5/1，润），粉砂壤土，发育弱的直径 20～50 mm 块状结构，坚实，5%～10%白色碳酸钙粉末，极强度石灰反应，向下层平滑清晰过渡。

Bk3：88～130 cm，橙白色（10YR 8/1，干），棕灰色（10YR 5/1，润），粉砂质黏壤土，发育弱的直径 20～50 mm 块状结构，坚实，5%～10%白色碳酸钙粉末，极强度石灰反应。

仇家庄系代表性单个土体物理性质

土层	深度/cm	砾石(>2 mm，体积分数)/%	细土颗粒组成(粒径：mm)/(g/kg)			质地	容重/(g/cm^3)
			砂粒 2～0.05	粉粒 0.05～0.002	黏粒 <0.002		
Ap	0～15	0	368	427	205	壤土	1.16
Bk1	15～48	0	362	436	202	壤土	1.25
Bk2	48～88	0	201	550	249	粉砂壤土	1.30
Bk3	88～130	0	129	583	288	粉砂质黏壤土	1.24

仇家庄系代表性单个土体化学性质

深度/cm	pH	有机碳/(g/kg)	全氮(N)/(g/kg)	全磷(P)/(g/kg)	全钾(K)/(g/kg)	CEC/[cmol(+)/kg]	$CaCO_3$/(g/kg)	电导率(EC)/(dS/m)
0～15	8.5	10.2	0.81	0.87	15.6	7.2	122.0	0.9
15～48	8.4	6.2	0.52	0.66	14.4	4.9	174.3	1.1
48～88	8.4	4.8	0.43	0.60	15.0	14.2	204.9	0.9
88～130	8.3	6.6	0.49	0.54	15.0	19.9	261.2	1.0

9.8.6 朱潘系（Zhupan Series）

土　族：黏壤质混合型温性-钙积简育干润雏形土

拟定者：杨金玲，宋效东

分布与环境条件 主要分布于临夏回族自治州东乡、广河、临夏等县市，黄土高原塬地，海拔 1700～2100 m，母质为黄土沉积物，旱地，温带半湿润气候，年均日照时数 2200～2500 h，气温 6～9℃，降水量 400～600 mm，无霜期 140～170 d。

朱潘系典型景观

土系特征与变幅 诊断层包括淡薄表层、钙积层和雏形层，诊断特性包括温性土壤温度状况、半干润土壤水分状况和石灰性。土体厚度 1 m 以上，淡薄表层 10～20 cm；钙积层上界出现在矿质土表以下 75～100 cm，厚度 25～50 cm，10%～15%白色碳酸钙粉末或假菌丝体。通体为粉砂壤土。碳酸钙相当物含量 50～150 g/kg，强度-极强度石灰反应，土壤 pH 8.0～9.0。

对比土系 南家畔系和仇家庄系，同一土族，但南家畔系具有 15%～40%白色碳酸钙粉末或假菌丝体，具有埋藏表层；仇家庄系成土母质为冲积物。

利用性能综述 旱地，土体深厚，土壤养分含量较低，质地适中，通透性好。土质绵软、疏松，土性柔和，耕性好，适耕期长，适种性强，但水分缺乏是主要的限制因子。利用改良上：第一，加强田间管理，建设配套灌溉措施，进行早耕、深耕，接纳雨水。第二，增施有机肥料，秸秆还田，绿肥压青，改善土壤结构，提高土壤有机质含量，用养结合。第三，实施配方施肥，适当施用氮磷化肥和锌、硼、钼等微肥，增加作物产量。

参比土种 傻绵白土。

代表性单个土体 位于甘肃省临夏回族自治州临夏县土桥镇朱潘村，35°39′09.662″N，103°12′23.721″E，黄土高原塬地，海拔 1954 m，母质为黄土沉积物，旱地，50 cm 深度年均土温 9.4℃，调查时间 2015 年 7 月，编号 62-043。

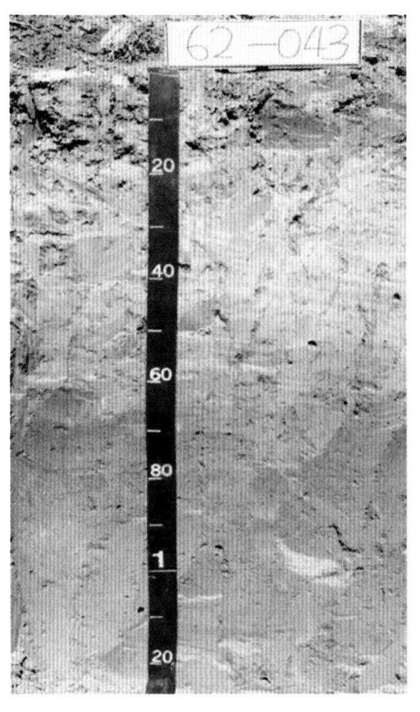

朱潘系代表性单个土体剖面

Ap：0～18 cm，浊黄橙色（10YR 7/3，干），浊黄棕色（10YR 5/3，润），粉砂壤土，发育中等的粒状和直径<5 mm 块状结构，疏松，强度石灰反应，向下层平滑清晰过渡。

Bw1：18～55 cm，浊黄橙色（10YR 7/3，干），浊黄棕色（10YR 5/3，润），粉砂壤土，发育中等的直径 5～10 mm 块状结构，稍坚实，2%白色碳酸钙粉末，强度石灰反应，向下层平滑清晰过渡。

Bw2：55～90 cm，浊黄橙色（10YR 6/3，干），浊黄棕色（10YR 4/3，润），粉砂壤土，发育中等的直径 10～20 mm 块状结构，稍坚实，2%白色碳酸钙粉末和假菌丝体，强度石灰反应，向下层平滑清晰过渡。

Bk：90～120 cm，浊黄橙色（10YR 7/3，干），浊黄棕色（10YR 5/3，润），粉砂壤土，发育弱的直径 5～10 mm 块状结构，疏松，15%白色碳酸钙粉末和假菌丝体，极强度石灰反应。

朱潘系代表性单个土体物理性质

土层	深度 /cm	砾石 (>2 mm，体积分数)/%	细土颗粒组成(粒径：mm)/(g/kg)			质地	容重 /(g/cm^3)
			砂粒 2～0.05	粉粒 0.05～0.002	黏粒 <0.002		
Ap	0～18	0	161	640	199	粉砂壤土	1.22
Bw1	18～55	0	165	638	198	粉砂壤土	1.29
Bw2	55～90	0	135	637	229	粉砂壤土	1.28
Bk	90～120	0	162	630	208	粉砂壤土	1.03

朱潘系代表性单个土体化学性质

深度 /cm	pH	有机碳 /(g/kg)	全氮(N) /(g/kg)	全磷(P) /(g/kg)	全钾(K) /(g/kg)	CEC /[cmol(+)/kg]	$CaCO_3$ /(g/kg)	电导率(EC) /(dS/m)
0～18	8.4	9.1	1.09	0.96	21.5	9.1	82.6	0.4
18～55	8.5	6.4	0.76	0.75	22.2	8.2	99.1	0.3
55～90	8.5	7.4	0.84	0.78	21.3	9.4	87.9	0.3
90～120	8.4	8.0	0.86	0.78	21.5	9.4	135.5	0.3

9.8.7 马家庄系（Majiazhuang Series）

土 族：壤质盖粗骨质混合型冷性-钙积简育干润雏形土

拟定者：杨金玲，李德成，张甘霖

分布与环境条件 主要分布于酒泉市肃州区金佛寺镇山前平原，洪-冲积平原，海拔1400～1800 m，母质为洪-冲积物，荒草地，温带半干旱气候，年均日照时数 3000～3300 h，气温 3～6℃，降水量 100～200 mm，无霜期 120～140 d。

马家庄系典型景观

土系特征与变幅 诊断层包括淡薄表层和钙积层，诊断特性包括冷性土壤温度状况、半干润土壤水分状况和石灰性，具有盐积现象。土体厚度 50～75 cm，淡薄表层 10～20 cm；钙积层上界出现在矿质土表下 25～50 cm，厚度 15～25 cm，5%～15%白色碳酸钙粉末或假菌丝体；盐积现象上界出现在矿质土表以下 15～25 cm，具有盐积现象土层厚度 15～25 cm。层次质地构型为壤土-粉砂壤土，土体下部为砾石层。电导率 0.5～14.9 dS/m；碳酸钙相当物含量 50～200 g/kg，强度-极强度石灰反应，土壤 pH 8.0～9.0。

对比土系 石门沟系，同一土族，但地形为洪积扇，层次质地构型为粉砂壤土-壤土，钙积层上界出现在矿质土表下 10～25 cm，厚度 25～50 cm；盐积现象上界出现在矿质土表以下 50～75 cm，具有盐积现象土层厚度 50～75 cm。

利用性能综述 草地，土体稍浅，养分含量很低，植被覆盖度较低，不适于开发和耕种利用，应自然封育，提高植被覆盖度，防止过度放牧带来荒漠化。

参比土种 栗钙土。

代表性单个土体 位于甘肃省酒泉市肃州区金佛寺镇马家庄东北，郭家庄西南，薛家庄西，三工庄西南，39°27′26.578″N，98°43′11.752″E，海拔 1608 m，洪-冲积平原，母质为洪-冲积物，荒草地，植被覆盖度 20%～30%，50 cm 深度年均土温 8.9℃，调查时间

2012 年 8 月，编号 ZL-029。

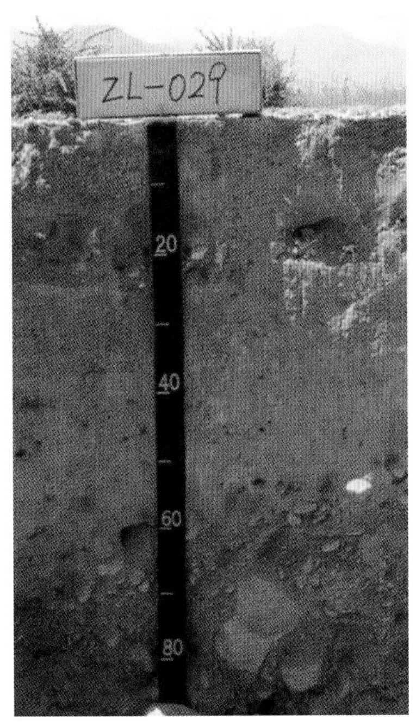

马家庄系代表性单个土体剖面

Ah：0～15 cm，浊黄橙色（10YR 7/3，干），浊黄棕色（10YR 4/3，润），10%岩石碎屑，壤土，发育弱的直径<5 mm 块状结构，稍坚实，中量草被根系，极强度石灰反应，向下层平滑清晰过渡。

Bz：15～37 cm，浊黄橙色（10YR 7/2，干），灰黄棕色（10YR 5/2，润），20%岩石碎屑，壤土，发育弱的直径 5～10 mm 块状结构，坚实，少量草被根系，强度石灰反应，向下层平滑清晰过渡。

Bk：37～60 cm，浊黄橙色（10YR 7/3，干），浊黄棕色（10YR 4/3，润），10%岩石碎屑，粉砂壤土，发育弱的直径 10～20 mm 块状结构，坚实，少量草被根系，10%～15%白色碳酸钙粉末，极强度石灰反应，向下层平滑清晰过渡。

C：60～90 cm，浊黄橙色（10YR 7/3，干），浊黄棕色（10YR 4/3，润），90%岩石碎屑，单粒，无结构，极强度石灰反应。

马家庄系代表性单个土体物理性质

土层	深度 /cm	砾石 (>2 mm，体积分数)/%	细土颗粒组成(粒径：mm)/(g/kg)			质地	容重 /(g/cm³)
			砂粒 2～0.05	粉粒 0.05～0.002	黏粒 <0.002		
Ah	0～15	10	367	477	155	壤土	1.36
Bz	15～37	20	410	458	132	壤土	1.41
Bk	37～60	10	286	536	178	粉砂壤土	1.43
C	60～90	90	—	—	—	—	—

马家庄系代表性单个土体化学性质

深度 /cm	pH	有机碳 /(g/kg)	全氮(N) /(g/kg)	全磷(P) /(g/kg)	全钾(K) /(g/kg)	CEC /[cmol(+)/kg]	$CaCO_3$ /(g/kg)	电导率(EC) /(dS/m)
0～15	8.6	3.5	0.37	0.62	17.6	2.8	128.5	0.8
15～37	8.4	2.7	0.22	0.61	17.7	2.5	77.2	4.1
37～60	8.5	2.6	0.25	0.62	17.3	2.8	154.4	1.6
60～90	—	—	—	—	—	—	—	—

9.8.8 石门沟系（Shimengou Series）

土　族：壤质盖粗骨质混合型冷性-钙积简育干润雏形土
拟定者：杨金玲，张甘霖，李德成

分布与环境条件 主要分布于酒泉市肃州区山前，洪积扇，海拔1800～2200 m，母质为洪积物，草地，温带半干旱气候，年均日照时数3000～3300 h，气温3～6℃，降水量100～200 mm，无霜期120～140 d。

石门沟系典型景观

土系特征与变幅 诊断层包括淡薄表层和钙积层，诊断特性包括冷性土壤温度状况、半干润土壤水分状况和石灰性，具有盐积现象。土体厚度75～100 cm，淡薄表层10～20 cm；钙积层上界出现在矿质土表下10～25 cm，厚度25～50 cm，5%～15%白色碳酸钙粉末或假菌丝体；盐积现象上界出现在矿质土表以下50～75 cm，具有盐积现象土层厚度50～75 cm。层次质地构型为粉砂壤土-壤土，土体下部为砾石层。电导率1.0～14.9 dS/m；碳酸钙相当物含量50～200 g/kg，强度-极强度石灰反应，土壤pH 8.0～9.0。

对比土系 马家庄系，同一土族，但地形为洪-冲积平原，层次质地构型为壤土-粉砂壤土，钙积层上界出现在矿质土表下25～50 cm，厚度10～25 cm；盐积现象上界出现在矿质土表以下15～25 cm，具有盐积现象土层厚度15～25 cm。

利用性能综述 草地，土体稍浅，养分含量低，植被覆盖度中等，不适于开发和耕种利用，应自然封育，提高植被覆盖度，防止过度放牧带来荒漠化。

参比土种 灰棕漠土。

代表性单个土体 位于甘肃省酒泉市肃州区丰乐乡三达板村南，石门沟村北，泉沟村东，四羊沟村西，39°20′02.181″N，98°48′41.999″E，海拔2034 m，洪积扇，母质为洪积物，草地，植被覆盖度40%～50%，50 cm深度年均土温7.7℃，调查时间2012年8月，编号GL-015。

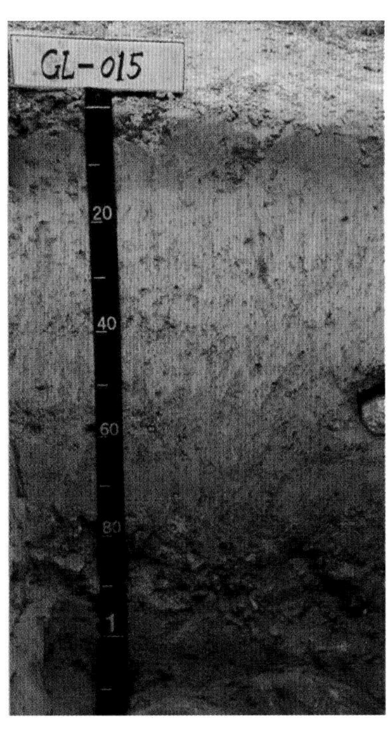

石门沟系代表性单个土体剖面

Ah：0～14 cm，浊黄橙色（10YR 6/3，干），灰黄棕色（10YR 4/2，润），粉砂壤土，发育弱的直径 5～10 mm 块状结构，疏松，少量草本根系，极强度石灰反应，向下层平滑清晰过渡。

Bk1：14～36 cm，橙白色（10YR 8/2，干），灰黄棕色（10YR 6/2，润），粉砂壤土，发育弱的直径 20～50 mm 块状结构，稍坚实，少量草本根系，10%～15%白色碳酸钙粉末，极强度石灰反应，向下层平滑清晰过渡。

Bk2：36～57 cm，橙白色（10YR 8/2，干），灰黄棕色（10YR 6/2，润），粉砂壤土，发育弱的直径 20～50 mm 块状结构，稍坚实，少量草本根系，5%～10%白色碳酸钙粉末，极强度石灰反应，向下层平滑清晰过渡。

Bz：57～77 cm，浊黄橙色（10YR 6/3，干），灰黄棕色（10YR 4/2，润），15%岩石碎屑，粉砂壤土，发育弱的直径 20～50 mm 块状结构，坚实，极强度石灰反应，向下层波状清晰过渡。

Cz：77～110 cm，浊黄橙色（10YR 6/3，干），灰黄棕色（10YR 4/2，润），80%岩石碎屑，壤土，单粒，坚实，强度石灰反应。

石门沟系代表性单个土体物理性质

土层	深度 /cm	砾石 (>2 mm，体积分数)/%	细土颗粒组成(粒径：mm)/(g/kg)			质地	容重 /(g/cm^3)
			砂粒 2～0.05	粉粒 0.05～0.002	黏粒 <0.002		
Ah	0～14	0	204	620	176	粉砂壤土	1.05
Bk1	14～36	0	199	637	164	粉砂壤土	1.05
Bk2	36～57	0	225	605	170	粉砂壤土	1.05
Bz	57～77	15	312	532	156	粉砂壤土	1.29
Cz	77～110	80	443	431	126	壤土	1.37

石门沟系代表性单个土体化学性质

深度 /cm	pH	有机碳 /(g/kg)	全氮(N) /(g/kg)	全磷(P) /(g/kg)	全钾(K) /(g/kg)	CEC /[cmol(+)/kg]	$CaCO_3$ /(g/kg)	电导率(EC) /(dS/m)
0～14	8.1	4.5	0.47	0.73	17.2	9.7	116.0	1.6
14～36	8.4	5.2	0.56	0.74	16.8	9.6	167.8	1.5
36～57	8.2	4.5	0.48	0.70	18.7	6.9	154.1	2.5
57～77	8.1	5.1	0.49	0.74	18.3	6.0	123.3	4.8
77～110	8.3	3.3	0.27	0.87	21.7	2.4	78.9	3.1

9.8.9 大墩壕系（Dadunhao Series）

土 族：壤质混合型冷性-钙积简育干润雏形土
拟定者：杨金玲，李德成，张甘霖

分布与环境条件 主要分布于张掖市山丹县山前平原区，冲积平原，海拔 1800～2200 m，母质为冲积物，草地，温带半干旱气候，年均日照时数 2700～3000 h，气温 0～6℃，降水量 150～300 mm，无霜期 140～170 d。

大墩壕系典型景观

土系特征与变幅 诊断层包括淡薄表层、钙积层和雏形层，诊断特性包括冷性土壤温度状况、半干润土壤水分状况和石灰性。土体厚度 1 m 以上；淡薄表层厚度 10～20 cm；钙积层上界出现在矿质土表下 10～25 cm，厚度 25～50 cm，5%～15%白色碳酸钙粉末或假菌丝体。通体为粉砂壤土。碳酸钙相当物含量 100～200 g/kg，极强度石灰反应，土壤 pH 8.0～9.0。

对比土系 龙腰子系，同一土族，但具有盐积层，且成土母质为黄土沉积物。

利用性能综述 草地，土体深厚，养分含量中等，植被覆盖度中等，不适于开发和耕种利用，应自然封育，提高植被覆盖度，防止过度放牧带来荒漠化。

参比土种 淡灰钙土。

代表性单个土体 位于甘肃省张掖市山丹县老军乡大墩壕圈村南，七里墩北，大湾圈村东，38°33′43.812″N，101°22′08.819″E，海拔 2074 m，冲积平原，母质为冲积物，草地，植被覆盖度 40%～50%，50 cm 深度年均土温 8.1℃，调查时间 2012 年 8 月，编号 ZL-009。

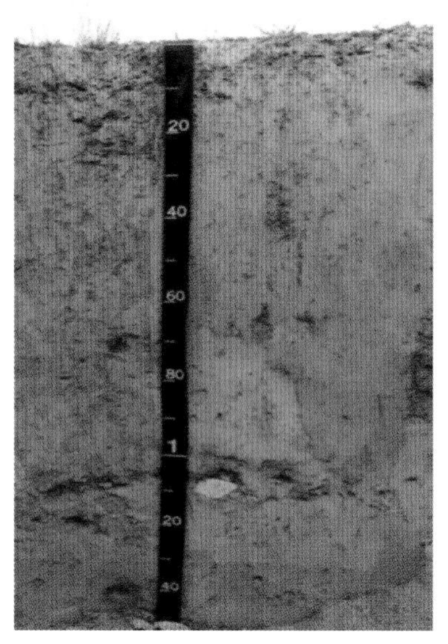

大墩壕系代表性单个土体剖面

Ah：0～12 cm，橙白色（10YR 8/2，干），灰黄棕色（10YR 5/2，润），10%岩石碎屑，粉砂壤土，发育弱的粒状和直径<5 mm 块状结构，疏松，中量草被根系，极强度石灰反应，向下层平滑清晰过渡。

Bk：12～50 cm，浊黄橙色（10YR 7/3，干），浊黄棕色（10YR 5/3，润），粉砂壤土，发育弱的直径 5～10 mm 块状结构，疏松，少量草被根系，5%～10%白色碳酸钙粉末，极强度石灰反应，向下层波状渐变过渡。

Bw1：50～105 cm，浊黄橙色（10YR 7/3，干），浊黄棕色（10YR 5/3，润），粉砂壤土，发育弱的直径 10～20 mm 块状结构，稍坚实，极强度石灰反应，向下层波状渐变过渡。

Bw2：105～140 cm，浊黄橙色（10YR 8/3，干），灰黄棕色（10YR 6/2，润），5%岩石碎屑，粉砂壤土，发育弱的直径 20～50 mm 块状结构，稍坚实，极强度石灰反应。

大墩壕系代表性单个土体物理性质

土层	深度/cm	砾石(>2 mm，体积分数)/%	细土颗粒组成(粒径：mm)/(g/kg)			质地	容重/(g/cm^3)
			砂粒 2～0.05	粉粒 0.05～0.002	黏粒 <0.002		
Ah	0～12	10	232	585	183	粉砂壤土	1.12
Bk	12～50	0	116	659	225	粉砂壤土	1.19
Bw1	50～105	0	221	600	180	粉砂壤土	1.23
Bw2	105～140	5	234	590	176	粉砂壤土	1.31

大墩壕系代表性单个土体化学性质

深度/cm	pH	有机碳/(g/kg)	全氮(N)/(g/kg)	全磷(P)/(g/kg)	全钾(K)/(g/kg)	CEC/[cmol(+)/kg]	$CaCO_3$/(g/kg)	电导率(EC)/(dS/m)
0～12	8.6	12.3	1.02	0.67	15.5	7.6	113.2	0.8
12～50	8.8	6.5	0.66	0.65	14.7	18.8	174.3	1.0
50～105	8.8	3.6	0.35	0.61	15.0	11.5	127.7	0.8
105～140	8.6	2.4	0.23	0.72	16.3	7.1	126.1	0.8

9.8.10 龙腰子系（Longyaozi Series）

土 族：壤质混合型冷性-钙积简育干润雏形土

拟定者：杨金玲，李德成，张甘霖

分布与环境条件 主要分布于张掖市山丹县，黄土高原梁峁坡地，海拔 1800～2200 m，母质为黄土沉积物，荒草地，温带半干旱气候，年均日照时数 2700～3000 h，气温 3～6℃，降水量 150～300 mm，无霜期 140～170 d。

龙腰子系典型景观

土系特征与变幅 诊断层包括淡薄表层、钙积层和盐积层，诊断特性包括冷性土壤温度状况、半干润土壤水分状况和石灰性。土体厚度 1 m 以上；淡薄表层厚度 10～20 cm；钙积层上界出现在矿质土表下 10～25 cm，厚度 15～25 cm，15%～40%白色碳酸钙粉末或假菌丝体；盐积层上界出现在矿质土表以下 25～50 cm，厚度 75～100 cm，其上具有盐积现象。通体为粉砂壤土。电导率 3.0～30 dS/m；碳酸钙相当物含量 100～250 g/kg，极强度石灰反应，土壤 pH 7.5～9.0。

对比土系 大墩壕系，同一土族，但无盐积层，且成土母质为冲积物。

利用性能综述 草地，土体深厚，养分含量较低，植被覆盖度较低，不适于开发和耕种利用，应自然封育，提高植被覆盖度，防止过度放牧带来荒漠化和水土流失。

参比土种 淡栗钙土。

代表性单个土体 位于甘肃省张掖市山丹县清泉镇长城社区龙腰子沟村西南，北拐子村北，石蹄子沟东北，38°50′15.065″N，101°09′12.243″E，海拔 2073 m，黄土高原梁地中坡中下部，母质为黄土沉积物，草地，植被覆盖度 30%～40%，50 cm 深度年均土温 8.0℃，调查时间 2013 年 7 月，编号 HH046。

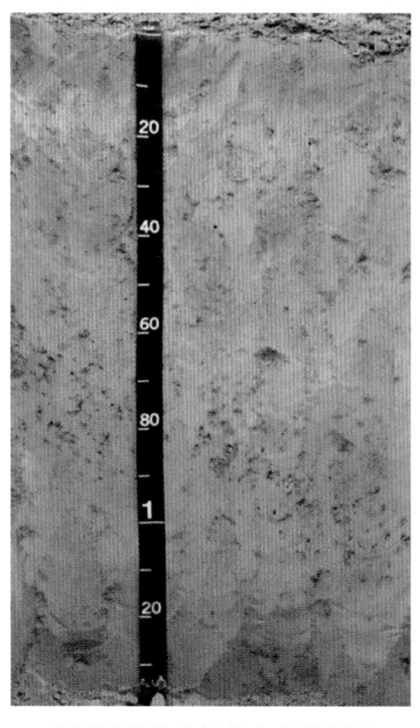

龙腰子系代表性单个土体剖面

Ah：0～12 cm，浊黄橙色（10YR 6/4，干），灰黄棕色（10YR 5/2，润），粉砂壤土，发育中等的直径<5 mm 块状结构，疏松，中量草被根系，极强度石灰反应，向下层平滑清晰过渡。

Bkz：12～34 cm，橙白色（10YR 8/2，干），灰黄棕色（10YR 6/2，润），粉砂壤土，发育中等的直径 10～20 mm 块状结构，稍坚实，少量草被根系，15%～20%白色碳酸钙粉末，极强度石灰反应，向下层波状渐变过渡。

Bz1：34～50 cm，橙白色（10YR 8/2，干），灰黄棕色（10YR 6/2，润），粉砂壤土，发育弱的直径 10～20 mm 块状结构，疏松，少量草被根系，极强度石灰反应，向下层波状渐变过渡。

Bz2：50～66 cm，橙白色（10YR 8/2，干），灰黄棕色（10YR 6/2，润），粉砂壤土，发育弱的直径 10～20 mm 块状结构，稍坚实，极强度石灰反应，向下层波状渐变过渡。

Bz3：66～120 cm，橙白色（10YR 8/2，干），灰黄棕色（10YR 6/2，润），粉砂壤土，发育弱的直径 20～50 mm 块状结构，稍坚实，极强度石灰反应。

龙腰子系代表性单个土体物理性质

土层	深度/cm	砾石(>2 mm，体积分数)/%	细土颗粒组成(粒径：mm)/(g/kg)			质地	容重/(g/cm³)
			砂粒 2～0.05	粉粒 0.05～0.002	黏粒 <0.002		
Ah	0～12	0	258	554	188	粉砂壤土	1.18
Bkz	12～34	0	227	581	192	粉砂壤土	1.35
Bz1	34～50	0	195	609	196	粉砂壤土	1.15
Bz2	50～66	0	181	625	194	粉砂壤土	1.28
Bz3	66～120	0	224	594	183	粉砂壤土	1.34

龙腰子系代表性单个土体化学性质

深度/cm	pH	有机碳/(g/kg)	全氮(N)/(g/kg)	全磷(P)/(g/kg)	全钾(K)/(g/kg)	CEC/[cmol(+)/kg]	$CaCO_3$/(g/kg)	电导率(EC)/(dS/m)
0～12	9.0	9.1	0.78	0.39	13.0	7.5	127.3	3.1
12～34	7.7	3.9	0.39	0.38	14.6	5.7	208.6	11.3
34～50	7.9	3.1	0.33	0.53	16.0	6.6	142.3	22.4
50～66	8.3	2.7	0.30	0.59	16.2	6.0	130.4	20.0
66～120	8.5	2.0	0.25	0.54	15.9	5.9	120.2	16.5

9.8.11　玉井系（Yujing Series）

土　族：壤质混合型温性-钙积简育干润雏形土
拟定者：杨金玲，宋效东

分布与环境条件　主要分布于定西市临洮县，黄土高原梁峁坡地，海拔1900～2200 m，母质为黄土沉积物，旱地，温带半湿润气候，年均日照时数2000～2400 h，气温6～9℃，降水量400～600 mm，无霜期100～130 d。

玉井系典型景观

土系特征与变幅　诊断层包括淡薄表层和钙积层，诊断特性包括温性土壤温度状况、半干润土壤水分状况和石灰性。土体厚度1 m以上；淡薄表层厚度10～20 cm；钙积层上界出现在矿质土表以下25～50 cm，厚度50～75 cm，15%～40%白色碳酸钙粉末或假菌丝体。钙积层下具有埋藏表层，埋藏表层下再次出现钙积层。通体为粉砂壤土。碳酸钙相当物含量50～250 g/kg，强度-极强度石灰反应，土壤pH 8.0～9.0。

对比土系　中坝村系，同一土族，地形部位相似，但为草地景观，没有埋藏表层。

利用性能综述　旱地，土体深厚，土壤养分含量较低，质地适中，通透性好，但缺乏水分。利用改良上：第一，加强田间管理，建设配套灌溉措施，进行早耕、深耕，接纳雨水。第二，增施有机肥料，秸秆还田，绿肥压青，改善土壤结构，提高土壤有机质含量，用养结合。第三，实施配方施肥，适当施用氮磷化肥和锌、硼、钼等微肥，增加作物产量。

参比土种　水地灰白土。

代表性单个土体　位于甘肃省定西市临洮县玉井镇大庄村，35°16′48.763″N，103°51′01.780″E，黄土高原梁峁缓坡下部，海拔2001 m，母质为黄土沉积物，梯田旱地，50 cm深度年均土温9.6℃，调查时间2015年7月，编号62-038。

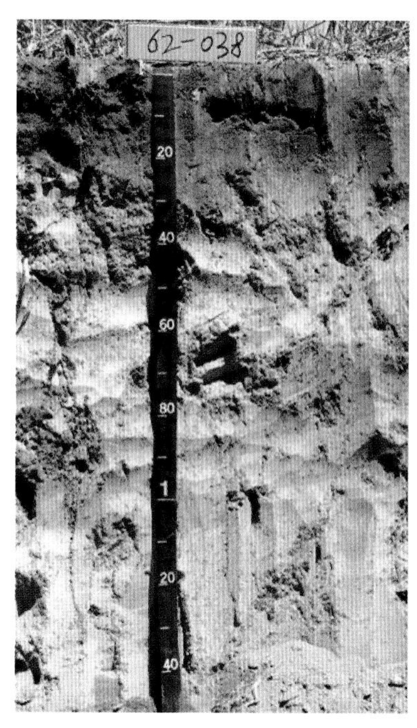

玉井系代表性单个土体剖面

Ap：0～15 cm，浊黄橙色（10YR 6/3，干），暗棕色（10YR 3/4，润），粉砂壤土，发育强的粒状和直径<5 mm 块状结构，疏松，极强度石灰反应，向下层平滑清晰过渡。

AB：15～30 cm，浊黄橙色（10YR 6/3，干），暗棕色（10YR 3/4，润），粉砂壤土，发育强的直径 5～10 mm 块状结构，疏松，5%～8%白色碳酸钙粉末，极强度石灰反应，向下层波状渐变过渡。

Bk：30～65 cm，淡黄橙色（10YR 8/3，干），浊黄橙色（10YR 6/3，润），粉砂壤土，发育中等的直径 5～10 mm 块状结构，稍坚实，15%～20%白色碳酸钙粉末，极强度石灰反应，向下层波状渐变过渡。

Ab：65～108 cm，浊黄橙色（10YR 7/3，干），浊黄棕色（10YR 5/3，润），粉砂壤土，发育中等的直径 5～10 mm 块状结构，稍坚实，强度石灰反应，向下层平滑清晰过渡。

Bbk：108～140 cm，淡黄橙色（10YR 8/3，干），浊黄橙色（10YR 6/3，润），粉砂壤土，发育中等的直径 5～10 mm 块状结构，稍坚实，极强度石灰反应。

玉井系代表性单个土体物理性质

土层	深度/cm	砾石(>2 mm，体积分数)/%	细土颗粒组成(粒径：mm)/(g/kg)			质地	容重/(g/cm^3)
			砂粒 2～0.05	粉粒 0.05～0.002	黏粒 <0.002		
Ap	0～15	0	207	608	185	粉砂壤土	1.26
AB	15～30	0	200	614	186	粉砂壤土	1.25
Bk	30～65	0	189	621	190	粉砂壤土	1.25
Ab	65～108	0	172	629	199	粉砂壤土	1.20
Bbk	108～140	0	215	609	176	粉砂壤土	1.29

玉井系代表性单个土体化学性质

深度/cm	pH	有机碳/(g/kg)	全氮(N)/(g/kg)	全磷(P)/(g/kg)	全钾(K)/(g/kg)	CEC/[cmol(+)/kg]	$CaCO_3$/(g/kg)	电导率(EC)/(dS/m)
0～15	8.5	8.2	0.93	0.84	22.9	8.9	109.2	0.4
15～30	8.5	6.7	0.79	0.87	21.3	6.9	143.6	0.3
30～65	8.5	6.6	0.72	0.73	21.9	7.4	204.2	0.3
65～108	8.4	7.5	0.80	0.74	22.6	10.1	57.7	0.7
108～140	8.2	4.7	0.64	0.68	20.4	7.1	144.2	1.0

9.8.12 中坝村系（Zhongbacun Series）

土 族：壤质混合型温性-钙积简育干润雏形土

拟定者：杨金玲，刘峰

分布与环境条件 主要分布于天水、陇南、甘南三地市的黄土峁的下部，黄土高原梁峁坡地，海拔 1300～2000 m，母质为黄土沉积物，草地，温带半湿润气候，年均日照时数 1700～1900 h，气温 8～12℃，降水量 500～600 mm，无霜期 180～210 d。

中坝村系典型景观

土系特征与变幅 诊断层包括淡薄表层、钙积层和雏形层，诊断特性包括温性土壤温度状况、半干润土壤水分状况和石灰性。土体厚度 1 m 以上；淡薄表层厚度 10～20 cm；钙积层上界出现在矿质土表下 50～75 cm，厚度 50～75 cm，15%～40%白色碳酸钙粉末或假菌丝体。通体为粉砂壤土。碳酸钙相当物含量 100～250 g/kg，极强度石灰反应，土壤 pH 8.0～9.0。

对比土系 玉井系，同一土族，地形部位相似，但为梯田旱地景观，有埋藏表层。

利用性能综述 草地，土体较深厚，养分含量中等，植被覆盖度中等，不适于开发和耕种利用，应自然封育，提高植被覆盖度，防止过度放牧带来荒漠化和水土流失。

参比土种 坡麻土。

代表性单个土体 位于甘肃省陇南市礼县中坝乡中坝村，34°02′12.552″N，105°02′25.211″E，黄土高原梁峁陡坡中下部，海拔 1478 m，母质为黄土沉积物，草地，植被覆盖度 40%～50%，50 cm 深度年均土温 12.5℃，调查时间 2015 年 7 月，编号 62-011。

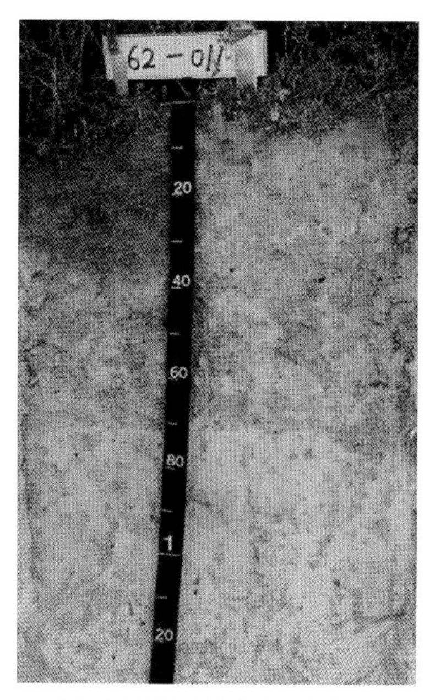

中坝村系代表性单个土体剖面

Ah：0～12 cm，浊黄橙色（10YR 6/4，干），棕色（10YR 4/4，润），粉砂壤土，发育中等的粒状和直径<5 mm 块状结构，疏松，大量灌草根系，极强度石灰反应，向下层波状渐变过渡。

AB：12～35 cm，浊黄橙色（10YR 6/4，干），棕色（10YR 4/4，润），粉砂壤土，发育中等的直径 5～10 mm 块状结构，疏松，中量灌草根系，极强度石灰反应，向下层波状渐变过渡。

Bw：35～70 cm，浊黄橙色（10YR 7/3，干），浊黄棕色（10YR 5/3，润），粉砂壤土，发育中等的直径 5～10 mm 块状结构，疏松，少量灌草根系，极强度石灰反应，向下层平滑清晰过渡。

Bk1：70～95 cm，浊黄橙色（10YR 7/2，干），灰黄棕色（10YR 5/2，润），粉砂壤土，发育中等的直径 10～20 mm 块状结构，稍坚实，结构体表有 10%～15%白色碳酸钙粉末，极强度石灰反应，向下层平滑清晰过渡。

Bk2：95～120 cm，橙白色（10YR 8/2，干），灰黄棕色（10YR 6/2，润），粉砂壤土，发育弱的直径 20～50 mm 块状结构，稍坚实，结构体表有 20%白色碳酸钙粉末，少量灌草根系，极强度石灰反应。

中坝村系代表性单个土体物理性质

土层	深度 /cm	砾石 (>2 mm，体积分数)/%	细土颗粒组成(粒径：mm)/(g/kg)			质地	容重 /(g/cm³)
			砂粒 2～0.05	粉粒 0.05～0.002	黏粒 <0.002		
Ah	0～12	0	170	631	199	粉砂壤土	1.11
AB	12～35	0	160	633	207	粉砂壤土	1.27
Bw	35～70	0	167	633	200	粉砂壤土	1.19
Bk1	70～95	0	187	623	190	粉砂壤土	1.21
Bk2	95～120	0	202	622	177	粉砂壤土	1.29

中坝村系代表性单个土体化学性质

深度 /cm	pH	有机碳 /(g/kg)	全氮(N) /(g/kg)	全磷(P) /(g/kg)	全钾(K) /(g/kg)	CEC /[cmol(+)/kg]	$CaCO_3$ /(g/kg)	电导率(EC) /(dS/m)
0～12	8.5	10.3	1.03	0.69	21.7	9.3	111.5	0.4
12～35	8.6	8.1	0.84	0.66	22.1	9.0	126.9	0.3
35～70	8.6	6.5	0.67	0.69	20.7	8.6	144.7	0.3
70～95	8.4	6.5	0.42	0.62	19.5	6.7	200.2	0.4
95～120	8.5	3.4	0.39	0.64	20.3	6.2	224.0	0.5

9.9 普通简育干润雏形土

9.9.1 石岗墩系（Shigangdun Series）

土 族：砂质盖粗骨质硅质混合型石灰性温性-普通简育干润雏形土

拟定者：杨金玲，李德成，张甘霖

分布与环境条件 主要分布于张掖地区的山丹县和民乐县山前洪-冲积平原，海拔1300～1700 m，母质为洪-冲积物，草地，温带半干旱气候，年均日照时数2800～3100 h，气温6～9℃，降水量150～300 mm，无霜期150～180 d。

石岗墩系典型景观

土系特征与变幅 诊断层包括淡薄表层和雏形层，诊断特性包括温性土壤温度状况、半干润土壤水分状况和石灰性。土体厚度50～75 cm，之下为洪积砾石层；淡薄表层厚度10～20 cm。层次质地构型为砂土-壤质砂土。碳酸钙相当物含量50～100 g/kg，强度石灰反应，土壤pH 8.5～9.0。

对比土系 野马泉系，同一亚类，但不同土族，颗粒大小级别为黏壤质盖粗骨质，矿物类型为混合型，温度状况为冷性。

利用性能综述 草地，土体较浅，养分含量极低，植被覆盖度低，不适于开发和耕种利用，应自然封育，提高植被覆盖度，防止过度放牧带来荒漠化。

参比土种 淡栗土。

代表性单个土体 位于甘肃省张掖市民乐县六坝镇石岗墩滩东南，东井村西南，花花柴台北，38°45′14.093″N，100°38′45.933″E，海拔1586 m，洪-冲积平原，母质为洪-冲积物，荒草地，植被覆盖度20%～30%，50 cm深度年均土温9.5℃，调查时间2013年7月，编号HH039。

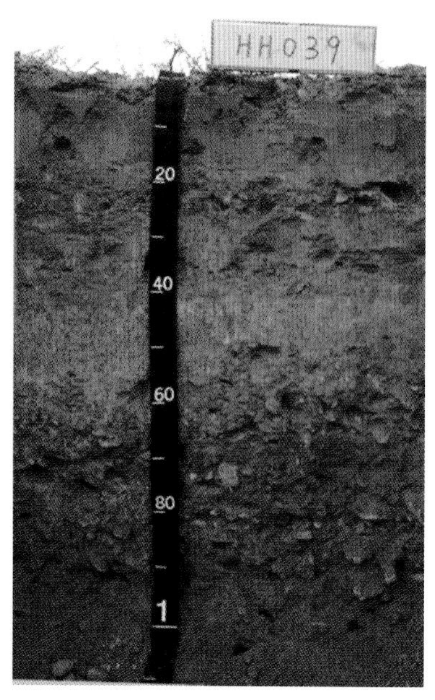

石岗墩系代表性单个土体剖面

Ah：0～12 cm，浊黄橙色（10YR 7/3，干），浊黄棕色（10YR 5/3，润），5%岩石碎屑，砂土，发育弱的粒状和直径<5 mm 块状结构，松散，中量草被根系，强度石灰反应，向下层平滑清晰过渡。

Bw1：12～38 cm，浊黄橙色（10YR 7/3，干），浊黄棕色（10YR 5/3，润），20%岩石碎屑，壤质砂土，发育弱的直径 5～10 mm 块状结构，稍坚实，强度石灰反应，向下层平滑清晰过渡。

Bw2：38～60 cm，淡黄橙色（10YR 8/3，干），浊黄橙色（10YR 6/3，润），5%岩石碎屑，壤质砂土，发育弱的直径 20～50 mm 块状结构，坚实，强度石灰反应，向下层平滑清晰过渡。

C：60～110 cm，浊黄橙色（10YR 7/3，干），浊黄棕色（10YR 5/3，润），90%岩石碎屑，壤质砂土，单粒，无结构，强度石灰反应。

石岗墩系代表性单个土体物理性质

土层	深度/cm	砾石(>2 mm，体积分数)/%	细土颗粒组成(粒径：mm)/(g/kg)			质地	容重/(g/cm^3)
			砂粒 2～0.05	粉粒 0.05～0.002	黏粒 <0.002		
Ah	0～12	5	899	14	87	砂土	1.45
Bw1	12～38	20	842	53	105	壤质砂土	1.51
Bw2	38～60	5	840	50	110	壤质砂土	1.52
C	60～110	90	832	53	115	壤质砂土	1.55

石岗墩系代表性单个土体化学性质

深度/cm	pH	有机碳/(g/kg)	全氮(N)/(g/kg)	全磷(P)/(g/kg)	全钾(K)/(g/kg)	CEC/[cmol(+)/kg]	$CaCO_3$/(g/kg)	电导率(EC)/(dS/m)
0～12	9.0	2.2	0.27	0.21	13.1	1.9	54.2	1.1
12～38	8.7	1.7	0.23	0.35	14.4	2.3	52.4	1.4
38～60	8.9	1.6	0.22	0.32	14.2	1.9	55.2	1.4
60～110	8.9	1.6	0.22	0.28	14.1	1.9	56.7	1.2

9.9.2 野马泉系（Yemaquan Series）

土 族：黏壤质盖粗骨质混合型石灰性冷性-普通简育干润雏形土

拟定者：杨金玲，李德成，赵玉国

分布与环境条件 主要分布于张掖市山丹县位奇镇，洪积平原，海拔1700～2200 m，母质为黄土状沉积物，下覆泥质岩，草地，温带半干旱气候，年均日照时数2700～3000 h，气温0～6℃，降水量150～300 mm，无霜期140～170 d。

野马泉系典型景观

土系特征与变幅 诊断层包括淡薄表层和雏形层，诊断特性包括冷性土壤温度状况、半干润土壤水分状况、准石质接触面和石灰性，具有钙积现象和盐积现象。土体厚度75～100 cm；淡薄表层厚度为10～20 cm；钙积现象上界出现在矿质土表以下25～50 cm，具有钙积现象土层厚度50～75 cm，5%～10%白色碳酸钙粉末或假菌丝体；盐积现象上界出现在矿质土表以下25～50 cm，具有盐积现象土层厚度50～75 cm。通体为粉砂壤土。电导率0.5～14.9 dS/m；碳酸钙相当物含量100～200 g/kg，极强度石灰反应，土壤pH 8.0～9.0。

对比土系 石岗墩系，同一亚类，但不同土族，颗粒大小级别为砂质盖粗骨质，矿物类型为硅质混合型，土壤温度状况为温性。

利用性能综述 草地，土体较深厚，养分含量很低，植被覆盖度较低，不适于开发和耕种利用，应自然封育，提高植被覆盖度，防止过度放牧带来荒漠化。

参比土种 淡灰钙土。

代表性单个土体 位于甘肃省张掖市山丹县位奇镇青山坡村北，野马泉村东，大沟村南，浦寨西南，38°37′09.690″N，101°01′44.482″E，海拔1983 m，洪积平原，母质为黄土状沉积物，下覆泥质岩，荒草地，盖度30%，50 cm深度年均土温8.5℃，调查时间2012年8月，编号YG-019。

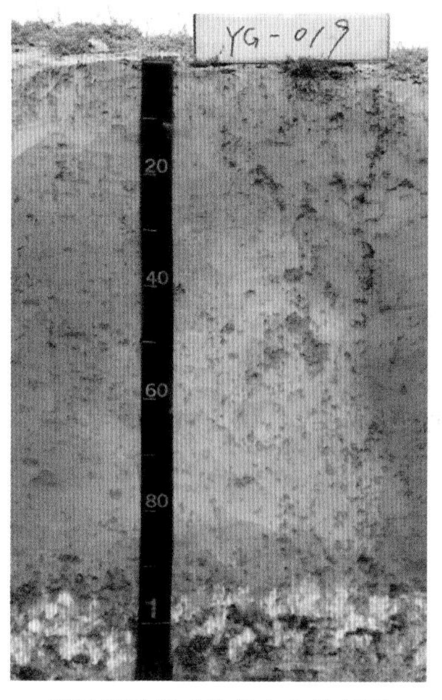

野马泉系代表性单个土体剖面

Ah：0～12 cm，浊黄橙色（10YR 7/3，干），浊黄棕色（10YR 4/3，润），粉砂壤土，发育中等的直径<5 mm 块状结构，疏松，中量草被根系，极强度石灰反应，向下层平滑清晰过渡。

Bw：12～30 cm，浊黄橙色（10YR 6/3，干），浊黄棕色（10YR 4/3，润），粉砂壤土，发育弱的直径 5～10 mm 块状结构，疏松，少量草被根系，极强度石灰反应，向下层波状渐变过渡。

Bkz：30～94 cm，淡黄橙色（10YR 8/3，干），灰黄棕色（10YR 6/2，润），粉砂壤土，发育弱的直径 20～50 mm 块状结构，稍坚实，5%～10%白色碳酸钙粉末，极强度石灰反应，向下层波状突变过渡。

2C：94～110 cm，橙色（5YR 6/6，干），浊红棕色（5YR 4/4，润），80%半风化岩石。

野马泉系代表性单个土体物理性质

土层	深度/cm	砾石(>2 mm，体积分数)/%	细土颗粒组成(粒径：mm)/(g/kg)			质地	容重/(g/cm^3)
			砂粒 2～0.05	粉粒 0.05～0.002	黏粒 <0.002		
Ah	0～12	0	261	538	201	粉砂壤土	1.25
Bw	12～30	0	188	603	209	粉砂壤土	1.27
Bkz	30～94	0	205	592	203	粉砂壤土	1.37
2C	94～110	80	—	—	—	—	—

野马泉系代表性单个土体化学性质

深度/cm	pH	有机碳/(g/kg)	全氮(N)/(g/kg)	全磷(P)/(g/kg)	全钾(K)/(g/kg)	CEC/[cmol(+)/kg]	$CaCO_3$/(g/kg)	电导率(EC)/(dS/m)
0～12	8.4	4.3	0.46	0.58	17.1	6.6	142.5	0.8
12～30	8.8	4.3	0.45	0.61	16.0	8.3	142.5	1.1
30～94	8.2	3.3	0.33	0.59	16.0	8.3	131.5	4.8
94～110	—	—	—	—	—	—	—	—

9.9.3 陈家圈系（Chenjiajuan Series）

土 族：黏壤质混合型石灰性冷性-普通简育干润雏形土

拟定者：杨金玲，李德成，刘峰

分布与环境条件 主要分布于张掖地区的民乐县、山丹县、肃南裕固族自治县等的祁连山东部山麓冲积平原上部及河谷阶地，冲积平原，海拔 2300～2700 m，母质为冲积物，旱地，温带半干旱气候，年均日照时数 2600～2900 h，气温 3～6℃，降水量 150～300 mm，无霜期 130～160 d。

陈家圈系典型景观

土系特征与变幅 诊断层包括淡薄表层和雏形层，诊断特性包括冷性土壤温度状况、半干润土壤水分状况和石灰性，具有钙积现象。土体厚度 1 m 以上；淡薄表层厚度 20～30 cm；雏形之下具有埋藏表层；钙积现象上界出现在矿质土表以下 50～75 cm，具有钙积现象土层厚度为 50～75 cm。通体为粉砂壤土。碳酸钙相当物含量 20～150 g/kg，中度-极强度石灰反应，土壤 pH 7.5～8.5。

对比土系 拉路系，同一土族，但成土母质为泥质岩风化残积-坡积物，并具有盐积现象。

利用性能综述 旱地，土体深厚，土壤养分含量中等，质地适中，通透性好。利用改良上：第一，增施有机肥料，秸秆还田，绿肥压青，改善土壤结构，提高土壤有机质含量，用养结合。第二，实施配方施肥，适当施用氮磷化肥和锌、硼、钼等微肥，增加作物产量。

参比土种 耕灌栗土。

代表性单个土体 位于甘肃省张掖市民乐县南丰乡牛家庄村西南，陈家圈村东北，38°17′30.814″N，100°54′29.471″E，海拔 2582 m，冲积平原，母质为冲积物，旱地，油菜单作，50 cm 深度年均土温 6.6℃，调查时间 2012 年 8 月，编号 LF-015。

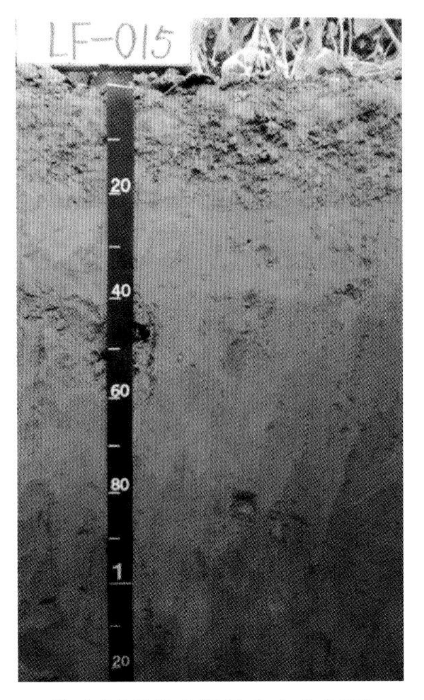

陈家圈系代表性单个土体剖面

Ap：0～22 cm，浊黄橙色（10YR 7/3，干），浊黄棕色（10YR 5/3，润），粉砂壤土，发育中等的粒状和直径<5 mm 块状结构，疏松，中度石灰反应，向下层平滑清晰过渡。

Bw：22～39 cm，亮黄棕色（10YR 7/6，干），浊黄棕色（10YR 5/4，润），粉砂壤土，发育弱的直径 5～10 mm 块状结构，疏松，强度石灰反应，向下层平滑清晰过渡。

Ab：39～60 cm，灰黄棕色（10YR 6/2，干），灰黄棕色（10YR 4/2，润），粉砂壤土，发育中等的粒状和直径<5 mm 块状结构，疏松，强度石灰反应，向下层波状渐变过渡。

Bbk1：60～80 cm，灰黄棕色（10YR 6/2，干），灰黄棕色（10YR 4/2，润），粉砂壤土，发育中等的直径 5～10 mm 块状结构，疏松，极强度石灰反应，向下层波状渐变过渡。

Bbk2：80～120 cm，灰黄棕色（10YR 6/2，干），灰黄棕色（10YR 4/2，润），粉砂壤土，发育中等的直径 10～20 mm 块状结构，稍坚实，极强度石灰反应。

陈家圈系代表性单个土体物理性质

土层	深度 /cm	砾石 (>2 mm，体积分数)/%	细土颗粒组成(粒径：mm)/(g/kg)			质地	容重 /(g/cm^3)
			砂粒 2～0.05	粉粒 0.05～0.002	黏粒 <0.002		
Ap	0～22	0	194	601	205	粉砂壤土	1.09
Bw	22～39	0	200	580	220	粉砂壤土	1.09
Ab	39～60	0	168	606	226	粉砂壤土	1.02
Bbk1	60～80	0	146	622	231	粉砂壤土	1.09
Bbk2	80～120	0	189	603	208	粉砂壤土	1.14

陈家圈系代表性单个土体化学性质

深度 /cm	pH	有机碳 /(g/kg)	全氮(N) /(g/kg)	全磷(P) /(g/kg)	全钾(K) /(g/kg)	CEC /[cmol(+)/kg]	$CaCO_3$ /(g/kg)	电导率(EC) /(dS/m)
0～22	8.0	14.5	1.45	0.74	16.4	15.4	42.2	1.0
22～39	8.1	15.0	1.53	0.61	15.6	16.0	61.3	1.0
39～60	8.1	21.2	2.11	0.76	18.1	5.2	70.1	1.0
60～80	8.2	15.0	1.46	0.75	18.0	20.4	115.2	1.9
80～120	8.4	11.1	1.03	0.69	16.5	15.8	118.0	1.6

9.9.4 拉路系（Lalu Series）

土 族：黏壤质混合型石灰性冷性-普通简育干润雏形土

拟定者：杨金玲，宋效东

分布与环境条件 主要分布于祁连山东部和甘南高原地区山地土壤垂直带中，中山坡地，海拔 2000～2400 m，母质为泥质岩风化物的残积-坡积物，林地，温带半湿润气候，年均日照时数 2100～2500 h，气温 0～6℃，降水量 500～700 mm，无霜期 120～150 d。

拉路系典型景观

土系特征与变幅 诊断层包括淡薄表层，诊断特性包括冷性土壤温度状况、半干润土壤水分状况和石灰性，具有钙积现象和盐积现象。土体厚度 1 m 以上；淡薄表层厚度 10～20 cm；钙积现象和盐积现象上界均出现在矿质土表以下 10～25 cm，具有钙积现象和盐积现象土层厚度均为 75～100 cm，有 2%～5%的碳酸钙粉末或假菌丝体。层次质地构型为壤土-粉砂壤土。电导率为 0.2～14.9 dS/m；碳酸钙相当物含量 50～100 g/kg，强度石灰反应，土壤 pH 8.0～9.0。

对比土系 陈家圈系，同一土族，但成土母质为冲积物，不具有盐积现象。

利用性能综述 林地，土体深厚，养分含量较高，植被覆盖度高，地势陡峭，不适于开发和耕种利用，应自然封育，发展林草地，加强水土保持，发挥其生态环境效应。

参比土种 栗土。

代表性单个土体 位于甘肃省甘南藏族自治州迭部县电尕镇拉路村，34°02′10.190″N，103°16′13.922″E，中山中坡下部，海拔 2292 m，母质为泥质岩风化残积-坡积物，林地，植被覆盖度 90%，50 cm 深度年均土温 5.8℃，调查时间 2015 年 7 月，编号 62-012。

拉路系代表性单个土体剖面

Ah：　0～20 cm，浊红棕色（5YR 5/3，干），暗红棕色（5YR 3/2，润），10%岩石碎屑，壤土，发育中等的粒状结构，疏松，中量禾本科植物中细根和粗的树根，强度石灰反应，向下层平滑清晰过渡。

Bkz1：20～61 cm，浊橙色（5YR 6/4，干），浊红棕色（5YR 4/4，润），2%岩石碎屑，粉砂壤土，发育中等的直径 10～20 mm 块状结构，坚实，中量禾本科植物细根和中粗树根，5%碳酸钙假菌丝体，强度石灰反应，向下层平滑渐变过渡。

Bkz2：61～85 cm，浊橙色（5YR 6/4，干），浊红棕色（5YR 4/4，润），15%岩石碎屑，粉砂壤土，发育中等的直径 10～20 mm 块状结构，稍坚实，少量禾本科植物细根和中粗树根，2%碳酸钙假菌丝体，强度石灰反应，向下层平滑清晰过渡。

Bkz3：85～110 cm 以下，浊橙色（5YR 6/4，干），浊红棕色（5YR 4/4，润），2%岩石碎屑，粉砂壤土，发育中等的直径 10～20 mm 块状结构，稍坚实，2%碳酸钙假菌丝体，极强度石灰反应。

拉路系代表性单个土体物理性质

土层	深度/cm	砾石(>2 mm，体积分数)/%	细土颗粒组成(粒径：mm)/(g/kg)			质地	容重/(g/cm^3)
			砂粒 2～0.05	粉粒 0.05～0.002	黏粒 ＜0.002		
Ah	0～20	10	289	495	215	壤土	1.11
Bkz1	20～61	2	236	517	246	粉砂壤土	1.54
Bkz2	61～85	15	197	552	251	粉砂壤土	1.26
Bkz3	85～110	2	241	526	233	粉砂壤土	1.37

拉路系代表性单个土体化学性质

深度/cm	pH	有机碳/(g/kg)	全氮(N)/(g/kg)	全磷(P)/(g/kg)	全钾(K)/(g/kg)	CEC/[cmol(+)/kg]	$CaCO_3$/(g/kg)	电导率(EC)/(dS/m)
0～20	8.3	27.1	2.67	0.68	20.9	12.9	66.9	0.4
20～61	8.8	9.7	1.17	0.60	21.3	7.3	90.3	4.1
61～85	8.6	9.4	1.12	0.62	21.7	7.4	72.9	8.8
85～110	8.8	4.5	0.68	0.59	21.4	5.7	89.8	4.8

9.9.5 白庙系（Baimiao Series）

土 族：黏壤质混合型石灰性温性-普通简育干润雏形土

拟定者：杨金玲，刘峰

分布与环境条件 主要分布于陇东庆阳、平凉两地区的塬边、河谷川台，海拔 1400～1800 m，黄土沉积物，旱地，温带半湿润气候，年均日照时数 2000～2300 h，气温 6～9℃，降水量 500～650 mm，无霜期 170～200 d。

白庙系典型景观

土系特征与变幅 诊断层包括淡薄表层和雏形层，诊断特性包括半干润土壤水分状况和温性土壤温度状况，具有钙积现象。土体厚度 1 m 以上，淡薄表层厚度 10～20 cm；矿质土表以下 25～50 cm 开始出现埋藏表层；埋藏表层下具有钙积现象，具有钙积现象土层厚度 50～75 cm，2%～5%白色碳酸钙粉末或假菌丝体。通体为粉砂壤土。碳酸钙相当物含量 50～100 g/kg，强度-极强度石灰反应，土壤 pH 8.0～8.5。

对比土系 郭家坪系、架山系、灵官系、平南系、武山系和原泉村系，同一土族，但郭家坪系、架山系、灵官系、武山系无埋藏表层，且架山系无钙积现象，武山系具有二元母质；平南系土表以下 50～75 cm 开始出现埋藏表层；原泉村系具有钙积现象土层厚度 25～50 cm。

利用性能综述 土体深厚，土壤养分含量较低，质地适中，通透性好。土质绵软、疏松，土性柔和，耕性好，适耕期长，适种性强，但容易发生水土流失。利用改良上：第一，加强田间管理，扩大机耕面积，加深耕作层，破除犁底层，进行早耕、深耕，接纳雨水。第二，要重视平田整地，修埂培肥，减少地面径流，防止水土流失。第三，增施有机肥料，秸秆还田，绿肥压青，改善土壤结构，提高土壤有机质含量，用养结合。同时重视氮磷化肥和锌、硼、钼等微肥的施用，增加作物产量。

参比土种 薄盖黑垆土。

代表性单个土体　位于甘肃省平凉市白庙回族乡小陈村，35°34′59.073″N，106°42′35.530″E，高原丘陵，海拔 1573 m，母质为黄土沉积物，旱地，种植玉米、小麦、马铃薯或蔬菜。50 cm 深度年均土温为 11.1℃。调查时间 2015 年 7 月，编号 62-042。

白庙系代表性单个土体剖面

Ap：0～20 cm，浊黄橙色（10YR 7/3，干），浊黄棕色（10YR 5/3，润），粉砂壤土，发育中等的粒状和直径<5 mm 块状结构，疏松，有大量地膜，强度石灰反应，向下层平滑清晰过渡。

Bw：20～38 cm，浊黄橙色（10YR 7/3，干），浊黄棕色（10YR 5/3，润），粉砂壤土，发育中等的直径 10～20 mm 块状结构，稍坚实，强度石灰反应，向下层平滑清晰过渡。

Ab：38～58 cm，浊黄橙色（10YR 6/3，干），暗棕色（10YR 3/3，润），粉砂壤土，发育中等的粒状和直径<5 mm 块状结构，疏松，2%炭屑，强度石灰反应，向下层平滑清晰过渡。

Bbk1：58～80 cm，浊黄橙色（10YR 6/3，干），暗棕色（10YR 3/3，润），粉砂壤土，发育中等的直径 5～10 mm 块状结构，疏松，2%炭屑，2%白色碳酸钙粉末，强度石灰反应，向下层平滑清晰过渡。

Bbk2：80～120 cm，浊黄橙色（10YR 6/3，干），暗棕色（10YR 3/3，润），粉砂壤土，发育中等的直径 10～20 mm 块状结构，稍坚实，5%白色碳酸钙粉末，强度石灰反应。

白庙系代表性单个土体物理性质

土层	深度/cm	砾石(>2 mm，体积分数)/%	细土颗粒组成(粒径：mm)/(g/kg)			质地	容重/(g/cm^3)
			砂粒 2～0.05	粉粒 0.05～0.002	黏粒 <0.002		
Ap	0～20	0	167	643	189	粉砂壤土	1.24
Bw	20～38	0	139	655	206	粉砂壤土	1.36
Ab	38～58	0	136	642	222	粉砂壤土	1.27
Bbk1	58～80	0	145	643	213	粉砂壤土	1.30
Bbk2	80～120	0	139	655	206	粉砂壤土	1.39

白庙系代表性单个土体化学性质

深度/cm	pH	有机碳/(g/kg)	全氮(N)/(g/kg)	全磷(P)/(g/kg)	全钾(K)/(g/kg)	CEC/[cmol(+)/kg]	$CaCO_3$/(g/kg)	电导率(EC)/(dS/m)
0～20	8.5	9.6	1.03	0.84	22.5	10.1	76.2	0.5
20～38	8.5	6.2	0.74	0.73	23.6	9.7	70.0	0.4
38～58	8.5	7.9	0.86	0.69	22.7	11.6	65.1	0.4
58～80	8.3	7.8	0.86	0.72	21.4	10.9	96.1	0.4
80～120	8.1	7.2	0.80	0.71	20.8	10.0	88.4	0.4

9.9.6 郭家坪系（Guojiaping Series）

土 族：黏壤质混合型石灰性温性-普通简育干润雏形土

拟定者：杨金玲，刘峰

分布与环境条件 主要分布于陇南地区、甘南藏族自治州及天水市山体的平缓地带，黄土高原梁峁坡地，海拔 1000～1500 m，母质为黄土沉积物，果园，温带半湿润气候，年均日照时数 1800～2200 h，气温 8～12℃，降水量 400～550 mm，无霜期 170～200 d。

郭家坪系典型景观

土系特征与变幅 诊断层包括淡薄表层和雏形层，诊断特性包括温性土壤温度状况、半干润土壤水分状况和石灰性，具有钙积现象。土体厚度 1 m 以上；淡薄表层厚度 10～20 cm；钙积现象上界出现在矿质土表以下 50～75 cm，具有钙积现象土层厚度 50～75 cm，2%～5%白色碳酸钙粉末或假菌丝体。通体为粉砂壤土。碳酸钙相当物含量 100～150 g/kg，极强度石灰反应，土壤 pH 8.0～9.0。

对比土系 白庙系、架山系、灵官系、平南系、武山系和原泉村系，同一土族，但架山系无钙积现象；白庙系、平南系和原泉村系具有埋藏表层；灵官系母质为砂岩和砾岩残-坡积物；武山系具有二元母质。

利用性能综述 土体深厚，养分含量较低。地势较平坦，不易发生水土流失，质地适中，适种性强，目前为果园。由于肥力不高，为保持和提高土壤肥力，第一，加强田间管理，要重视平田整地，修埂培肥，减少地面径流，防止水土流失。第二，增施有机肥料，秸秆还田，绿肥压青，改善土壤结构，提高土壤有机质含量。第三，多施有机质含量高的热性肥料，如马、羊、骡、牛等厩肥，适时早耕深耕，立垡曝晒，熟化土壤，提高地温。

参比土种 褐黄土。

代表性单个土体 位于甘肃省天水市秦州区太京镇郭家坪，34°33′34.602″N，105°34′01.351″E，黄土高原梁峁中坡下部，海拔 1299 m，母质为黄土沉积物，果园，50 cm

深度年均土温 13.0℃，调查时间 2015 年 7 月，编号 62-022。

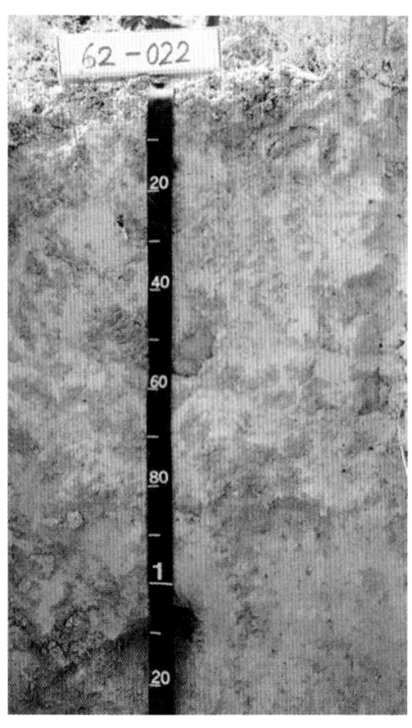

郭家坪系代表性单个土体剖面

Ah：0～10 cm，浊黄橙色（10YR 8/3，干），浊黄橙色（10YR 6/3，润），粉砂壤土，发育中等的粒状和直径<5 mm 块状结构，极疏松，极强度石灰反应，向下层平滑清晰过渡。

AB：10～24 cm，淡黄橙色（10YR 8/3，干），浊黄橙色（10YR 6/3，润），粉砂壤土，发育中等的直径<5 mm 块状结构，疏松，<2%白色碳酸钙粉末，极强度石灰反应，向下层平滑清晰过渡。

Bw：24～60 cm，淡黄橙色（10YR 8/3，干），浊黄橙色（10YR 6/3，润），粉砂壤土，发育中等的直径 10～20 mm 块状结构，稍坚实，<2%白色碳酸钙粉末，极强度石灰反应，向下层波状渐变过渡。

Bk1：60～90 cm，淡黄橙色（10YR 8/3，干），浊黄橙色（10YR 6/3，润），粉砂壤土，发育弱的直径 20～50 mm 块状结构，稍坚实，2%～5%白色碳酸钙粉末，极强度石灰反应，向下层平滑清晰过渡。

Bk2：90～130 cm，淡黄橙色（10YR 8/4，干），浊黄橙色（10YR 6/4，润），粉砂壤土，发育弱的直径 5～10 mm 块状结构，疏松，2%～5%白色碳酸钙粉末，极强度石灰反应。

郭家坪系代表性单个土体物理性质

土层	深度 /cm	砾石 (>2 mm，体积分数)/%	细土颗粒组成(粒径：mm)/(g/kg)			质地	容重 /(g/cm^3)
			砂粒 2～0.05	粉粒 0.05～0.002	黏粒 <0.002		
Ah	0～10	0	166	642	192	粉砂壤土	1.06
AB	10～24	0	141	654	205	粉砂壤土	1.18
Bw	24～60	0	143	652	205	粉砂壤土	1.26
Bk1	60～90	0	140	655	205	粉砂壤土	1.18
Bk2	90～130	0	140	658	202	粉砂壤土	—

郭家坪系代表性单个土体化学性质

深度 /cm	pH	有机碳 /(g/kg)	全氮(N) /(g/kg)	全磷(P) /(g/kg)	全钾(K) /(g/kg)	CEC /[cmol(+)/kg]	$CaCO_3$ /(g/kg)	电导率(EC) /(dS/m)
0～10	8.4	8.2	0.92	0.82	21.4	7.0	117.7	0.3
10～24	8.4	5.9	0.66	0.69	23.5	6.4	117.4	0.3
24～60	8.5	6.1	0.64	0.69	24.0	6.1	114.2	0.3
60～90	8.4	3.3	0.36	0.64	24.9	5.1	135.8	0.5
90～130	8.5	2.8	0.31	0.65	24.5	5.0	142.7	0.4

9.9.7 架山系（Jiashan Series）

土　族：黏壤质混合型石灰性温性-普通简育干润雏形土

拟定者：杨金玲，刘峰

分布与环境条件 主要分布于陇南市山前低地，黄土高原梁峁坡地，海拔800～1100 m，母质为红色岩类风化残积-坡积物，旱地，温带半湿润气候，年均日照时数1500～1900 h，气温9～12℃，降水量600～750 mm，无霜期190～210 d。

架山系典型景观

土系特征与变幅 诊断层包括淡薄表层和雏形层，诊断特性包括温性土壤温度状况、半干润土壤水分状况和石灰性。土体厚度1 m以上，淡薄表层厚度10～20 cm。通体为粉砂壤土。碳酸钙相当物含量10～50 g/kg，轻度-中度石灰反应，土壤pH 8.0～8.5。

对比土系 白庙系、郭家坪系、灵官系、平南系、武山系和原泉村系，同一土族，但这些土系均具有钙积现象。

利用性能综述 旱地，土体较深厚，养分含量较低。缓坡处，易于发生水土流失，质地适中，宜耕性较强，适种性强。利用改良上：第一，加强田间管理，修建梯田，减少地面径流，防止水土流失。第二，增施有机肥料，秸秆还田，绿肥压青，改善土壤结构，提高土壤有机质含量。第三，多施有机质含量高的热性肥料，如马、羊、骡、牛等厩肥，适时早耕深耕，立垡曝晒，熟化土壤，提高地温。

参比土种 红僵泥土。

代表性单个土体 位于甘肃省陇南市徽县伏家镇架山村，33°49′22.041″N，105°58′38.470″E，黄土高原梁峁缓坡坡麓，海拔979 m，母质为红色岩类风化残积-坡积物，缓坡梯田，旱地，50 cm深度年均土温14.0℃，调查时间2015年7月，编号62-020。

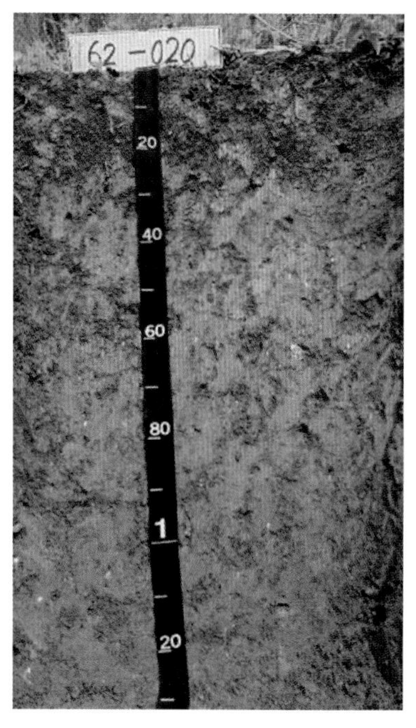

架山系代表性单个土体剖面

Ah ：0～10 cm，黑棕色（7.5YR 3/2，干），黑棕色（7.5YR 2/2，润），粉砂壤土，发育强的粒状和直径<5 mm 块状结构，疏松，少量草被根系，中度石灰反应，向下层波状渐变过渡。

AB： 10～22 cm，浊橙色（7.5YR 6/4，干），棕色（7.5YR 4/4，润），2%岩石碎屑，粉砂壤土，发育中等的直径 10～20 mm 块状结构，疏松，少量草被根系，中度石灰反应，向下层波状清晰过渡。

Bw1：22～60 cm，浊棕色（7.5YR 6/3，干），棕色（7.5YR 4/3，润），2%岩石碎屑，粉砂壤土，发育中等的直径 20～50 mm 块状结构，极坚实，极少量草被根系，中度石灰反应，向下层波状渐变过渡。

Bw2：60～100 cm，浊棕色（7.5YR 6/3，干），棕色（7.5YR 4/3，润），2%岩石碎屑，粉砂壤土，发育弱的直径 10～20 mm 块状结构，坚实，中度石灰反应，向下层波状渐变过渡。

Bw3：100～120 cm，浊棕色（7.5YR 5/4，干），棕色（7.5YR 4/3，润），2%岩石碎屑，粉砂壤土，发育弱的直径 5～10 mm 块状结构，稍坚实，轻度石灰反应。

架山系代表性单个土体物理性质

土层	深度 /cm	砾石 (>2 mm，体积分数)/%	细土颗粒组成(粒径：mm)/(g/kg)			质地	容重 $/(g/cm^3)$
			砂粒 2～0.05	粉粒 0.05～0.002	黏粒 <0.002		
Ah	0～10	0	223	562	216	粉砂壤土	1.36
AB	10～22	2	288	504	208	粉砂壤土	1.56
Bw1	22～60	2	189	578	232	粉砂壤土	1.71
Bw2	60～100	2	163	599	238	粉砂壤土	1.63
Bw3	100～120	2	180	583	236	粉砂壤土	1.67

架山系代表性单个土体化学性质

深度 /cm	pH	有机碳 /(g/kg)	全氮(N) /(g/kg)	全磷(P) /(g/kg)	全钾(K) /(g/kg)	CEC /[cmol(+)/kg]	$CaCO_3$ /(g/kg)	电导率(EC) /(dS/m)
0～10	8.4	6.1	0.76	0.64	23.9	19.3	31.1	0.2
10～22	8.5	5.3	0.69	0.62	23.1	19.3	36.4	0.3
22～60	8.5	3.6	0.52	0.54	23.6	17.2	46.4	0.3
60～100	8.3	3.0	0.43	0.48	24.1	16.8	38.0	0.3
100～120	8.5	2.4	0.43	0.51	24.2	18.1	19.1	0.3

9.9.8 灵官系（Lingguan Series）

土 族：黏壤质混合型石灰性温性-普通简育干润雏形土

拟定者：杨金玲，刘峰

分布与环境条件 主要分布于天水、陇南、甘南三地市的黄土台地、坪地、山坡，地形为山区，海拔 900～1500 m，母质为砂岩和砾岩残积-坡积物，林地，温带半湿润气候，年均日照时数 1500～1900 h，气温 9～12℃，降水量 600～750 mm，无霜期 190～210 d。

灵官系典型景观

土系特征与变幅 诊断层包括淡薄表层和雏形层，诊断特性包括半干润土壤水分状况、温性土壤温度状况和石灰性，具有钙积现象。土体厚度 1 m 以上；淡薄表层厚度 10～20 cm；钙积现象上界出现在矿质土表以下 75～100 cm，具有钙积现象土层厚度 25～50 cm，2%～10%的白色碳酸钙粉末或假菌丝体。通体为粉砂壤土。碳酸钙相当物含量 30～100 g/kg，中度-强度石灰反应，土壤 pH 8.0～8.5。

对比土系 白庙系、郭家坪系、架山系、平南系、武山系和原泉村系，同一土族，但架山系无钙积现象；白庙系、平南系和原泉村系具有埋藏表层；郭家坪系成土母质为黄土沉积物；武山系具有二元母质。

利用性能综述 土体较深厚，养分含量中等，植被覆盖度高，适合发展林草业，是重要的林区，坡度较大，不适于开发和耕种利用，应封山育林，加强水土保持，发挥其生态环境效应。

参比土种 黄僵土。

代表性单个土体 位于甘肃省陇南市两当县杨店乡灵官村，33°56′19.042″N，106°21′41.330″E，山地，海拔 1080 m，坡度：20°～30°，母质为砂岩和砾岩残积-坡积物，林地，植被覆盖度 95%，50 cm 深度年均土温为 13.8℃，调查时间 2015 年 7 月，编号 62-010。

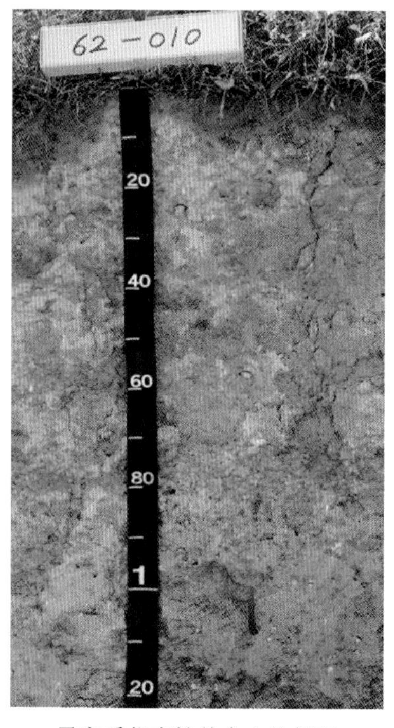

灵官系代表性单个土体剖面

Ah：0～10 cm，浊黄棕色（10YR 5/4，干），暗棕色（10YR 3/4，润），5%岩石碎屑，粉砂壤土，发育中等的直径 5～10 mm 块状结构，疏松，大量禾本科植物中细根，中度石灰反应，向下层波状突变过渡。

AB：10～42 cm，浊黄橙色（10YR 6/4，干），暗棕色（10YR 3/4，润），8%岩石碎屑，粉砂壤土，发育中等的直径 10～20 mm 块状结构，坚实，少量禾本科植物细根，中度石灰反应，向下层平滑清晰过渡。

Bw：42～75 cm，浊黄橙色（10YR 6/4，干），暗棕色（10YR 3/4，润），8%岩石碎屑，粉砂壤土，发育中等的直径 20～50 mm 块状结构，很坚实，极少量禾本科细根，中度石灰反应，向下层平滑渐变过渡。

Bk1：75～100 cm，浊黄橙色（10YR 6/4，干），暗棕色（10YR 3/4，润），10%岩石碎屑，粉砂壤土，发育中等的直径 20～50 mm 块状结构，极坚实，2%～5%白色碳酸钙粉末，极强度石灰反应，向下层波状渐变过渡。

Bk2：100～120 cm，浊黄橙色（10YR 6/4，干），暗棕色（10YR 3/4，润），10%岩石碎屑，粉砂壤土，发育弱的直径 20～50 mm 块状结构，很坚实，5%～8%白色碳酸钙粉末，极强度石灰反应。

灵官系代表性单个土体物理性质

土层	深度/cm	砾石(>2 mm，体积分数)/%	细土颗粒组成(粒径：mm)/(g/kg)			质地	容重/(g/cm³)
			砂粒 2～0.05	粉粒 0.05～0.002	黏粒 <0.002		
Ah	0～10	5	190	587	223	粉砂壤土	1.29
AB	10～42	8	201	572	227	粉砂壤土	1.46
Bw	42～75	8	176	601	222	粉砂壤土	1.53
Bk1	75～100	10	163	621	216	粉砂壤土	1.56
Bk2	100～120	10	229	564	207	粉砂壤土	1.51

灵官系代表性单个土体化学性质

深度/cm	pH	有机碳/(g/kg)	全氮(N)/(g/kg)	全磷(P)/(g/kg)	全钾(K)/(g/kg)	CEC/[cmol(+)/kg]	$CaCO_3$/(g/kg)	电导率(EC)/(dS/m)
0～10	8.5	10.2	1.07	0.78	24.6	11.2	35.8	0.4
10～42	8.5	7.9	0.85	0.77	23.7	10.1	37.5	0.3
42～75	8.5	9.7	0.80	0.76	24.3	10.0	37.5	0.3
75～100	8.3	4.4	0.57	0.74	22.4	8.2	81.7	0.3
100～120	8.4	4.4	0.47	0.73	24.0	8.9	81.8	0.3

9.9.9 平南系（Pingnan Series）

土 族：黏壤质混合型石灰性温性-普通简育干润雏形土

拟定者：杨金玲，刘峰

分布与环境条件 主要分布于天水市、庆阳市和平凉市等地的塬嘴、梁峁地段或阶地上，黄土高原阶地，海拔 1400～1800 m，母质为黄土状沉积物，旱地，温带半湿润气候，年均日照时数 1800～2200 h，气温 8～12℃，降水量 400～550 mm，无霜期 170～200 d。

平南系典型景观

土系特征与变幅 诊断层包括淡薄表层和雏形层，诊断特性包括温性土壤温度状况、半干润土壤水分状况和石灰性，具有钙积现象。土体厚度 1 m 以上；淡薄表层厚度 20～30 cm；土表以下 50～75 cm 出现埋藏表层；钙积现象上界出现在矿质土表以下 50～75 cm，具有钙积现象土层厚度 25～50 cm，2%～9%碳酸钙结核。通体为粉砂壤土。碳酸钙相当物含量 50～100 g/kg，强度-极强度石灰反应，土壤 pH 8.0～8.5。

对比土系 白庙系、郭家坪系、架山系、灵官系、武山系和原泉村系，同一土族，但郭家坪系、架山系、灵官系、武山系无埋藏表层，且架山系无钙积现象，武山系具有二元母质；白庙系和原泉村系矿质土表以下 25～50 cm 开始出现埋藏表层。

利用性能综述 旱地，土体较深厚，养分含量中等。地势较平坦，不易发生水土流失，质地适中，宜耕性较强，适种性强。利用改良上：第一，加强田间管理，要重视平田整地，修埂培肥，沿等高线开沟种植，减少地面径流，防止水土流失。第二，增施有机肥料，秸秆还田，绿肥压青，改善土壤结构，提高土壤有机质含量。第三，多施有机质含量高的热性肥料，如马、羊、骡、牛等厩肥，适时早耕深耕，立垡曝晒，熟化土壤，提高地温。

参比土种 鸡粪土。

代表性单个土体　位于甘肃省天水市平南镇梨树村，34°18′53.960″N，105°41′10.131″E，山地黄土高原二级阶地，海拔 1611 m，母质为黄土状沉积物，旱地，50 cm 深度年均土温 13.1℃，调查时间 2015 年 7 月，编号 62-018。

平南系代表性单个土体剖面

Ap：0～23 cm，浊黄橙色（10YR 7/4，干），棕色（10YR 4/4，润），2%岩石碎屑，粉砂壤土，发育中等粒状和直径<5 mm 块状结构，疏松，强度石灰反应，向下层平滑清晰过渡。

Bw：23～50 cm，浊黄橙色（10YR 7/4，干），棕色（10YR 4/4，润），5%岩石碎屑，粉砂壤土，发育中等的直径 20～50 mm 块状结构，极坚实，2%碳酸钙结核，强度石灰反应，向下层波状渐变过渡。

Abk：50～80 cm，浊黄橙色（10YR 7/4，干），棕色（10YR 4/4，润），5%岩石碎屑，粉砂壤土，发育中等直径 20～50 mm 块状结构，坚实，2%～5%碳酸钙结核，极强度石灰反应，向下层平滑渐变过渡。

Bbk：80～100 cm，浊黄橙色（10YR 7/4，干），棕色（10YR 4/4，润），5%岩石碎屑，粉砂壤土，发育中等的直径 20～50 mm 块状结构，坚实，5%～8%碳酸钙结核，极强度石灰反应，向下层平滑渐变过渡。

Bbw：100～120 cm，浊黄橙色（10YR 6/4，干），棕色（10YR 4/4，润），2%岩石碎屑，粉砂壤土，发育弱的直径 20～50 mm 块状结构，稍坚实，强度石灰反应。

平南系代表性单个土体物理性质

土层	深度/cm	砾石(>2 mm，体积分数)/%	细土颗粒组成(粒径：mm)/(g/kg)			质地	容重/(g/cm^3)
			砂粒 2～0.05	粉粒 0.05～0.002	黏粒 <0.002		
Ap	0～23	2	106	637	257	粉砂壤土	1.12
Bw	23～50	5	129	628	243	粉砂壤土	1.75
Abk	50～80	5	108	639	253	粉砂壤土	1.52
Bbk	80～100	5	111	639	250	粉砂壤土	1.51
Bbw	100～120	2	137	643	219	粉砂壤土	1.44

平南系代表性单个土体化学性质

深度/cm	pH	有机碳/(g/kg)	全氮(N)/(g/kg)	全磷(P)/(g/kg)	全钾(K)/(g/kg)	CEC/[cmol(+)/kg]	$CaCO_3$/(g/kg)	电导率(EC)/(dS/m)
0～23	8.4	12.1	1.29	0.85	23.7	15.4	67.7	0.4
23～50	8.4	4.6	0.90	0.74	23.8	14.3	81.4	0.3
50～80	8.3	6.8	0.83	0.65	24.4	14.1	75.9	0.3
80～100	8.3	5.9	0.74	0.65	23.1	13.0	87.4	0.4
100～120	8.3	4.7	0.59	0.66	23.4	11.4	81.2	0.6

9.9.10 武山系（Wushan Series）

土 族：黏壤质混合型石灰性温性-普通简育干润雏形土
拟定者：杨金玲，宋效东

分布与环境条件 主要分布于天水市秦城、北道两区，甘谷、清水、秦安、武山、张家川等县，黄土高原梁峁地坡地，海拔 1100～1500 m，母质上为黄土状沉积物，下为花岗岩风化物，旱地，温带半湿润气候，年均日照时数 1800～2200 h，气温 8～12℃，降水量 400～550 mm，无霜期 170～200 d。

武山系典型景观

土系特征与变幅 诊断层包括淡薄表层和雏形层，诊断特性包括温性土壤温度状况、半干润土壤水分状况和石灰性，具有钙积现象。土体厚度 1 m 以上；淡薄表层厚度 10～20 cm；钙积现象上界出现在矿质土表下 50～75 cm，具有钙积现象土层厚度 25～50 cm，2%～9%碳酸钙粉末或假菌丝体；1 m 以下为二元母质。层次质地构型为粉砂壤土-砂土。碳酸钙相当物含量 20～150 g/kg，中度-极强度石灰反应，土壤 pH 8.5～9.5。

对比土系 白庙系、郭家坪系、架山系、灵官系、平南系和原泉村系，同一土族，但这些土系没有二元母质，且架山系无钙积现象，白庙系、平南系和原泉村系具有埋藏表层。

利用性能综述 缓坡梯田旱地，土体较深厚，养分含量低，质地适中，结构良好，耕层疏松，通透性好，易耕作，适耕期长，适种性广。利用改良上：第一，要重视平田整地，修埂培肥，减少地面径流，防止水土流失。第二，加深耕作层，打破犁底层，早耕、深耕，接纳雨水。第三，增施有机肥料，配施氮、磷及锌、硼等微肥，使用地膜等新技术，提高作物产量。

参比土种 沟谷麻土。

代表性单个土体 位于甘肃省天水市武山县西门镇温泉村，34°39′44.433″N，105°02′54.726″E，黄土高原梁峁中地中下部，海拔 1379 m，母质上为黄土状沉积物，下为花岗岩风化物，缓坡梯田旱地，50 cm 深度年均土温 11.2℃，调查时间 2015 年 7 月，编号 62-026。

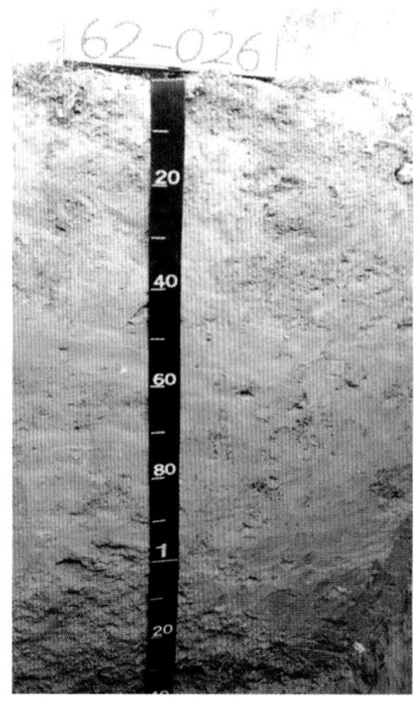

武山系代表性单个土体剖面

Ap：0～20 cm，淡黄橙色（10YR 8/3，干），浊黄橙色（10YR 6/3，润），2%岩石碎屑，粉砂壤土，发育中等的直径<5 mm 块状结构，疏松，强度石灰反应，向下层平滑清晰过渡。

AB：20～31 cm，淡黄橙色（10YR 8/3，干），浊黄橙色（10YR 6/3，润），5%岩石碎屑，粉砂壤土，发育中等的直径 5～10 mm 块状结构，稍坚实，2%草木灰，强度石灰反应，向下层波状渐变过渡。

Bw：31～72 cm，淡黄橙色（10YR 8/3，干），浊黄橙色（10YR 6/3，润），5%岩石碎屑，粉砂壤土，发育中等的直径 20～50 mm 块状结构，稍坚实，2%碳酸钙假菌丝体，强度石灰反应，向下层波状渐变过渡。

Bk：72～110 cm，浊黄橙色（10YR 7/3，干），浊黄棕色（10YR 5/3，润），10%岩石碎屑，粉砂壤土，发育中等的直径 20～50 mm 块状结构，坚实，10%碳酸钙假菌丝体，极强度石灰反应，向下层平滑清晰过渡。

2C：110～140 cm，浊黄橙色（10YR 6/4，干），浊黄棕色（10YR 5/4，润），15%岩石碎屑，砂土，单粒，无结构，中度石灰反应。

武山系代表性单个土体物理性质

土层	深度/cm	砾石(>2 mm，体积分数)/%	细土颗粒组成(粒径：mm)/(g/kg)			质地	容重/(g/cm³)
			砂粒 2～0.05	粉粒 0.05～0.002	黏粒 ＜0.002		
Ap	0～20	2	161	628	211	粉砂壤土	1.35
AB	20～31	5	136	638	226	粉砂壤土	1.40
Bw	31～72	5	129	652	218	粉砂壤土	1.27
Bk	72～110	10	137	646	217	粉砂壤土	1.30
2C	110～140	15	837	141	23	砂土	1.32

武山系代表性单个土体化学性质

深度/cm	pH	有机碳/(g/kg)	全氮(N)/(g/kg)	全磷(P)/(g/kg)	全钾(K)/(g/kg)	CEC/[cmol(+)/kg]	$CaCO_3$/(g/kg)	电导率(EC)/(dS/m)
0～20	8.6	5.5	0.59	0.73	23.6	7.9	92.3	0.3
20～31	8.6	4.5	0.48	0.66	24.2	7.9	75.8	0.3
31～72	8.6	3.6	0.37	0.65	24.1	7.3	85.7	0.3
72～110	8.8	2.7	0.32	0.63	23.3	8.0	122.7	0.4
110～140	9.4	1.0	0.06	1.37	22.5	20.9	36.6	0.2

9.9.11 原泉村系（Yuanquancun Series）

土 族：黏壤质混合型石灰性温性-普通简育干润雏形土

拟定者：杨金玲，刘峰

分布与环境条件 主要分布于庆阳、平凉及天水等地区，黄土高原塬地，海拔 1200～1600 m，母质为黄土沉积物，旱地，温带半湿润气候，年均日照时数 1800～2200 h，气温 8～12℃，降水量 500～600 mm，无霜期 170～200 d。

原泉村系典型景观

土系特征与变幅 诊断层包括淡薄表层，诊断特性包括温性土壤温度状况、半干润土壤水分状况和石灰性，具有钙积现象。土体厚度 1 m 以上；淡薄表层厚度 10～20 cm；矿质土表下 25～50 cm 具有埋藏表层；钙积现象上界出现在矿质土表以下 75～100 cm，具有钙积现象土层厚度 25～50 cm，2%～9%碳酸钙粉末或假菌丝体。通体为粉砂壤土。碳酸钙相当物含量 50～150 g/kg，强度-极强度石灰反应，土壤 pH 8.0～8.5。

对比土系 白庙系、郭家坪系、架山系、灵官系、平南系、武山系，同一土族，但架山系无钙积现象；郭家坪系、架山系、灵官系、武山系无埋藏表层，且武山系具有二元母质；白庙系具有钙积现象土层厚度 50～75 cm；平南系土表以下 50～75 cm 开始出现埋藏表层。

利用性能综述 旱地，土体深厚，养分含量较低。质地适中，土性稍僵，适水性能较差，雨雪后易板结，龟裂，适耕期较短。利用改良上：第一，要重视平田整地，修埂培肥，减少地面径流，防止水土流失。第二，增施有机肥料，秸秆还田，绿肥压青，以改善土壤结构，提高土壤有机胶体含量，使土壤有机无机胶体结合而成的微团聚体增多，常用秸秆、草皮等沤制杂肥。第三，多施有机质含量高的热性肥料，如马、羊、骡、牛等厩肥，适时早耕深耕，立垡曝晒，熟化土壤，提高地温。

参比土种 黑垆土。

代表性单个土体　位于甘肃省天水市清水县永清镇原泉村，34°44′21.411″N，106°07′48.076″E，黄土高原塬地，海拔 1439 m，母质为黄土沉积物，旱地，50 cm 深度年均土温 11.7℃，调查时间 2015 年 7 月，编号 62-025。

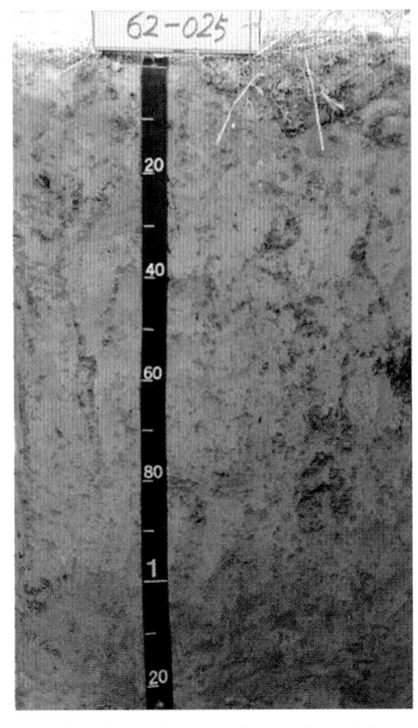

原泉村系代表性单个土体剖面

Ap：0～13 cm，浊黄橙色（10YR 6/3，干），浊黄棕色（10YR 4/3，润），粉砂壤土，发育强的直径<5 mm 块状结构，疏松，强度石灰反应，向下层平滑清晰过渡。

AB：13～27 cm，浊黄橙色（10YR 6/3，干），浊黄棕色（10YR 4/3，润），粉砂壤土，发育强的直径 5～10 mm 块状结构，稍坚实，强度石灰反应，向下层平滑渐变过渡。

Ab1：27～50 cm，灰黄棕色（10YR 6/2，干），灰黄棕色（10YR 4/2，润），粉砂壤土，发育中等的直径 10～20 mm 块状结构，稍坚实，强度石灰反应，向下层波状渐变过渡。

Ab2：50～90 cm，灰黄棕色（10YR 6/2，干），灰黄棕色（10YR 4/2，润），粉砂壤土，发育中等的直径 20～50 mm 块状结构，坚实，2%白色碳酸钙粉末，极强度石灰反应，向下层波状渐变过渡。

Bbk：90～120 cm，浊黄橙色（10YR 7/2，干），灰黄棕色（10YR 5/2，润），粉砂壤土，发育弱的直径 20～50 mm 块状结构，很坚实，5%白色碳酸钙粉末，极强度石灰反应。

原泉村系代表性单个土体物理性质

土层	深度 /cm	砾石 (>2 mm，体积分数)/%	细土颗粒组成(粒径：mm)/(g/kg)			质地	容重 /(g/cm^3)
			砂粒 2～0.05	粉粒 0.05～0.002	黏粒 ＜0.002		
Ap	0～13	0	125	645	230	粉砂壤土	1.31
AB	13～27	0	139	636	225	粉砂壤土	1.40
Ab1	27～50	0	126	657	217	粉砂壤土	1.43
Ab2	50～90	0	128	657	214	粉砂壤土	1.48
Bbk	90～120	0	138	637	225	粉砂壤土	1.58

原泉村系代表性单个土体化学性质

深度 /cm	pH	有机碳 /(g/kg)	全氮(N) /(g/kg)	全磷(P) /(g/kg)	全钾(K) /(g/kg)	CEC /[cmol(+)/kg]	$CaCO_3$ /(g/kg)	电导率(EC) /(dS/m)
0～13	8.5	9.9	1.17	0.87	24.3	9.1	72.4	0.4
13～27	8.2	8.5	1.02	0.85	23.8	8.7	58.0	0.5
27～50	8.4	10.5	1.20	0.81	23.2	9.6	78.2	0.5
50～90	8.4	10.8	1.22	0.79	23.7	9.4	90.1	0.4
90～120	8.3	6.8	0.77	0.69	21.9	9.9	106.6	0.4

9.9.12 下翟寨系（Xiazhaizhai Series）

土 族：壤质盖粗骨质混合型石灰性冷性-普通简育干润雏形土
拟定者：杨金玲，李德成，赵玉国

分布与环境条件 主要分布于祁连山北麓张掖地区的山前，洪-冲积平原，海拔 1600～2000 m，母质为洪-冲积物，草地，温带半干旱气候，年均日照时数 2700～3000 h，气温 3～6℃，降水量 150～300 mm，无霜期 140～170 d。

下翟寨系典型景观

土系特征与变幅 诊断层包括淡薄表层和雏形层，诊断特性包括冷性土壤温度状况、半干润土壤水分状况和石灰性，具有钙积现象和盐积现象。土体厚度 75～100 cm，之下为洪积砾石层；淡薄表层厚度 10～20 cm；钙积现象和盐积现象上界均出现在矿质土表以下 15～25 cm，厚度为 75～100 cm。层次质地构型为壤土-粉砂壤土-砂质壤土。电导率为 0.5～14.9 dS/m；碳酸钙相当物含量 50～150 g/kg，强度-极强度石灰反应，土壤 pH 8.0～8.5。

对比土系 西营系，同一土族，但成土母质为砂砾岩风化坡积物。

利用性能综述 草地，土体较浅，养分含量很低，植被覆盖度低，不适于开发和耕种利用，应自然封育，提高植被覆盖度，防止过度放牧带来荒漠化。

参比土种 灰板土。

代表性单个土体 位于甘肃省张掖市民乐县民联乡高坡村西，下翟寨子东南，复兴关七组东北，38°40′25.328″N，100°55′38.761″E，海拔 1877 m，洪-冲积平原，母质为洪-冲积物，草地，植被覆盖度 30%～40%，50 cm 深度年均土温 8.8℃，调查时间 2012 年 8 月，编号 YG-018。

下翟寨系代表性单个土体剖面

Ah：0～15 cm，浊黄橙色（10YR 7/3，干），浊黄棕色（10YR 5/3，润），壤土，发育弱的直径<10 mm 块状结构，稍坚实，少量草本根系，强度石灰反应，向下层波状渐变过渡。

Bkz1：15～45 cm，浊黄橙色（10YR 7/3，干），浊黄棕色（10YR 5/3，润），粉砂壤土，发育弱的直径 10～20 mm 块状结构，坚实，少量草本根系，5%～8%白色碳酸钙粉末，极强度石灰反应，向下层波状渐变过渡。

Bkz2：45～90 cm，淡黄橙色（10YR 8/3，干），浊黄棕色（10YR 5/3，润），粉砂壤土，发育弱的直径 20～50 mm 块状结构，坚实，极强度石灰反应，向下层波状不规则过渡。

Cz：90～110 cm，淡黄橙色（10YR 8/3，干），浊黄棕色（10YR 5/3，润），80%岩石碎屑，砂质壤土，单粒，局部可见残留的冲积层理，强度石灰反应。

下翟寨系代表性单个土体物理性质

土层	深度/cm	砾石(>2 mm，体积分数)/%	细土颗粒组成(粒径：mm)/(g/kg)			质地	容重/(g/cm^3)
			砂粒 2～0.05	粉粒 0.05～0.002	黏粒 <0.002		
Ah	0～15	0	408	441	150	壤土	1.31
Bkz1	15～45	0	221	594	186	粉砂壤土	1.31
Bkz2	45～90	0	240	571	188	粉砂壤土	1.35
Cz	90～110	80	627	244	130	砂质壤土	1.49

下翟寨系代表性单个土体化学性质

深度/cm	pH	有机碳/(g/kg)	全氮(N)/(g/kg)	全磷(P)/(g/kg)	全钾(K)/(g/kg)	CEC/[cmol(+)/kg]	$CaCO_3$/(g/kg)	电导率(EC)/(dS/m)
0～15	8.5	4.7	0.45	0.65	15.2	4.3	98.4	0.8
15～45	8.1	4.5	0.42	0.66	16.7	6.5	120.4	4.1
45～90	8.3	3.7	0.37	0.58	16.2	6.2	133.0	7.2
90～110	8.1	1.8	0.19	0.31	13.9	3.0	96.9	7.3

9.9.13 西营系（Xiying Series）

土　族：壤质盖粗骨质混合型石灰性冷性-普通简育干润雏形土

拟定者：杨金玲，李德成

分布与环境条件 主要分布于武威市和金昌市等地的山区，中山坡地，海拔 1600～2000 m，母质为砂砾岩风化坡积物，草地，温带半湿润气候，年均日照时数 2600～3100 h，气温 6～9℃，降水量 200～300 mm，无霜期 130～160 d。

西营系典型景观

土系特征与变幅 诊断层包括淡薄表层和雏形层，诊断特性包括冷性土壤温度状况、半干润土壤水分状况和石灰性，具有钙积现象和盐积现象。有效土体厚度 50～75 cm，之下为砾石层，砾石含量大于 75%；淡薄表层厚度 10～20 cm；钙积现象和盐积现象上界均出现在矿质土表以下 15～25 cm，厚度 50～75 cm。层次质地构型为壤土-粉砂壤土-壤土。电导率为 1.0～14.9 dS/m；碳酸钙相当物含量 50～150 g/kg，强度-极强度石灰反应，土壤 pH 8.0～9.5。

对比土系 下翟寨系，同一土族，但成土母质为洪-冲积物。

利用性能综述 草地，土体较浅，底层砾石含量高，养分较低，自然植被覆盖度较高。光照时间长，热量丰富，具有开垦价值。但因地下水位深又远离河流，水源奇缺是土壤改良利用中的最大障碍。现为牧业用地，由于土壤肥力水平低，要防止过度放牧引起草原退化。另外要植树种草，培肥土壤，提高地力。

参比土种 板土。

代表性单个土体 位于甘肃省武威市凉州区西营镇二沟村，37°56′20.674″N，102°18′02.570″E，中山缓坡中下部，海拔 1872 m，砂砾岩风化坡积物，草地，植被覆盖度 60%～80%，50 cm 深度年均土温 8.7℃，调查时间 2015 年 7 月，编号 62-063。

西营系代表性单个土体剖面

Ah：0～18 cm，浊黄橙色（10YR 6/3，干），暗棕色（10YR 3/4，润），5%岩石碎屑，壤土，发育中等的粒状和直径<5 mm 块状结构，疏松，中量草被根系，强度石灰反应，向下层平滑清晰过渡。

Bkz1：18～40 cm，淡黄橙色（10YR 8/3，干），淡黄棕色（10YR 5/3，润），10%岩石碎屑，壤土，发育中等的直径 10～20 mm 块状结构，坚实，少量草被根系，2%～5%白色碳酸钙粉末，极强度石灰反应，向下层平滑渐变过渡。

Bkz2：40～75 cm，浊黄橙色（10YR 7/3，干），浊黄棕色（10YR 5/4，润），5%岩石碎屑，壤土，发育弱的直径 20～50 mm 块状结构，坚实，<2%白色碳酸钙粉末，极强度石灰反应，向下层平滑清晰过渡。

Cz1：75～85 cm，浊黄橙色（10YR 7/3，干），浊黄棕色（10YR 5/4，润），75%岩石碎屑，壤土，单粒，水平层理明显，强度石灰反应，向下层平滑清晰过渡。

Cz2：85～95 cm，浊黄橙色（10YR 7/3，干），浊黄棕色（10YR 5/4，润），20%岩石碎屑，粉砂壤土，单粒，水平层理明显，<2%白色碳酸钙粉末，强度石灰反应，向下层平滑清晰过渡。

Cz3：95～120 cm，浊黄橙色（10YR 7/3，干），浊黄橙色（10YR 6/4，润），90%岩石碎屑，壤土，单粒，水平层理明显，强度石灰反应。

西营系代表性单个土体物理性质

土层	深度 /cm	砾石 (>2 mm，体积分数)/%	细土颗粒组成(粒径：mm)/(g/kg)			质地	容重 /(g/cm³)
			砂粒 2～0.05	粉粒 0.05～0.002	黏粒 ＜0.002		
Ah	0～18	5	358	466	176	壤土	1.03
Bkz1	18～40	10	331	493	175	壤土	1.23
Bkz2	40～75	5	340	477	183	壤土	1.25
Cz1	75～85	75	345	410	244	壤土	—
Cz2	85～95	20	273	534	192	粉砂壤土	—
Cz3	95～120	90	314	433	253	壤土	—

西营系代表性单个土体化学性质

深度 /cm	pH	有机碳 /(g/kg)	全氮(N) /(g/kg)	全磷(P) /(g/kg)	全钾(K) /(g/kg)	CEC /[cmol(+)/kg]	$CaCO_3$ /(g/kg)	电导率(EC) /(dS/m)
0～18	8.9	7.8	0.86	0.66	25.3	7.1	104.4	2.0
18～40	8.4	4.8	0.54	0.59	24.4	6.1	121.5	10.2
40～75	8.8	2.3	0.30	0.58	25.6	5.0	99.6	8.2
75～85	8.5	1.7	0.25	0.57	27.1	6.6	68.4	7.1
85～95	9.1	1.5	0.17	0.59	22.4	4.0	89.4	5.6
95～120	8.8	1.8	0.26	0.59	26.1	6.9	76.5	5.7

9.9.14 烟洞系（Yandong Series）

土 族：壤质盖粗骨质混合型石灰性温性-普通简育干润雏形土

拟定者：杨金玲，赵玉国，吴华勇

分布与环境条件 主要分布于白银市的景泰、靖远县和兰州市的永登县、皋兰县等，洪-冲积平原，海拔 1400～1800 m，母质为洪-冲积物，旱地，温带半湿润气候，年均日照时数 2400～2700 h，气温 6～9℃，降水量 200～300 mm，无霜期 150～170 d。

烟洞系典型景观

土系特征与变幅 诊断层包括淡薄表层和雏形层，诊断特性包括温性土壤温度状况、半干润土壤水分状况和石灰性，具有钙积现象。有效土体厚度 25～50 cm，之下为洪积砾石层和砂质层；淡薄表层厚度 10～20 cm；矿质土表以下 10～25 cm 开始出现钙积现象，具有钙积现象土层厚度 15～25 cm。层次质地构型为粉砂壤土-壤土-砂土-壤质砂土。碳酸钙相当物含量 50～150 g/kg，强度-极强度石灰反应，土壤 pH 8.0～9.5。

对比土系 唐家坡系，同一亚类，但不同土族，颗粒大小级别为壤质盖粗骨砂质，土壤温度状况为冷性。

利用性能综述 旱地，土体较深厚，但有效土层较薄，土壤养分含量很低，耕层质地适中，压实严重，耕层以下砾石含量很高，通透性好，保肥性较差，作物生长后期有脱肥现象。改良利用上：第一，增施有机肥料，秸秆还田，绿肥压青，改善土壤结构，提高土壤有机质含量。第二，增施氮肥，重施磷肥，施用锌、硼等微量元素肥料，增加作物产量。第三，加强渠道的整修和管理工作，在灌溉方法上，改大水漫灌为小水轻灌，以减轻渗漏。

参比土种 旱砂灰白土。

代表性单个土体 位于甘肃省白银市靖远县乌兰镇烟洞村，36°50′10.960″N，104°9′13.389″E，洪-冲积平原，海拔 1635 m，母质为洪-冲积物，旱地，50 cm 深度年均土温 11.0℃，调查时间 2015 年 7 月，编号 62-055。

烟洞系代表性单个土体剖面

Ap：0～10 cm，淡黄橙色（10YR 8/3，干），浊黄橙色（10YR 6/3，润），5%岩石碎屑，粉砂壤土，发育中等的直径 5～10 mm 块状结构，稍坚实，表层有 5%的盐斑，强度石灰反应，向下层平滑清晰过渡。

Bk：10～27 cm，淡黄橙色（10YR 8/3，干），浊黄橙色（10YR 6/3，润），5%岩石碎屑，壤土，发育中等的直径 10～20 mm 块状结构，坚实，极强度石灰反应，向下层平滑突变过渡。

C：27～87 cm，浊黄橙色（10YR 7/3，干），浊黄棕色（10YR 5/3，润），90%岩石碎屑，砂土，单粒，<2%白色碳酸钙粉末，强度石灰反应，向下层平滑突变过渡。

Ck：87～120 cm，浊黄橙色（10YR 7/3，干），浊黄棕色（10YR 5/3，润），20%岩石碎屑，壤质砂土，单粒，2%～5%白色碳酸钙粉末，强度石灰反应。

烟洞系代表性单个土体物理性质

土层	深度 /cm	砾石 (>2 mm，体积分数)/%	细土颗粒组成(粒径：mm)/(g/kg)			质地	容重 /(g/cm^3)
			砂粒 2～0.05	粉粒 0.05～0.002	黏粒 <0.002		
Ap	0～10	5	293	550	157	粉砂壤土	1.41
Bk	10～27	5	380	453	166	壤土	1.43
C	27～87	90	922	53	26	砂土	—
Ck	87～120	20	732	189	79	壤质砂土	—

烟洞系代表性单个土体化学性质

深度 /cm	pH	有机碳 /(g/kg)	全氮(N) /(g/kg)	全磷(P) /(g/kg)	全钾(K) /(g/kg)	CEC /[cmol(+)/kg]	$CaCO_3$ /(g/kg)	电导率(EC) /(dS/m)
0～10	8.4	3.4	0.39	0.68	21.3	5.9	92.6	1.3
10～27	8.8	4.6	0.57	0.68	21.5	6.9	130.2	0.9
27～87	9.3	1.7	0.18	0.53	20.4	3.2	94.3	0.3
87～120	8.3	1.2	0.12	0.43	20.0	3.4	92.3	2.6

9.9.15 唐家坡系（Tangjiapo Series）

土 族：壤质盖粗骨砂质混合型石灰性冷性-普通简育干润雏形土

拟定者：杨金玲，李德成

分布与环境条件 主要分布于河西走廊的洪水坝河以西，祁连山西段的北麓和阿尔金山的北坡及金昌市的低丘地带，中山坡地，海拔 2100～2500 m，母质为坡积物，草地，温带半干旱气候，年均日照时数 2800～3100 h，气温 3～6℃，降水量 200～300 mm，无霜期 110～140 d。

唐家坡系典型景观

土系特征与变幅 诊断层包括淡薄表层和雏形层，诊断特性包括冷性土壤温度状况、半干润土壤水分状况和石灰性，具有钙积现象和盐积现象。土体厚度 1 m 以上；淡薄表层厚度 15～25 cm；矿质土表以下 15～25 cm 开始出现钙积现象，具有钙积现象土层厚度 15～25 cm；盐积现象出现在矿质土表以下 25～50 cm，具有盐积现象土层厚度 75～100 cm。层次质地构型为壤土-壤质砂土。电导率 0.5～14.9 dS/m；碳酸钙相当物含量 50～150 g/kg，强度-极强度石灰反应，土壤 pH 7.5～9.0。

对比土系 烟洞系，同一亚类，但不同土族，颗粒大小级别为壤质盖粗骨质，土壤温度状况为温性。

利用性能综述 草地，土层较深厚，自然养分含量较低，自然植被覆盖度不高。改良利用上应以生态保护为主，限制放牧，防止进一步荒漠化。

参比土种 旱棕土。

代表性单个土体 位于甘肃省金昌市永昌县新城子镇唐家坡村，38°10′34.374″N，101°35′32.982″E，中山中坡中下部，海拔 2374 m，母质为砂砾岩风化坡积物，荒草地，覆盖度 20%～30%，50 cm 深度年均土温 7.5℃，调查时间 2015 年 7 月，编号 62-066。

唐家坡系代表性单个土体剖面

Ah：0～20 cm，浊黄橙色（10YR 7/3，干），浊黄棕色（10YR 5/3，润），2%岩石碎屑，壤土，发育强的粒状和直径<5 mm块状结构，疏松，中量草被根系，极强度石灰反应，向下层平滑清晰过渡。

Bk：20～38 cm，淡黄橙色（10YR 8/3，干），浊黄橙色（10YR 6/3，润），2%岩石碎屑，壤土，发育中等的直径<5 mm块状结构，松散，少量草被根系，极强度石灰反应，向下层平滑渐变过渡。

Bz：38～70 cm，淡黄橙色（10YR 8/3，干），浊黄橙色（10YR 6/3，润），5%岩石碎屑，壤土，发育弱的直径 10～20 mm块状结构，稍坚实，强度石灰反应，向下层波状渐变过渡。

Cz：70～120 cm，淡黄橙色（10YR 8/3，干），浊黄橙色（10YR 6/3，润），60%岩石碎屑，壤质砂土，发育弱的直径 5～10 mm 块状结构，极强度石灰反应。

唐家坡系代表性单个土体物理性质

土层	深度/cm	砾石(>2 mm，体积分数)/%	细土颗粒组成(粒径：mm)/(g/kg)			质地	容重/(g/cm^3)
			砂粒 2～0.05	粉粒 0.05～0.002	黏粒 <0.002		
Ah	0～20	2	485	393	122	壤土	1.34
Bk	20～38	2	507	377	116	壤土	1.08
Bz	38～70	5	462	418	120	壤土	1.24
Cz	70～120	60	830	130	40	壤质砂土	—

唐家坡系代表性单个土体化学性质

深度/cm	pH	有机碳/(g/kg)	全氮(N)/(g/kg)	全磷(P)/(g/kg)	全钾(K)/(g/kg)	CEC/[cmol(+)/kg]	$CaCO_3$/(g/kg)	电导率(EC)/(dS/m)
0～20	8.9	9.3	1.04	0.67	22.0	6.7	122.5	0.6
20～38	8.3	2.3	0.56	0.74	20.2	4.9	130.2	2.7
38～70	8.0	1.7	0.28	0.60	20.6	4.1	96.0	5.0
70～120	7.7	2.9	0.22	0.63	21.9	4.1	118.0	3.3

9.9.16 半截沟系（Banjiegou Series）

土 族：壤质混合型石灰性冷性-普通简育干润雏形土

拟定者：杨金玲，李德成，赵玉国

分布与环境条件 主要分布于张掖地区的肃南和山丹等县山前洪积扇扇缘，洪积扇，海拔 1600～2000 m，母质为洪-冲积物，荒草地，温带半干旱气候，年均日照时数 3000～3300 h，气温 3～6℃，降水量 100～200 mm，无霜期 120～150 d。

半截沟系典型景观

土系特征与变幅 诊断层包括淡薄表层和雏形层，诊断特性包括冷性土壤温度状况、半干润土壤水分状况和石灰性，具有钙积现象和盐积现象。土体厚度 75～100 cm，淡薄表层厚度 10～20 cm；钙积现象上界出现在矿质土表下 10～25 cm，具有钙积现象土层厚度 75～100 cm，5%～9%的白色碳酸钙粉末或假菌丝体；整个土体均具有盐积现象。通体为粉砂壤土，1 m 以下为洪积砾石层。电导率 1.0～14.9 dS/m；碳酸钙相当物含量 100～150 g/kg，极强度石灰反应，土壤 pH 7.5～8.5。

对比土系 老窑村系、钱家山系、三岔村系、上古山系和苏家墩系，同一土族，但老窑村系和苏家墩系仅具有盐积现象，无钙积现象，且苏家墩系具有埋藏表层；钱家山系和三岔村系仅具有钙积现象，无盐积现象；上古山系不具有钙积现象和盐积现象。

利用性能综述 草地，土体稍浅，养分含量很低，植被覆盖度较低，不适于开发和耕种利用，应自然封育，提高植被覆盖度，防止过度放牧带来荒漠化。

参比土种 薄板土。

代表性单个土体 位于甘肃省张掖市肃南县新坝乡半截沟子村东南，小红山沟村西，铜洞沟北，39°13′55.787″N，99°38′30.820″E，海拔 1846 m，洪积扇，母质为洪-冲积物，荒草地，植被覆盖度 15%～20%，50 cm 深度年均土温 8.5℃，调查时间 2012 年 8 月，编号 YG-016。

半截沟系代表性单个土体剖面

Ahz：0～12 cm，淡黄橙色（10YR 8/3，干），浊黄棕色（10YR 5/3，润），粉砂壤土，发育弱的粒状和直径<5 mm 块状结构，疏松，少量草本根系，极强度石灰反应，向下层平滑清晰过渡。

Bkz1：12～60 cm，浊黄橙色（7.5YR 7/3，干），灰黄棕色（7.5YR 5/2，润），2%岩石碎屑，粉砂壤土，发育弱的直径 10～20 mm 块状结构，坚实，少量草本根系，5%～8%碳酸钙粉末，极强度石灰反应，向下层波状渐变过渡。

Bkz2：60～100 cm，浊黄橙色（7.5YR 7/3，干），灰黄棕色（7.5YR 5/2，润），7%岩石碎屑，粉砂壤土，发育弱的直径 20～50 mm 块状结构，坚实，5%～8%碳酸钙粉末，极强度石灰反应，向下层不规则突变过渡。

Cz：100～120 cm，橙白色（10YR 8/2，干），灰黄棕色（10YR 5/2，润），90%岩石碎屑，粉砂壤土，单粒，极强度石灰反应。

半截沟系代表性单个土体物理性质

土层	深度/cm	砾石(>2 mm，体积分数)/%	细土颗粒组成(粒径：mm)/(g/kg)			质地	容重/(g/cm^3)
			砂粒 2～0.05	粉粒 0.05～0.002	黏粒 <0.002		
Ahz	0～12	0	241	583	176	粉砂壤土	1.33
Bkz1	12～60	2	246	582	172	粉砂壤土	1.35
Bkz2	60～100	7	221	589	190	粉砂壤土	1.35
Cz	100～120	90	259	557	184	粉砂壤土	1.36

半截沟系代表性单个土体化学性质

深度/cm	pH	有机碳/(g/kg)	全氮(N)/(g/kg)	全磷(P)/(g/kg)	全钾(K)/(g/kg)	CEC/[cmol(+)/kg]	$CaCO_3$/(g/kg)	电导率(EC)/(dS/m)
0～12	7.9	4.1	0.4	0.62	15.3	5.4	118.9	6.9
12～60	8.2	3.8	0.34	0.62	16.6	7.3	134.6	11.1
60～100	8.1	3.7	0.36	0.65	16.7	7.0	135.7	3.8
100～120	7.9	3.5	0.33	0.54	17.6	5.5	133.0	5.1

9.9.17 老窑村系（Laoyaocun Series）

土 族：壤质混合型石灰性冷性-普通简育干润雏形土

拟定者：杨金玲，李德成，刘峰

分布与环境条件 主要分布于张掖市民乐县民联乡一带，冲积平原，海拔 1600～2000 m，母质为冲积物，草地，温带半干旱气候，年均日照时数 2700～3000 h，气温 0～6℃，降水量 150～300 mm，无霜期 140～170 d。

老窑村系典型景观

土系特征与变幅 诊断层包括淡薄表层和雏形层，诊断特性包括冷性土壤温度状况、半干润土壤水分状况和石灰性，具有盐积现象。土体厚度 1 m 以上，淡薄表层厚度 10～20 cm；盐积现象上界出现在矿质土表以下 25～50 cm，具有盐积现象土层厚度 75～100 cm。通体为粉砂壤土。电导率 0.5～14.9 dS/m；碳酸钙相当物含量 50～150 g/kg，强度-极强度石灰反应，土壤 pH 8.0～9.5。

对比土系 半截沟系、钱家山系、三岔村系、上古山系和苏家墩系，同一土族，但半截沟系、钱家山系和三岔村系具有钙积现象；上古山系不具有盐积现象；苏家墩系具有埋藏表层。

利用性能综述 草地，土体深厚，养分含量低，植被覆盖度中等，应自然封育，进一步提高植被覆盖度，防止过度放牧带来荒漠化。

参比土种 淡栗土。

代表性单个土体 位于甘肃省张掖市民乐县民联乡高坡村东北，老窑村西，38°41′2.929″N，100°57′6.971″E，海拔 1801 m，冲积平原，母质为冲积物，草地，盖度 45%～50%，50 cm 深度年均土温 8.9℃，调查时间 2012 年 8 月，编号 LF-016。

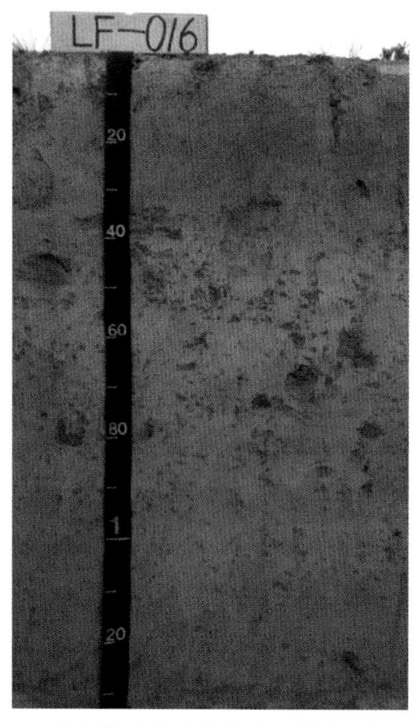

老窑村系代表性单个土体剖面

Ah：0～10 cm，橙白色（10YR 8/2，干），灰黄棕色（10YR 6/2，润），粉砂壤土，发育中等的粒状和直径<5 mm 块状结构，疏松，中量中细根系，强度石灰反应，向下层平滑清晰过渡。

Bw：10～38 cm，浊黄橙色（10YR 7/3，干），灰黄棕色（10YR 5/2，润），粉砂壤土，发育中等的直径 5～10 mm 块状结构，稍坚实，少量中细根系，1 个动物孔穴，强度石灰反应，向下层平滑清晰过渡。

Bz1：38～65 cm，橙白色（10YR 8/2，干），灰黄棕色（10YR 6/2，润），粉砂壤土，发育弱的直径 10～20 mm 块状结构，稍坚实，1 个动物孔穴，2%白色碳酸钙粉末，强度石灰反应，向下层波状渐变过渡。

Bz2：65～100 cm，橙白色（10YR 8/2，干），灰黄棕色（10YR 6/2，润），粉砂壤土，发育弱的直径 10～20 mm 块状结构，坚实，强度石灰反应，向下层平滑渐变过渡。

Bz3：100～130 cm，橙白色（10YR 8/2，干），灰黄棕色（10YR 6/2，润），粉砂壤土，发育弱的直径 5～10 mm 块状结构，坚实，强度石灰反应。

老窑村系代表性单个土体物理性质

土层	深度/cm	砾石(>2 mm，体积分数)/%	细土颗粒组成(粒径：mm)/(g/kg)			质地	容重/(g/cm^3)
			砂粒 2～0.05	粉粒 0.05～0.002	黏粒 <0.002		
Ah	0～10	0	292	536	172	粉砂壤土	1.29
Bw	10～38	0	301	541	158	粉砂壤土	1.30
Bz1	38～65	0	301	536	163	粉砂壤土	1.32
Bz2	65～100	0	337	504	159	粉砂壤土	1.37
Bz3	100～130	0	261	567	171	粉砂壤土	1.38

老窑村系代表性单个土体化学性质

深度/cm	pH	有机碳/(g/kg)	全氮(N)/(g/kg)	全磷(P)/(g/kg)	全钾(K)/(g/kg)	CEC/[cmol(+)/kg]	$CaCO_3$/(g/kg)	电导率(EC)/(dS/m)
0～10	8.4	5.2	0.50	0.71	16.6	13.1	96.5	0.8
10～38	9.5	4.8	0.43	0.63	15.5	5.6	106.0	1.6
38～65	8.3	4.3	0.35	0.57	15.4	7.0	99.6	8.1
65～100	8.3	3.4	0.27	0.54	16.3	5.7	90.1	6.2
100～130	8.5	3.2	0.27	0.58	15.2	7.0	99.6	7.1

9.9.18　钱家山系（Qianjiashan Series）

土　族：壤质混合型石灰性冷性-普通简育干润雏形土

拟定者：杨金玲，李德成，赵玉国

分布与环境条件　主要分布于张掖市山丹县霍城镇一带，黄土高原梁坡地，海拔 2200～2600 m，母质为黄土沉积物，草地，温带半干旱气候，年均日照时数 2700～3000 h，气温 3～6℃，降水量 150～300 mm，无霜期 140～170 d。

钱家山系典型景观

土系特征与变幅　诊断层包括淡薄表层和雏形层，诊断特性包括冷性土壤温度状况、半干润土壤水分状况和石灰性，具有钙积现象。土体厚度 1 m 以上，淡薄表层厚度 10～20 cm，矿质土表以下 10～25 cm 开始出现钙积现象，具有钙积现象土层厚度 25～50 cm。层次质地构型为粉砂壤土-壤土。碳酸钙相当物含量 100～150 g/kg，极强度石灰反应，土壤 pH 8.0～9.0。

对比土系　半截沟系、老窑村系、三岔村系、上古山系和苏家墩系，同一土族，但半截沟系同时具有钙积现象和盐积现象，老窑村系无钙积现象，具有盐积现象；三岔村系通体为粉砂壤土，具有钙积现象土层厚度 50～75 cm；上古山系无钙积现象；苏家墩系具有盐积现象，且具有埋藏层。

利用性能综述　草地，土体深厚，养分含量较低，植被覆盖度较低，应自然封育，提高植被覆盖度，防止过度放牧带来荒漠化和水土流失。

参比土种　淡灰钙土。

代表性单个土体　位于甘肃省张掖市山丹县霍城镇钱家山坡西，罗家岭南，达板山东南，38°23′35.090″N，101°00′45.789″E，海拔 2436 m，黄土高原梁中坡中部，母质为黄土沉积物，荒草地，植被覆盖度 20%～25%，50 cm 深度年均土温 7.2℃，调查时间 2012 年 8 月，编号 YG-017。

钱家山系代表性单个土体剖面

Ah：0～14 cm，浊黄橙色（10YR 7/4，干），浊黄棕色（10YR 5/4，润），粉砂壤土，发育中等的粒状和直径<5 mm 块状结构，疏松，中量草被根系，极强度石灰反应，向下层平滑清晰过渡。

Bk：14～42 cm，浊黄橙色（10YR 7/3，干），浊黄棕色（10YR 5/3，润），粉砂壤土，发育中等的直径 5～10 mm 块状结构，稍坚实，少量草被根系，极强度石灰反应，向下层波状渐变过渡。

Bw：42～112 cm，浊黄橙色（10YR 7/3，干），浊黄棕色（10YR 5/3，润），粉砂壤土，发育中等的直径 10～20 mm 块状结构，坚实，极强度石灰反应，向下层波状渐变过渡。

BC：112～130 cm，浊黄橙色（10YR 7/3，干），浊黄棕色（10YR 5/3，润），壤土，发育弱的直径 20～50 mm 块状结构，坚实，强度石灰反应。

钱家山系代表性单个土体物理性质

土层	深度/cm	砾石(>2 mm，体积分数)/%	细土颗粒组成(粒径：mm)/(g/kg)			质地	容重/(g/cm³)
			砂粒 2～0.05	粉粒 0.05～0.002	黏粒 <0.002		
Ah	0～14	0	241	571	188	粉砂壤土	1.21
Bk	14～42	0	224	596	180	粉砂壤土	1.31
Bw	42～112	0	225	599	176	粉砂壤土	1.38
BC	112～130	0	388	472	140	壤土	1.44

钱家山系代表性单个土体化学性质

深度/cm	pH	有机碳/(g/kg)	全氮(N)/(g/kg)	全磷(P)/(g/kg)	全钾(K)/(g/kg)	CEC/[cmol(+)/kg]	$CaCO_3$/(g/kg)	电导率(EC)/(dS/m)
0～14	8.3	7.8	0.69	0.65	15.5	6.9	130.4	1.0
14～42	8.6	4.6	0.38	0.65	16.7	6.2	144.8	1.1
42～112	8.4	3.2	0.27	0.66	17.2	5.9	140.9	2.4
112～130	8.5	2.3	0.24	0.64	15.8	4	118.9	1.5

9.9.19 三岔村系（Sanchacun Series）

土 族：壤质混合型石灰性冷性-普通简育干润雏形土

拟定者：杨金玲，李德成

分布与环境条件 主要分布于兰州市永登县坪城乡一带，黄土高原梁峁坡地，海拔2300～2700 m，母质为黄土沉积物，草地，温带半湿润气候，年均日照时数 2300～2600 h，气温 0～6℃，降水量 200～400 mm，无霜期 120～150 d。

三岔村系典型景观

土系特征与变幅 诊断层包括淡薄表层和雏形层，诊断特性包括冷性土壤温度状况、半干润土壤水分状况和石灰性，具有钙积现象。土体厚度 1 m 以上，淡薄表层厚度 10～20 cm；钙积现象上界出现在矿质土表以下 15～25 cm，具有钙积现象土层厚度 50～75 cm。通体为粉砂壤土。碳酸钙相当物含量 150～200 g/kg，极强度石灰反应，土壤 pH 8.0～9.0。

对比土系 半截沟系、老窑村系、钱家山系、上古山系和苏家墩系，同一土族，但半截沟系同时具有钙积现象和盐积现象，老窑村系无钙积现象，具有盐积现象；钱家山系层次质地构型为粉砂壤土-壤土，具有钙积现象土层厚度 25～50 cm；上古山系无钙积现象；苏家墩系具有盐积现象，且具有埋藏表层。

利用性能综述 草地，土体深厚，养分含量中等，植被覆盖度较高，部分开垦为农田。黄土母质水稳定性结构差，遇水土粒易分散，抗蚀性差，易于发生水土流失。应自然封育，进一步提高植被覆盖度，防止过度放牧带来荒漠化和水土流失。

参比土种 旱地绵白土。

代表性单个土体 位于甘肃省兰州市永登县坪城乡三岔村，36°59′33.265″N，103°12′41.106″E，黄土高原梁峁中坡中下部，海拔 2512 m，母质为黄土沉积物，草地，植被覆盖度 60%～70%，50 cm 深度年均土温 5.9℃，调查时间 2015 年 7 月，编号 62-058。

三岔村系代表性单个土体剖面

Ah：0～15 cm，淡黄橙色（10YR 8/3，干），浊黄棕色（10YR 5/4，润），粉砂壤土，发育强的粒状和直径<5 mm 块状结构，疏松，中量草被根系，极强度石灰反应，向下层波状渐变过渡。

Bk1：15～40 cm，淡黄橙色（10YR 8/3，干），浊黄棕色（10YR 5/4，润），粉砂壤土，发育中等的直径 5～10 mm 块状结构，疏松，少量草被根系，2%白色碳酸钙粉末，极强度石灰反应，向下层波状渐变过渡。

Bk2：40～80 cm，淡黄橙色（10YR 8/3，干），浊黄棕色（10YR 5/4，润），粉砂壤土，发育弱的直径 5～10 mm 块状结构，疏松，2%白色碳酸钙粉末，极强度石灰反应，向下层不规则渐变过渡。

Bw：80～120 cm，淡黄橙色（10YR 8/3，干），浊黄棕色（10YR 5/4，润），粉砂壤土，发育弱的直径 10～20 mm 块状结构，稍坚实，极强度石灰反应。

三岔村系代表性单个土体物理性质

土层	深度/cm	砾石(>2 mm，体积分数)/%	细土颗粒组成(粒径：mm)/(g/kg)			质地	容重/(g/cm^3)
			砂粒 2～0.05	粉粒 0.05～0.002	黏粒 ＜0.002		
Ah	0～15	0	182	629	189	粉砂壤土	1.17
Bk1	15～40	0	149	647	203	粉砂壤土	1.05
Bk2	40～80	0	200	624	177	粉砂壤土	1.15
Bw	80～120	0	217	618	165	粉砂壤土	1.20

三岔村系代表性单个土体化学性质

深度/cm	pH	有机碳/(g/kg)	全氮(N)/(g/kg)	全磷(P)/(g/kg)	全钾(K)/(g/kg)	CEC/[cmol(+)/kg]	$CaCO_3$/(g/kg)	电导率(EC)/(dS/m)
0～15	8.6	11.8	1.28	0.67	21.2	8.9	164.3	0.5
15～40	8.5	10.9	1.25	0.65	21.5	9.0	170.7	0.7
40～80	8.7	7.1	0.82	0.57	21.5	7.1	185.6	0.5
80～120	9.0	3.4	0.40	0.58	23.1	5.1	164.5	0.4

9.9.20 上古山系（Shanggushan Series）

土 族：壤质混合型石灰性冷性-普通简育干润雏形土

拟定者：杨金玲，李德成

分布与环境条件 主要分布于兰州市永登、白银市的景泰和靖远等地，冲积平原，海拔1900～2300 m，母质为冲积物，旱地，温带半湿润气候，年均日照时数2300～2600 h，气温0～6℃，降水量200～400 mm，无霜期120～150 d。

上古山系典型景观

土系特征与变幅 诊断层包括淡薄表层和雏形层，诊断特性包括冷性土壤温度状况、半干润土壤水分状况和石灰性。土体厚度1 m以上，淡薄表层厚度10～20 cm，土表以下75～100 cm出现冲积砂。层次质地构型为粉砂壤土-壤土-砂土。碳酸钙相当物含量100～150 g/kg，极强度石灰反应，土壤pH 8.0～9.0。

对比土系 半截沟系、老窑村系、钱家山系、三岔村系和苏家墩系，同一土族，但半截沟系同时具有钙积现象和盐积现象；钱家山系和三岔村系具有钙积现象；老窑村系和苏家墩系具有盐积现象，且苏家墩系具有埋藏表层。

利用性能综述 旱地，土体深厚，养分含量低，上层质地适中，下层较砂。利用改良上：第一，增施有机肥料，复种绿肥作物，实行粮草轮作，推广秸秆还田，绿肥压青，改善土壤结构，提高土壤有机质含量。第二，增施氮肥，重施磷肥，施用锌、硼等微量元素肥料，增加作物产量。

参比土种 破皮栗土。

代表性单个土体 位于甘肃省兰州市永登县上川镇上古山村，36°44′2.291″N，103°30′14.565″E，海拔2165 m，冲积平原，母质为冲积物，旱地，50 cm深度年均土温7.9℃，调查时间2015年7月，编号62-080。

上古山系代表性单个土体剖面

Ap：0～12 cm，浊黄橙色（10YR 7/3，干），浊黄棕色（10YR 5/3，润），粉砂壤土，发育中等的直径<5mm 块状结构，稍坚实，极强度石灰反应，向下层波状渐变过渡。

AB：12～30 cm，浊黄橙色（10YR 7/3，干），浊黄棕色（10YR 5/3，润），粉砂壤土，发育中等的直径 5～10 mm 块状结构，稍坚实，极强度石灰反应，向下层波状清晰过渡。

Bw1：30～58 cm，浊黄橙色（10YR 7/3，干），浊黄棕色（10YR 5/3，润），2%岩石碎屑，粉砂壤土，发育弱的直径 5～10 mm 块状结构，疏松，极强度石灰反应，向下层波状渐变过渡。

Bw2：58～80 cm，淡黄橙色（10YR 8/3，干），浊黄橙色（10YR 6/3，润），5%岩石碎屑，壤土，发育弱的直径 5～10 mm 块状结构，疏松，极强度石灰反应，向下层波状突变过渡。

C：80～100 cm，淡黄橙色（10YR 8/3，干），浊黄橙色（10YR 6/3，润），5%岩石碎屑，砂土，单粒，极强度石灰反应。

上古山系代表性单个土体物理性质

土层	深度/cm	砾石 (>2 mm，体积分数)/%	细土颗粒组成(粒径：mm)/(g/kg)			质地	容重 /(g/cm^3)
			砂粒 2～0.05	粉粒 0.05～0.002	黏粒 <0.002		
Ap	0～12	0	230	578	192	粉砂壤土	1.35
AB	12～30	0	178	627	195	粉砂壤土	1.39
Bw1	30～58	2	185	623	192	粉砂壤土	1.20
Bw2	58～80	5	366	497	137	壤土	1.31
C	80～100	5	857	103	41	砂土	—

上古山系代表性单个土体化学性质

深度 /cm	pH	有机碳 /(g/kg)	全氮(N) /(g/kg)	全磷(P) /(g/kg)	全钾(K) /(g/kg)	CEC /[cmol(+)/kg]	$CaCO_3$ /(g/kg)	电导率(EC) /(dS/m)
0～12	8.7	7.9	0.81	0.74	22.5	6.9	138.5	0.6
12～30	8.6	5.0	0.57	0.68	22.5	6.0	146.4	0.6
30～58	8.6	3.2	0.34	0.68	22.4	5.3	143.7	1.0
58～80	8.5	2.4	0.22	0.65	20.9	3.7	133.2	1.7
80～100	8.7	2.0	0.21	0.67	21.7	3.4	119.2	0.8

9.9.21 苏家墩系（Sujiadun Series）

土 族：壤质混合型石灰性冷性-普通简育干润雏形土

拟定者：杨金玲，李德成

分布与环境条件 主要分布于金昌、武威、兰州、白银和定西等地市的山前及广阔的沿山滩地上，海拔 1900～2400 m；母质为黄土沉积物，草地，温带半湿润气候，年均日照时数 2600～3100 h，气温 0～6℃，降水量 300～400 mm，无霜期 110～130 d。

苏家墩系典型景观

土系特征与变幅 诊断层包括淡薄表层和雏形层，诊断特性包括冷性土壤温度状况、半干润土壤水分状况和石灰性，具有盐积现象。土体厚度小于 1 m，淡薄表层厚度 10～20 cm；矿质土表以下 25～50 cm 开始出埋藏表层；盐积现象上界出现在矿质土表以下 50～75 cm，具有盐积现象土层厚度 50～75 cm。通体为粉砂壤土。电导率 0.5～14.9 dS/m；碳酸钙相当物含量 100～150 g/kg，极强度石灰反应，土壤 pH 8.0～9.0。

对比土系 半截沟系、老窑村系、钱家山系、三岔村系和上古山系，同一土族，但这些土系均无埋藏表层，且半截沟系同时具有钙积现象和盐积现象，钱家山系和三岔村系具有钙积现象；上古山系无盐积现象。

利用性能综述 土体深厚，养分含量较低，自然植被覆盖度高。由于地形坡度较大，土壤质地疏松，易于发生水土流失，不适于开发和耕种利用。目前多为放牧地，须合理轮牧保护草地，防止土壤沙化和草场退化。

参比土种 灰白土。

代表性单个土体 位于甘肃省武威市古浪县古浪镇苏家墩，37°27′37.036″N，102°54′05.873″E，山前丘陵，海拔 2043 m，母质为黄土沉积物，草地，植被覆盖度 70%～80%，50 cm 深度年均土温为 4.9℃。调查时间 2015 年 7 月，编号 62-060。

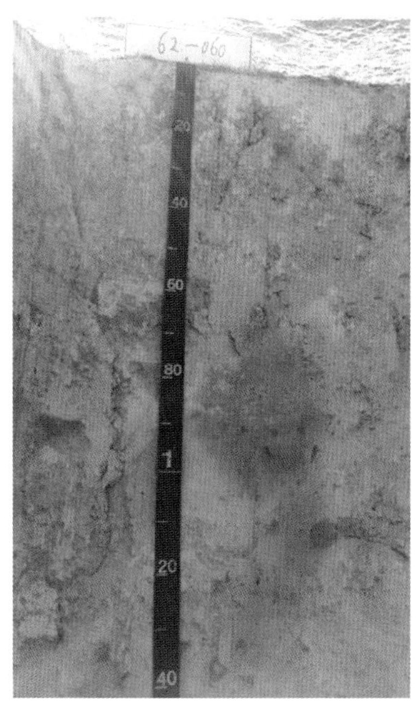

苏家墩系代表性单个土体剖面

Ah：0～15 cm，浊黄橙色（10YR 7/3，干），浊黄棕色（10YR 5/4，润），粉砂壤土，发育中等的直径<5 mm 块状结构，稍坚实，中量草被根系，极强度石灰反应，向下层平滑清晰过渡。

Bw：15～37 cm，浊黄橙色（10YR 7/3，干），浊黄棕色（10YR 5/4，润），粉砂壤土，发育中等的直径 5～10 mm 块状结构，疏松，少量草被根系，<2%白色碳酸钙粉末，极强度石灰反应，向下层平滑清晰过渡。

Ab：37～71 cm，浊黄橙色（10YR 7/3，干），浊黄棕色（10YR 5/4，润），粉砂壤土，发育弱的直径 10～20 mm 块状结构，疏松，极少量草被根系，<2%白色碳酸钙粉末，极强度石灰反应，向下层平滑清晰过渡。

Bbz1：71～110 cm，浊黄橙色（10YR 7/3，干），浊黄棕色（10YR 5/4，润），粉砂壤土，发育弱的直径 10～20 mm 块状结构，稍坚实，<2%白色碳酸钙粉末，极强度石灰反应，向下层平滑清晰过渡。

Bbz2：110～140cm，浊黄橙色（10YR 7/3，干），浊黄棕色（10YR 5/4，润），粉砂壤土，直径 5～10 mm 块状结构，稍坚实，<2%白色碳酸钙粉末，极强度石灰反应。

苏家墩系代表性单个土体物理性质

土层	深度/cm	砾石(>2 mm，体积分数)/%	细土颗粒组成(粒径：mm)/(g/kg)			质地	容重/(g/cm^3)
			砂粒 2～0.05	粉粒 0.05～0.002	黏粒 <0.002		
Ah	0～15	0	288	564	148	粉砂壤土	1.37
Bw	15～37	0	263	572	165	粉砂壤土	1.13
Ab	37～71	0	280	566	153	粉砂壤土	1.07
Bbz1	71～110	0	279	566	155	粉砂壤土	1.22
Bbz2	110～140	0	236	595	169	粉砂壤土	1.20

苏家墩系代表性单个土体化学性质

深度/cm	pH	有机碳/(g/kg)	全氮(N)/(g/kg)	全磷(P)/(g/kg)	全钾(K)/(g/kg)	CEC/[cmol(+)/kg]	$CaCO_3$/(g/kg)	电导率(EC)/(dS/m)
0～15	8.7	5.6	0.63	0.68	22.9	6.0	121.3	0.6
15～37	8.8	5.9	0.59	0.64	22.9	6.8	122.8	0.5
37～71	8.7	7.5	0.54	0.66	22.7	6.3	117.6	2.8
71～110	8.7	3.5	0.35	0.65	23.6	5.2	113.2	4.7
110～140	8.7	3.7	0.41	0.66	23.9	5.1	113.5	7.5

9.9.22 大草滩系（Dacaotan Series）

土 族：壤质混合型石灰性温性-普通简育干润雏形土

拟定者：杨金玲，宋效东

分布与环境条件 主要分布于兰州、白银和定西地区缓坡无灌溉条件的地带，黄土高原梁峁坡地，海拔 1900～2300 m，母质为黄土沉积物，旱地，温带半湿润气候，年均日照时数 2000～2400 h，气温 6～9℃，降水量 350～500 mm，无霜期 150～170 d。

大草滩系典型景观

土系特征与变幅 诊断层包括淡薄表层和雏形层，诊断特性包括温性土壤温度状况、半干润土壤水分状况和石灰性，具有盐积现象。土体厚度 1 m 以上，淡薄表层厚度 5～10 cm；盐积现象上界出现在矿质土表以下 75～100 cm，具有盐积现象土层厚度 25～50 cm。通体为粉砂壤土。电导率为 0.2～14.9 dS/m；碳酸钙相当物含量 100～150 g/kg，极强度石灰反应，土壤 pH 8.0～9.0。

对比土系 豆家坪系、凤翔系、甘草店系、红岘系、黄峪系、贾岔村系、碱泉子系、咀头系、刘旗村系、上川系、上古村系、十八里系、石圈系、水泉崖系和徐顶系，同一土族，但碱泉子系母质为洪-冲积物，刘旗村系母质为冲积物；贾岔村系、刘旗村系、十八里系和徐顶系无盐积现象；豆家坪系、凤翔系和上古村系无钙积现象和盐积现象；贾岔村系、刘旗村系、十八里系和徐顶系具有钙积现象；甘草店系、红岘系、碱泉子系、咀头系和水泉崖系同时具有盐积现象和钙积现象；上川系具有盐积层；黄峪系淡薄表层厚度 20～40 cm，矿质土表以下 25～50 cm 开始出现盐积现象；石圈系矿质土表具有土壤物理结皮和生物结皮，淡薄表层厚度 10～20 cm，矿质土表及土表以下 25～50 cm 开始出现盐积现象，具有盐积现象土层厚度大于 100 cm。

利用性能综述 缓坡梯田，旱地，土体深厚，养分含量较高，质地适中，疏松绵软，通透性好，易耕作。但因黄土母质抗水蚀性差，坡度较大，极易于发生水土流失。利用改良上：第一，加强田间管理，要重视平田整地，修埂培肥，沿等高线开沟种植，减少地面径流，防止水土流失。第二，增施有机肥料，秸秆还田，绿肥压青，改善土壤结构，提高土壤有机质含量；同时重视氮磷化肥的施用，增加作物产量。第三，对坡度大的陡坡地应退耕种草，发展畜牧业。

参比土种 旱地灰白土。

代表性单个土体 位于甘肃省定西市漳县大草滩镇王屋村，34°49′19.766″N，104°15′56.962″E，黄土高原梁峁陡坡中下部，海拔 2129 m，母质为黄土沉积物，缓坡梯田，旱地，50 cm 深度年均土温 9.0℃，调查时间 2015 年 7 月，编号 62-032。

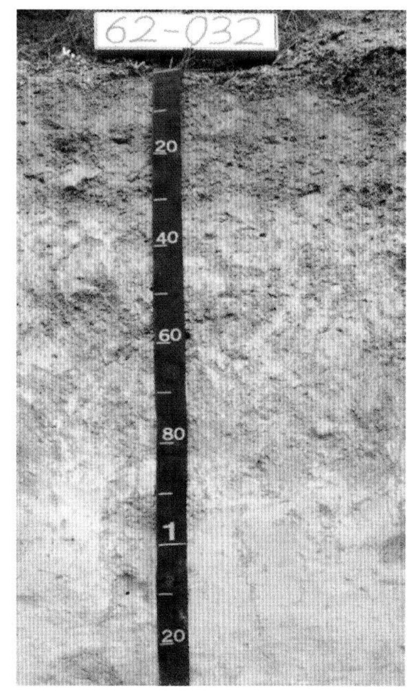

大草滩系代表性单个土体剖面

Ah：0～7 cm，浊黄橙色（10YR 6/3，干），浊黄棕色（10YR 4/3，润），粉砂壤土，发育强的粒状结构，极疏松，多量草被根系，极强度石灰反应，向下层平滑清晰过渡。

AB：7～30 cm，浊黄橙色（10YR 7/3，干），浊黄棕色（10YR 5/3，润），5%岩石碎屑，粉砂壤土，发育强的粒状和直径<5 mm 块状结构，疏松，多量草被根系，极强度石灰反应，向下层平滑清晰过渡。

Bw：30～80 cm，淡黄橙色（10YR 8/3，干），浊黄橙色（10YR 6/3，润），粉砂壤土，发育中等的直径 10～20 mm 块状结构，稍坚实，极强度石灰反应，向下层平滑清晰过渡。

Bz：80～130 cm，橙白色（10YR 8/2，干），灰黄棕色（10YR 6/2，润），粉砂壤土，发育弱的直径 20～50 mm 块状结构，稍坚实，极强度石灰反应。

大草滩系代表性单个土体物理性质

土层	深度/cm	砾石(>2 mm，体积分数)/%	细土颗粒组成(粒径：mm)/(g/kg)			质地	容重/(g/cm^3)
			砂粒 2～0.05	粉粒 0.05～0.002	黏粒 <0.002		
Ah	0～7	0	146	594	260	粉砂壤土	1.10
AB	7～30	5	147	600	253	粉砂壤土	1.20
Bw	30～80	0	214	603	183	粉砂壤土	1.26
Bz	80～130	0	207	619	174	粉砂壤土	1.28

大草滩系代表性单个土体化学性质

深度/cm	pH	有机碳/(g/kg)	全氮(N)/(g/kg)	全磷(P)/(g/kg)	全钾(K)/(g/kg)	CEC/[cmol(+)/kg]	$CaCO_3$/(g/kg)	电导率(EC)/(dS/m)
0～7	8.6	17.0	1.59	0.68	22.2	12.3	110.2	0.4
7～30	8.7	16.7	1.67	0.70	21.5	12.1	111.4	0.4
30～80	8.5	7.4	0.83	0.65	21.8	8.1	122.7	1.7
80～130	8.7	2.7	0.29	0.64	22.5	5.0	140.2	3.7

9.9.23 豆家坪系（Doujiaping Series）

土　族：壤质混合型石灰性温性-普通简育干润雏形土

拟定者：杨金玲，宋效东

分布与环境条件 主要分布于六盘山以西定西地区的梁峁，海拔 1000～2000 m，成土母质黄土沉积物，旱地，温带半湿润气候，年均日照时数 2000～2400 h，气温 6～9℃，降水量 400～600 mm，无霜期 150～170 d。

豆家坪系典型景观

土系特征与变幅 诊断层包括淡薄表层和雏形层，诊断特性包括半干润土壤水分状况、温性土壤温度状况和石灰性。土体厚度 1 m 以上；淡薄表层厚度 20～40 cm；矿质土表以下 75～100 cm 开始出现埋藏表层。通体为粉砂壤土。碳酸钙相当物含量 100～150 g/kg，强度石灰反应，土壤 pH 8.0～9.0。

对比土系 大草滩系、凤翔系、甘草店系、红岘系、黄峪系、贾岔村系、碱泉子系、咀头系、刘旗村系、上川系、上古村系、十八里系、石圈系、水泉崖系和徐顶系，同一土族，但这些土系均无埋藏土层，且碱泉子系母质为洪-冲积物，刘旗村系母质为冲积物；大草滩系、黄峪系和石圈系具有盐积现象；贾岔村系、刘旗村系、十八里系和徐顶系具有钙积现象；甘草店系、红岘系、碱泉子系、咀头系和水泉崖系同时具有盐积现象和钙积现象；上川系具有盐积层；凤翔系和上古村系淡薄表层厚度 10～20 cm。

利用性能综述 旱地，土体较深厚，养分状况一般，无障碍层次，质地适中，土性柔和，结构良好，耕性好，宜耕期长，适种性广。利用改良上，第一，加强田间管理，要重视平田整地，修埂培肥，沿等高线开沟种植，减少地面径流，防止水土流失。第二，应运用抗旱耕作技术，特别在秋季多雨时，进行深耕耙磨保墒。第三，增施有机肥料，秸秆还田，绿肥压青，改善土壤结构，提高土壤有机质含量。第四，增施氮肥，重施磷肥，施用锌、硼等微量元素肥料，增加作物产量。第五，对坡度大于 25°陡坡地应退耕种草，发展畜牧业。

参比土种 覆盖黑麻土。

代表性单个土体　位于甘肃省定西市漳县豆家坪村，34°50′00.543″N，104°28′39.715″E，黄土丘陵，海拔 1848 m，母质为黄土沉积物，旱地，50 cm 深度年均土温为 9.8℃，调查时间 2015 年 7 月，编号 62-028。

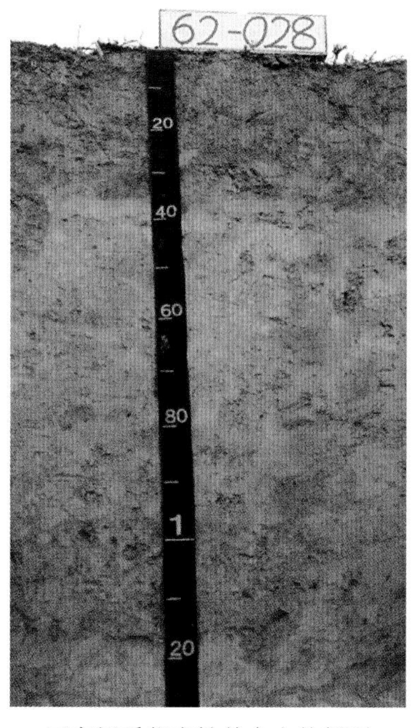

豆家坪系代表性单个土体剖面

Ap1：0～22 cm，浊黄橙色（10YR 6/3，干），浊黄棕色（10YR 4/3，润），粉砂壤土，发育中等的粒状和直径<5 mm 块状结构，极疏松，极强度石灰反应，向下层平滑清晰过渡。

Ap2：22～35 cm，浊黄橙色（10YR 6/3，干），浊黄棕色（10YR 4/3，润），粉砂壤土，发育中等的直径 5～10 mm 块状结构，疏松，极强度石灰反应，向下层平滑突变过渡。

Bw1：35～78 cm，淡黄橙色（10YR 8/3，干），浊黄橙色（10YR 6/3，润），粉砂壤土，发育中等的直径 10～20 mm 块状结构，疏松，极强度石灰反应，向下层平滑清晰过渡。

Bw2：78～95 cm，淡黄橙色（10YR 7/4，干），浊黄棕色（10YR 5/4，润），粉砂壤土，发育中等的直径 10～20 mm 块状结构，稍坚实，极强度石灰反应，向下层平滑突变过渡。

Ab：95～115 cm，浊黄橙色（10YR 7/3，干），浊黄棕色（10YR 5/3，润），粉砂壤土，发育中等的直径 20～50 mm 块状结构，稍坚实，2%炭屑和砖块，极强度石灰反应，向下层平滑突变过渡。

Bb：115～130 cm，淡黄橙色（10YR 7/4，干），浊黄棕色（10YR 5/4，润），粉砂壤土，发育中等的直径 10～20 mm 块状结构，稍坚实，极强度石灰反应。

豆家坪系代表性单个土体物理性质

土层	深度/cm	砾石 (>2 mm，体积分数)/%	细土颗粒组成(粒径：mm)/(g/kg)			质地	容重 /(g/cm^3)
			砂粒 2～0.05	粉粒 0.05～0.002	黏粒 <0.002		
Ap1	0～22	0	190	629	181	粉砂壤土	1.14
Ap2	22～35	0	202	624	174	粉砂壤土	1.18
Bw1	35～78	0	200	626	174	粉砂壤土	1.19
Bw2	78～95	0	214	621	166	粉砂壤土	1.22
Ab	95～115	0	218	609	172	粉砂壤土	1.31
Bb	115～130	0	212	620	168	粉砂壤土	1.20

豆家坪系代表性单个土体化学性质

深度/cm	pH	有机碳 /(g/kg)	全氮(N) /(g/kg)	全磷(P) /(g/kg)	全钾(K) /(g/kg)	CEC /[cmol(+)/kg]	$CaCO_3$ /(g/kg)	电导率(EC) /(dS/m)
0～22	8.7	6.0	0.69	0.90	22.5	6.2	127.7	0.4
22～35	8.6	4.6	0.51	0.78	22.8	5.6	128.7	0.3
35～78	8.7	4.7	0.52	0.77	22.7	5.9	132.6	0.4
78～95	9.0	4.7	0.56	0.84	23.2	5.8	127.9	0.5
95～115	8.9	5.5	0.64	0.86	22.1	6.1	121.4	0.8
115～130	8.5	4.3	0.51	0.81	21.8	5.7	123.4	0.3

9.9.24 凤翔系（Fengxiang Series）

土 族：壤质混合型石灰性温性-普通简育干润雏形土

拟定者：杨金玲，刘峰

分布与环境条件 主要分布于六盘山以西，定西地区和临夏州各县市，黄土高原梁峁坡地，海拔 1700～2100 m，母质为黄土沉积物，旱地，温带半湿润气候，年均日照时数 2100～2500 h，气温 6～9℃，降水量 400～600 mm，无霜期 140～180 d。

凤翔系典型景观

土系特征与变幅 诊断层包括淡薄表层和雏形层，诊断特性包括温性土壤温度状况、半干润土壤水分状况和石灰性。土体厚度 1 m 以上，淡薄表层厚度 10～20 cm。通体为粉砂壤土。碳酸钙相当物含量 100～200 g/kg，极强度石灰反应，土壤 pH 8.0～9.0。

对比土系 大草滩系、豆家坪系、甘草店系、红岘系、黄峪系、贾岔村系、碱泉子系、咀头系、刘旗村系、上川系、上古村系、十八里系、石圈系、水泉崖系和徐顶系，同一土族，但碱泉子系母质为洪-冲积物，刘旗村系母质为冲积物；大草滩系、黄峪系和石圈系具有盐积现象；贾岔村系、刘旗村系、十八里系和徐顶系具有钙积现象；甘草店系、红岘系、碱泉子系、咀头系和水泉崖系同时具有盐积现象和钙积现象；上川系具有盐积层；豆家坪系淡薄表层厚度 20～40 cm，且矿质土表以下 75～100 cm 开始出现埋藏表层；上古村系 1 m 以下出现砾石层。

利用性能综述 梯田旱地，土体深厚，土壤养分含量很低，土质绵软、疏松，土性柔和，耕性好，适耕期长，适种性强。由于山坡土质较松，漏水、漏肥、抗旱性差，水土流失严重。利用改良上：第一，加强田间管理，要修埂培肥，修建梯田，推广水土保持种植法，蓄水保土，加快建设基本农田，防止水土流失。第二，增施有机肥料，秸秆还田，绿肥压青，改善土壤结构，提高土壤有机质含量；同时重视氮磷化肥的施用，增加作物产量。第三，坡度较大、水土流失严重的坡耕地应还林种草，发展林草，适度发展牧业。

参比土种 薄麻土。

代表性单个土体　位于甘肃省定西市安定区凤翔镇榆河村，35°32′27.520″N，104°39′41.327″E，黄土高原梁峁中坡中下部，海拔 1924 m，母质为黄土沉积物，梯田旱地，50 cm 深度年均土温 9.0℃，调查时间 2015 年 7 月，编号 62-040。

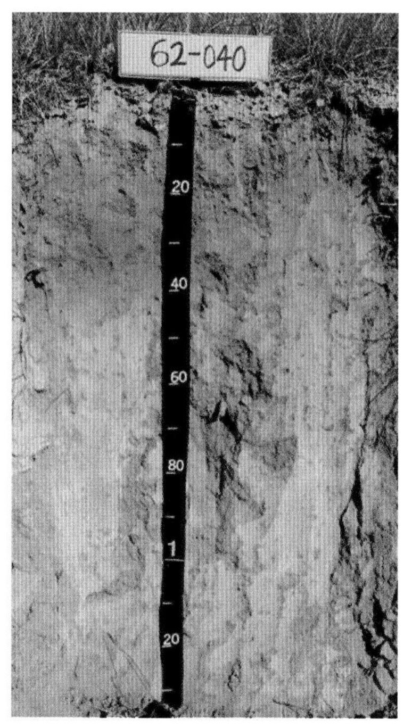

凤翔系代表性单个土体剖面

Ap：0～18 cm，浊黄橙色（10YR 6/3，干），浊黄棕色（10YR 4/3，润），粉砂壤土，发育中等的粒状结构和直径<5 mm 块状结构，松散，中量中细根，极强度石灰反应，向下层平滑清晰过渡。

AB：18～33 cm，浊黄橙色（10YR 6/3，干），浊黄棕色（10YR 4/3，润），粉砂壤土，发育中等的直径<5 mm 块状结构，稍坚实，少量细根，极强度石灰反应，向下层波状清晰过渡。

Bw1：33～68 cm，浊黄橙色（10YR 7/3，干），浊黄棕色（10YR 5/3，润），粉砂壤土，发育弱的直径 5～10 mm 块状结构，稍坚实，少量细根，极强度石灰反应，向下层平滑渐变过渡。

Bw2：68～105 cm，浊黄橙色（10YR 7/3，干），浊黄棕色（10YR 5/3，润），粉砂壤土，发育弱的直径 10～20 mm 块状结构，稍坚实，极强度石灰反应，向下层平滑渐变过渡。

Bw3：105～120 cm，浊黄橙色（10YR 7/3，干），浊黄棕色（10YR 5/3，润），粉砂壤土，发育弱的直径<5 mm 块状结构，稍坚实，极强度石灰反应。

凤翔系代表性单个土体物理性质

土层	深度/cm	砾石(>2 mm，体积分数)/%	细土颗粒组成(粒径：mm)/(g/kg)			质地	容重/(g/cm^3)
			砂粒 2～0.05	粉粒 0.05～0.002	黏粒 <0.002		
Ap	0～18	0	193	627	179	粉砂壤土	1.07
AB	18～33	0	177	638	185	粉砂壤土	1.35
Bw1	33～68	0	174	635	191	粉砂壤土	1.25
Bw2	68～105	0	186	602	212	粉砂壤土	1.29
Bw3	105～120	0	186	583	231	粉砂壤土	1.30

凤翔系代表性单个土体化学性质

深度/cm	pH	有机碳/(g/kg)	全氮(N)/(g/kg)	全磷(P)/(g/kg)	全钾(K)/(g/kg)	CEC/[cmol(+)/kg]	$CaCO_3$/(g/kg)	电导率(EC)/(dS/m)
0～18	8.7	4.5	0.56	0.87	20.9	5.8	134.5	0.3
18～33	8.7	4.8	0.59	0.76	21.2	6.3	149.0	0.4
33～68	8.5	4.9	0.62	0.74	21.2	7.0	161.2	0.4
68～105	8.6	3.0	0.37	0.69	21.8	5.6	147.5	0.4
105～120	8.7	2.7	0.32	0.66	21.3	5.2	143.5	0.8

9.9.25　甘草店系（Gancaodian Series）

土　族：壤质混合型石灰性温性-普通简育干润雏形土

拟定者：杨金玲，刘峰

分布与环境条件　主要分布于兰州市和定西地区，黄土高原阶地，海拔 1600～2000 m，母质为黄土沉积物，旱地，温带半干旱气候，年均日照时数 2300～2600 h，气温 6～9℃，降水量 300～420 mm，无霜期 150～180 d。

甘草店系典型景观

土系特征与变幅　诊断层包括淡薄表层和雏形层，诊断特性包括温性土壤温度状况、半干润土壤水分状况和石灰性，具有钙积现象和盐积现象。土体厚度 1 m 以上，淡薄表层厚度 20～40 cm；钙积现象上界出现在矿质土表以下 25～50 cm，具有钙积现象土层厚度 75～100 cm，有 2%～5%白色碳酸钙粉末或假菌丝体；盐积现象上界出现在矿质土表以下 75～100 cm，具有盐积现象土层厚度 50～75 cm。层次质地构型为粉砂壤土-壤土。电导率为 0.2～14.9 dS/m；碳酸钙相当物含量 100～150 g/kg，极强度石灰反应，土壤 pH 7.5～9.0。

对比土系　大草滩系、豆家坪系、凤翔系、红岘系、黄峪系、贾岔村系、碱泉子系、咀头系、刘旗村系、上川系、上古村系、十八里系、石圈系、水泉崖系和徐顶系，同一土族，但碱泉子系母质为洪-冲积物，刘旗村系母质为冲积物；大草滩系、黄峪系和石圈系无钙积现象；贾岔村系、刘旗村系、十八里系和徐顶系无盐积现象；豆家坪系、凤翔系和上古村系无钙积现象和盐积现象；上川系具有盐积层；红岘系矿质土表具有土壤物理结皮和生物结皮，淡薄表层厚度 5～10 cm，土体质地构型为砂质壤土-粉砂壤土；碱泉子系、咀头系和水泉崖系淡薄表层厚度 10～20 cm，通体为粉砂壤土。

利用性能综述　旱地，土体深厚，养分含量低，质地适中，疏松绵软，通透性好，易耕作。有灌溉条件，生产性能较好，在施肥管理水平好的情况下可获得较高的产量。但因黄土母质水稳定性结构差，抗蚀性差，坡度较大，极易于发生水土流失。利用改良上：第一，增施有机肥料，复种绿肥作物，实行粮草轮作，推广秸秆还田，绿肥压青，改善土壤结构，提高土壤有机质含量。第二，增施氮肥，重施磷肥，施用锌、硼等微量元素肥料，增加作物产量。第三，积极推广深耕、耙磨等一系列抗旱耕作技术。第四，对坡度较大的旱地应退耕种草，发展畜牧业。

参比土种 耕灌黄绵土。

代表性单个土体 位于甘肃省兰州市榆中县甘草店镇果园村，35°46′28.476″N，104°17′28.412″E，黄土高原一级阶地，海拔 1858 m，母质为黄土沉积物，旱地，50 cm 深度年均土温 9.4℃，调查时间 2015 年 7 月，编号 62-046。

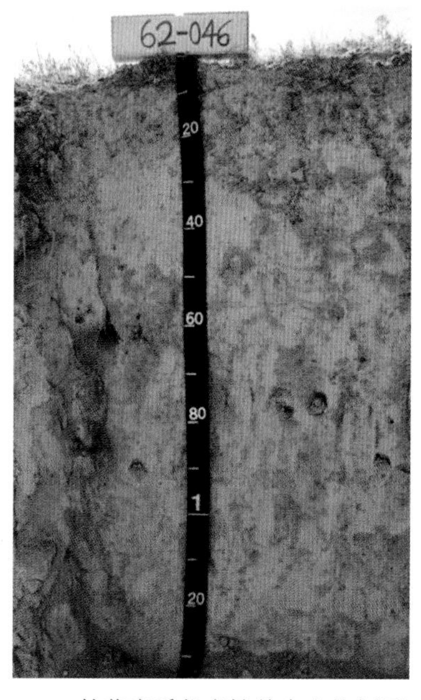

甘草店系代表性单个土体剖面

Ap：0～22 cm，浊黄橙色（10YR 7/3，干），浊黄棕色（10YR 5/4，润），粉砂壤土，发育强的粒状和直径<5 mm 块状结构，疏松，极强度石灰反应，向下层平滑清晰过渡。

AB：22～42 cm，浊黄橙色（10YR 7/3，干），浊黄棕色（10YR 5/4，润），粉砂壤土，发育强的直径 5～10 mm 块状结构，稍坚实，极强度石灰反应，向下层平滑清晰过渡。

Bk：42～80 cm，浊黄橙色（10YR 7/3，干），浊黄棕色（10YR 5/4，润），粉砂壤土，发育中等的直径 10～20 mm 块状结构，坚实，2%白色碳酸钙粉末，极强度石灰反应，向下层平滑清晰过渡。

Bkz1：80～110 cm，浊黄橙色（10YR 7/3，干），浊黄棕色（10YR 5/4，润），粉砂壤土，发育弱的直径 20～50 mm 块状结构，坚实，2%白色碳酸钙粉末，极强度石灰反应，向下层平滑清晰过渡。

Bkz2：110～130 cm，浊黄橙色（10YR 7/3，干），浊黄棕色（10YR 5/4，润），壤土，发育弱的直径 20～50 mm 块状结构，坚实，2%白色碳酸钙粉末，极强度石灰反应。

甘草店系代表性单个土体物理性质

土层	深度/cm	砾石(>2 mm，体积分数)/%	细土颗粒组成(粒径：mm)/(g/kg)			质地	容重/(g/cm^3)
			砂粒 2～0.05	粉粒 0.05～0.002	黏粒 <0.002		
Ap	0～22	0	164	650	187	粉砂壤土	1.13
AB	22～42	0	185	629	186	粉砂壤土	1.31
Bk	42～80	0	237	593	171	粉砂壤土	1.32
Bkz1	80～110	0	340	510	150	粉砂壤土	1.31
Bkz2	110～130	0	387	480	133	壤土	1.40

甘草店系代表性单个土体化学性质

深度/cm	pH	有机碳/(g/kg)	全氮(N)/(g/kg)	全磷(P)/(g/kg)	全钾(K)/(g/kg)	CEC/[cmol(+)/kg]	$CaCO_3$/(g/kg)	电导率(EC)/(dS/m)
0～22	8.8	6.8	0.73	0.77	21.8	6.4	114.1	0.4
22～42	9.0	4.6	0.55	0.73	22.0	5.7	101.0	0.8
42～80	8.3	4.4	0.54	0.68	21.8	5.8	115.6	2.3
80～110	7.9	4.0	0.46	0.67	20.4	4.4	111.1	6.8
110～130	8.5	3.4	0.40	0.60	20.9	5.0	108.9	3.0

9.9.26 红岘系（Hongxian Series）

土　族：壤质混合型石灰性温性-普通简育干润雏形土
拟定者：杨金玲，赵玉国，吴华勇

分布与环境条件　主要分布于兰州市榆中县和七里河区的黄峪一带低山丘陵区，海拔1200～1600 m，母质为黄土沉积物，草地，温带半干旱气候，年均日照时数2300～2600 h，气温6～9℃，降水量200～400 mm，无霜期150～180 d。

红岘系典型景观

土系特征与变幅　诊断层包括淡薄表层和雏形层，诊断特性包括温性土壤温度状况、半干润土壤水分状况和石灰性，具有钙积现象和盐积现象。矿质土表具有土壤物理结皮和生物结皮，土体厚度1 m以上，淡薄表层厚度5～10 cm；钙积现象上界出现在矿质土表以下5～15 cm，具有钙积现象土层厚度15～25 cm；盐积现象上界出现在矿质土表以下25～50 cm，具有盐积现象土层厚度75～100 cm。土体质地构型为砂质壤土-粉砂壤土。电导率为1.0～14.9 dS/m；碳酸钙相当物含量100～150 g/kg，极强度石灰反应，土壤pH 8.0～9.0。

对比土系　大草滩系、豆家坪系、凤翔系、甘草店系、黄峪系、贾岔村系、碱泉子系、咀头系、刘旗村系、上川系、上古村系、十八里系、石圈系、水泉崖系和徐顶系，同一土族，但碱泉子系母质为洪-冲积物，刘旗村系母质为冲积物；大草滩系、黄峪系和石圈系无钙积现象；贾岔村系、刘旗村系、十八里系和徐顶系无盐积现象；豆家坪系、凤翔系和上古村系无钙积现象和盐积现象；上川系具有盐积层；甘草店系、碱泉子系、咀头系和水泉崖系无物理结皮和生物结皮，且甘草店系淡薄表层厚度20～40 cm，层次质地构型为粉砂壤土-壤土；咀头系和水泉崖系淡薄表层厚度10～20 cm，通体为粉砂壤土。

利用性能综述　草地，荒漠化比较明显，土壤发育微弱，养分含量很低。自然植被稀疏，黄土母质水稳定性结构差，遇水土粒易分散，抗蚀性差，坡度较大，极易发生水土流失。利用改良上：限制放牧，封山育草，实行轮放，并保护天然草场，恢复其再生能力。加强水土保持，采取工程措施与生物措施相结合，治坡与治沟相结合等，控制水土流失，提高土体质量，防止风蚀、水蚀，分片治理，发挥其生态环境效应，改变荒山秃岭的景观。

参比土种　剥皮黑麻土。

代表性单个土体　位于甘肃省兰州市榆中县青城镇红岘村，36°25′14.943″N，104°13′18.869″E，黄土高原，海拔 1466 m，母质为黄土沉积物，荒漠化较明显，植被覆盖度 20%～25%，50 cm 深度年均土温 10.3℃，调查时间 2015 年 7 月，编号 62-052。

Ac：+2～0 cm，生物结皮和物理结皮。

Az：0～5 cm，淡黄橙色（10YR 8/3，干），浊黄棕色（10YR 5/4，润），5%岩石碎屑，砂质壤土，发育中等的直径 5～10 mm 块状结构，稍坚实，少量草被根系，极强度石灰反应，向下层平滑清晰过渡。

Bk：5～26 cm，淡黄橙色（10YR 8/3，干），浊黄棕色（10YR 5/4，润），5%岩石碎屑，粉砂壤土，发育弱的直径 20～50 mm 块状结构，疏松，少量草被根系，极强度石灰反应，向下层平滑清晰过渡。

Bz1：26～39 cm，淡黄橙色（10YR 7/3，干），浊黄棕色（10YR 5/3，润），粉砂壤土，发育弱的直径 10～20 mm 块状结构，稍坚实，极少量草被根系，<2%白色碳酸钙粉末，极强度石灰反应，向下层平滑清晰过渡。

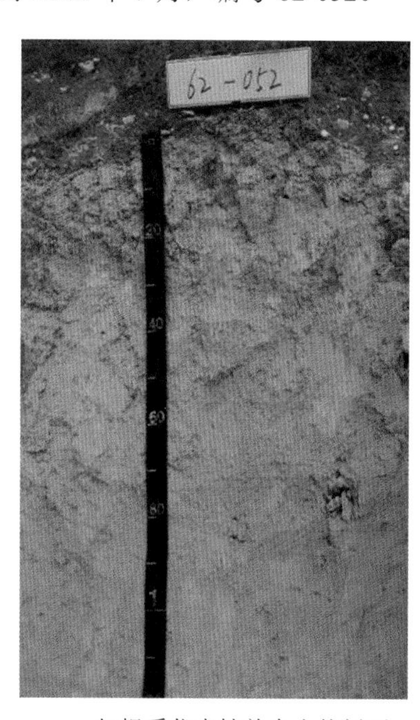

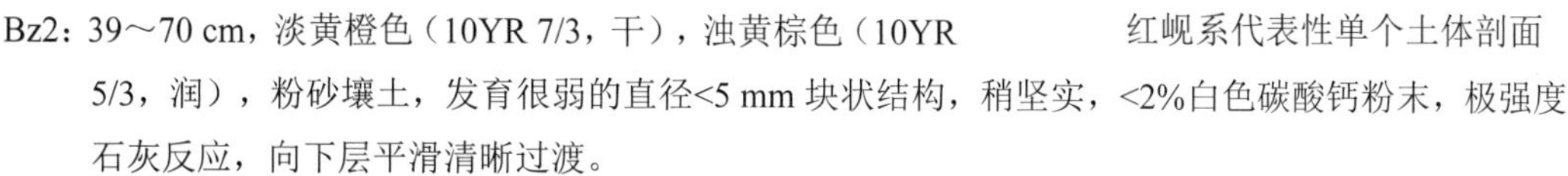

Bz2：39～70 cm，淡黄橙色（10YR 7/3，干），浊黄棕色（10YR 5/3，润），粉砂壤土，发育很弱的直径<5 mm 块状结构，稍坚实，<2%白色碳酸钙粉末，极强度石灰反应，向下层平滑清晰过渡。

红岘系代表性单个土体剖面

Cz：70～120 cm，淡黄橙色（10YR 8/3，干），浊黄橙色（10YR 6/3，润），粉砂壤土，单粒，<2%白色碳酸钙粉末，极强度石灰反应。

红岘系代表性单个土体物理性质

土层	深度/cm	砾石(>2 mm，体积分数)/%	细土颗粒组成(粒径：mm)/(g/kg)			质地	容重/(g/cm^3)
			砂粒 2～0.05	粉粒 0.05～0.002	黏粒 ＜0.002		
Az	0～5	5	574	333	92	砂质壤土	1.16
Bk	5～26	5	239	600	161	粉砂壤土	1.17
Bz1	26～39	0	288	569	143	粉砂壤土	1.23
Bz2	39～70	0	285	571	144	粉砂壤土	1.32
Cz	70～120	0	363	517	119	粉砂壤土	1.26

红岘系代表性单个土体化学性质

深度/cm	pH	有机碳/(g/kg)	全氮(N)/(g/kg)	全磷(P)/(g/kg)	全钾(K)/(g/kg)	CEC/[cmol(+)/kg]	$CaCO_3$/(g/kg)	电导率(EC)/(dS/m)
0～5	8.8	7.8	0.78	0.63	21.4	5.7	100.8	3.5
5～26	9.0	4.1	0.49	0.51	20.6	5.2	149.2	1.9
26～39	8.1	2.6	0.29	0.48	20.2	4.9	133.8	5.9
39～70	8.1	2.2	0.27	0.55	20.5	4.9	119.4	6.3
70～120	8.3	1.7	0.17	0.64	20.1	4.2	118.3	5.6

9.9.27 黄峪系（Huangyu Series）

土 族：壤质混合型石灰性温性-普通简育干润雏形土

拟定者：杨金玲，宋效东

分布与环境条件 主要分布于兰州和白银地区各县市，黄土高原梁峁坡地，海拔 1400～1800 m，母质为黄土沉积物，旱地套作园地，温带半干旱气候，年均日照时数 2300～2600 h，气温 6～9℃，降水量 200～400 mm，无霜期 150～180 d。

黄峪系典型景观

土系特征与变幅 诊断层包括淡薄表层和雏形层，诊断特性包括温性土壤温度状况、半干润土壤水分状况和石灰性，具有盐积现象。土体厚度 1 m 以上，淡薄表层厚度 20～40 cm；盐积现象上界出现在矿质土表以下 25～50 cm，具有盐积现象土层厚度 50～75 cm。通体为粉砂壤土。电导率 0.5～14.9 dS/m；碳酸钙相当物含量 100～150 g/kg，极强度石灰反应，土壤 pH 7.5～9.5。

对比土系 大草滩系、豆家坪系、凤翔系、甘草店系、红岘系、贾岔村系、碱泉子系、咀头系、刘旗村系、上川系、上古村系、十八里系、石圈系、水泉崖系和徐顶系，同一土族，但碱泉子系母质为洪-冲积物，刘旗村系母质为冲积物；贾岔村系、刘旗村系、十八里系和徐顶系无盐积现象；豆家坪系、凤翔系和上古村系无钙积现象和盐积现象；贾岔村系、刘旗村系、十八里系和徐顶系具有钙积现象；甘草店系、红岘系、碱泉子系、咀头系和水泉崖系同时具有盐积现象和钙积现象；上川系具有盐积层；大草滩系淡薄表层厚度 5～10 cm；矿质土表以下 75～100 cm 开始出现盐积现象；石圈系矿质土表具有土壤物理结皮和生物结矿质皮，淡薄表层厚度 10～20 cm，具有盐积现象土层厚度大于 100 cm。

利用性能综述 梯田旱地，土体深厚，养分含量较低，质地适中，结构良好，通透性强，易耕作。但因黄土母质水稳定性结构差，抗蚀性差，坡度较大，极易于发生水土流失。利用改良上：第一，应运用深耕、耙磨、镇压、中耕等一系列传统抗旱耕作技术，特别在秋季多雨时，进行深耕耙磨保墒。第二，增施有机肥料，复种绿肥作物，实行粮草轮作，推广秸秆还田，绿肥压青，改善土壤结构，提高土壤有机质含量。第三，增施氮肥，重施磷肥，施用锌、硼等微量元素肥料，增加作物产量。第四，对坡度较大的旱地应退耕种草，发展畜牧业。

参比土种　梯黄绵土。

代表性单个土体　位于甘肃省兰州市七里河区黄峪乡王官营村，36°01′38.924″N，103°43′15.885″E，黄土高原梁峁中坡中下部，海拔 1667 m，母质为黄土沉积物，旱地套作园地，50 cm 深度年均土温 11.3℃，调查时间 2015 年 7 月，编号 62-049。

黄峪系代表性单个土体剖面

Ap：0～22 cm，浊黄橙色（10YR 7/3，干），浊黄棕色（10YR 5/3，润），粉砂壤土，发育强的粒状和直径<5 mm 块状结构，极疏松，极强度石灰反应，向下层平滑清晰过渡。

AB：22～39 cm，浊黄橙色（10YR 7/3，干），浊黄棕色（10YR 5/3，润），粉砂壤土，发育强的直径 5～10 mm 块状结构，疏松，极强度石灰反应，向下层平滑清晰过渡。

Bz：39～111 cm，浊黄橙色（10YR 7/3，干），浊黄棕色（10YR 5/3，润），粉砂壤土，发育中等的直径 20～50 mm 块状结构，坚实，极强度石灰反应，向下层波状渐变过渡。

Bw：111～150 cm，浊黄橙色（10YR 7/3，干），浊黄棕色（10YR 5/3，润），粉砂壤土，发育弱的直径 20～50 mm 块状结构，稍坚实，极强度石灰反应。

黄峪系代表性单个土体物理性质

土层	深度 /cm	砾石 (>2 mm，体积分数)/%	细土颗粒组成(粒径：mm)/(g/kg)			质地	容重 /(g/cm³)
			砂粒 2～0.05	粉粒 0.05～0.002	黏粒 <0.002		
Ap	0～22	0	287	571	142	粉砂壤土	0.88
AB	22～39	0	274	591	135	粉砂壤土	1.05
Bz	39～111	0	206	625	168	粉砂壤土	1.38
Bw	111～150	0	235	612	153	粉砂壤土	1.36

黄峪系代表性单个土体化学性质

深度 /cm	pH	有机碳 /(g/kg)	全氮(N) /(g/kg)	全磷(P) /(g/kg)	全钾(K) /(g/kg)	CEC /[cmol(+)/kg]	$CaCO_3$ /(g/kg)	电导率(EC) /(dS/m)
0～22	8.8	8.0	0.81	0.85	20.3	5.7	109.9	0.7
22～39	9.1	4.8	0.49	0.75	21.5	4.8	120.7	0.7
39～111	7.6	4.4	0.40	0.71	20.7	5.2	118.8	6.5
111～150	8.5	3.6	0.45	0.77	21.4	5.3	128.5	2.3

9.9.28 贾岔村系（Jiachacun Series）

土 族：壤质混合型石灰性温性-普通简育干润雏形土

拟定者：杨金玲，刘峰

分布与环境条件 主要分布于平凉、天水、兰州等地市及庆阳地区环县洪德以南、白银市南部等水土流失严重的黄土丘陵的梁峁、山坡及切割黄土残塬的塬边上，海拔 1000～2000 m，母质为黄土沉积物，旱地，温带半湿润气候，年均日照时数 1800～2200 h，气温 6～9℃，降水量 400～550 mm，无霜期 170～200 d。

贾岔村系典型景观

土系特征与变幅 诊断层包括淡薄表层和雏形层，诊断特性包括半干润土壤水分状况、温性土壤温度状况和石灰性，具有钙积现象。土体厚度 1 m 以上；淡薄表层厚度 10～20 cm；钙积现象上界出现在矿质土表以下 10～25 cm，具有钙积现象土层厚度大于 100 cm。通体为粉砂壤土。碳酸钙相当物含量 100～150 g/kg，极强度石灰反应，土壤 pH 8.5～9.5。

对比土系 大草滩系、豆家坪系、凤翔系、甘草店系、红岘系、黄峪系、碱泉子系、咀头系、刘旗村系、上川系、上古村系、十八里系、石圈系、水泉崖系和徐顶系，同一土族，但碱泉子系母质为洪-冲积物，刘旗村系母质为冲积物；大草滩系、黄峪系和石圈系无钙积现象；豆家坪系、凤翔系和上古村系无钙积现象和盐积现象；甘草店系、红岘系、碱泉子系、咀头系和水泉崖系同时具有盐积现象和钙积现象；上川系具有盐积层；十八里系具有钙积现象土层厚度 15～25 cm；徐顶系矿质土表以下 50～75 cm 开始出现钙积现象，具有钙积现象土层厚度 25～50 cm。

利用性能综述 旱地，土体深厚，土壤养分含量很低，质地适中，疏松绵软，通透性强，无障碍层次，易耕作，宜耕期长，适种性广。但因黄土母质水稳定性结构差，抗蚀性差，坡度较大，极易于发生水土流失。因此，土壤肥力差，有机质含量低，氮磷均缺，属亟待改良的低产土壤。利用改良上：第一，加强田间管理，要重视平田整地，修埂培肥，沿等高线开沟种植，减少地面径流，防止水土流失。第二，增施有机肥料，秸秆还田，绿肥压青，改善土壤结构，提高土壤有机质含量；同时重视氮磷化肥的施用，增加作物产量。第三，对坡度大于 25°的陡坡地应退耕种草，发展畜牧业。

参比土种　梯黄绵土。

代表性单个土体　位于甘肃省天水市秦安县王铺乡贾岔村，35°06′08.533″N，104°25′06.619″E，高原山地，海拔 1663 m，母质为黄土沉积物，旱地，主要种植小麦、玉米或马铃薯，50 cm 深度年均土温为 9.7℃，调查时间 2015 年 7 月，编号 62-034。

贾岔村系代表性单个土体剖面

Ap：0～16 cm，浊黄橙色（10YR 6/3，干），浊黄棕色（10YR 4/3，润），粉砂壤土，发育中等的粒状和直径<5 mm 块状结构，疏松，少量细根，极强度石灰反应，向下层平滑清晰过渡。

Bk1：16～55 cm，浊黄橙色（10YR 7/4，干），浊黄棕色（10YR 5/4，润），粉砂壤土，发育中等的直径 5～10 mm 块状结构，疏松，少量中细根，结构体表面有 5%白色碳酸钙粉末，极强度石灰反应，向下层平滑清晰过渡。

Bk2：55～75 cm，浊黄橙色（10YR 7/4，干），浊黄棕色（10YR 5/4，润），粉砂壤土，发育弱的直径 10～20 mm 块状结构，疏松，少量中细根，结构体表面有 2%～5%白色碳酸钙粉末，极强度石灰反应，向下层平滑清晰过渡。

Bk3：75～120 cm，浊黄橙色（10YR 7/4，干），浊黄棕色（10YR 5/4，润），粉砂壤土，发育弱的直径 20～50 mm 块状结构，稍坚实，结构体表面有 2%～5%白色碳酸钙粉末，极强度石灰反应。

贾岔村系代表性单个土体物理性质

土层	深度/cm	砾石(>2 mm，体积分数)/%	细土颗粒组成(粒径：mm)/(g/kg)			质地	容重/(g/cm³)
			砂粒 2～0.05	粉粒 0.05～0.002	黏粒 <0.002		
Ap	0～16	0	185	645	170	粉砂壤土	1.15
Bk1	16～55	1	164	653	183	粉砂壤土	1.16
Bk2	55～75	0	148	668	183	粉砂壤土	1.18
Bk3	75～120	0	144	667	189	粉砂壤土	1.25

贾岔村系代表性单个土体化学性质

深度/cm	pH	有机碳/(g/kg)	全氮(N)/(g/kg)	全磷(P)/(g/kg)	全钾(K)/(g/kg)	CEC/[cmol(+)/kg]	$CaCO_3$/(g/kg)	电导率(EC)/(dS/m)
0～16	8.6	3.7	0.40	0.61	22.1	5.8	115.4	0.4
16～55	8.8	3.1	0.31	0.72	22.2	5.5	140.7	0.4
55～75	9.1	3.2	0.34	0.73	22.2	5.7	141.3	0.4
75～120	9.3	3.2	0.35	0.76	22.2	5.8	147.7	0.7

9.9.29 碱泉子系（Jianquanzi Series）

土 族：壤质混合型石灰性温性-普通简育干润雏形土

拟定者：杨金玲，李德成，张甘霖

分布与环境条件 主要分布于张掖地区的扇缘中下部，洪-冲积平原，海拔 1100～1500 m，母质为洪-冲积物，草地，温带半干旱气候，年均日照时数 3000～3300 h，气温 6～9℃，降水量 100～200 mm，无霜期 130～180 d。

碱泉子系典型景观

土系特征与变幅 诊断层包括淡薄表层和雏形层，诊断特性包括温性土壤温度状况、半干润土壤水分状况和石灰性，具有钙积现象和盐积现象。土体厚度 100～120 cm，之下为砾石层，淡薄表层厚度 10～20 cm；钙积现象上界出现在矿质土表以下 10～25 cm，具有钙积现象土层厚度 15～25 cm；盐积现象上界出现在矿质土表以下 10～25 cm，具有盐积现象土层厚度 75～100 cm。通体为粉砂壤土。电导率 1.0～14.9 dS/m；碳酸钙相当物含量 100～150 g/kg，极强度石灰反应，土壤 pH 7.5～8.5。

对比土系 大草滩系、豆家坪系、凤翔系、甘草店系、红岘系、黄峪系、贾岔村系、咀头系、刘旗村系、上川系、上古村系、十八里系、石圈系、水泉崖系和徐顶系，同一土族，但大草滩系、豆家坪系、凤翔系、甘草店系、红岘系、黄峪系、贾岔村系、咀头系、上川系、上古村系、十八里系、石圈系、水泉崖系和徐顶系母质为黄土沉积物，刘旗村系母质为冲积物；且大草滩系、黄峪系和石圈系无钙积现象；豆家坪系、凤翔系和上古村系无钙积现象和盐积现象；贾岔村系、刘旗村系、十八里系和徐顶系无盐积现象；上川系具有盐积层。

利用性能综述 草地，养分含量较低，自然植被覆盖度低，土壤质地疏松，由于水分限制不适于开发和耕种利用。目前多为放牧地，须合理轮牧保护草地，防止土壤沙化和草场退化。

参比土种　厚板土。

代表性单个土体　位于甘肃省张掖市高台县骆驼城乡碱泉子村西南，连霍高速北，黑子梁村北，39°18′490″N，99°42′124″E，海拔 1386 m，洪-冲积平原，母质为洪-冲积物，荒草地，植被覆盖度 30%～40%，50 cm 深度年均土温 9.9℃，调查时间 2012 年 8 月，编号 JL003。

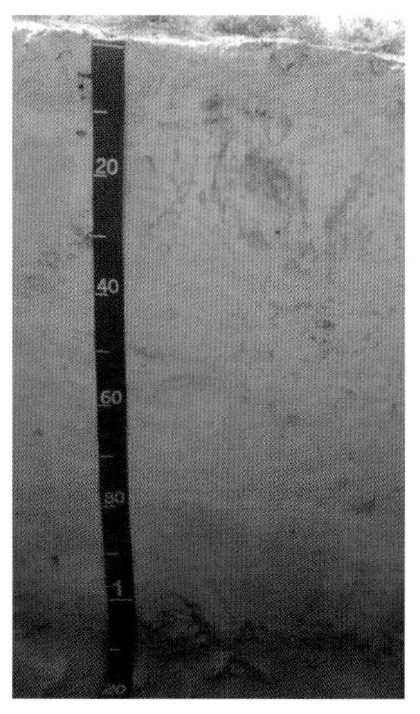

碱泉子系代表性单个土体剖面

Ah：0～10 cm，浊黄橙色（10YR 7/3，干），浊黄棕色（10YR 5/3，润），粉砂壤土，发育弱的粒状和直径<5 mm 块状结构，稍坚实，中量草本根系，极强度石灰反应，向下层平滑清晰过渡。

Bkz：10～30 cm，浊黄橙色（10YR 7/3，干），浊黄棕色（10YR 5/3，润），粉砂壤土，发育弱的直径 10～20 mm 块状结构，稍坚实，少量草本根系，极强度石灰反应，向下层平滑清晰过渡。

Bz1：30～60 cm，淡黄橙色（10YR 8/3，干），浊黄橙色（10YR 6/3，润），粉砂壤土，发育弱的直径 20～50 mm 块状结构，坚实，极强度石灰反应，向下层平滑渐变过渡。

Bz2：60～105 cm，淡黄橙色（10YR 8/3，干），浊黄橙色（10YR 6/3，润），粉砂壤土，发育弱的直径 20～50 mm 块状结构，稍坚实，极强度石灰反应，向下层不规则突变过渡。

C：　105～120 cm，90%岩石碎屑。

碱泉子系代表性单个土体物理性质

土层	深度/cm	砾石(>2 mm，体积分数)/%	细土颗粒组成(粒径：mm)/(g/kg)			质地	容重/(g/cm^3)
			砂粒 2～0.05	粉粒 0.05～0.002	黏粒 <0.002		
Ah	0～10	0	206	617	177	粉砂壤土	1.20
Bkz	10～30	0	197	609	194	粉砂壤土	1.07
Bz1	30～60	0	196	618	186	粉砂壤土	1.25
Bz2	60～105	0	210	604	185	粉砂壤土	1.22
C	105～120	90	—	—	—	—	—

碱泉子系代表性单个土体化学性质

深度/cm	pH	有机碳/(g/kg)	全氮(N)/(g/kg)	全磷(P)/(g/kg)	全钾(K)/(g/kg)	CEC/[cmol(+)/kg]	$CaCO_3$/(g/kg)	电导率(EC)/(dS/m)
0～10	8.1	6.5	0.59	0.72	15.7	5.6	148.6	1.5
10～30	8.0	5.3	0.43	0.74	16.0	6.9	139.1	3.5
30～60	8.1	3.9	0.33	0.71	15.8	7.4	112.4	5.5
60～105	8.0	3.8	0.3	0.69	15.8	8.1	128.1	6.0
105～120	—	—	—	—	—	—	—	—

9.9.30 咀头系（Jutou Series）

土 族：壤质混合型石灰性温性-普通简育干润雏形土
拟定者：杨金玲，宋效东

分布与环境条件 主要分布于天水市、陇南地区及甘南藏族自治州的山地缓坡地带，地形为丘陵山区，海拔1000～1800 m，母质为黄土沉积物，草地，温带半湿润气候，年均日照时数1800～2200 h，气温8～12℃，降水量400～550 mm，无霜期170～200 d。

咀头系典型景观

土系特征与变幅 诊断层包括淡薄表层和雏形层，诊断特性包括半干润土壤水分状况、温性土壤温度状况和石灰性，有钙积现象和盐积现象。土体厚度1 m以上；淡薄表层厚度10～20 cm；钙积现象上界出现在矿质土表以下 15～25 cm，具有钙积现象土层厚度 15～25 cm；盐积现象上界出现在矿质土表以下15～25 cm，具有盐积现象土层厚度大于100 cm。通体为粉砂壤土。电导率为0.5～14.9 dS/m；碳酸钙相当物含量100～150 g/kg，强度石灰反应，土壤pH 8.0～9.0。

对比土系 大草滩系、豆家坪系、凤翔系、甘草店系、红岘系、黄峪系、贾岔村系、碱泉子系、刘旗村系、上川系、上古村系、十八里系、石圈系、水泉崖系和徐顶系，同一土族，但碱泉子系母质为洪-冲积物，刘旗村系母质为冲积物；大草滩系、黄峪系和石圈系无钙积现象；贾岔村系、刘旗村系、十八里系和徐顶系无盐积现象；豆家坪系、凤翔系和上古村系无钙积现象和盐积现象；上川系具有盐积层；甘草店系淡薄表层厚度20～40 cm，层次质地构型为粉砂壤土-壤土；红岘系有物理结皮和生物结皮，淡薄表层厚度5～10 cm，土体质地构型为砂质壤土-粉砂壤土；水泉崖系矿质土表以下25～50 cm开始出现钙积现象，具有钙积现象土层厚度75～100 cm。

利用性能综述 草地，土体较深厚，植被覆盖度较低，部分开发利用为梯田，养分含量低，土壤较贫瘠，风蚀和水蚀严重。不适于开发和耕种利用，应封山育林，发展林草地，加强水土保持，发挥其生态环境效应。

参比土种　黄僵泥土。

代表性单个土体　位于甘肃省天水市武山县咀头乡吴庄村，34°47′50.722″N，105°03′24.960″E，丘陵山地，海拔 1440 m，母质为黄土沉积物，荒草地，植被覆盖度 40%～50%，50 cm 深度年均土温为 11.7℃，调查时间 2015 年 7 月，编号 62-009。

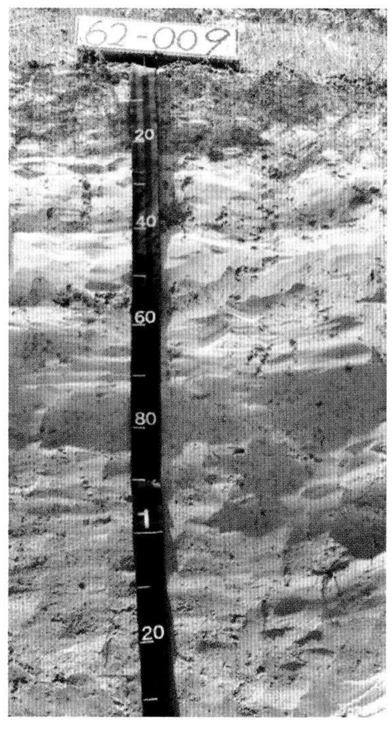

咀头系代表性单个土体剖面

Ah：0～10cm，淡黄橙色（10YR 8/3，干），浊黄橙色（10YR 7/3，润），1%岩石碎屑，粉砂壤土，发育中等的直径 5～10 mm 块状结构，疏松，中量中细草根，极强度石灰反应，向下层平滑清晰过渡。

AB：10～21 cm，淡黄橙色（10YR 8/3，干），浊黄橙色（10YR 7/3，润），1%岩石碎屑，粉砂壤土，发育中等的直径 10～20 mm 块状结构，稍坚实，少量细草根，<2%白色碳酸钙粉末，极强度石灰反应，向下层平滑清晰过渡。

Bkz：21～38 cm，淡黄橙色（10YR 8/3，干），浊黄橙色（10YR 7/3，润），2%岩石碎屑，粉砂壤土，发育中等的直径 20～50 mm 块状结构，很坚实，极少量细草根，5%白色碳酸钙粉末，极强度石灰反应，向下层平滑渐变过渡。

Bz：38～95 cm，淡黄橙色（10YR 8/3，干），浊黄橙色（10YR 7/3，润），2%岩石碎屑，粉砂壤土，发育中等的直径 20～50 mm 块状结构，坚实，<2%白色碳酸钙粉末，极强度石灰反应，向下层平滑清晰过渡。

BzC：95～130 cm，淡黄橙色（10YR 8/3，干），浊黄橙色（10YR 7/3，润），2%岩石碎屑，粉砂壤土，发育弱的直径 10～20 mm 块状结构，稍坚实，少量中根，<2%白色碳酸钙粉末，极强度石灰反应。

咀头系代表性单个土体物理性质

土层	深度/cm	砾石(>2 mm，体积分数)/%	细土颗粒组成(粒径：mm)/(g/kg)			质地	容重/(g/cm^3)
			砂粒 2～0.05	粉粒 0.05～0.002	黏粒 ＜0.002		
Ah	0～10	1	221	612	167	粉砂壤土	1.25
AB	10～21	1	190	634	177	粉砂壤土	1.34
Bkz	21～38	2	159	647	194	粉砂壤土	1.51
Bz	38～95	2	180	652	168	粉砂壤土	1.37
BzC	95～130	2	100	655	245	粉砂壤土	1.39

咀头系代表性单个土体化学性质

深度/cm	pH	有机碳/(g/kg)	全氮(N)/(g/kg)	全磷(P)/(g/kg)	全钾(K)/(g/kg)	CEC/[cmol(+)/kg]	$CaCO_3$/(g/kg)	电导率(EC)/(dS/m)
0～10	8.7	5.7	0.62	0.67	22.2	5.9	122.9	0.8
10～21	8.4	4.1	0.46	0.66	22.5	5.7	138.9	2.9
21～38	8.5	3.1	0.32	0.62	22.2	5.0	148.8	5.3
38～95	8.3	2.6	0.27	0.64	22.0	4.9	132.4	9.2
95～130	8.4	2.3	0.26	0.66	22.6	7.0	141.3	10.3

9.9.31　刘旗村系（Liuqicun Series）

土　族：壤质混合型石灰性温性-普通简育干润雏形土

拟定者：杨金玲，刘峰

分布与环境条件　主要分布于庆阳市和陇南地区，河谷阶地及低缓的岗丘地上，海拔 900～1300 m，母质为冲积物，旱地，温带半湿润气候，年均日照时数 2200～2500 h，气温 8～12℃，降水量 450～600 mm，无霜期 160～200 d。

刘旗村系典型景观

土系特征与变幅　诊断层包括淡薄表层和雏形层，诊断特性包括温性土壤温度状况、半干润土壤水分状况和石灰性，具有钙积现象。土体厚度 1 m 以上，淡薄表层厚度 10～20 cm；钙积现象上界出现在矿质土表以下 15～25 cm，具有钙积现象土层厚度 50～75 cm。通体为粉砂壤土。碳酸钙相当物含量 50～150 g/kg，强度-极强度石灰反应，土壤 pH 8.0～9.0。

对比土系　大草滩系、豆家坪系、凤翔系、甘草店系、红岘系、黄峪系、贾岔村系、碱泉子系、咀头系、上川系、上古村系、十八里系、石圈系、水泉崖系和徐顶系，同一土族，但大草滩系、豆家坪系、凤翔系、甘草店系、红岘系、黄峪系、贾岔村系、咀头系、上川系、上古村系、十八里系、石圈系、水泉崖系和徐顶系母质为黄土沉积物，碱泉子系母质为洪-冲积物；且大草滩系、黄峪系和石圈系无钙积现象；豆家坪系、凤翔系和上古村系无钙积现象和盐积现象；甘草店系、红岘系、碱泉子系、咀头系和水泉崖系同时具有盐积现象和钙积现象；上川系具有盐积层。

利用性能综述　旱地，土体深厚，养分含量低，质地适中，但压实严重。利用改良上：第一，增施有机肥料，复种绿肥作物，实行粮草轮作，推广秸秆还田，绿肥压青，改善土壤结构，提高土壤有机质含量。第二，增施氮肥，重施磷肥，施用锌、硼等微量元素肥料，增加作物产量。第三，积极推广深耕、耙磨、中耕等措施加深耕作层厚度。

参比土种　黄泥巴土。

代表性单个土体　位于甘肃省庆阳市环县曲子镇刘旗村，36°19′01.402″N，107°30′07.173″E，海拔 1152 m，冲积平原二级阶地，母质为冲积物，旱地，50 cm 深度年均土温 11.1℃，调查时间 2015 年 7 月，编号 62-079。

Ap：0～10 cm，浊黄橙色（10YR 7/3，干），浊黄棕色（10YR 5/3，润），粉砂壤土，发育强的直径<5 mm 块状结构，坚实，极强度石灰反应，向下层平滑清晰过渡。

AB：10～20 cm，浊黄橙色（10YR 7/3，干），浊黄棕色（10YR 5/3，润），粉砂壤土，发育强的直径 10～20 mm 块状结构，很坚实，极强度石灰反应，向下层平滑清晰过渡。

Bk1：20～37 cm，浊黄橙色（10YR 7/3，干），浊黄棕色（10YR 5/3，润），粉砂壤土，发育中等的直径 10～20 mm 块状结构，极坚实，2%～5%白色碳酸钙粉末，极强度石灰反应，向下层平滑清晰过渡。

Bk2：37～60 cm，浊黄橙色（10YR 7/3，干），浊黄棕色（10YR 5/3，润），粉砂壤土，发育中等的直径 20～50 mm 块状结构，很坚实，2%～5%白色碳酸钙粉末，极强度石灰反应，向下层平滑渐变过渡。

刘旗村系代表性单个土体剖面

Bk3：60～90 cm，浊黄橙色（10YR 6/3，干），浊黄棕色（10YR 4/3，润），粉砂壤土，发育弱的直径 20～50 mm 块状结构，坚实，强度石灰反应，向下层平滑渐变过渡。

Bw：90～125 cm，浊黄橙色（10YR 6/3，干），浊黄棕色（10YR 4/3，润），粉砂壤土，发育弱的直径 10～20 mm 块状结构，疏松，强度石灰反应。

刘旗村系代表性单个土体物理性质

土层	深度 /cm	砾石 (>2 mm，体积分数)/%	细土颗粒组成(粒径：mm)/(g/kg)			质地	容重 /(g/cm³)
			砂粒 2～0.05	粉粒 0.05～0.002	黏粒 ＜0.002		
Ap	0～10	0	247	600	153	粉砂壤土	—
AB	10～20	0	252	595	153	粉砂壤土	—
Bk1	20～37	0	257	596	147	粉砂壤土	—
Bk2	37～60	0	258	580	162	粉砂壤土	—
Bk3	60～90	0	215	605	180	粉砂壤土	—
Bw	90～125	0	194	616	190	粉砂壤土	—

刘旗村系代表性单个土体化学性质

深度/cm	pH	有机碳/(g/kg)	全氮(N)/(g/kg)	全磷(P)/(g/kg)	全钾(K)/(g/kg)	CEC/[cmol(+)/kg]	$CaCO_3$/(g/kg)	电导率(EC)/(dS/m)
0～10	8.7	5.3	0.59	0.75	21.4	5.9	107.2	0.5
10～20	8.8	4.6	0.53	0.71	21.4	5.9	118.3	0.4
20～37	8.8	4.0	0.47	0.66	21.2	5.6	117.8	0.4
37～60	8.7	4.5	0.51	0.69	21.3	6.4	104.1	0.4
60～90	8.5	5.0	0.55	0.69	22.2	7.8	95.5	0.5
90～125	8.4	6.5	0.56	0.68	22.2	9.4	72.2	0.5

9.9.32 上川系（Shangchuan Series）

土 族：壤质混合型石灰性温性-普通简育干润雏形土

拟定者：杨金玲，宋效东

分布与环境条件 主要分布于庆阳、平凉、白银、兰州、天水等地市黄土丘陵沟壑区较陡的荒坡，侵蚀沟及切割黄土残塬的塬边坡地，海拔 1000～2000 m，母质为黄土沉积物，草地，温带半干旱气候，年均日照时数 2300～2600 h，气温 6～9℃，降水量 200～300 mm，无霜期 150～180 d。

上川系典型景观

土系特征与变幅 诊断层包括淡薄表层、盐积层和雏形层，诊断特性包括温性土壤温度状况、半干润土壤水分状况和石灰性。土体厚度 1 m 以上，淡薄表层厚度 10～20 cm；盐积层上界出现在矿质土表以下 50～75 cm，厚度 50～75 cm。通体为粉砂壤土。电导率 15～50 dS/m；碳酸钙相当物含量 100～150 g/kg，极强度石灰反应，土壤 pH 8.0～9.0。

对比土系 大草滩系、豆家坪系、凤翔系、甘草店系、红岘系、黄峪系、贾岔村系、碱泉子系、咀头系、刘旗村系、上古村系、十八里系、石圈系、水泉崖系和徐顶系，同一土族，但这些土系均无盐积层。

利用性能综述 草地，土体深厚，土壤养分含量低，质地适中，通透性好。土质绵软、疏松，抗蚀性差。较陡处，植被稀疏，土壤风蚀和水蚀严重。应通过开挖鱼鳞坑等措施，拦截地表径流；严禁铲草皮，挖草根，保护好现有自然植被。在宜于种草种树的缓坡地带种草种树，防止水土流失，逐步恢复生态平衡。

参比土种 灰绵土。

代表性单个土体 甘肃省兰州市皋兰县忠和镇上川村，36°13′57.804″N，103°48′04.693″E，黄土高原，海拔 1739 m，母质为黄土沉积物，草地，植被覆盖度约 5%，50 cm 深度年均土温为 10.0℃。调查时间 2015 年 7 月，编号 62-081。

上川系代表性单个土体剖面

Ah：0～10 cm，淡黄橙色（10YR 8/3，干），浊黄棕色（10YR 5/4，润），2%岩石碎屑，粉砂壤土，发育中等的直径 5～10 mm 块状结构，松散，少量细根，极强度石灰反应，向下层平滑清晰过渡。

Bw：10～50 cm，淡黄橙色（10YR 8/3，干），浊黄棕色（10YR 5/4，润），1%岩石碎屑，粉砂壤土，发育中等的直径 10～20 mm 块状结构，稍坚实，中量中细根，极强度石灰反应，向下层平滑清晰过渡。

Bz1：50～80 cm，淡黄橙色（10YR 8/3，干），浊黄棕色（10YR 5/4，润），1%岩石碎屑，粉砂壤土，发育中等的直径 10～20 mm 块状结构，坚实，<2%白色碳酸钙粉末，极强度石灰反应，向下层平滑清晰过渡。

Bz2：80～120 cm，淡黄橙色（10YR 8/3，干），浊黄棕色（10YR 5/4，润），1%岩石碎屑，粉砂壤土，发育弱的直径<10 mm 块状结构，稍坚实，<2%白色碳酸钙粉末，极强度石灰反应。

上川系代表性单个土体物理性质

土层	深度/cm	砾石(>2 mm，体积分数)/%	细土颗粒组成(粒径：mm)/(g/kg)			质地	容重/(g/cm^3)
			砂粒 2～0.05	粉粒 0.05～0.002	黏粒 <0.002		
Ah	0～10	2	218	615	167	粉砂壤土	1.02
Bw	10～50	1	187	637	177	粉砂壤土	1.09
Bz1	50～80	1	207	631	162	粉砂壤土	1.23
Bz2	80～120	1	201	628	171	粉砂壤土	1.18

上川系代表性单个土体化学性质

深度/cm	pH	有机碳/(g/kg)	全氮(N)/(g/kg)	全磷(P)/(g/kg)	全钾(K)/(g/kg)	CEC/[cmol(+)/kg]	$CaCO_3$/(g/kg)	电导率(EC)/(dS/m)
0～10	8.4	5.8	0.63	0.66	21.7	5.0	119.8	1.1
10～50	8.0	3.2	0.37	0.65	21.7	5.2	127.7	8.9
50～80	8.4	1.9	0.23	0.66	21.7	5.2	123.9	15.9
80～120	8.4	2.1	0.25	0.64	22.0	5.0	117.1	39.5

9.9.33 上古村系（Shanggucun Series）

土 族：壤质混合型石灰性温性-普通简育干润雏形土

拟定者：杨金玲，宋效东

分布与环境条件 主要分布于临夏回族自治州、兰州等地市，黄土丘陵的梁峁、山坡及切割黄土残塬的塬边上，海拔 1400～1800 m，母质为黄土沉积物，下覆冲积物旱地，温带半干旱气候，年均日照时数 2200～2500 h，气温 6～9℃，降水量 200～300 mm，无霜期 150～170 d。

上古村系典型景观

土系特征与变幅 诊断层包括淡薄表层和雏形层，诊断特性包括温性土壤温度状况、半干润土壤水分状况和石灰性。土体厚度 100～120 cm，之下为砾石层，淡薄表层厚度 10～20 cm，通体为粉砂壤土。碳酸钙相当物含量 100～150 g/kg，极强度石灰反应，土壤 pH 8.5～10.0。

对比土系 大草滩系、豆家坪系、凤翔系、甘草店系、红岘系、黄峪系、贾岔村系、碱泉子系、咀头系、刘旗村系、上川系、十八里系、石圈系、水泉崖系和徐顶系，同一土族，但碱泉子系母质为洪-冲积物，刘旗村系母质为冲积物；且大草滩系、黄峪系和石圈系具有盐积现象；贾岔村系、刘旗村系、十八里系和徐顶系具有钙积现象；甘草店系、红岘系、碱泉子系、咀头系和水泉崖系同时具有盐积现象和钙积现象；上川系具有盐积层；豆家坪系淡薄表层厚度 20～40 cm，且矿质土表以下 75～100 cm 开始出现埋藏表层；凤翔系土体深厚，无砾石层。

利用性能综述 旱地，土体较深厚，养分含量低，上层质地适中，耕层较浅，底层为砾石。黄土母质水稳定性结构差，遇水土粒易分散，抗蚀性差。由于热量状况较好，有机质矿化作用强烈，加之土地利用强度大，造成有机质分解快而积累少。利用改良上：第一，增施有机肥料，复种绿肥作物，实行粮草轮作，推广秸秆还田，绿肥压青，改善土壤结构，提高土壤有机质含量。第二，增施氮肥，重施磷肥，施用锌、硼等微量元素肥料，增加作物产量。第三，积极推广深耕、耙磨、中耕、镇压等一系列抗旱耕作技术。

第四，对坡度较大的旱地应退耕种草，发展畜牧业。

参比土种　剥皮麻土。

代表性单个土体　位于甘肃省临夏回族自治州永靖县太极镇上古村，35°57′33.938″N，103°18′18.557″E，黄土高原一级阶地，海拔 1605 m，母质为黄土沉积物，下覆冲积物，旱地，50 cm 深度年均土温 10.1℃，调查时间 2015 年 7 月，编号 62-047。

上古村系代表性单个土体剖面

Ap：0～11 cm，浊黄橙色（10YR 7/3，干），浊黄棕色（10YR 5/3，润），粉砂壤土，发育强的粒状和直径<5 mm 块状结构，疏松，极强度石灰反应，向下层平滑清晰过渡。

Bw1：11～80 cm，浊黄橙色（10YR 7/3，干），浊黄棕色（10YR 5/3，润），粉砂壤土，发育强的直径 20～50 mm 块状结构，稍坚实，极强度石灰反应，向下层波状清晰过渡。

Bw2：80～115 cm，浊黄橙色（10YR 7/3，干），浊黄棕色（10YR 5/3，润），粉砂壤土，发育中等的直径 20～50 mm 块状结构，坚实，极强度石灰反应，向下层平滑清晰过渡。

2C：115～130 cm，浊黄橙色（10YR 7/3，干），浊黄棕色（10YR 5/3，润），90%岩石碎屑，粉砂壤土，单粒，极强度石灰反应。

上古村系代表性单个土体物理性质

土层	深度/cm	砾石(>2 mm，体积分数)/%	细土颗粒组成(粒径：mm)/(g/kg)			质地	容重/(g/cm³)
			砂粒 2～0.05	粉粒 0.05～0.002	黏粒 <0.002		
Ap	0～11	0	173	630	197	粉砂壤土	1.17
Bw1	11～80	0	183	622	194	粉砂壤土	1.19
Bw2	80～115	0	229	599	172	粉砂壤土	1.21
2C	115～130	90	245	578	177	粉砂壤土	—

上古村系代表性单个土体化学性质

深度/cm	pH	有机碳/(g/kg)	全氮(N)/(g/kg)	全磷(P)/(g/kg)	全钾(K)/(g/kg)	CEC/[cmol(+)/kg]	$CaCO_3$/(g/kg)	电导率(EC)/(dS/m)
0～11	8.7	7.3	0.67	0.77	12.0	6.0	117.4	0.4
11～80	8.9	4.5	0.47	0.80	21.8	7.7	118.4	1.0
80～115	9.8	4.4	0.42	0.82	21.6	5.6	100.3	0.9
115～130	9.9	3.7	0.36	1.34	18.2	5.1	103.5	0.7

9.9.34 十八里系（Shibali Series）

土 族：壤质混合型石灰性温性-普通简育干润雏形土

拟定者：杨金玲，刘峰

分布与环境条件 主要分布于平凉、天水、兰州等地市及庆阳地区环县洪德以南、白银市南部等地，黄土丘陵的梁峁、山坡及切割黄土残塬的塬边上，海拔 1000～1400 m，母质为黄土沉积物，草地，温带半湿润气候，年均日照时数 2200～2500 h，气温 8～12℃，降水量 400～500 mm，无霜期 160～200 d。

十八里系典型景观

土系特征与变幅 诊断层包括淡薄表层和雏形层，诊断特性包括温性土壤温度状况、半干润土壤水分状况和石灰性，具有钙积现象。土体厚度 1 m 以上，淡薄表层厚度 10～20 cm；钙积现象上界出现在矿质土表以下 10～25 cm，具有钙积现象土层厚度 15～25 cm。通体为粉砂壤土。碳酸钙相当物含量 100～150 g/kg，极强度石灰反应，土壤 pH 8.5～9.0。

对比土系 大草滩系、豆家坪系、凤翔系、甘草店系、红岘系、黄峪系、贾岔村系、碱泉子系、咀头系、刘旗村系、上川系、上古村系、石圈系、水泉崖系和徐顶系，同一土族，但碱泉子系母质为洪-冲积物，刘旗村系母质为冲积物；大草滩系、黄峪系和石圈系无钙积现象；豆家坪系、凤翔系和上古村系无钙积现象和盐积现象；甘草店系、红岘系、碱泉子系、咀头系和水泉崖系同时具有盐积现象和钙积现象；上川系具有盐积层；贾岔村系具有钙积现象土层厚度大于 100 cm；徐顶系淡薄表层厚度 5～10 cm，矿质土表以下 50～75 cm 开始出现钙积现象。

利用性能综述 草地，土体深厚，养分含量很低，黄土母质水稳定性结构差，遇水土粒易分散，抗蚀性差，坡度较大，极易于发生水土流失，不适于开发和耕种利用。利用改良上：合理轮牧保护草地，种草种树，防止风蚀、水蚀，分片治理，发挥其生态效益。

参比土种　坡黄绵土。

代表性单个土体　位于甘肃省庆阳市环县环城镇十八里村，36°32′21.461″N，107°21′04.007″E，黄土高原梁峁陡坡中下部，海拔 1243 m，母质为黄土沉积物，草地，植被覆盖度 60%～70%，50 cm 深度年均土温 11.3℃，调查时间 2015 年 7 月，编号 62-051。

十八里系代表性单个土体剖面

Ah：0～15 cm，淡黄橙色（10YR 8/3，干），浊黄橙色（10YR 6/4，润），粉砂壤土，发育强的粒状和直径<5 mm 块状结构，疏松，中量草被根系，极强度石灰反应，向下层平滑清晰过渡。

Bk：15～30 cm，淡黄橙色（10YR 8/3，干），浊黄橙色（10YR 6/4，润），粉砂壤土，发育中等的直径 10～20 mm 块状结构，坚实，少量草被根系，结构体表面有 5%～8%白色碳酸钙粉末，极强度石灰反应，向下层平滑清晰过渡。

Bw1：30～90 cm，淡黄橙色（10YR 8/3，干），浊黄橙色（10YR 6/4，润），粉砂壤土，发育中等的直径 10～20 mm 块状结构，稍坚实，极强度石灰反应，向下层波状渐变过渡。

Bw2：90～120 cm，浊黄橙色（10YR 7/4，干），浊黄棕色（10YR 5/4，润），粉砂壤土，发育弱的直径 5～10 mm 块状结构，稍坚实，极强度石灰反应。

十八里系代表性单个土体物理性质

土层	深度/cm	砾石(>2 mm，体积分数)/%	细土颗粒组成(粒径：mm)/(g/kg)			质地	容重/(g/cm^3)
			砂粒 2～0.05	粉粒 0.05～0.002	黏粒 ＜0.002		
Ap	0～15	0	273	586	141	粉砂壤土	1.12
Bk	15～30	0	266	593	141	粉砂壤土	1.39
Bw1	30～90	0	251	603	146	粉砂壤土	1.32
Bw2	90～120	0	243	600	157	粉砂壤土	1.21

十八里系代表性单个土体化学性质

深度/cm	pH	有机碳/(g/kg)	全氮(N)/(g/kg)	全磷(P)/(g/kg)	全钾(K)/(g/kg)	CEC/[cmol(+)/kg]	$CaCO_3$/(g/kg)	电导率(EC)/(dS/m)
0～15	8.8	4.1	0.47	0.67	20.3	5.4	128.3	0.5
15～30	8.9	3.0	0.36	0.63	20.6	5.1	125.1	0.3
30～90	8.9	2.8	0.31	0.62	20.4	5.2	130.2	0.4
90～120	8.9	2.4	0.31	0.60	19.9	5.4	141.1	0.5

9.9.35　石圈系（Shiquan Series）

土　族：壤质混合型石灰性温性-普通简育干润雏形土

拟定者：杨金玲，宋效东

分布与环境条件　主要分布于靖远县、景泰县、兰州市、永登县和榆中县的山地丘陵，海拔 1000～2000 m，母质为黄土沉积物，草地，温带半干旱气候，年均日照时数 2300～2600 h，气温 6～9℃，降水量 200～400 mm，无霜期 150～180 d。

石圈系典型景观

土系特征与变幅　诊断层包括淡薄表层和雏形层，诊断特性包括半干润土壤水分状况、温性土壤温度状况和石灰性，具有盐积现象。矿质土表具有土壤物理结皮和生物结皮，土体厚度 1 m 以上，淡薄表层厚度 10～20 cm；盐积现象上界出现在矿质土表及以下 25～50 cm，具有盐积现象土层厚度大于 100 cm。通体为粉砂壤土。电导率为 1.0～14.9 dS/m；碳酸钙相当物含量 100～150 g/kg，极强度石灰反应，土壤呈 pH 8.0～9.0。

对比土系　大草滩系、豆家坪系、凤翔系、甘草店系、红岘系、黄峪系、贾岔村系、碱泉子系、咀头系、刘旗村系、上川系、上古村系、十八里系、水泉崖系和徐顶系，同一土族，但碱泉子系母质为洪-冲积物，刘旗村系母质为冲积物；豆家坪系、凤翔系、贾岔村系、刘旗村系、上古村系、十八里系和徐顶系无盐积现象；贾岔村系、刘旗村系、十八里系和徐顶系具有钙积现象；甘草店系、红岘系、碱泉子系、咀头系和水泉崖系同时具有盐积现象和钙积现象；上川系具有盐积层；大草滩系和黄峪系无物理结皮和生物结皮，并且大草滩系淡薄表层厚度 5～10 cm，矿质土表以下 75～100 cm 开始出现盐积现象；黄峪系淡薄表层厚度 20～40 cm，具有盐积现象土层厚度 50～75 cm。

利用性能综述　荒漠化比较明显，养分含量很低。自然植被极为稀疏，黄土母质水稳定性结构差，遇水土粒易分散，抗蚀性差，坡度较大，极易于发生水土流失。利用改良上：限制放牧，封山育草，实行轮放，并保护天然草场，恢复其再生能力。加强水土保持，采取工程措施与生物措施相结合，治坡与治沟相结合等，控制水土流失，提高土体质量，防止风蚀、水蚀，分片治理，发挥其生态环境效应，改变荒山秃岭的景观。

参比土种　绵白土。

代表性单个土体　位于甘肃省兰州市西固区河口乡石圈村，36°12′27.577″N，103°26′26.157″E，黄土高原，海拔 1626 m，坡度 60°～70°，母质为黄土沉积物，荒漠化较明显，植被覆盖度 5%～10%，50 cm 深度年均土温 10.2℃，调查时间 2015 年 7 月，编号 62-050。

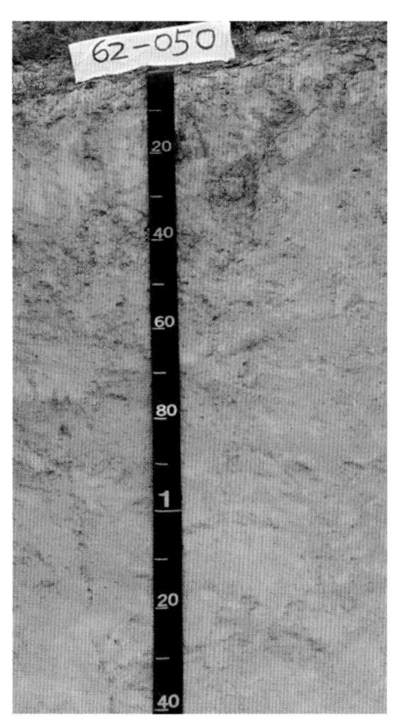

石圈系代表性单个土体剖面

Ac：+2～0 cm，生物结皮和物理结皮。

Ahz：0～11 cm，淡黄橙色（10YR 8/3，干），浊黄棕色（10YR 5/4，润），粉砂壤土，发育中等的直径 10～20 mm 块状结构，疏松，中量草被根系，极强度石灰反应，向下层平滑清晰过渡。

Bw：11～32 cm，淡黄橙色（10YR 8/3，干），浊黄棕色（10YR 5/4，润），粉砂壤土，发育中等的直径 10～20 mm 块状结构，稍坚实，少量草被根系，极强度石灰反应，向下层平滑清晰过渡。

Bz：32～98 cm，淡黄橙色（10YR 8/3，干），浊黄棕色（10YR 5/4，润），粉砂壤土，发育中等的直径 20～50 mm 块状结构，稍坚实，极少量草被根系，极强度石灰反应，向下层平滑清晰过渡。

BzC：98～140 cm，淡黄橙色（10YR 8/3，干），浊黄棕色（10YR 5/4，润），粉砂壤土，发育弱的直径 20～50 mm 块状结构，稍坚实，极强度石灰反应。

石圈系代表性单个土体物理性质

土层	深度/cm	砾石 (>2 mm，体积分数)/%	细土颗粒组成(粒径：mm)/(g/kg)			质地	容重 /(g/cm^3)
			砂粒 2～0.05	粉粒 0.05～0.002	黏粒 <0.002		
Ahz	0～11	0	214	621	166	粉砂壤土	1.18
Bw	11～32	0	209	640	151	粉砂壤土	1.27
Bz	32～98	0	228	629	143	粉砂壤土	1.26
BzC	98～140	0	238	619	143	粉砂壤土	1.26

石圈系代表性单个土体化学性质

深度/cm	pH	有机碳 /(g/kg)	全氮(N) /(g/kg)	全磷(P) /(g/kg)	全钾(K) /(g/kg)	CEC /[cmol(+)/kg]	$CaCO_3$ /(g/kg)	电导率(EC) /(dS/m)
0～11	8.7	4.4	0.48	0.63	21.0	5.1	131.4	6.2
11～32	8.0	3.1	0.35	0.67	20.7	4.7	124.8	2.4
32～98	8.6	2.2	0.22	0.63	21.1	3.9	128.3	7.5
98～140	8.6	2.1	0.22	0.68	21.7	3.8	122.1	6.1

9.9.36 水泉崖系（Shuiquanya Series）

土 族：壤质混合型石灰性温性-普通简育干润雏形土

拟定者：杨金玲，宋效东

分布与环境条件 主要分布于兰州市和定西地区的河谷阶地、坪台及黄土梁坡的人造水平梯田上，海拔 1000～2000 m，母质为黄土沉积物，耕地或荒地，温带半干旱气候，年均日照时数 2300～2600 h，气温 6～9℃，降水量 300～500 mm，无霜期 150～180 d。

水泉崖系典型景观

土系特征与变幅 诊断层包括淡薄表层和雏形层，诊断特性包括温性土壤温度状况、半干润土壤水分状况和石灰性，具有钙积现象和盐积现象。土体厚度 1 m 以上，淡薄表层厚度 10～20 cm；钙积现象上界出现在矿质土表以下 25～50 cm，具有钙积现象土层厚度 75～100 cm；盐积现象上界出现在矿质土表以下 15～25 cm，具有盐积现象土层厚度大于 100 cm。通体为粉砂壤土。电导率 1.0～14.9 dS/m；碳酸钙相当物含量 100～150 g/kg，极强度石灰反应，土壤 pH 7.5～9.0。

对比土系 大草滩系、豆家坪系、凤翔系、甘草店系、红岘系、黄峪系、贾岔村系、碱泉子系、咀头系、刘旗村系、上川系、上古村系、十八里系、石圈系和徐顶系，同一土族，但碱泉子系母质为洪-冲积物，刘旗村系母质为冲积物；大草滩系、黄峪系和石圈系无钙积现象；贾岔村系、刘旗村系、十八里系和徐顶系无盐积现象；豆家坪系、凤翔系和上古村系无钙积现象和盐积现象；上川系具有盐积层；甘草店系淡薄表层厚度 20～40 cm，层次质地构型为粉砂壤土-壤土；红岘系有物理结皮和生物结皮，淡薄表层厚度 5～10 cm，层次质地构型为砂质壤土-粉砂壤土；咀头系矿质土表以下 15～25 cm 开始出现钙积现象，具有钙积现象土层厚度 15～25 cm。

利用性能综述 旱地，土体深厚，土壤养分含量很低，质地适中，无障碍层次，通透性好，易耕作，宜耕期长，适种性广。在坡度较小的梯田，强灌溉可种植玉米、土豆等，但有机质含量低，缺氮少磷，肥力差，应增施有机肥料和氮磷化肥，重视锌、硼等微量元素肥料的施用，种植绿肥，推广秸秆还田。在高部位或者坡度较大处存在水土流失区域，适于退耕还林还草，在缓坡地带种草种树，防止水土流失，逐步恢复生态平衡。

参比土种　灌耕黄绵土。

代表性单个土体　甘肃省兰州市中铺镇水泉崖村，35°43′35.558″N，103°44′23.628″E，黄土高原，海拔 1914 m，坡度 8°，坡向：南。母质为黄土沉积物，梯田旱地，50 cm 深度年均土温为 10.0℃，调查时间 2015 年 7 月，编号 62-082。

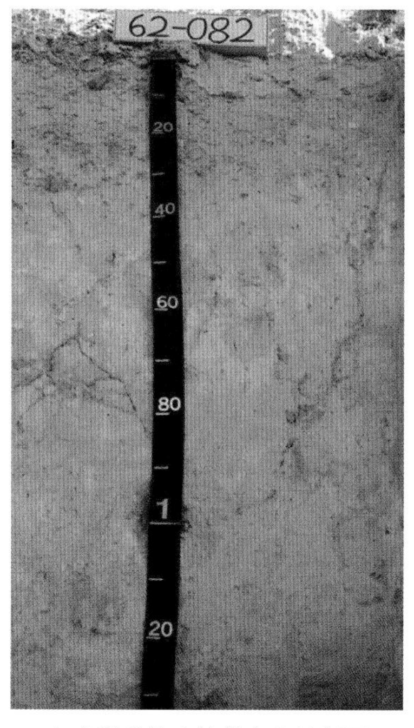

水泉崖系代表性单个土体剖面

Ap：0～19 cm，淡黄橙色（10YR 8/3，干），浊黄棕色（10YR 5/4，润），粉砂壤土，发育中等的直径<5mm 块状结构，疏松，少量禾本科植物细根，极强度石灰反应，向下层平滑清晰过渡。

Bz：19～38 cm，淡黄橙色（10YR 8/3，干），浊黄棕色（10YR 5/4，润），粉砂壤土，发育中等的直径 5～10 mm 块状结构，疏松，极强度石灰反应，向下层平滑清晰过渡。

Bkz：38～97 cm，淡黄橙色（10YR 8/3，干），浊黄棕色（10YR 5/4，润），粉砂壤土，发育中等的直径 10～20 mm 块状结构，稍坚实，5%白色碳酸钙粉末，极强度石灰反应，向下层平滑清晰过渡。

Ckz：97～130 cm，淡黄橙色（10YR 8/3，干），浊黄棕色（10YR 5/4，润），粉砂壤土，发育弱的直径 5～10 mm 块状和单粒结构，稍坚实，2%～5%白色碳酸钙粉末，极强度石灰反应。

水泉崖系代表性单个土体物理性质

土层	深度/cm	砾石(>2 mm，体积分数)/%	细土颗粒组成(粒径：mm)/(g/kg)			质地	容重/(g/cm^3)
			砂粒 2～0.05	粉粒 0.05～0.002	黏粒 <0.002		
Ap	0～19	0	208	634	157	粉砂壤土	1.17
Bz	19～38	0	256	604	140	粉砂壤土	1.24
Bkz	38～97	0	209	631	160	粉砂壤土	1.25
Ckz	97～130	0	244	614	143	粉砂壤土	1.28

水泉崖系代表性单个土体化学性质

深度/cm	pH	有机碳/(g/kg)	全氮(N)/(g/kg)	全磷(P)/(g/kg)	全钾(K)/(g/kg)	CEC/[cmol(+)/kg]	$CaCO_3$/(g/kg)	电导率(EC)/(dS/m)
0～19	7.9	2.8	0.32	0.57	20.7	4.7	135.6	2.9
19～38	8.5	2.2	0.23	0.58	21.7	2.8	136.6	6.0
38～97	8.6	1.7	0.19	0.61	22.1	2.8	132.5	8.4
97～130	9.0	1.8	0.17	0.65	21.5	2.9	123.6	14.3

9.9.37 徐顶系（Xuding Series）

土 族：壤质混合型石灰性温性-普通简育干润雏形土

拟定者：杨金玲，宋效东

分布与环境条件 主要分布于六盘山以西，定西地区和临夏州各县，黄土丘陵沟壑区的梁峁坡地，海拔 2000～3000 m，母质为黄土沉积物，旱地，温带半干旱气候，年均日照时数 2200～2500 h，气温 6～9℃，降水量 300～400 mm，无霜期 160～190 d。

徐顶系典型景观

土系特征与变幅 诊断层包括淡薄表层和雏形层，诊断特性包括温性土壤温度状况、半干润土壤水分状况和石灰性，具有钙积现象。土体厚度 1 m 以上，淡薄表层厚度 5～10 cm；钙积现象上界出现在矿质土表以下 50～75 cm，具有钙积现象土层厚度 25～50 cm。通体为粉砂壤土。碳酸钙相当物含量 150～200 g/kg，极强度石灰反应，土壤 pH 8.0～9.0。

对比土系 大草滩系、豆家坪系、凤翔系、甘草店系、红岘系、黄峪系、贾岔村系、碱泉子系、咀头系、刘旗村系、上川系、上古村系、十八里系、水泉崖系和石圈系，同一土族，但碱泉子系母质为洪-冲积物，刘旗村系母质为冲积物；大草滩系、黄峪系和石圈系无钙积现象；豆家坪系、凤翔系和上古村系无钙积现象和盐积现象；甘草店系、红岘系、碱泉子系、咀头系和水泉崖系同时具有盐积现象和钙积现象；上川系具有盐积层；贾岔村系和十八里系淡薄表层厚度 10～20 cm，矿质土表以下 10～25 cm 开始出现钙积现象，具有钙积现象土层厚度分别为大于 100 cm 和 15～25 cm。

利用性能综述 旱地，土体深厚，土壤养分含量低，质地适中，通透性好，无障碍层次，易耕作，宜耕期长。黄土母质水稳定性结构差，遇水土粒易分散，抗蚀性差。利用改良上：第一，增施有机肥料，复种绿肥作物，实行粮草轮作，推广秸秆还田，绿肥压青，改善土壤结构，提高土壤有机质含量。第二，增施氮肥，重施磷肥，施用锌、硼等微量元素肥料，增加作物产量。第三，积极推广深耕、耙磨、中耕、镇压等一系列抗旱耕作技术。第四，对坡度较大的旱地应退耕种草，发展畜牧业。

参比土种　薄麻土。

代表性单个土体　位于甘肃省临夏回族自治州永靖县徐顶乡徐家沟村，35°58′38.510″N，103°33′03.892″E，黄土高原，海拔 2410 m，坡度 20°～30°，母质为黄土沉积物，旱地，小麦/莜麦/豌豆/胡麻/荞麦轮作，50 cm 深度年均土温为 10.6℃，调查时间 2015 年 7 月，编号 62-048。

徐顶系代表性单个土体剖面

Ap：0～7cm，淡黄橙色（10YR 8/3，干），浊黄橙色（10YR 6/3，润），1%岩石碎屑，粉砂壤土，发育中等的直径 5～10 mm 块状结构，稍坚实，中量中细根，极强度石灰反应，向下层平滑清晰过渡。

Bw：7～70cm，淡黄橙色（10YR 8/3，干），浊黄橙色（10YR 6/3，润），2%岩石碎屑，粉砂壤土，发育中等的直径 10～20 mm 块状结构，疏松，少量中细根，极强度石灰反应，向下层平滑清晰过渡。

Bk：70～102cm，淡黄橙色（10YR 8/3，干），浊黄橙色（10YR 6/3，润），2%岩石碎屑，粉砂壤土，发育弱的直径 20～50 mm 块状结构，稍坚实，少量中细根，2%白色碳酸钙粉末，极强度石灰反应，向下层平滑清晰过渡。

BC：102～120cm，淡黄橙色（10YR 8/3，干），浊黄橙色（10YR 6/3，润），2%岩石碎屑，粉砂壤土，稍坚实，发育弱的直径 20～50 mm 块状结构，极少量禾本科植物中细根，极强度石灰反应。

徐顶系代表性单个土体物理性质

土层	深度/cm	砾石(>2 mm，体积分数)/%	细土颗粒组成(粒径：mm)/(g/kg)			质地	容重/(g/cm^3)
			砂粒 2～0.05	粉粒 0.05～0.002	黏粒 <0.002		
Ap	0～7	1	184	624	192	粉砂壤土	1.34
Bw	7～70	2	148	647	205	粉砂壤土	1.12
Bk	70～102	2	195	625	179	粉砂壤土	1.22
BC	102～120	2	197	633	170	粉砂壤土	1.24

徐顶系代表性单个土体化学性质

深度/cm	pH	有机碳/(g/kg)	全氮(N)/(g/kg)	全磷(P)/(g/kg)	全钾(K)/(g/kg)	CEC/[cmol(+)/kg]	$CaCO_3$/(g/kg)	电导率(EC)/(dS/m)
0～7	8.7	7.6	0.85	0.62	20.0	6.6	172.5	0.3
7～70	8.3	11.6	1.22	1.18	23.2	8.8	176.0	1.5
70～102	8.4	4.8	0.56	0.99	23.6	6.1	184.3	2.2
102～120	8.7	2.3	0.24	0.63	20.5	4.8	167.2	1.6

9.9.38 小山坪系（Xiaoshanping Series）

土 族：壤质混合型石灰性热性-普通简育干润雏形土

拟定者：杨金玲，刘峰

分布与环境条件 主要分布于陇南地区、甘南藏族自治区及天水市山体的平缓地带，黄土高原梁峁坡地，海拔 900～1300 m，母质为黄土沉积物，林地，亚热带半湿润气候，年均日照时数 1600～2000 h，气温 13～16℃，降水量 700～900 mm，无霜期 250～280 d。

小山坪系典型景观

土系特征与变幅 诊断层包括淡薄表层和雏形层，诊断特性包括热性土壤温度状况、半干润土壤水分状况和石灰性，有钙积现象和盐积现象。土体厚度 1 m 以上，淡薄表层厚度 5～10 cm；钙积现象上界出现在矿质土表以下 50～75 cm，具有钙积现象土层厚度 50～75 cm；盐积现象上界出现在矿质土表以下 25～50 cm，具有盐积现象土层厚度 50～75 cm。通体为粉砂壤土。电导率为 0.2～14.9 dS/m；碳酸钙相当物含量 100～150 g/kg，极强度石灰反应，土壤 pH 8.0～9.0。

对比土系 本亚类的其他土系，不同土族，土壤温度状况为温性或冷性。

利用性能综述 林地，植被稀疏，土体较深厚，养分含量低，质地疏松，易于发生水土流失，不适于开发和耕种利用，应封山育林，发展林草地，加强水土保持，发挥其生态环境效应。

参比土种 褐黄土。

代表性单个土体 位于甘肃省陇南市武都区石门乡小山坪村，33°28′58.522″N，104°43′37.191″E，黄土高原梁峁陡坡地中下部，海拔 1117 m，母质为黄土沉积物，林地，植被覆盖度 30%～50%，50 cm 深度年均土温 16.0℃，调查时间 2015 年 7 月，编号 62-004。

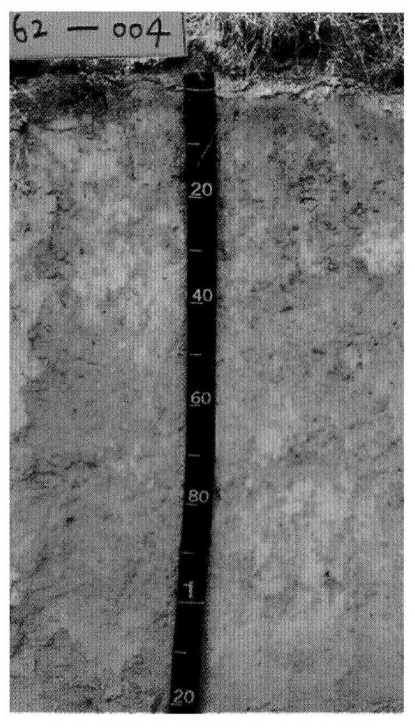

小山坪系代表性单个土体剖面

Ah：0～5 cm，浊黄橙色（10YR 7/3，干），浊黄棕色（10YR 5/3，润），粉砂壤土，发育中等的粒状和直径<5 mm 块状结构，稍坚实，中量灌草根系，极强度石灰反应，向下层平滑清晰过渡。

AB：5～25 cm，淡黄橙色（10YR 8/3，干），浊黄棕色（10YR 5/3，润），粉砂壤土，发育中等的直径 5～10 mm 块状结构，疏松，少量灌草根系，极强度石灰反应，向下层波状渐变过渡。

Bz：25～50 cm，浊黄橙色（10YR 7/3，干），浊黄棕色（10YR 6/4，润），粉砂壤土，发育中等的直径 10～20 mm 块状结构，稍坚实，极强度石灰反应，向下层波状渐变过渡。

Bkz：50～100 cm，淡黄橙色（10YR 8/4，干），浊黄棕色（10YR 6/4），粉砂壤土，发育弱的直径 10～20 mm 块状结构，稍坚实，5%～8%白色碳酸钙粉末，极强度石灰反应，向下层波状渐变过渡。

Bk：100～120 cm，淡黄橙色（10YR 8/4，干），浊黄棕色（10YR 6/4），粉砂壤土，发育弱的直径 5～10 mm 块状结构，稍坚实，2%白色碳酸钙粉末，极强度石灰反应。

小山坪系代表性单个土体物理性质

土层	深度/cm	砾石(>2 mm，体积分数)/%	细土颗粒组成(粒径：mm)/(g/kg)			质地	容重/(g/cm^3)
			砂粒 2～0.05	粉粒 0.05～0.002	黏粒 <0.002		
Ah	0～5	0	268	577	155	粉砂壤土	1.38
AB	5～25	0	289	564	147	粉砂壤土	1.11
Bz	25～50	0	273	578	149	粉砂壤土	1.21
Bkz	50～100	0	230	598	172	粉砂壤土	1.20
Bk	100～120	0	212	612	176	粉砂壤土	1.24

小山坪系代表性单个土体化学性质

深度/cm	pH	有机碳/(g/kg)	全氮(N)/(g/kg)	全磷(P)/(g/kg)	全钾(K)/(g/kg)	CEC/[cmol(+)/kg]	$CaCO_3$/(g/kg)	电导率(EC)/(dS/m)
0～5	8.6	7.6	0.92	0.61	21.8	5.7	137.0	0.4
5～25	8.2	7.1	0.84	0.60	21.9	5.8	133 .5	1.7
25～50	8.2	5.7	0.64	0.58	21.3	5	132.9	8.4
50～100	8.3	5	0.54	0.55	21.2	5.6	149.6	11.7
100～120	8.6	3.4	0.4	0.52	21.5	4.8	144.5	2.2

第10章　新　成　土

10.1　石灰干旱砂质新成土

10.1.1　车家崖系（Chejiaya Series）

土　族：砂质硅质型温性-石灰干旱砂质新成土

拟定者：杨金玲，李德成，张甘霖

分布与环境条件　主要分布于酒泉、嘉峪关、金昌、武威、张掖等河西五地市及白银市北部，沙漠，海拔 1400～1800 m，母质为风积物，半固定沙丘，温带干旱气候，年均日照时数 3000～3300 h，气温 6～9℃，降水量 20～50 mm，无霜期 130～150 d。

车家崖系典型景观

土系特征与变幅　诊断层包括淡薄表层，诊断特性包括温性土壤温度状况、干旱土壤水分状况、砂质沉积物岩性特征和石灰性，具有钙积现象。土体厚度 1 m 以上，淡薄表层厚度 5～10 cm；钙积现象上界出现在矿质土表以下 75～100 cm，具有钙积现象土层厚度 25～50 cm。通体为壤质砂土。碳酸钙相当物含量 50～100 g/kg，中度-强度石灰反应，土壤 pH 8.5～9.0。

对比土系　吴家洼系，同一土族，但无钙积现象，通体砂土。

利用性能综述　沙漠，半固定沙丘，地形略有起伏，土体深厚，成土作用非常弱，有效土层很薄，自然养分含量特别低，草被覆盖度很低，目前农业上尚难利用，应做好现有自然植被的保护，并种植耐旱灌木，防风固沙，防止逆转为流动沙丘。

参比土种　半流沙土。

代表性单个土体　位于甘肃省酒泉市肃州区清水镇车家崖湾村北，乐沙边村东南，39°21′24.707″N，99°8′28.173″E，海拔 1600 m，沙漠，母质为风积物，半固定沙丘，植被覆盖度<5%，50 cm 深度年均土温 9.1℃，调查时间 2012 年 8 月，编号 YG-022。

车家崖系代表性单个土体剖面

AC：0～10 cm，淡黄橙色（10YR 8/3，干），灰黄棕色（10YR 6/2，润），壤质砂土，单粒，松散，少量草灌细根，中度石灰反应，向下层波状模糊过渡。

C： 10～85 cm，淡黄橙色（10YR 8/3，干），灰黄棕色（10YR 6/2，润），壤质砂土，单粒，松散，很少量草灌细根，中度石灰反应，向下层波状模糊过渡。

Ck：85～120 cm，淡黄橙色（10YR 8/3，干），灰黄棕色（10YR 6/2，润），壤质砂土，单粒，松散，强度石灰反应。

车家崖系代表性单个土体物理性质

土层	深度/cm	砾石(>2 mm，体积分数)/%	细土颗粒组成(粒径：mm)/(g/kg)			质地	容重/(g/cm³)
			砂粒 2～0.05	粉粒 0.05～0.002	黏粒 <0.002		
AC	0～10	0	877	44	79	壤质砂土	1.65
C	10～85	0	884	42	74	壤质砂土	1.68
Ck	85～120	0	888	33	79	壤质砂土	1.76

车家崖系代表性单个土体化学性质

深度/cm	pH	有机碳/(g/kg)	全氮(N)/(g/kg)	全磷(P)/(g/kg)	全钾(K)/(g/kg)	CEC/[cmol(+)/kg]	$CaCO_3$/(g/kg)	电导率(EC)/(dS/m)
0～10	8.7	0.8	0.06	0.37	15.3	0.9	61.9	0.8
10～85	8.7	0.7	0.04	0.35	16.0	0.8	53.9	0.7
85～120	8.6	0.4	0.03	0.35	15.2	0.9	78.1	0.8

10.1.2 吴家洼系（Wujiawa Series）

土 族：砂质硅质型温性-石灰干旱砂质新成土
拟定者：杨金玲，李德成，张甘霖

分布与环境条件 主要分布于分布在酒泉、嘉峪关、金昌、武威、张掖等河西五地市及白银市北部，沙漠，海拔 1000～1400 m，母质为风积物，半固定沙丘，温带干旱气候，年均日照时数 3000～3300 h，气温 6～9℃，降水量 100～200 mm，无霜期 130～180 d。

吴家洼系典型景观

土系特征与变幅 诊断层包括淡薄表层，诊断特性包括温性土壤温度状况、干旱土壤水分状况、砂质沉积物岩性特征和石灰性，土体厚度 1 m 以上，淡薄表层厚度 10～20 cm。通体为砂土。碳酸钙相当物含量 20～50 g/kg，中度石灰反应，土壤 pH 8.5～9.0。

对比土系 车家崖系，同一土族，但有钙积现象，通体壤质砂土。

利用性能综述 沙漠，半固定沙丘，地形较起伏，土体深厚，成土作用非常弱，有效土层很薄，自然养分含量特别低，草被覆盖度很低，目前农业上尚难利用，应做好现有自然植被的保护，并种植耐旱灌木，防风固沙，防止逆转为流动沙丘。

参比土种 半流沙土。

代表性单个土体 位于甘肃省张掖市高台县罗城乡吴家洼村南，花墙子村西南，花里半滩村东北，39°37′13.968″N，99°36′0.192″E，海拔 1265 m，沙漠，母质为风积物，半固定沙丘，植被覆盖度 10%，50 cm 深度年均土温 9.9℃，调查时间 2013 年 7 月，编号 HH031。

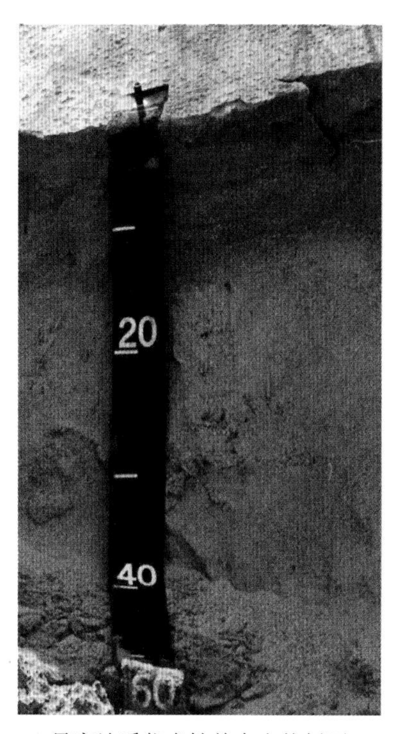

吴家洼系代表性单个土体剖面

AC：0～15 cm，浊黄橙色（10YR 6/3，干），灰黄棕色（10YR 4/2，润），砂土，单粒，无结构，松散，少量灌木根系，轻度石灰反应，向下层波状清晰过渡。

C1：15～40 cm，浊黄橙色（10YR 6/3，干），灰黄棕色（10YR 4/2，润），砂土，单粒，无结构，松散，少量灌木根系，中度石灰反应，向下层波状渐变过渡。

C2：40～50 cm，橙白色（10YR 8/2，干），灰黄棕色（10YR 6/2，润），砂土，单粒，无结构，松散，轻度石灰反应。

吴家洼系代表性单个土体物理性质

土层	深度/cm	砾石(>2 mm，体积分数)/%	细土颗粒组成(粒径：mm)/(g/kg)			质地	容重/(g/cm^3)
			砂粒 2～0.05	粉粒 0.05～0.002	黏粒 <0.002		
AC	0～15	0	901	38	61	砂土	1.66
C1	15～40	0	904	39	57	砂土	1.70

吴家洼系代表性单个土体化学性质

深度/cm	pH	有机碳/(g/kg)	全氮(N)/(g/kg)	全磷(P)/(g/kg)	全钾(K)/(g/kg)	CEC/[cmol(+)/kg]	$CaCO_3$/(g/kg)	电导率(EC)/(dS/m)
0～15	9.0	0.7	0.16	0.26	14.4	0.8	43.8	2.2
15～40	8.5	0.6	0.15	0.25	13.9	0.6	42.1	2.8

10.2 石灰干润砂质新成土

10.2.1 大滩系（Datan Series）

土 族：砂质硅质型冷性-石灰干润砂质新成土

拟定者：杨金玲，赵玉国，吴华勇

分布与环境条件 主要分布于酒泉、嘉峪关、张掖、武威、金昌等河西五地市及白银市北部，沙漠边缘地带，海拔 1500～1900 m，母质为风积沙，固定沙丘，温带半干旱气候，年均日照时数 2600～3000 h，气温 0～3℃，降水量 200～400 mm，无霜期 130～160 d。

大滩系典型景观

土系特征与变幅 诊断层包括淡薄表层，诊断特性包括寒性土壤温度状况、半干润土壤水分状况、砂质沉积物岩性特征和石灰性，具有钙积现象和盐积现象。土体厚度 1 m 以上，淡薄表层厚度 10～20 cm；钙积现象出现在矿质土表以下 15～25 cm，具有钙积现象土层厚度 50～75 cm；盐积现象上界出现在矿质土表以下 25～50 cm，具有盐积现象土层厚度 75～100 cm。层次质地构型为壤土-砂质壤土-砂土。电导率 0.2～14.9 dS/m；碳酸钙相当物含量 50～100 g/kg，强度石灰反应，土壤 pH 8.0～9.0。

对比土系 土星村系，同一土族，但无钙积现象和盐积现象，且通体为砂土。

利用性能综述 沙漠，固定沙丘，地势较平缓，土体深厚，成土作用弱，有效土层薄，自然养分含量很低，草被覆盖度较低，目前农业上尚难利用，应做好现有自然植被的保护，并种植耐旱灌木，防风固沙，防止逆转为流动沙丘。

参比土种 浮沙土。

代表性单个土体 位于甘肃省武威市天祝藏族自治县西大滩乡马场村，37°27′37.036″N，102°54′05.873″E，沙漠，海拔 1785 m，固定沙丘，母质为风积物，植被覆盖度 30%～40%，50 cm 深度年均土温 5.0℃，调查时间 2015 年 7 月，编号 62-061。

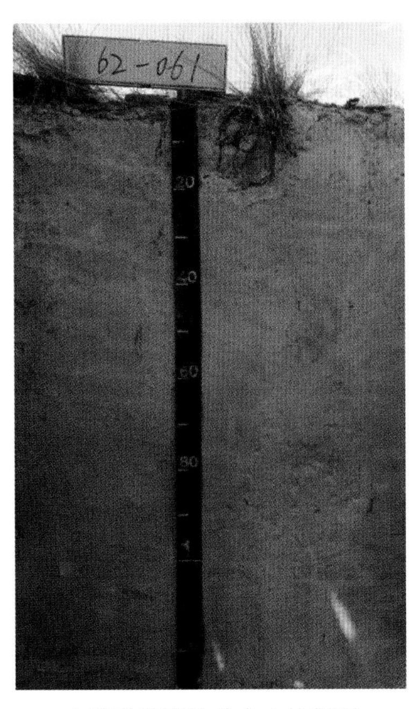

大滩系代表性单个土体剖面

Ac：　+2～0 cm，生物结皮。

Ah：　0～17 cm，淡黄橙色（10YR 8/3，干），浊黄橙色（10YR 6/3，润），壤土，发育弱的直径<5 mm 块状结构，稍坚实，少量草被根系，强度石灰反应，向下层平滑渐变过渡。

ACk：17～30 cm，淡黄橙色（10YR 8/3，干），浊黄橙色（10YR 6/3，润），砂质壤土，发育弱的直径 5～10 mm 块状结构，稍坚实，少量草被根系，强度石灰反应，向下层平滑渐变过渡。

Ckz：　30～70 cm，淡黄橙色（10YR 8/3，干），浊黄橙色（10YR 6/3，润），砂土，单粒，无结构，稍坚实，强度石灰反应，向下层平滑清晰过渡。

Cz：　70～125 cm，浊黄棕色（10YR 7/4，干），浊黄棕色（10YR 5/4，润），砂土，单粒，无结构，疏松，强度石灰反应。

大滩系代表性单个土体物理性质

土层	深度 /cm	砾石 (>2 mm，体积分数)/%	细土颗粒组成(粒径：mm)/(g/kg)			质地	容重 /(g/cm^3)
			砂粒 2～0.05	粉粒 0.05～0.002	黏粒 ＜0.002		
Ah	0～17	0	517	357	127	壤土	1.41
ACk	17～30	0	640	260	100	砂质壤土	1.45
Ckz	30～70	0	789	141	69	砂土	—
Cz	70～125	0	782	146	72	砂土	—

大滩系代表性单个土体化学性质

深度 /cm	pH	有机碳 /(g/kg)	全氮(N) /(g/kg)	全磷(P) /(g/kg)	全钾(K) /(g/kg)	CEC /[cmol(+)/kg]	$CaCO_3$ /(g/kg)	电导率(EC) /(dS/m)
0～17	8.9	4.1	0.52	0.41	21.3	4.7	72.8	0.3
17～30	8.6	2.6	0.32	0.31	19.8	3.7	98.8	2.0
30～70	9.0	1.3	0.13	0.25	21.0	2.8	85.4	5.5
70～125	8.8	0.7	0.10	0.23	21.5	2.9	61.9	6.8

10.2.2 土星村系（Tuxingcun Series）

土 族：砂质硅质型冷性-石灰干润砂质新成土

拟定者：杨金玲，赵玉国，吴华勇

分布与环境条件 主要分布于酒泉、嘉峪关、张掖、武威、金昌等河西五地市及白银市北部，沙漠边缘地带，海拔 1400～1800 m，母质为风积物，半固定沙丘，温带半干旱气候，年均日照时数 2600～3000 h，气温 0～3℃，降水量 200～400 mm，无霜期 130～160 d。

土星村系典型景观

土系特征与变幅 诊断层包括淡薄表层，诊断特性包括寒性土壤温度状况、半干润土壤水分状况、砂质沉积物岩性特征和石灰性，土体厚度 1 m 以上，淡薄表层厚度 5～10 cm。通体为砂土。碳酸钙相当物含量 20～50 g/kg，中度石灰反应，土壤 pH 8.5～9.5。

对比土系 大滩系，同一土族，但有钙积现象和盐积现象，且层次质地构型为壤土-砂质壤土-砂土。

利用性能综述 沙漠，半固定沙丘，地势较平缓，土体深厚，成土作用非常弱，有效土层很薄，自然养分含量特别低，草被覆盖度较低，目前农业上尚难利用，应做好现有自然植被的保护，并种植耐旱灌木，防风固沙，防止逆转为流动沙丘。

参比土种 柴湾浮沙土。

代表性单个土体 位于甘肃省武威市天祝藏族自治县西大滩乡土星村，37°29′07.390″N，103°13′43.475″E，沙漠，海拔 1694 m，母质为风积物，半固定沙丘，植被覆盖度 20%～30%，50 cm 深度年均土温 4.5℃，调查时间 2015 年 7 月，编号 62-062。

土星村系代表性单个土体剖面

Ah：0～5 cm，亮黄棕色（10YR 7/6，干），黄棕色（10YR 5/6，润），砂土，发育弱的直径<5 mm 块状结构，松散，少量灌草根系，中度石灰反应，向下层平滑清晰过渡。

AC：5～20 cm，亮黄棕色（10YR 7/6，干），黄棕色（10YR 5/6，润），砂土，发育弱的直径<5 mm 块状结构，松散，极少量灌草细根系，中度石灰反应，向下层平滑渐变过渡。

C1：20～65 cm，亮黄棕色（10YR 7/6，干），黄棕色（10YR 5/6，润），砂土，单粒，松散，极少量树根，中度石灰反应，向下层平滑渐变过渡。

C2：65～125 cm，亮黄棕色（10YR 7/6，干），黄棕色（10YR 5/6，润），砂土，单粒，松散，中度石灰反应。

土星村系代表性单个土体物理性质

土层	深度 /cm	砾石 (>2 mm，体积分数)/%	细土颗粒组成(粒径：mm)/(g/kg)			质地	容重 /(g/cm^3)
			砂粒 2～0.05	粉粒 0.05～0.002	黏粒 ＜0.002		
Ah	0～5	0	905	50	45	砂土	—
AC	5～20	0	901	51	48	砂土	—
C1	20～65	0	899	50	50	砂土	—
C2	65～125	0	934	29	37	砂土	—

土星村系代表性单个土体化学性质

深度 /cm	pH	有机碳 /(g/kg)	全氮(N) /(g/kg)	全磷(P) /(g/kg)	全钾(K) /(g/kg)	CEC /[cmol(+)/kg]	$CaCO_3$ /(g/kg)	电导率(EC) /(dS/m)
0～5	9.1	1.0	0.08	0.27	23.6	2.3	46.3	0.2
5～20	8.9	0.4	0.07	0.22	22.0	2.0	37.2	0.2
20～65	9.0	0.3	0.04	0.25	22.0	2.0	40.4	0.2
65～125	9.0	0.6	0.04	0.22	22.1	1.9	41.5	0.2

10.3　斑纹寒冻冲积新成土

10.3.1　欧拉系（Oula Series）

土　族：砂质硅质混合型石灰性-斑纹寒冻冲积新成土

拟定者：杨金玲，宋效东

分布与环境条件　主要分布于甘南高原和祁连山地的山间丘陵盆地、山前滩地、河流阶地及山麓坡地，海拔3100～3500 m，母质为冲积物，草地，高寒半湿润气候，年均日照时数2100～2500 h，气温0～6℃，降水量500～700 mm，无霜期60～100 d。

欧拉系典型景观

土系特征与变幅　诊断层包括淡薄表层，诊断特性包括寒性土壤温度状况、潮湿土壤水分状况、冲积物岩性特征、冻融特征、氧化还原特征和石灰性。土体厚度1 m以上，淡薄表层厚度5～10 cm；2%～5%铁锰斑纹，表层以下冲积层理明显。通体为砂质壤土。碳酸钙相当物含量50～100 g/kg，强度石灰反应，土壤pH 8.5～9.0。

对比土系　玉岗系，同一亚纲，但不同土类，为石灰潮湿冲积新成土。

利用性能综述　草地，土体较深厚，养分含量很低，植被覆盖度不高，有人为放牧现象。土壤偏砂，保肥保水性能差，易于发生水土流失。因此应封山育林，加强水土保持，发挥其生态环境效应，防止过度放牧。

参比土种　栗土。

代表性单个土体　位于甘肃省甘南藏族自治州玛曲县欧拉乡欧强村，33°57′05.965″N，102°02′17.215″E，高山河流一级阶地，海拔3386 m，母质为冲积物，草地，植被覆盖度30%～50%，50 cm深度年均土温4.2℃，调查时间2015年7月，编号62-016。

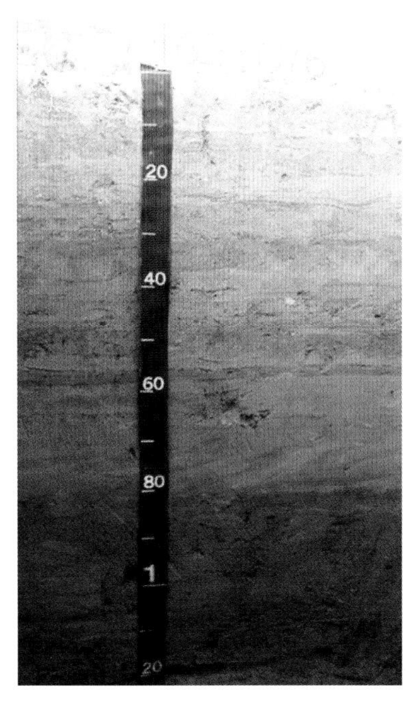

欧拉系代表性单个土体剖面

Ah：0～9 cm，浊黄色（2.5Y 6/3，干），橄榄棕色（2.5Y 4/3，润），20%岩石碎屑，砂质壤土，发育弱的直径<5 mm 块状结构，松散-疏松，中量草被根系，强度石灰反应，向下层平滑清晰过渡。

Cr1：9～82 cm，浊黄色（2.5Y 6/3，干），橄榄棕色（2.5Y 4/3，润），5%岩石碎屑，砂质壤土，单粒，稍坚实，少量草被根系，冲积层理明显，2%～5%铁锰斑纹，强度石灰反应，向下层平滑渐变过渡。

Cr2：82～120 cm，浊黄色（2.5Y 6/3，干），橄榄棕色（2.5Y 4/3，润），10%岩石碎屑，砂质壤土，单粒，疏松，冲积层理明显，2%～5%铁锰斑纹，强度石灰反应。

欧拉系代表性单个土体物理性质

土层	深度/cm	砾石(>2 mm，体积分数)/%	细土颗粒组成(粒径：mm)/(g/kg)			质地	容重/(g/cm^3)
			砂粒 2～0.05	粉粒 0.05～0.002	黏粒 <0.002		
Ah	0～9	20	707	198	95	砂质壤土	1.57
Cr1	9～82	5	664	223	113	砂质壤土	1.62
Cr2	82～120	10	548	309	143	砂质壤土	1.58

欧拉系代表性单个土体化学性质

深度/cm	pH	有机碳/(g/kg)	全氮(N)/(g/kg)	全磷(P)/(g/kg)	全钾(K)/(g/kg)	CEC/[cmol(+)/kg]	$CaCO_3$/(g/kg)	电导率(EC)/(dS/m)
0～9	8.6	3.4	0.34	0.93	19.2	3.2	71.1	0.2
9～82	8.7	2.2	0.22	0.55	18.3	3.1	69.8	0.2
82～120	8.5	3.0	0.30	0.48	17.3	4.0	56.4	0.3

10.4　石灰潮湿冲积新成土

10.4.1　玉岗系（Yugang Series）

土　族：粗骨质盖黏壤质混合型温性-石灰潮湿冲积新成土
拟定者：杨金玲，宋效东

分布与环境条件　主要分布于陇南、甘南、河西酒泉、张掖、武威等地的低洼地带，河流附近的河漫滩或一级阶地，海拔 1900～2300 m，母质为冲积物，草地，温带半湿润气候，年均日照时数 1600～2000 h，气温 8～12℃，降水量 500～700 mm，无霜期 200～220 d。

玉岗系典型景观

土系特征与变幅　诊断层包括淡薄表层，诊断特性包括温性土壤温度状况、潮湿土壤水分状况、冲积物岩性特征、氧化还原特征和石灰性，具有钙积现象。土体厚度 1 m 以上，具有埋藏表层；淡薄表层厚度 20～40 cm；10%～15%锈纹锈斑；钙积现象出现在表层，厚度 15～25 cm。土体砾石含量 2%～80%，层次质地构型为壤土-砂质壤土-粉砂壤土。碳酸钙相当物含量 50～150 g/kg，强度石灰反应，土壤 pH 7.5～9.0。

对比土系　欧拉系，同一亚纲，但不同土类，为斑纹寒冻冲积新成土。

利用性能综述　草地，地势平缓，土体簿，砾石含量高，保水保肥性差，养分含量低，不适于开发和耕种利用。应封山育林，加强水土保持，发挥其生态环境效应。

参比土种　洼泥锈湿土。

代表性单个土体　位于甘肃省陇南市宕昌县哈达铺镇玉岗村南河滩，34°12′35.558″N，

104°14′36.592″E，河漫滩，海拔 2150 m，母质为冲积物，草地，植被覆盖度 60%，50 cm 深度年均土温 10.5℃，调查时间 2015 年 7 月，编号 62-013。

玉岗系代表性单个土体剖面

Ahk：0～22 cm，淡黄橙色（10YR 8/3，干），浊黄橙色（10YR 6/3，润），15%岩石碎屑，壤土，发育中等的粒状和直径<5 mm 块状结构，疏松，中量草被根系，强度石灰反应，向下层平滑突变过渡。

Cr：22～43 cm，淡黄橙色（10YR 8/3，干），浊黄橙色（10YR 6/3，润），80%岩石碎屑，砂质壤土，单粒，少量草被根系，2%～5%锈纹锈斑，强度石灰反应，向下层平滑突变过渡。

Abr：43～55 cm，浊黄橙色（10YR 7/2，干），灰黄棕色（10YR 5/2，润），2%岩石碎屑，粉砂壤土，发育中等的直径 10～20 mm 块状结构，疏松，10%～15%锈纹锈斑，强度石灰反应，向下层平滑清晰过渡。

Bbr：55～100 cm，淡灰色（10YR 7/1，干），棕灰色（10YR 5/1，润），粉砂壤土，发育中等的直径 10～20 mm 块状结构，稍坚实，2%～5%锈纹锈斑，强度石灰反应，向下层波状突变过渡。

C：100～110 cm，岩石碎屑。

玉岗系代表性单个土体物理性质

土层	深度/cm	砾石(>2 mm，体积分数)/%	细土颗粒组成(粒径：mm)/(g/kg)			质地	容重/(g/cm^3)
			砂粒 2～0.05	粉粒 0.05～0.002	黏粒 <0.002		
Ahk	0～22	15	558	336	106	壤土	1.27
Cr	22～43	80	649	266	85	砂质壤土	1.22
Abr	43～55	2	108	683	208	粉砂壤土	1.22
Bbr	55～100	0	92	706	202	粉砂壤土	1.32

玉岗系代表性单个土体化学性质

深度/cm	pH	有机碳/(g/kg)	全氮(N)/(g/kg)	全磷(P)/(g/kg)	全钾(K)/(g/kg)	CEC/[cmol(+)/kg]	$CaCO_3$/(g/kg)	电导率(EC)/(dS/m)
0～22	8.7	4.9	0.53	0.51	20.1	4.4	118.6	0.3
22～43	8.6	5.8	0.53	0.50	20.7	4.2	85.0	0.3
43～55	7.9	20.1	1.23	0.49	20.2	12.7	94.1	2.1
55～100	7.9	23.1	1.23	0.64	25.0	13.7	78.8	1.7

10.5　斑纹干旱冲积新成土

10.5.1　下河清系（Xiaheqing Series）

土　族：壤质混合型石灰性温性-斑纹干旱冲积新成土

拟定者：杨金玲，李德成，赵玉国

分布与环境条件　主要分布于酒泉市肃州区下河清农场一带，洪积平原，海拔 1200～1600 m，母质为洪积物，荒漠戈壁，温带干旱气候，年均日照时数 3000～3300 h，气温 6～9℃，降水量 50～100 mm，无霜期 120～140 d。

下河清系典型景观

土系特征与变幅　诊断层包括干旱表层，诊断特性包括温性土壤温度状况、干旱土壤水分状况、冲积物岩性特征、氧化还原特征和石灰性。土体厚度 1 m 以上，干旱表层厚度 5～10 cm；5%～15%锈纹锈斑。砾石含量可达 5%～24%，层次质地构型为壤土-壤质砂土-壤土-砂质壤土。碳酸钙相当物含量 50～150 g/kg，强度-极强度石灰反应，土壤 pH 7.5～8.5。

对比土系　地湾村系，同一土类，但不同亚类，没有氧化还原特性，为普通干旱冲积新成土。

利用性能综述　荒漠戈壁，地形平缓，土体深厚，植被覆盖度很低，砾石较多，养分含量非常低，应做好现有自然植被的保护，并种植耐旱灌木。

参比土种　砾幂土。

代表性单个土体　位于甘肃省酒泉市肃州区下河清农场下河清滩村东北，下河清村西南，39°33′7.941″N，98°51′33.991″E，海拔 1480 m，洪积平原，母质为洪积物，荒漠戈壁，植被覆盖度 5%，50 cm 深度年均土温 9.2℃，调查时间 2012 年 8 月，编号 YG-023。

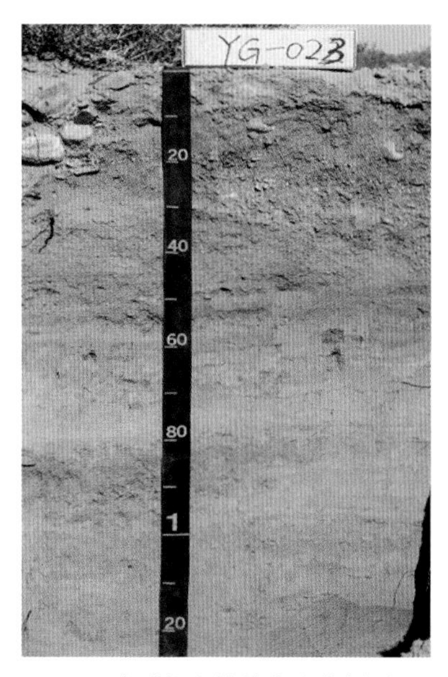

下河清系代表性单个土体剖面

Ac：+1～0 cm，干旱结皮。

Ak：0～10 cm，橙白色（10YR 8/2，干），灰黄棕色（10YR 5/2，润），10%岩石碎屑，壤土，发育弱的直径<5 mm 块状结构，稍坚实，少量骆驼刺根系，极强度石灰反应，向下层波状清晰过渡。

Cr1：10～55 cm，浊黄橙色（10YR 7/2，干），灰黄棕色（10YR 4/2，润），20%岩石碎屑，壤质砂土，单粒，松散，少量骆驼刺根系，5%～10%锈纹锈斑，冲积层理明显，强度石灰反应，向下层平滑清晰过渡。

Cr2：55～80 cm，橙白色（10YR 8/2，干），灰黄棕色（10YR 6/2，润），5%岩石碎屑，壤土，单粒，松散，10%～15%锈纹锈斑，冲积层理明显，强度石灰反应，向下层平滑清晰过渡。

Cr3：80～120 cm，橙白色（10YR 8/2，干），灰黄棕色（10YR 6/2，润），砂质壤土，单粒，5%～10%锈纹锈斑，冲积层理明显，强度石灰反应。

下河清系代表性单个土体物理性质

土层	深度 /cm	砾石 (>2 mm，体积分数)/%	细土颗粒组成(粒径：mm)/(g/kg)			质地	容重 /(g/cm^3)
			砂粒 2～0.05	粉粒 0.05～0.002	黏粒 <0.002		
Ak	0～10	10	462	370	169	壤土	1.45
Cr1	10～55	20	847	76	77	壤质砂土	1.51
Cr2	55～80	5	273	519	209	壤土	1.42
Cr3	80～120	0	441	377	182	砂质壤土	1.49

下河清系代表性单个土体化学性质

深度 /cm	pH	有机碳 /(g/kg)	全氮(N) /(g/kg)	全磷(P) /(g/kg)	全钾(K) /(g/kg)	CEC /[cmol(+)/kg]	$CaCO_3$ /(g/kg)	电导率(EC) /(dS/m)
0～10	7.8	2.2	0.21	0.64	15.5	3.2	123.2	2.7
10～55	7.6	1.6	0.09	0.53	14.7	1.0	78.1	4.0
55～80	8.1	2.6	0.16	0.63	17.4	10.6	92.6	4.7
80～120	8.3	1.8	0.09	0.49	15.6	2.0	73.2	3.7

10.6　普通干旱冲积新成土

10.6.1　地湾村系（Diwancun Series）

土　族：砂质硅质型混合型石灰性温性-普通干旱冲积新成土

拟定者：杨金玲，李德成，张甘霖

分布与环境条件　主要分布于酒泉市金塔县鼎新镇一带，冲积平原，海拔 1000～1300 m，母质为冲积物，荒漠戈壁，无植被，温带干旱气候，年均日照时数 3000～3300 h，气温 6～9℃，降水量 50～100 mm，无霜期 130～180 d。

地湾村系典型景观

土系特征与变幅　诊断层包括干旱表层，诊断特性包括温性土壤温度状况、干旱土壤水分状况、冲积物岩性特征和石灰性，具有盐积现象。土体厚度 1 m 以上，干旱表层厚度 5～10 cm，之下土体可见明显的冲积层理；盐积现象上界出现在矿质土表以下 75～100 cm，具有盐积现象土层厚度 25～50 cm。层次质地构型为砂土-砂质壤土。电导率 1.0～14.9 dS/m；碳酸钙相当物含量 30～60 g/kg，中度石灰反应，土壤 pH 7.5～9.0。

对比土系　下河清系，同一土类，但不同亚类，有氧化还原特征，为斑纹干旱冲积新成土。

利用性能综述　荒漠戈壁，地形平缓，土体深厚，无植被，养分含量极低，应种植耐旱灌木，防风固沙。

参比土种　砾幂土。

代表性单个土体　位于甘肃省酒泉市金塔县鼎新镇地湾村东北，裴家庄南，40°9′43.708″N，99°25′8.412″E，海拔 1153 m，冲积平原，母质为冲积物，荒漠戈壁，无植被，50 cm 深度年均土温 9.9℃，调查时间 2013 年 7 月，编号 HH049。

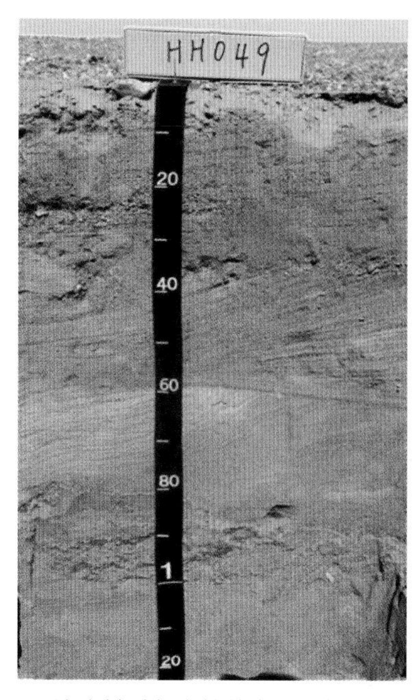

地湾村系代表性单个土体剖面

Ac：+2～0 cm，干旱结皮。

A：0～10 cm，浊黄橙色（10YR 7/2，干），灰黄棕色（10YR 4/2，润），10%岩石碎屑，砂土，发育弱的直径<5 mm 块状结构，松散，中度石灰反应，向下层平滑渐变过渡。

C1：10～26 cm，浊黄橙色（10YR 7/2，干），灰黄棕色（10YR 4/2，润），10%岩石碎屑，砂土，单粒，松散，冲积层理明显，中度石灰反应，向下层平滑清晰过渡。

C2：26～80 cm，浊黄橙色（10YR 7/2，干），灰黄棕色（10YR 4/2，润），砂土，单粒，松散，冲积层理明显，中度石灰反应，向下层平滑清晰过渡。

Cz1：80～100 cm，60%浊黄橙色（10YR 7/2，干）、灰黄棕色（10YR 4/2，润），40%亮黄棕色（10YR 7/6，干）、浊黄棕色（10YR 5/4，润），10%岩石碎屑，砂土，单粒，松散，冲积层理明显，中度石灰反应，向下层平滑清晰过渡。

Cz2：100～120 cm，浊黄橙色（10YR 8/2，干），灰黄棕色（10YR 5/2，润），砂质壤土，单粒，松散，冲积层理明显，中度石灰反应。

地湾村系代表性单个土体物理性质

土层	深度/cm	砾石(>2 mm，体积分数)/%	细土颗粒组成(粒径：mm)/(g/kg)			质地	容重/(g/cm^3)
			砂粒 2～0.05	粉粒 0.05～0.002	黏粒 <0.002		
A	0～10	10	924	7	69	砂土	1.54
C1	10～26	10	914	31	55	砂土	1.61
C2	26～80	0	930	12	58	砂土	1.61
Cz1	80～100	10	915	24	61	砂土	1.63
Cz2	100～120	0	764	109	127	砂质壤土	1.50

地湾村系代表性单个土体化学性质

深度/cm	pH	有机碳/(g/kg)	全氮(N)/(g/kg)	全磷(P)/(g/kg)	全钾(K)/(g/kg)	CEC/[cmol(+)/kg]	$CaCO_3$/(g/kg)	电导率(EC)/(dS/m)
0～10	8.6	1.4	0.21	0.34	14.7	1.1	56.1	4.7
10～26	8.5	1.0	0.17	0.35	14.9	0.9	45.4	3.1
26～80	8.7	1.0	0.17	0.34	14.9	1.0	50.7	2.4
80～100	8.2	0.9	0.17	0.40	16.8	3.5	56.1	10.3
100～120	7.8	1.7	0.23	0.39	13.8	1.4	48.1	8.5

10.7 石灰干旱正常新成土

10.7.1 柳沟河系（Liugouhe Series）

土 族：粗骨质硅质混合型冷性-石灰干旱正常新成土

拟定者：杨金玲，李德成，张甘霖

分布与环境条件 主要分布于酒泉市玉门市赤金镇一带，洪积扇，海拔 1700～2100 m，母质为洪积物，稀疏草地，温带干旱气候，年均日照时数 3000～3300 h，气温 3～6℃，降水量 50～100 mm，无霜期 100～150 d。

柳沟河系典型景观

土系特征与变幅 诊断层包括干旱表层，诊断特性包括冷性土壤温度状况、干旱土壤水分状况和石灰性，具有钙积现象和盐积现象。地表粗碎块面积 50%～80%，干旱结皮 1～2 cm，土体厚度小于 20 cm，干旱表层厚度 5～10 cm；钙积现象出现在砾石层，通体具有盐积现象。砾石含量 50%～90%，层次质地构型为砂质壤土-壤土-砂质壤土。电导率 3.0～14.9 dS/m；碳酸钙相当物含量 150～200 g/kg，极强度石灰反应，土壤 pH 7.5～8.5。

对比土系 下长台系，同一土族，但无钙积现象和盐积现象。

利用性能综述 稀疏草地，土体极浅薄，砾石多，植被覆盖度偏低，养分含量低，应做好现有自然植被的保护，并种植耐旱灌木。

参比土种 砾质土。

代表性单个土体 位于甘肃省酒泉市玉门市赤金镇柳沟河坝村西，窑儿湾村北，39°53′42.636″N，97°20′5.055″E，海拔 1910 m，洪积扇，母质为洪积物，稀疏草地，植被覆盖度 10%～20%，50 cm 深度年均土温 7.7℃，调查时间 2013 年 8 月 1 日，编号 HH019。

柳沟河系代表性单个土体剖面

Ac：+2～0 cm，干旱结皮。

Az：0～5 cm，淡黄橙色（10YR 8/3，干），浊黄橙色（10YR 6/3，润），50%岩石碎屑，砂质壤土，发育弱的直径<5 mm 块状结构，松散，少量草本根系，极强度石灰反应，向下层平滑波状过渡。

Ckz1：5～30 cm，淡黄橙色（10YR 8/3，干），浊黄橙色（10YR 6/3，润），80%岩石碎屑，壤土，单粒，松散，少量草本根系，极强度石灰反应，向下层波状渐变过渡。

Ckz2：30～60 cm，淡黄橙色（10YR 8/3，干），浊黄橙色（10YR 6/3，润），80%岩石碎屑，砂质壤土，单粒，松散，极强度石灰反应。

柳沟河系代表性单个土体物理性质

土层	深度/cm	砾石(>2 mm，体积分数)/%	细土颗粒组成(粒径：mm)/(g/kg)			质地	容重/(g/cm^3)
			砂粒 2～0.05	粉粒 0.05～0.002	黏粒 <0.002		
Az	0～5	50	546	294	160	砂质壤土	1.26
Ckz1	5～30	80	488	348	165	壤土	1.27
Ckz2	30～60	80	604	264	132	砂质壤土	1.35

柳沟河系代表性单个土体化学性质

深度/cm	pH	有机碳/(g/kg)	全氮(N)/(g/kg)	全磷(P)/(g/kg)	全钾(K)/(g/kg)	CEC/[cmol(+)/kg]	$CaCO_3$/(g/kg)	电导率(EC)/(dS/m)
0～5	7.7	6.0	0.55	0.58	15.5	2.1	149.0	8.5
5～30	8.1	5.6	0.52	0.44	13.5	2.2	176.0	10.9
30～60	8.2	3.9	0.39	0.48	13.0	3.0	176.7	10.0

10.7.2 下长台系（Xiachangtai Series）

土 族：粗骨质硅质混合型冷性-石灰干旱正常新成土

拟定者：杨金玲，李德成，张甘霖

分布与环境条件 主要分布于酒泉市肃州区祁丰乡一带，洪积扇，海拔 1600～2000 m，母质为洪积物，稀疏草地，温带半干旱气候，年均日照时数 3000～3300 h，气温 3～6℃，降水量 100～200 mm，无霜期 120～140 d。

下长台系典型景观

土系特征与变幅 诊断层包括干旱表层，诊断特性包括冷性土壤温度状况、干旱土壤水分状况和石灰性。地表粗碎块面积 50%～80%，土体厚度小于 20 cm，干旱表层厚度 10～20 cm，之下为洪积砾石，砾石含量 25%～90%，通体为壤土。碳酸钙相当物含量 100～150 g/kg，极强度石灰反应，土壤 pH 8.0～9.0。

对比土系 柳沟河系，同一土族，但有钙积现象和盐积现象。

利用性能综述 稀疏草地，土体极浅簿，砾石多，植被覆盖度偏很低，养分含量很低，应做好现有自然植被的保护，并种植耐旱灌木。

参比土种 砾质土。

代表性单个土体 位于甘肃省酒泉市肃州区祁丰乡南滩村东南，下长台子村西南，长山子东北，39°32′54.854″N，98°23′58.589″E，海拔 1891 m，洪积扇，母质为洪积物，稀疏草地，植被覆盖度 10%～15%，50 cm 深度年均土温 8.0℃，调查时间 2012 年 8 月，编号 DC-008。

下长台系代表性单个土体剖面

A：0～20 cm，浊黄橙色（10YR 7/3，干），浊黄棕色（10YR 5/3，润），30%岩石碎屑，壤土，发育弱的直径<5 mm 块状结构，稍坚实，少量草被根系，极强度石灰反应，向下层波状清晰过渡。

C：20～80 cm，浊黄橙色（10YR 7/3，干），浊黄棕色（10YR 5/3，润），80%岩石碎屑，壤土，单粒，松散，极强度石灰反应。

下长台系代表性单个土体物理性质

土层	深度/cm	砾石(>2 mm，体积分数)/%	细土颗粒组成(粒径：mm)/(g/kg)			质地	容重/(g/cm^3)
			砂粒 2～0.05	粉粒 0.05～0.002	黏粒 <0.002		
A	0～20	30	373	474	153	壤土	1.37
C	20～80	80	378	479	143	壤土	1.32

下长台系代表性单个土体化学性质

深度/cm	pH	有机碳/(g/kg)	全氮(N)/(g/kg)	全磷(P)/(g/kg)	全钾(K)/(g/kg)	CEC/[cmol(+)/kg]	$CaCO_3$/(g/kg)	电导率(EC)/(dS/m)
0～20	8.1	3.3	0.37	0.54	15.0	6.4	125.4	2.5
20～80	8.1	2.1	0.24	0.50	14.5	6.2	134.2	2.4

10.7.3　大塘村系（Datangcun Series）

土　族：粗骨质硅质混合型温性-石灰干旱正常新成土

拟定者：杨金玲，李德成，张甘霖

分布与环境条件　主要分布于酒泉市金塔县大庄子乡一带，剥蚀洪积扇，海拔 1000～1300 m，母质为洪积物，荒漠戈壁，温带干旱气候，年均日照时数 3000～3300 h，气温 6～9℃，降水量 50～100 mm，无霜期 130～180 d。

大塘村系典型景观

土系特征与变幅　诊断层包括干旱表层，诊断特性包括温性土壤温度状况、干旱土壤水分状况和石灰性，具有钙积现象和盐积现象。地表有砾幂，干旱结皮 1～2 cm，土体厚度 10～20 cm，干旱表层厚度 5～10 cm；钙积现象和盐积现象出现在干旱表层。砾石含量 25%～90%，通体为砂质壤土。电导率 3.0～29.9 dS/m；碳酸钙相当物含量 10～80 g/kg，轻度-强度石灰反应，土壤 pH 7.5～8.5。

对比土系　搞油桩系，同一土族，无钙积现象和盐积现象。

利用性能综述　荒漠戈壁，土体极浅簿，砾石多，植被覆盖度偏极低，养分含量极低，应做好现有自然植被的保护，并种植耐旱灌木。

参比土种　砾幂土。

代表性单个土体　位于甘肃省酒泉市金塔县大庄子乡石料厂东北，张家坟园西，大塘村东，40°19′37.958″N，99°08′14.402″E，海拔 1196 m，剥蚀洪积扇，母质为洪积物，荒漠戈壁，植被覆盖度<2%，50 cm 深度年均土温 9.6℃，调查时间 2013 年 7 月，编号 YZ023。

大塘村系代表性单个土体剖面

Ac：+2～0 cm，干旱结皮。

Akz：0～10 cm，橙白色（10YR 8/2，干），棕灰色（10YR 6/1，润），50%岩石碎屑，砂质壤土，发育弱的直径<5 mm 块状结构，稍坚实，强度石灰反应，向下层波状渐变过渡。

Cz：10～40 cm，橙白色（10YR 8/2，干），棕灰色（10YR 6/1，润），80%岩石碎屑，砂质壤土，单粒，坚实，轻度石灰反应，向下层不规则模糊过渡。

C：40～80 cm，90%岩石碎屑。

大塘村系代表性单个土体物理性质

土层	深度/cm	砾石(>2 mm，体积分数)/%	细土颗粒组成(粒径：mm)/(g/kg)			质地	容重/(g/cm^3)
			砂粒 2～0.05	粉粒 0.05～0.002	黏粒 <0.002		
Akz	0～10	50	660	164	176	砂质壤土	1.50
Cz	10～40	80	539	327	134	砂质壤土	1.59
C	40～80	90	—	—	—	—	—

大塘村系代表性单个土体化学性质

深度/cm	pH	有机碳/(g/kg)	全氮(N)/(g/kg)	全磷(P)/(g/kg)	全钾(K)/(g/kg)	CEC/[cmol(+)/kg]	$CaCO_3$/(g/kg)	电导率(EC)/(dS/m)
0～10	7.8	1.7	0.23	0.40	16.6	5.6	61.4	13.3
10～40	7.8	1.1	0.18	0.31	15.8	3.9	18.0	25.7
40～80	—	—	—	—	—	—	—	—

10.7.4 搞油桩系（Gaoyouzhuang Series）

土 族：粗骨质硅质混合型温性-石灰干旱正常新成土

拟定者：杨金玲，李德成，刘峰

分布与环境条件 主要分布于酒泉市金塔县怀茂乡一带，洪积平原，海拔 1100～1500 m，母质为洪积物，荒漠戈壁，温带干旱气候，年均日照时数 3000～3300 h，气温 6～9℃，降水量 50～100 mm，无霜期 130～180 d。

搞油桩系典型景观

土系特征与变幅 诊断层包括干旱表层，诊断特性包括温性土壤温度状况、干旱土壤水分状况和石灰性。地表有砾幂，干旱结皮 1～2 cm，土体厚度 10～20 cm，干旱表层厚度 5～10 cm。砾石含量 20%～90%，层次质地构型为砂质壤土-壤质砂土。碳酸钙相当物含量 80～150 g/kg，强度-极强度石灰反应，土壤 pH 8.0～9.0。

对比土系 大塘村系，同一土族，但有钙积现象和盐积现象。

利用性能综述 荒漠戈壁，土体极浅簿，砾石多，植被覆盖度很低，养分含量极低，应做好现有自然植被的保护，并种植耐旱灌木。

参比土种 砾质土。

代表性单个土体 位于甘肃省酒泉市金塔县怀茂乡搞油桩村北，东戈壁村东南，白水泉村西南，39°58′47.447″N，98°40′49.426″E，海拔 1307 m，洪积平原，母质为洪积物，荒漠戈壁，植被覆盖度 2%～5%，50 cm 深度年均土温 9.7℃，调查时间 2012 年 8 月，编号 LF-021。

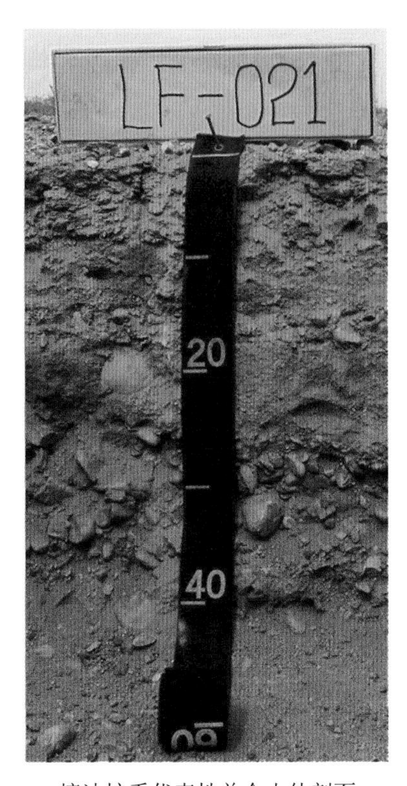

搞油桩系代表性单个土体剖面

Ac：+2～0 cm，干旱结皮。

A：0～10 cm，浊黄橙色（10YR 7/3，干），灰黄棕色（10YR 5/2，润），20%岩石碎屑，砂质壤土，发育弱的直径<5 mm块状结构，稍坚实，少量灌木根系，极强度石灰反应，向下层波状渐变过渡。

C1：10～20 cm，浊黄橙色（10YR 7/3，干），灰黄棕色（10YR 5/2，润），20%岩石碎屑，砂质壤土，单粒，强度石灰反应，向下层平滑渐变过渡。

C2：20～50 cm，浊黄橙色（10YR 6/3，干），浊黄棕色（10YR 5/3，润），80%岩石碎屑，壤质砂土，单粒，强度石灰反应。

搞油桩系代表性单个土体物理性质

土层	深度/cm	砾石(>2 mm，体积分数)/%	细土颗粒组成(粒径：mm)/(g/kg)			质地	容重/(g/cm^3)
			砂粒 2～0.05	粉粒 0.05～0.002	黏粒 <0.002		
A	0～10	20	761	128	111	砂质壤土	1.60
C1	10～20	20	672	189	139	砂质壤土	1.61
C2	20～50	80	881	35	83	壤质砂土	1.61

搞油桩系代表性单个土体化学性质

深度/cm	pH	有机碳/(g/kg)	全氮(N)/(g/kg)	全磷(P)/(g/kg)	全钾(K)/(g/kg)	CEC/[cmol(+)/kg]	$CaCO_3$/(g/kg)	电导率(EC)/(dS/m)
0～10	8.0	1.1	0.08	0.39	13.2	1.7	116.0	2.8
10～20	8.2	1.0	0.05	0.38	14.9	3.1	96.8	3.6
20～50	9.0	1.0	0.04	0.32	14.6	2.0	103.1	0.8

10.7.5　芨芨泉系（Jijiquan Series）

土　族：粗骨砂质盖粗骨质硅质混合型温性-石灰干旱正常新成土

拟定者：杨金玲，李德成，张甘霖

分布与环境条件　主要分布于酒泉市金塔县西坝乡一带，剥蚀洪积扇，海拔 1200～1600 m，母质为洪积物，荒漠戈壁，温带干旱气候，年均日照时数 3000～3300 h，气温 6～9℃，降水量 50～100 mm，无霜期 130～180 d。

芨芨泉系典型景观

土系特征与变幅　诊断层包括干旱表层，诊断特性包括温性土壤温度状况、干旱土壤水分状况和石灰性，具有盐积现象。地表有砾幂，干旱结皮 1～2 cm，土体厚度 20～50 cm，干旱表层厚度 10～20 cm，盐积现象出现在表层。砾石含量 25%～90%，通体为砂质壤土。电导率 3.0～14.9 dS/m；碳酸钙相当物含量 50～100 g/kg，强度石灰反应，土壤 pH 8.0～9.0。

对比土系　鸡心山系，同一土族，位置相近，但层次质地构型为砂质壤土-壤质砂土-砂土。

利用性能综述　稀疏草地，土体极浅薄，砾石多，植被覆盖度很低，养分含量极低，应做好现有自然植被的保护，并种植耐旱灌木。

参比土种　砾质土。

代表性单个土体　位于甘肃省酒泉市金塔县西坝乡芨芨泉沟村东南，俞井子村北，40°31′59.202″N，98°38′46.932″E，海拔 1493 m，剥蚀洪积扇，母质为洪积物，戈壁，植被覆盖度<5%，50 cm 深度年均土温 10.0℃，调查时间 2013 年 7 月，编号 HH051。

芨芨泉系代表性单个土体剖面

Ac：+2～0 cm，干旱结皮。

Az：0～5 cm，淡黄橙色（10YR 8/3，干），浊黄橙色（10YR 6/3，润），50%岩石碎屑，砂质壤土，发育弱的直径<5 mm 块状结构，坚实，少量灌木根系，强度石灰反应，向下层波状渐变过渡。

AC：5～25 cm，淡黄橙色（10YR 8/3，干），浊黄橙色（10YR 6/3，润），50%岩石碎屑，砂质壤土，发育弱的直径 5～10 mm 块状结构，坚实，强度石灰反应，向下层波状清晰过渡。

C1：25～40 cm，亮黄棕色（10YR 6/6，干），棕色（10YR 4/6，润），50%岩石碎屑，单粒，强度石灰反应，向下层平滑清晰过渡。

C2：40～70 cm，浊黄橙色（10YR 7/3，干），浊黄棕色（10YR 5/3，润），50%岩石碎屑，单粒，强度石灰反应，向下层平滑渐变过渡。

C3：70～90 cm，淡黄橙色（10YR 8/3，干），浊黄橙色（10YR 6/3，润），80%岩石碎屑，单粒，强度石灰反应。

芨芨泉系代表性单个土体物理性质

土层	深度/cm	砾石(>2 mm，体积分数)/%	细土颗粒组成(粒径：mm)/(g/kg)			质地	容重/(g/cm^3)
			砂粒 2～0.05	粉粒 0.05～0.002	黏粒 <0.002		
Az	0～5	50	773	110	117	砂质壤土	1.64
AC	5～25	50	783	120	97	砂质壤土	1.58
C1	25～40	50	—	—	—	—	—
C2	40～70	50	—	—	—	—	—
C3	70～90	80	—	—	—	—	—

芨芨泉系代表性单个土体化学性质

深度/cm	pH	有机碳/(g/kg)	全氮(N)/(g/kg)	全磷(P)/(g/kg)	全钾(K)/(g/kg)	CEC/[cmol(+)/kg]	$CaCO_3$/(g/kg)	电导率(EC)/(dS/m)
0～5	8.6	0.8	0.16	0.46	16.0	2.5	75.5	7.7
5～25	8.5	0.7	0.15	0.38	15.8	2.3	80.2	7.2
25～40	—	—	—	—	—	—	—	—
40～70	—	—	—	—	—	—	—	—
70～90	—	—	—	—	—	—	—	—

10.7.6 鸡心山系（Jixinshan Series）

土 族：粗骨砂质盖粗骨质硅质混合型温性-石灰干旱正常新成土
拟定者：杨金玲，李德成，张甘霖

分布与环境条件 主要分布于酒泉市金塔县鼎新镇一带，洪积扇，海拔 1100～1500 m，母质为洪积物，荒漠戈壁，温带干旱气候，年均日照时数 3000～3300 h，气温 6～9℃，降水量 50～100 mm，无霜期 130～180 d。

鸡心山系典型景观

土系特征与变幅 诊断层包括干旱表层，诊断特性包括温性土壤温度状况、干旱土壤水分状况和石灰性，具有盐积现象。地表有砾幂，干旱结皮 1～2 cm，土体厚度 10～20 cm，干旱表层厚度 10～20 cm，通体具有盐积现象。砾石含量 25%～90%，层次质地构型为砂质壤土-壤质砂土-砂土。电导率 3.0～29.9 dS/m；碳酸钙相当物含量 20～80 g/kg，中度-强度石灰反应，土壤 pH 7.0～8.5。

对比土系 芨芨泉系和黑夹山系。芨芨泉系，同一土族，位置相近，但通体为砂质壤土；黑夹山系，同一亚类，但不同土族，颗粒大小级别为粗骨砂质。

利用性能综述 荒漠戈壁，土体极浅薄，砾石多，植被覆盖度很低，养分含量极低，应做好现有自然植被的保护，并种植耐旱灌木。

参比土种 砾质土。

代表性单个土体 位于甘肃省酒泉市金塔县鼎新镇白石头墩子东，鸡心山南，40°26′06.999″N，99°23′08.319″E，海拔 1359 m，剥蚀洪积扇，母质为洪积物，戈荒漠壁，植被覆盖度 5%～10%，50 cm 深度年均土温 9.3℃，调查时间 2013 年 7 月，编号 HH053。

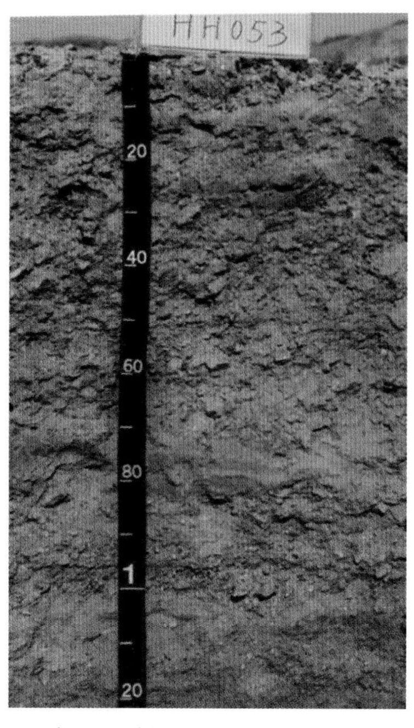

鸡心山系代表性单个土体剖面

Ac：+2～0 cm，干旱结皮。

Az：0～15 cm，浊橙色（7.5YR 7/3，干），浊棕色（7.5YR 5/3，润），40%岩石碎屑，砂质壤土，发育弱的直径<5 mm块状结构，坚实，少量灌木根系，强度石灰反应，向下层平滑清晰过渡。

Cz1：15～45 cm，50%浊橙色（7.5YR 7/3，干）、浊棕色（7.5YR 5/3，润），50%橙白色（7.5YR 8/2，干）、灰棕色（7.5YR 6/2，润），50%岩石碎屑，壤质砂土，单粒，中度石灰反应，向下层平滑渐变过渡。

Cz2：45～70 cm，橙白色（7.5YR 8/2，干），灰棕色（7.5YR 6/2，润），70%岩石碎屑，砂土，单粒，中度石灰反应，向下层波状渐变过渡。

Cz3：70～82 cm，浊橙色（7.5YR 7/3，干），浊棕色（7.5YR 5/3，润），60%岩石碎屑，壤质砂土，单粒，强度石灰反应，向下层波状渐变过渡。

Cz4：82～120 cm，50%浊橙色（7.5YR 7/3，干），浊棕色（7.5YR 5/3，润），90%岩石碎屑，砂土，单粒，中度石灰反应。

鸡心山系代表性单个土体物理性质

土层	深度/cm	砾石(>2 mm，体积分数)/%	细土颗粒组成(粒径：mm)/(g/kg)			质地	容重/(g/cm^3)
			砂粒 2～0.05	粉粒 0.05～0.002	黏粒 <0.002		
Az	0～15	40	692	162	146	砂质壤土	1.58
Cz1	15～45	50	878	33	89	壤质砂土	1.67
Cz2	45～70	70	915	11	74	砂土	1.58
Cz3	70～82	60	827	80	92	壤质砂土	1.61
Cz4	82～120	90	929	8	63	砂土	1.62

鸡心山系代表性单个土体化学性质

深度/cm	pH	有机碳/(g/kg)	全氮(N)/(g/kg)	全磷(P)/(g/kg)	全钾(K)/(g/kg)	CEC/[cmol(+)/kg]	$CaCO_3$/(g/kg)	电导率(EC)/(dS/m)
0～15	8.2	1.2	0.19	0.44	6.4	2.5	66.7	20.5
15～45	7.1	0.7	0.16	0.34	5.0	1.7	49.0	19.3
45～70	7.4	1.1	0.19	0.26	5.4	1.6	34.8	24.1
70～82	7.4	1.0	0.17	0.29	5.6	2.1	56.1	14.8
82～120	7.7	0.9	0.17	0.29	15.8	1.2	40.1	7.9

10.7.7 黑夹山系（Heijiashan Series）

土 族：粗骨砂质硅质混合型温性-石灰干旱正常新成土
拟定者：杨金玲，赵玉国，吴华勇

分布与环境条件 主要分布于武威市民勤县红沙岗镇一带，中山坡地，海拔 1200～1600 m，母质为花岗片麻岩风化残积物，荒漠，温带干旱气候，年均日照时数 3000～3300 h，气温 6～9℃，降水量 100～200 mm，无霜期 160～180 d。

黑夹山系典型景观

土系特征与变幅 诊断层包括干旱表层、诊断特性包括温性土壤温度状况、干旱土壤水分状况、石质接触面和石灰性。地表有砾幂，干旱结皮 1～2 cm，土体厚度 10～20 cm，50 cm 土体内有石质接触面，干旱表层厚度 10～20 cm。砾石含量 25%～74%，通体为壤质砂土。碳酸钙相当物含量 50～100 g/kg，强度石灰反应，土壤 pH 9.0～9.5。

对比土系 鸡心山系，同一亚类，但不同土族，颗粒大小级别为粗骨砂质盖粗骨质。

利用性能综述 稀疏草地，土体极浅薄，砾石多，植被覆盖度很低，养分含量很低，应做好现有自然植被的保护，并种植耐旱灌木。

参比土种 硅铝质石质土。

代表性单个土体 位于甘肃省武威市民勤县红沙岗镇黑夹山村，39°07′20.666″N，102°33′38.210″E，中山缓坡中下部，海拔 1478 m，母质为花岗片麻岩风化残积物，荒漠，植被覆盖度<5%，50 cm 深度年均土温 10.0℃，调查时间 2015 年 7 月，编号 62-071。

黑夹山系代表性单个土体剖面

Ac：+2～0 cm，干旱结皮。

Ah：0～12 cm，浊黄橙色（10YR 7/4，干），棕色（10YR 4/3，润），30%岩石碎屑，壤质砂土，发育中等的直径<5 mm块状结构，稍坚实，少量草被根系，强度石灰反应，向下层不规则突变过渡。

R：12～120 cm，基岩。

黑夹山系代表性单个土体物理性质

土层	深度/cm	砾石(>2 mm，体积分数)/%	细土颗粒组成(粒径：mm)/(g/kg)			质地	容重/(g/cm^3)
			砂粒 2～0.05	粉粒 0.05～0.002	黏粒 ＜0.002		
Ah	0～12	30	702	206	92	壤质砂土	—

黑夹山系代表性单个土体化学性质

深度/cm	pH	有机碳/(g/kg)	全氮(N)/(g/kg)	全磷(P)/(g/kg)	全钾(K)/(g/kg)	CEC/[cmol(+)/kg]	$CaCO_3$/(g/kg)	电导率(EC)/(dS/m)
0～12	9.4	2.5	0.24	0.44	19.0	3.7	53.8	0.3

10.8 石质干润正常新成土

10.8.1 祁家台系（Qijiatai Series）

土 族：粗骨质硅质混合型石灰性冷性-石质干润正常新成土

拟定者：杨金玲，李德成，张甘霖

分布与环境条件 主要分布于张掖市肃南县白银乡一带，洪积扇，海拔 1500～1900 m，母质为洪积物，草地，温带半干旱气候，年均日照时数 2700～3000 h，气温 3～6℃，降水量 100～200 mm，无霜期 120～150 d。

祁家台系典型景观

土系特征与变幅 诊断层包括淡薄表层，诊断特性包括冷性土壤温度状况、半干润土壤水分状况和石灰性，具有钙积现象和盐积现象。地表粗碎块面积 10%～50%，有效土体厚度 10～25 cm，淡薄表层厚度 5～10 cm；钙积现象上界出现在矿质土表以下 5～10 cm，具有钙积现象土层厚度 15～25 cm；通体具有盐积现象。砾石含量 25%～74%，表层质地为粉砂壤土。电导率 3.0～14.9 dS/m；碳酸钙相当物含量 100～150 g/kg，极强度石灰反应，土壤 pH 7.0～8.0。

对比土系 大埂子系，同一亚类，但不同土族，土壤温度状况为温性。

利用性能综述 稀疏草地，土体极浅簿，砾石多，植被覆盖度很低，养分含量很低，应做好现有自然植被的保护，并种植耐旱灌木。

参比土种 中性粗骨土。

代表性单个土体 位于甘肃省张掖市肃南县白银乡祁家台子村东，碾盘沟村南，磨沟村北，大草滩西，38°53′41.774″N，100°6′38.664″E，海拔 1770 m，洪积扇，母质为洪积物，稀疏草地，植被覆盖度 5%～8%，50 cm 深度年均土温 8.8℃，调查时间 2013 年 8 月，编号 HH036。

祁家台系代表性单个土体剖面

Az：　0～8 cm，淡黄橙色（7.5YR 8/2，干），灰棕色（7.5Y 5/2，润），30%岩石碎屑，粉砂壤土，发育弱的直径<5 mm块状结构，少量灌木根系，极强度石灰反应，向下层波状清晰过渡。

ACkz：8～25 cm，淡棕灰色（7.5YR 7/2，干），灰棕色（7.5Y 4/2，润），70%岩石碎屑，粉砂壤土，单粒，少量灌木根系，极强度石灰反应，向下层波状渐变过渡。

C：　25～70 cm，淡棕灰色（7.5YR 7/1，干），棕灰色（7.5Y 4/1，润），90%岩石碎屑，极强度石灰反应。

祁家台系代表性单个土体物理性质

土层	深度/cm	砾石(>2 mm，体积分数)/%	细土颗粒组成(粒径：mm)/(g/kg)			质地	容重/(g/cm^3)
			砂粒 2～0.05	粉粒 0.05～0.002	黏粒 <0.002		
Az	0～8	30	271	505	224	粉砂壤土	1.32
ACkz	8～25	70	276	510	214	粉砂壤土	1.29
C	25～70	90	—	—	—	—	—

祁家台系代表性单个土体化学性质

深度/cm	pH	有机碳/(g/kg)	全氮(N)/(g/kg)	全磷(P)/(g/kg)	全钾(K)/(g/kg)	CEC/[cmol(+)/kg]	$CaCO_3$/(g/kg)	电导率(EC)/(dS/m)
0～8	7.3	4.4	0.43	0.61	16.8	5.5	105	8.9
8～25	7.2	2.4	0.23	0.57	16.2	3.2	125	7.5
25～70	—	—	—	—	—	—	—	—

10.8.2 大埂子系（Dagengzi Series）

土 族：粗骨质混合型石灰性温性-石质干润正常新成土

拟定者：杨金玲，李德成，张甘霖

分布与环境条件 主要分布于张掖市临泽县新华镇一带，洪积扇，海拔 1400～1800 m，母质为洪-冲积物，草地，温带半干旱气候，年均日照时数 3000～3300 h，气温 6～9℃，降水量 100～200 mm，无霜期 150～180 d。

大埂子系典型景观

土系特征与变幅 诊断层包括淡薄表层，诊断特性包括温性土壤温度状况、半干润土壤水分状况和石灰性，具有盐积现象。有效土体厚度 10～20 cm，淡薄表层厚度 10～20 cm；盐积现象出现在表层。砾石含量 25%～74%，表层质地为壤土。电导率 3.0～14.9 dS/m；碳酸钙相当物含量 100～150 g/kg，极强度石灰反应，土壤 pH 7.5～8.5。

对比土系 祁家台系、五间房系和梧桐泉系。祁家台系，同一亚类，但不同土族，土壤温度状况为冷性；五间房系和梧桐泉系为同一土族，但五间房系无盐积现象，梧桐泉系表层为粉砂壤土。

利用性能综述 草地，土体极浅薄，砾石多，植被覆盖度偏低，养分含量低，应做好现有自然植被的保护，并种植耐旱灌木。

参比土种 砾质土。

代表性单个土体 位于甘肃省张掖市临泽县新华镇大埂子村南，青羊口村东北，上坡滩村西南，39°09′40.861″N，99°54′59.764″E，海拔 1608 m，洪积扇，母质为洪积物，草地，草灌覆盖度 10%～20%，50 cm 深度年均土温 9.1℃，调查时间 2012 年 8 月，编号 ZL-022。

大埂子系代表性单个土体剖面

Az：0～20 cm，黄橙色（10YR 8/6，干），浊黄橙色（10YR 6/4，润），30%岩石碎屑，壤土，发育弱的直径<5 mm 块状结构，少量草灌根系，极强度石灰反应，向下层波状渐变过渡。

C：20～160 cm，黄橙色（10YR 8/6，干），浊黄橙色（10YR 6/4，润），80%岩石碎屑，极强度石灰反应。

大埂子系代表性单个土体物理性质

土层	深度 /cm	砾石 (>2 mm，体积分数)/%	细土颗粒组成(粒径：mm)/(g/kg)			质地	容重 /(g/cm^3)
			砂粒 2～0.05	粉粒 0.05～0.002	黏粒 <0.002		
Az	0～20	30	471	340	189	壤土	1.39
C	20～160	80	—	—	—	—	—

大埂子系代表性单个土体化学性质

深度 /cm	pH	有机碳 /(g/kg)	全氮(N) /(g/kg)	全磷(P) /(g/kg)	全钾(K) /(g/kg)	CEC /[cmol(+)/kg]	$CaCO_3$ /(g/kg)	电导率(EC) /(dS/m)
0～20	8.0	3.1	0.29	0.52	14.6	4.1	103.6	4.1
20～160	—	—	—	—	—	—	—	—

10.8.3　五间房系（Wujianfang Series）

土　族：粗骨质混合型石灰性温性-石质干润正常新成土

拟定者：杨金玲，李德成，赵玉国

分布与环境条件　主要分布于张掖市高台县黑泉乡一带，洪积平原，海拔 1400～1800 m，母质为洪积物，草地，温带半干旱气候，年均日照时数 3000～3300 h，气温 6～9℃，降水量 100～200 mm，无霜期 130～180 d。

五间房系典型景观

土系特征与变幅　诊断层包括淡薄表层，诊断特性包括温性土壤温度状况、半干润土壤水分状况和石灰性。地表粗碎块面积 10%～50%，有效土体厚度 5～10 cm，淡薄表层厚度 5～10 cm。表层质地为粉砂壤土，之下砾石含量 75%～90%。碳酸钙相当物含量 100～150 g/kg，极强度石灰反应，土壤 pH 8.0～9.0。

对比土系　大埂子系和梧桐泉系，同一土族，但具有盐积现象。

利用性能综述　荒草地，土体极浅薄，砾石多，植被覆盖度较低，养分含量低，应做好现有自然植被的保护，并种植耐旱灌木。

参比土种　砾质土。

代表性单个土体　位于甘肃省张掖市高台县黑泉乡白涝池村东南，五间房子村东，四坝村西，39°15′20.610″N，99°23′08.970″E，海拔 1684 m，洪积平原，母质为洪积物，灌草地，植被覆盖度 10%～20%，50 cm 深度年均土温 9.1℃，调查时间 2012 年 8 月，编号 YG-020。

五间房系代表性单个土体剖面

A：0～8 cm，浊黄橙色（10YR 7/3，干），浊黄棕色（10YR 5/3，润），5%岩石碎屑，粉砂壤土，发育弱的直径<5 mm 块状结构，稍坚实，少量灌木根系，极强度石灰反应，向下层波状清晰过渡。

C：8～80 cm，淡灰色（10YR 7/1，干），棕灰色（10YR 4/1，润），80%岩石碎屑，冲积层理明显，极强度石灰反应。

五间房系代表性单个土体物理性质

土层	深度/cm	砾石(>2 mm，体积分数)/%	细土颗粒组成(粒径：mm)/(g/kg)			质地	容重/(g/cm^3)
			砂粒 2～0.05	粉粒 0.05～0.002	黏粒 <0.002		
A	0～8	5	283	540	177	粉砂壤土	1.17
C	8～80	80	—	—	—	—	—

五间房系代表性单个土体化学性质

深度/cm	pH	有机碳/(g/kg)	全氮(N)/(g/kg)	全磷(P)/(g/kg)	全钾(K)/(g/kg)	CEC/[cmol(+)/kg]	$CaCO_3$/(g/kg)	电导率(EC)/(dS/m)
0～8	8.3	4.6	0.38	0.71	15.5	5.0	123.2	0.9
8～80	—	—	—	—	—	—	—	—

10.8.4　梧桐泉系（Wutongquan Series）

土　族：粗骨质混合型石灰性温性-石质干润正常新成土

拟定者：杨金玲，李德成，张甘霖

分布与环境条件　主要分布于张掖市高台县，洪积扇，海拔 1300～1700 m，母质为洪积物，稀疏草地，温带半干旱气候，年均日照时数 3000～3300 h，气温 6～9℃，降水量 100～200 mm，无霜期 130～180 d。

梧桐泉系典型景观

土系特征与变幅　诊断层包括淡薄表层，诊断特性包括温性土壤温度状况、半干润土壤水分状况和石灰性，具有盐积现象。土体厚度 10～20 cm；淡薄表层厚度 10～20 cm；盐积现象出现在表层。表层质地为粉砂壤土，之下砾含量 75%～90%。电导率 3.0～14.9 dS/m；碳酸钙相当物含量 100～150 g/kg，极强度石灰反应，土壤 pH 8.5～9.5。

对比土系　大埂子系和五间房系，同一土族，但大埂子系表层为壤土，五间房系无盐积现象。

利用性能综述　稀疏草地，土体薄，植被覆盖度低，砾石多，不保水，不保肥，养分含量很低。不适于开发为农用地，亦不适于放牧。从保护生态环境的角度，应采取天然封育，进一步提升草被覆盖度，防止过度放牧，导致沙化。

参比土种　钙质石质土。

代表性单个土体　位于甘肃省张掖市高台县骆驼城乡梧桐泉村北，临清高速南，39°15′18.666″N，99°38′33.688″E，海拔 1593 m，洪积扇，母质为洪积物，稀疏草地，植被覆盖度 15%～20%，50 cm 深度年均土温 9.1℃，调查时间 2012 年 8 月，编号 DC-010。

梧桐泉系代表性单个土体剖面

Az：0～20 cm，浊黄橙色（10YR 7/3，干），灰黄棕色（10YR 6/2，润），4%岩石碎屑，粉砂壤土，发育弱的粒状和直径<5 mm 块状结构，稍坚实，少量灌木根系，强度石灰反应，向下层波状渐变过渡。

C：20～50 cm，浊黄橙色（10YR 6/3，干），浊黄棕色（10YR 4/3，润），90%岩石碎屑，强度石灰反应。

梧桐泉系代表性单个土体物理性质

土层	深度/cm	砾石(>2 mm，体积分数)/%	细土颗粒组成(粒径：mm)/(g/kg)			质地	容重/(g/cm^3)
			砂粒 2～0.05	粉粒 0.05～0.002	黏粒 <0.002		
Az	0～20	4	218	603	179	粉砂壤土	1.20
C	20～50	90	—	—	—	—	—

梧桐泉系代表性单个土体化学性质

深度/cm	pH	有机碳/(g/kg)	全氮(N)/(g/kg)	全磷(P)/(g/kg)	全钾(K)/(g/kg)	CEC/[cmol(+)/kg]	$CaCO_3$/(g/kg)	电导率(EC)/(dS/m)
0～20	9.1	3.5	0.42	0.63	15.0	12.3	139.0	13.9
20～50	—	—	—	—	—	—	—	—

10.8.5　高半坡系（Gaobanpo Series）

土　族：粗骨壤质混合型石灰性热性-石质干润正常新成土

拟定者：杨金玲，刘峰

分布与环境条件　主要分布于陇南地区各县山麓洪积扇的中上部和半山陡坡地，中山坡地，海拔 800～1200 m，母质为煤岩风化坡积物，草地，亚热带半湿润气候，年均日照时数 1600～2000 h，气温 13～16℃，降水量 400～500 mm，无霜期 250～280 d。

高半坡系典型景观

土系特征与变幅　诊断层包括暗沃表层，诊断特性包括热性土壤温度状况、半干润土壤水分状况、石质接触面和石灰性。土体厚度 20～50 cm，暗沃表层厚 10～20 cm。砾石含量 50%～90%，层次质地构型为壤土-粉砂壤土。碳酸钙相当物含量 100～150 g/kg，极强度石灰反应，土壤 pH 7.5～8.5。

对比土系　斜崖系，同一亚纲，但不同土类，为石质湿润正常新成土。

利用性能综述　草地，土层浅薄，山体陡峭，通体砾石含量高，保水、保肥性差，土壤侵蚀严重，不适于开发和耕种利用。应封山育林，加强水土保持，发挥其生态环境效应。

参比土种　青灰碴土。

代表性单个土体　位于甘肃省陇南市武都区东江镇高半坡村，33°22′34.388″N，104°55′49.769″E，山地陡坡中部，海拔 1020 m，母质为煤岩风化坡积物，荒草地，植被覆盖度 40%～50%，50 cm 深度年均土温 16.7℃，调查时间 2015 年 7 月，编号 62-005。

高半坡系代表性单个土体剖面

Ah：0～10 cm，灰色（10GY 5/0，干），暗灰色（10GY 3/0 润），65%岩石碎屑，壤土，发育强的粒状结构和直径<5 mm 块状结构，极疏松，中量禾本科植物中细根，极强度石灰反应，向下层波状清晰过渡，

AC：10～25 cm，灰色（10GY 5/0，干），暗灰色（10GY 3/0 润），80%岩石碎屑，粉砂壤土，发育弱的直径<5 mm 块状结构，疏松，少量禾本科植物中细根，极强度石灰反应，向下层不规则突变过渡。

R：　25～40 cm，半风化体，以下为基岩。

高半坡系代表性单个土体物理性质

土层	深度 /cm	砾石 (>2 mm，体积分数)/%	细土颗粒组成(粒径：mm)/(g/kg)			质地	容重 /(g/cm^3)
			砂粒 2～0.05	粉粒 0.05～0.002	黏粒 <0.002		
Ah	0～10	65	385	482	132	壤土	—
AC	10～25	80	339	503	158	粉砂壤土	—

高半坡系代表性单个土体化学性质

深度 /cm	pH	有机碳 /(g/kg)	全氮(N) /(g/kg)	全磷(P) /(g/kg)	全钾(K) /(g/kg)	CEC /[cmol(+)/kg]	$CaCO_3$ /(g/kg)	电导率(EC) /(dS/m)
0～10	8.2	19.7	1.73	1.83	30.0	5.0	132.7	1.9
10～25	7.9	18.1	1.63	1.73	27.0	4.9	130.8	2.3

10.9　石质湿润正常新成土

10.9.1　斜崖系（Xieya Series）

土　族：粗骨壤质混合型石灰性温性-石质湿润正常新成土
拟定者：杨金玲，刘峰

分布与环境条件　主要分布于陇南地区石质山的陡坡，中山坡地，海拔 1000～1400 m，母质为千枚岩风化残积物，林地，温带湿润气候，年均日照时数 1600～2000 h，气温 9～12℃，降水量 700～900 mm，无霜期 250～290 d。

斜崖系典型景观

土系特征与变幅　诊断层包括暗沃表层，诊断特性包括温性土壤温度状况、湿润土壤水分状况、石质接触面和石灰性。暗沃表层厚 10～20 cm，之下为石质接触面，砾石含量 25%～50%，粉砂壤土。碳酸钙相当物含量 20～50 g/kg，中强度石灰反应，土壤 pH 7.5～8.5。

对比土系　高半坡系，同一亚纲，但不同土类，为石质干润正常新成土。

利用性能综述　林地，土层浅薄，山体陡峭，土壤侵蚀严重，不适于开发和耕种利用。应封山育林，加强水土保持，发挥其生态环境效应。

参比土种　砾质土。

代表性单个土体　位于甘肃省陇南市康县斜崖村，33°20′38.078″N，105°34′44.982″E，中山陡坡中上部，海拔 1210 m，母质为千枚岩风化残积物，林地，植被覆盖度 70%～80%，50 cm 深度年均土温 13.1℃，调查时间 2015 年 7 月，编号 62-001。

斜崖系代表性单个土体剖面

Ah：0～15 cm，浊黄棕色（10YR 5/3，干），暗棕色（10YR 3/3，润），40%岩石碎屑，粉砂壤土，发育弱的粒状和直径<5 mm块状结构，疏松，少量禾草中细根，强度石灰反应，向下层波状清晰过渡。

R：15～40 cm，橙色（7.5YR 6/6，干），棕色（7.5YR 4/4，润），极强度石灰反应。

斜崖系代表性单个土体物理性质

土层	深度/cm	砾石(>2 mm，体积分数)/%	细土颗粒组成(粒径：mm)/(g/kg)			质地	容重/(g/cm^3)
			砂粒 2～0.05	粉粒 0.05～0.002	黏粒 <0.002		
Ah	0～15	40	211	629	160	粉砂壤土	—

斜崖系代表性单个土体化学性质

深度/cm	pH	有机碳/(g/kg)	全氮(N)/(g/kg)	全磷(P)/(g/kg)	全钾(K)/(g/kg)	CEC/[cmol(+)/kg]	$CaCO_3$/(g/kg)	电导率(EC)/(dS/m)
0～15	8.0	21.4	2.11	0.83	25.4	15.4	37.3	0.5

参 考 文 献

巴音达拉, 师庆东, 付金花, 2009. 甘肃、内蒙古西部与青海近代积温变化趋势分析. 干旱区研究, (1): 136-141.

陈辉, 李忠勤, 王璞玉, 等, 2013. 近年来祁连山中段冰川变化. 干旱区研究, 30(4): 588-593.

窦睿音, 延军平, 王鹏涛, 2015. 全球变化背景下甘肃近半个世纪气温时空变化特征. 干旱区研究, 32(1): 73-79.

冯学民, 蔡德利, 2004. 土壤温度与气温及纬度和海拔关系的研究. 土壤学报, 41(3): 489-491.

甘肃省档案局, 2011. 甘肃水利水土保持工作述略. 陇原春秋, (5): 49-50.

甘肃省土壤普查办公室, 1993a. 甘肃土壤. 北京: 中国农业出版社.

甘肃省土壤普查办公室, 1993b. 甘肃土种志. 兰州: 甘肃科学技术出版社.

龚子同, 陈志诚, 1999. 中国土壤系统分类: 理论・方法・实践. 北京: 科学出版社.

何崇莲, 2006. 浅谈水土保持在甘肃农业可持续发展中的地位与作用. 甘肃农业, 2: 78.

李福兴, 陈隆亨, 赵飞虎, 等, 1999a. 河西走廊灌淤旱耕人为土的特性及其分类参比. 土壤, (4): 202-207.

李福兴, 齐善忠, 赵飞虎, 等, 1999b. 河西走廊临泽样区土壤基层分类及土地持续利用. 土壤通报, 30(专辑): 13-19.

刘时银, 晓军, 郭万钦, 等, 2015. 基于第二次冰川编目的中国冰川现状. 地理学报, 70(1): 3-16.

齐善忠, 肖洪浪, 罗芳, 2003. 甘肃河西山地土壤系统分类. 山地学报, 21(6): 763-774.

孙美平, 刘时银, 姚晓军, 等, 2015. 近 50 年来祁连山冰川变化: 基于中国第一、二次冰川编目数据. 地理学报, 70(9): 1402-1414.

王国强, 张勃, 张耀宗, 等, 2016. 甘肃省近 55 年来积温变化趋势特征分析. 水土保持研究, 23(5): 193-198.

魏宝君, 2007. 甘肃水土保持实践与可持续发展思考. 中国水土保持, (11): 13-14, 25.

姚进忠, 2015. 对甘肃水土保持工作的几点思考. 中国水土保持, (3): 1-2, 11.

张万春, 1992. 甘肃省水文特性. 区域水文, (4): 55-59.

张甘霖, 王秋兵, 张凤荣, 等, 2013. 中国土壤系统分类土族和土系划分标准. 土壤学报, 45(4): 826-834.

中国科学院南京土壤研究所土壤系统分类课题组和中国土壤系统分类课题研究协作组, 1995. 中国土壤系统分类(修订方案). 北京: 中国农业科技出版社.

中国科学院南京土壤研究所, 1986. 中国土壤图集. 北京: 地图出版社.

索　　引

O

P

Q

R

S

(S-0023.01)
ISBN 978-7-5088-5891-3

定价：**398.00** 元